U0265425

中国航天技术进展丛书

吴燕生　总主编

国家出版基金项目
NATIONAL PUBLICATION FOUNDATION

空地导弹制导控制系统设计（中）

王明光　著

中国宇航出版社

·北京·

目　录

第6章　导引弹道设计

6.1　引言

导引弹道是根据导弹和目标运动特性，以某种导引方法（即制导律）将制导武器导向目标的弹体质心运动轨迹，空地制导武器同空空导弹和地空导弹等一样，其末制导均采用导引弹道。

6.2　选择导引律基本原则

选择导引律时，需要从导弹的飞行性能、作战空域、技术实施、导引精度、制导设备（导引头和制导站）、目标特性等方面综合考虑，其中制导设备的类型、测量精度和噪声特性以及目标运动特性显著影响导引律的选择。

选择导引律的基本原则是：

1）导引律按输入量的特性可分为基于角度的导引法和基于角速度的导引法两大类，前者主要有：追踪法、前置追踪法、积分型比例导引法等，后者主要有比例导引法、修正比例导引法、扩展比例导引法等。选择哪一大类的导引法在较大程度上取决于导引头输出信息，如导引头输出量为角度信息，则优先采用基于角度的导引法，反之亦然；

2）要求选用的导引方法满足制导精度要求，即脱靶量小于总体指标要求；

3）要求选用的导引方法在技术上可实现且技术实施简单，即需充分考虑导引头的直接量测量和间接估计量；

4）能攻击的目标速度范围尽量宽，目标加速度尽量大，在空间上要实现对目标前半球区域进行攻击；

5）所设计的弹道具有良好的弹道特性，即在规定的战术指标下，力求在整个飞行过程中，特别是在弹道末段，弹道具有较小的曲率；

6）所设计的弹道其需用过载变化平滑且分布比较合理，由目标机动引起的法向过载尽量小，最大需用过载小于弹体可用过载；

7）对于装配捷联式导引头的制导武器而言，特别是导引头视场角较小的情况，中制导导引弹道设计需重点考虑较好的弹道特性，此外在中末制导交接班前导引弹道需保证目标位于导引头视场内较好的位置，在其后的末制导过程中，导引弹道设计重点是确保目标始终在导引头的视场之内，即需要将导引弹道的前置角限制在一定的范围之内；

8）能满足制导系统甚至整个武器系统的一些特殊要求，能最佳地发挥武器系统的性能。

6.3　目标运动特性

目标为了逃避被导弹击中，一般采用纵向机动和侧向机动，假设目标在水平面内运动，主要有如下几类：

1）目标静止。加速度 $a_T = 0$，速度 $V_T = 0$。

2）目标匀速运动。加速度 $a_T = 0$，速度 $V_T = V_0$（V_0 为目标的初速度）。

3）目标纵向平面内加速或减速运动。纵向加速度 $a_T \neq 0$，速度 $V_T = V_0 + a_T \times t$。

4）目标水平平面内 bang-bang 运动。侧向加速度 $a_T = a_0 \mathrm{sign}[\sin(2\pi f \times t)]$。其中，$a_0$ 为加速度大小，$\mathrm{sign}[\sin(2\pi f \times t)]$ 为某一频率 f 的符号函数。

5）目标水平平面内圆周运动。侧向速度为 $V_x = V_0 \sin(2\pi f t + \varphi_0)$，纵向速度 $V_y = V_0 \cos(2\pi f t + \varphi_0)$。

6）目标水平平面内正弦运动。侧向加速度 $a_T = a_0 \sin(2\pi f t)$，纵向速度 $V_T = V_0$，a_0 为加速度大小。

7）或者是以上几种运动的组合。

6.4　飞行弹道分段及制导时序

6.4.1　飞行弹道分段

空地导弹由载机挂载起飞到完成攻击任务，其工作时序按时间顺序可分为挂载飞行段、投弹段、初制导段、中制导段、中末制导交接段与末制导段等几个阶段。

（1）挂载飞行段

挂载飞行段按是否在地面加电，分为两类：1）地面加电模式；2）空中加电模式。对于地面加电模式，空地导弹在地面完成上电自检、地面自对准后，载机起飞，在挂飞过程中，弹上导航系统工作；对于空中加电模式，载机挂载导弹起飞，在挂飞过程中导弹处于无电状态，载机根据机载火控提示或由飞行员在空中给导弹上电，导弹完成自检并上报给载机，其后完成空中传递对准并进行导航计算，主要为其后的投弹做准备。

（2）投弹段

当目标进入空地导弹的有效射程之内时，载机火控系统提示允许投弹指令，由飞行员扣扳机下传电池激活指令，弹载计算机激活电路发出一个电流脉冲激活热电池，弹上电气系统完成转电控制，执行机构进行归零操作，随后上报载机可允许投弹，载机接收此信号后进行投弹操作。

（3）初制导段

初始制导又称"发射段制导"，简称"初制导"，指由导弹从载机脱插至进入中制导之前的这段制导。一般情况下，投放后，由于受载机扰流等因素影响，制导武器弹体姿态会剧烈变化，某些制导武器在这一段要完成特定的姿态控制，如弹体绕纵轴滚动 180°、弹体绕纵轴滚动 45°、弹翼展开、发动机点火等。

在初始制导段中，为了考虑载机安全而设置一个归零段，即空地导弹脱离载机至执行机构开始工作。在此段，不引入制导指令，将舵偏锁定为 0°或将舵偏预置至某一小角度。归零段时间的长短需要考虑弹机分离特性、空地导弹本身的气动和结构质量特性、投弹方式（主要有强力投放、自由投放和导轨投放等）等因素，大致在 0.3～0.8 s 之间，典型值为 0.5 s，在工程上，通常考虑执行机构的特性，现在也常在归零段的末段接入阻尼回路，可在较大程度上改善初制导段的弹道特性和姿控品质。

初制导段时间较短，其特点为：速度变化快，姿态变化剧烈，在这一段一般以保证弹体稳定为主，对姿控品质不做严格要求，制导大多采用程序制导或指令制导。

对于某些空地导弹，投放后即可进入中制导，即可省略初制导，甚至某些射程短的制导武器只有末制导，此类导弹大多采用发射前锁定技术。

（4）中制导段

中制导定义为从初制导结束至末制导开始前的一段导引弹道，对一些中远程制导武器，此段很重要，其设计要保证射程最大且要将导弹导入至较好的位置及姿态，以便导引头探测、识别、捕获及锁定目标，为末制导做准备。

中制导段时间较长，对于绝大多数空地制导武器，中制导段为主要飞行段。中制导没有明确的制导精度要求，对弹体姿态的要求也取决于导引头的视场和作用距离。中制导一般采用惯性制导、惯性/地形匹配复合制导、惯性导航/卫星无线电导航复合制导或遥控制导等。中制导导引律一般采用程序制导、采用基于虚拟目标的比例导引法、程序制导和比例导引组成的复合制导、修正比例导引法、带终端角度约束的比例导引法等。

当中制导的制导精度满足战术指标时，可以只用中制导，省略末制导。对于无导引头的空地制导武器即采用此方案，这种制导模式只能攻击静止目标，例如采用惯性导航/卫星无线电导航复合制导的空地制导武器 JDAM。

（5）中末制导交接段

通常情况下，由于 1）中制导和末制导的信息来源不同；2）中制导和末制导采用的制导律可能不同；3）末制导在某种意义上为一段重新开始的制导律。所以在由中制导切换至末制导时，制导指令在数值上存在跳变或制导指令的形式需要切换。

中末制导交接段为空地导弹中制导至末制导之间的过渡段，其主要任务是在过渡段设计过渡策略保证导引头稳定锁定目标，飞行弹道平滑过渡以及飞行姿态避免剧烈变化，制导指令平稳过渡或切换。对于某一些配备捷联式导引头的导弹而言，此段设计还要保证目标一直在导引头的有效视场之内。

对于中末制导为相同性质的指令时（如都为弹体加速度指令），则可以较简单地安排过渡过程或者直接对中末制导指令进行切换，但是对于中末制导为不相同性质的指令时（如中制导为弹体加速度指令，末制导为弹道角指令），可需要根据实际情况设计交接段。

（6）末制导段

末制导定义为从中制导结束至导弹击中目标的导引弹道，当导引头探测、识别、捕获及锁定目标后，即可进行中末制导交接班，随后进入末制导。末制导设计最重要的指标即为制导精度，其任务是以最高的精度完成对目标的有效攻击。

对于某些制导武器，可以省略初制导和中制导，即在制导武器投放前锁定目标，特别是被动反辐射雷达导弹，可在投放前锁定目标，投放后即进入末制导。

6.4.2　制导时序

根据自动寻的弹道的特性，在时间或弹目距离上，将实际导引弹道分为四段：引入段、导引段、失稳段和盲区，如图 6-1 所示。

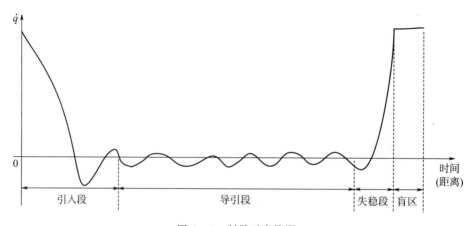

图 6-1　制导时序简图

引入段：也称引导初始误差消除段，其特点是，初始视线角速度较大，但在制导控制系统的作用下，很快衰减至一个稳定值附近，这段主要是消除初始角速度误差，使得较平稳地进入随后的导引段，这段时间或距离的长短主要取决于导引策略以及导弹的姿控能力。

导引段：由引入段转入末制导后，即自动寻的导引开始时，一般情况下，由于导弹速度和目标速度在弹目视线的垂直方向存在较大的分量，即存在较大的视线角速度，则在这一阶段，导引律使导弹速度矢量建立较大的前置角，迅速减小视线角速度，使视线角速度逐渐趋于 0 或某一个小值。

失稳段：当弹目距离较近时，弹体在垂直于弹目视线方向的位置变化会产生较大的视线角速度，此角速度随着弹目距离的变近越来越大，与之相关的需用过载也随之越来越大，这时姿控系统由于带宽的限制，无法及时地响应制导指令，当弹目距离小于某值时，制导指令的变大趋势越来越快，即制导逐渐失稳。

盲区：随着弹目距离的减小，导引头接收的信号越来越强，当弹目距离减小至很小时，导引头接收到的信号强度超出阈值（对于成像制导来说，其目标在探测器上的成像占据大部分视场），这时其输出视线角度或角速度值已严重失真，导引头进入盲区（一般距离为 30～500 m），这时需关闭导引头或锁定制导指令。导引头进入盲区的弹目距离与制导体制、目标尺寸、环境、目标辐射或辐射信号强度等因素相关，对于光学成像制导来说，进入盲区的弹目距离与光学系统的相关参数（光学镜头口径和焦距）、探测器尺寸大小、弹体姿态以及目标尺寸等有关。

6.5 弹体与目标之间的运动学及导引关系

研究导引弹道时，需建立弹体与目标之间的运动学及导引关系，为了简化分析，常忽略导弹和目标姿态变化。

6.5.1 弹体与目标之间的运动学

分析导引弹道特性时，常假设：1）将导弹和目标运动看成质点运动，忽略其姿态运动；2）假设目标运动速度和方向已知；3）假设导弹的速度大小已知，但方向随导引关系变化。

研究导引律是基于忽略弹体和目标姿态的假设下，在某种意义上是研究在三维惯性空间中弹体与目标之间的相对运动学关系，为了研究方便，常在直角坐标系中研究弹体与目标之间的运动学关系，如图 6-2 所示。

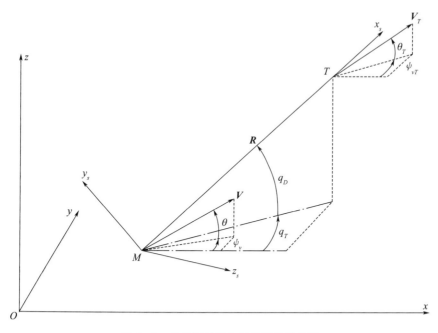

图 6-2 弹体与目标之间的运动学关系

图 6-2 中符号的定义：

$Oxyz$：地面坐标系，可以取"东北天"地理坐标系；

$Mx_sy_sz_s$：视线坐标系；

M：弹体现在的位置，下标 M 代表导弹；

T ：目标现在的位置，下标 T 代表目标；

$\boldsymbol{R}$ ：弹目矢量；

q_D ：弹目视线高低角，弹目矢量与基准面之间的夹角，弹目矢量朝上为正；

q_T ：弹目视线方位角，弹目矢量在基准面内的投影与基准线之间的夹角，基准线绕基准面法向逆时针旋转至弹目视线在基准面内的投影为正；

$\boldsymbol{V}$ ，$\boldsymbol{V}_T$ ：弹体速度矢量和目标速度矢量；

θ ，ψ_v ：弹体弹道倾角和弹道偏角；

θ_T ，ψ_{vT} ：目标弹道倾角和弹道偏角。

弹体速度 $\boldsymbol{V}$ 在地面坐标系的投影为 $\boldsymbol{V} = [V\cos\theta\cos\psi_v \quad V\cos\theta\sin\psi_v \quad V\sin\theta]^{\mathrm{T}}$ ，目标速度 $\boldsymbol{V}_T$ 在地面坐标系的投影为 $\boldsymbol{V}_T = [V_T\cos\theta_T\cos\psi_{vT} \quad V_T\cos\theta_T\sin\psi_{vT} \quad V_T\sin\theta_T]^{\mathrm{T}}$ 。

将弹体速度 $\boldsymbol{V}$ 往视线坐标系（定义见 2.7.1 节内容）投影，可得

$$
\begin{bmatrix} V_x \\ V_y \\ V_z \end{bmatrix}_M = \begin{bmatrix} \cos q_D\cos q_T & \sin q_D & -\cos q_D\sin q_T \\ -\sin q_D\cos q_T & \cos q_D & \sin q_D\sin q_T \\ \sin q_T & 0 & \cos q_T \end{bmatrix} \begin{bmatrix} V\cos\theta\cos\psi_v \\ V\cos\theta\sin\psi_v \\ V\sin\theta \end{bmatrix}
$$

$$
= \begin{bmatrix} V[\cos q_D\cos\theta\cos(q_D - \psi_{cT}) + \sin q_D\sin\theta_T] \\ -V[\cos q_D\sin\theta + \sin q_D\cos\theta\cos(q_T - \psi_v)] \\ V\sin(q_T - \psi_v) \end{bmatrix} \tag{6-1}
$$

将目标速度 $\boldsymbol{V}_T$ 往视线坐标系投影，可得

$$
\begin{bmatrix} V_x \\ V_y \\ V_z \end{bmatrix}_T = \begin{bmatrix} \cos q_D\cos q_T & \sin q_D & -\cos q_D\sin q_T \\ -\sin q_D\cos q_T & \cos q_D & \sin q_D\sin q_T \\ \sin q_T & 0 & \cos q_T \end{bmatrix} \begin{bmatrix} V\cos\theta_T\cos\psi_{vT} \\ V\cos\theta_T\sin\psi_{vT} \\ V\sin\theta_T \end{bmatrix}
$$

$$
= \begin{bmatrix} V_T[\cos q_D\cos\theta_T\cos(q_D - \psi_{vT}) + \sin q_D\sin\theta_T] \\ -V_T[\cos q_D\sin\theta_T + \sin q_D\cos\theta_T\cos(q_T - \psi_{vT})] \\ V_T\cos\theta_T\sin(q_T - \psi_{vT}) \end{bmatrix} \tag{6-2}
$$

由方程组（6-1）和（6-2）可得

$$
\begin{cases}
\dfrac{\mathrm{d}R}{\mathrm{d}t} = V_{xT} - V_{xM} \\
\qquad = V_T[\cos q_D\cos\theta_T\cos(q_D - \psi_{vT}) + \sin q_D\sin\theta_T] - V[\cos q_D\cos\theta\cos(q_T - \psi_v) + \sin q_D\sin\theta] \\
R\,\dfrac{\mathrm{d}q_D}{\mathrm{d}t} = V_{yT} - V_{yM} \\
\qquad = V_T[\cos q_D\sin\theta_T - \sin q_D\cos\theta_T\cos(q_D - \psi_{vT})] - V[\cos q_D\sin\theta - \sin q_D\cos\theta\cos(q_T - \psi_v)] \\
-R\,\dfrac{\mathrm{d}q_T}{\mathrm{d}t}\cos q_D = V_{zT} - V_{zM} = V_T\cos\theta_T\sin(q_T - \psi_{vT}) - V\cos\theta\sin(q_T - \psi_v)
\end{cases}
$$

$$
\tag{6-3}
$$

方程组（6-3）描述了弹体和目标之间的运动学关系，其是弹体和目标运动之间最根本的关系，需要从以下几点加以理解：

1) $\dfrac{\mathrm{d}R}{\mathrm{d}t}$ 为弹目相对距离的变化率, 其定义在视线坐标系中, 当 $\dfrac{\mathrm{d}R}{\mathrm{d}t} < 0$ 时, 即 V_{xM}（弹体速度在视线坐标系 Ox_s 的投影, 也称为弹体追踪速度）大于 V_{xT}（目标速度在视线坐标系 Ox_s 的投影, 也称为目标逃离速度）时, 弹体才能接近目标。

2) $\dfrac{\mathrm{d}q_D}{\mathrm{d}t}$ 和 $\dfrac{\mathrm{d}q_T}{\mathrm{d}t}$ 分别用于描述视线在纵向铅垂面和水平面内的角速度。当弹目距离较大时, 通常情况下, 其值较小; 当弹体接近目标时, 由于弹目距离很小, 弹体和目标速度在视线坐标系 Oy_s 和 Oz_s 的投影相差较大时, 则引起弹目视线急剧变化, 导致脱靶。从这层意思上出发, 一个好的制导律, 要求在弹体接近目标的过程中, 弹体和目标在视线坐标系 Oy_s 和 Oz_s 的投影大小相等或趋于相等。

3) 特别需要注意的是, 当视线高低角趋于 $\pm 90°$ 时, 即使弹体和目标速度在视线坐标系 Oz_s 的投影大小相差很小, 也可能引起视线方位角急速变化。

在实际应用中, 常将在三维惯性空间中的弹目之间的运动关系投影到弹目视线所在的铅垂面和水平面, 分别得到纵向攻击平面［图 6 - 3（a）］和侧向攻击平面［图 6 - 3（b）］内的弹目相对运动方程。

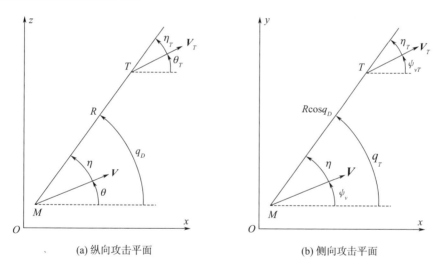

(a) 纵向攻击平面　　　　　　　　　　　　(b) 侧向攻击平面

图 6 - 3　弹体与目标的相对位置

（1）纵向攻击平面弹目相对运动方程

将弹体速度矢量、目标速度矢量及弹目视线投影至包含弹目视线的铅垂面, 为了便于分析, 令 $q_T = \psi_{vT} = \psi_v$, 可得

$$
\begin{cases}
\dfrac{\mathrm{d}R}{\mathrm{d}t} = V_T \cos(q_D - \theta_T) - V \cos(q_D - \theta) \\[2mm]
R\,\dfrac{\mathrm{d}q_D}{\mathrm{d}t} = V_T \sin(\theta_T - q_D) - V \sin(\theta - q_D)
\end{cases}
\tag{6-4}
$$

参考图 6 - 3（a）所示的几何关系, 可得纵向攻击平面内的弹目相对运动方程

$$\begin{cases} \dfrac{\mathrm{d}R}{\mathrm{d}t}=V_T\cos\eta_T-V\cos\eta \\[2mm] R\,\dfrac{\mathrm{d}q_D}{\mathrm{d}t}=V\sin\eta-V_T\sin\eta_T \\[2mm] q_D=\sigma+\eta \\[2mm] q_D=\sigma_T+\eta_T \end{cases} \qquad (6-5)$$

式中　η_T，η——目标和弹体速度矢量与弹目视线之间的夹角，相应地称为目标速度矢量前置角和弹体速度矢量前置角，其符号的定义方法为：分别以目标和弹体为原点，速度矢量逆时针转动至弹目视线为正，顺时针转动至弹目视线为负。

注：式（6-5）是在 $q_T=\psi_{vT}=\psi_v$ 的假设条件下得到的，V_T 和 V 分别为目标和弹体速度矢量在纵向攻击平面中的投影。

（2）侧向攻击平面弹目相对运动方程

将弹体速度矢量、目标速度矢量及弹目视线投影至 Oxz 平面，令 $q_D=\theta_T=\theta=0$，可得

$$\begin{cases} \dfrac{\mathrm{d}R}{\mathrm{d}t}=V_T\cos(q_T-\psi_{vT})-V\cos(q_T-\psi_v) \\[2mm] -R\,\dfrac{\mathrm{d}q_T}{\mathrm{d}t}=V_T\sin(q_T-\psi_{vT})-V\sin(q_T-\psi_v) \end{cases} \qquad (6-6)$$

参考图 6-3（b）所示的几何关系，可得侧向攻击平面弹目相对运动方程

$$\begin{cases} \dfrac{\mathrm{d}R}{\mathrm{d}t}=V_T\cos\eta_T-V\cos\eta \\[2mm] -R\,\dfrac{\mathrm{d}q_T}{\mathrm{d}t}=V\sin\eta-V_T\sin\eta_T \\[2mm] q_T=\sigma+\eta \\[2mm] q_T=\sigma_T+\eta_T \end{cases} \qquad (6-7)$$

注：式（6-7）是在 $q_D=\theta_T=\theta=0$ 的假设条件下得到的，V_T 和 V 分别为目标和弹体速度矢量在侧向攻击平面中的投影，R 为弹目距离在水平内的投影。

6.5.2　导引关系

纵向和侧向攻击平面弹目相对运动方程相类似，为 4 个方程的方程组，研究导引关系时，为了简化，常假设 V，V_T 和 σ_T（σ_T 在纵向攻击平面内表示为目标的弹道倾角 θ，在侧向攻击平面内表示为目标的弹道偏角 ψ_v）已知，R，q，σ（σ 在纵向攻击平面内表示为弹体的弹道倾角，在侧向攻击平面内表示为弹体的弹道偏角），η 和 η_T 未知，因此方程在理论上有无穷多个解，即对应了无穷多条弹道。

导引关系确定一个约束条件，即补充一个方程

$$f(R,q,\sigma,\eta,\eta_T)=0$$

基于导弹与目标之间的运动学及飞行动力学可知，导引关系在机理上可表示为基于某种策略的追踪，即通过调整导弹弹道法向（例如 σ 或 $\dot{\sigma}$）来改变导弹飞行方向，以期与目标在惯性空间相遇，所以导引关系为 σ 或 q 的约束式，表示为

$$f(q,\dot{q},\sigma,\dot{\sigma})=0 \tag{6-8}$$

取不同形式的约束方程，即对应不同的导引律。当确定此约束，刚好五个方程对应着五个未知变量，在初值确定的情况下，可唯一确定飞行导引弹道。

6.6　导引原理

进入末制导后导弹按制导律生成的导引指令飞行，虽然已开发出种类繁多、弹道特性不同的制导律，但制导律设计的依据——制导原理却极为简单，如图 6-4 所示，其中 v 为导弹飞行速度，v_T 为目标运动速度，v' 为导弹相对于目标的飞行速度，即 $v'=v-v_T$，θ 为导弹飞行弹道角，θ' 为导弹相对于目标的飞行弹道角，q 为弹目视线角，根据几何关系：

1）对于打击静止目标，制导律设计依据：将导弹飞行速度 v 调整至弹目视线 los 上，即使弹道角趋于弹目视线角，$\theta \rightarrow q$；

2）对于打击移动目标，制导律设计依据：将导弹飞行相对速度 v' 调整至弹目视线 los 上，即使相对弹道角趋于弹目视线角，$\theta' \rightarrow q$。

虽然众多学者投入大量的精力研发高质量的制导律，其本质都是通过数学的方法，设计一个过渡过程，使得相对弹道角趋于视线角，即相对速度对准弹目视线。

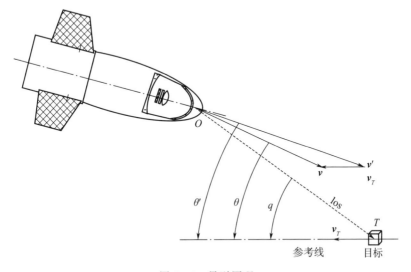

图 6-4　导引原理

6.7　追踪法

空地导弹在弹道末段大多采用自动寻的制导律，故本章主要介绍自动寻的制导律。此类制导律按弹道特性可分为：追踪法、平行接近法和比例导引法。

追踪法（通常也称速度追踪法）是最为简单的导引方法，主要应用于第一代激光制导炸弹，如宝石路 1 和宝石路 2。追踪法是指导弹在飞行过程中的速度矢量指向目标，其导弹—目标之间的相对运动关系如式（6-9）和图 6-5 所示，根据是否存在前置角可进一步分为两种：纯追踪法和前置角追踪法，纯追踪法的前置角 $\eta = 0°$，前置角追踪法的前置角 $\eta \neq 0°$，其前置角可以设置为常量或变量。

$$\begin{cases} \dfrac{\mathrm{d}R}{\mathrm{d}t} = V_T \cos\eta_T - V\cos\eta \\[3mm] R\dfrac{\mathrm{d}q}{\mathrm{d}t} = V\sin\eta - V_T\sin\eta_T \\[3mm] q = \sigma_T + \eta_T \end{cases} \qquad (6-9)$$

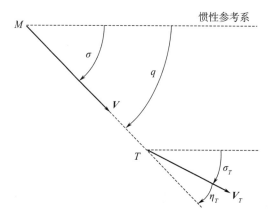

图 6-5　速度追踪法

6.7.1　追踪法解析解

对于纯追踪法，即 $\eta = 0$，假设导弹速度大小已知，目标运动速度大小及方向已知，即已知 V、V_T 和 σ_T。根据方程组（6-9），三个变量 R、q 和 η_T 未知，有三个方程，从数学上看，当给定 R、q 的初值 R_0 和 q_0 时，则可唯一确定 R、q 和 η_T 的值，即可唯一确定追踪法的导引弹道。

由方程组（6-9）的第 1 式和第 2 式，可得

$$\frac{\mathrm{d}R}{R} = \frac{V_T\cos(q-\sigma_T) - V}{-V_T\sin(q-\sigma_T)}\mathrm{d}q = \left[-\cot(q-\sigma_T) + \frac{V}{V_T}\csc(q-\sigma_T) \right]\mathrm{d}q$$

对上式积分，可得

$$\ln R + C_1 = \ln\frac{1}{\sin(q-\sigma_T)} + \ln\left[\frac{1+\cos(q-\sigma_T)}{\sin(q-\sigma_T)} \right]^{\frac{V}{V_T}} + C_2$$

根据初值条件，很容易确定相对距离 R 和视线角 q 之间的关系

$$R = \frac{R_0\sin(q_0 - \sigma_{T0})}{\tan^{\frac{V}{V_T}}\left(\dfrac{q_0 - \sigma_{T0}}{2}\right)} \frac{\tan^{\frac{V}{V_T}}\left(\dfrac{q-\sigma_T}{2}\right)}{\sin(q-\sigma_T)} \qquad (6-10)$$

设 $\dfrac{V}{V_T}$ 速度比定义为 μ ，则上式可写成如下形式

$$R = 0.5 \frac{R_0 \sin(q_0 - \sigma_{T0})}{\tan^{\mu}\left(\dfrac{q_0 - \sigma_{T0}}{2}\right)} \frac{\sin^{\mu-1}\left(\dfrac{q - \sigma_T}{2}\right)}{\cos^{\mu+1}\left(\dfrac{q - \sigma_T}{2}\right)}$$

从上式可以看出，速度追踪法的弹道特性具有以下特点：

1）当 $\mu = \dfrac{V}{V_T} < 1$ ，即 $V < V_T$ 时，R 趋于无穷大，即导弹不能击中目标；

2）当 $\mu = \dfrac{V}{V_T} = 1$ ，即 $V = V_T$ 时，当 $q_0 = \sigma_{T0}$ 时，可得 $R = R_0$ ，即导弹不能击中目标；

3）当 $\mu = \dfrac{V}{V_T} \geqslant 1$ ，即 $V \geqslant V_T$ 时，无论目标速度 σ_T 如何，理论上，要使 $R \to 0$ ，则 $q \to \sigma_T$ ，即无论初始弹目视线角大小和初始目标速度方向 σ_T 如何，最终导弹的速度与目标速度一致，即导弹永远是从目标后方尾随攻击目标。

理论上，忽略弹道末端过载的限制因素，只要导弹速度大于目标速度，追踪法都能击中目标，其弹道特性与具体导弹速度和目标速度无关，与速度比、初始弹目视线角和目标速度方向有关。

例 6 - 1 速度追踪法弹道仿真（不同目标速度方向）。

仿真条件：如图 6 - 6（a）所示，导弹速度为 $\boldsymbol{V}$ ，弹道倾角和弹目视线角为 $\theta = q = 60°$ ，目标速度的大小为 $0.5V$ ，其弹道倾角分别为 $-90°$ ，$0°$ ，$45°$ 和 $135°$ ，试采用速度追踪法仿真导引弹道，并对弹道特性进行分析。

解： 仿真结果如图 6 - 6（b）所示。

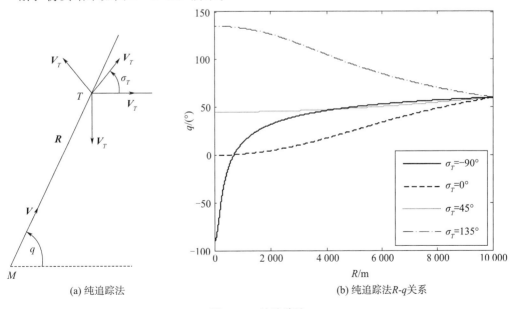

(a) 纯追踪法   (b) 纯追踪法R-q关系

图 6 - 6 纯追踪法

仿真分析及结论：

1）当速度比 $\mu=2>1$ 时，在理论上，忽略导弹的机动能力，无论目标速度方向如何，导弹都能击中目标。

2）采用纯追踪法，导引弹道末段的飞行速度方向趋于目标的速度方向，导弹总是尾随攻击目标。

3）纯追踪法弹道特性：其弹道前段比较平直，末段弹道曲率变大，随着弹目距离减小至一定距离，导引弹道曲率急剧变化，这时需要弹体提供足够强的机动性，否则造成脱靶，从这方面看，纯追踪法弹道特性较差。

4）当初始导弹速度矢量与目标速度矢量之间的夹角比较小时，纯追踪法弹道特性较佳，末段弹道变化平滑，是一种弹道特性较好的导引律。

5）采用追踪法，导弹都是尾随攻击目标，为了保证较好的打击效果，一般选择在沿着目标前进的方向投放导弹。

6.7.2　追踪法击中目标的条件及弹道特性

当初始导弹速度矢量和目标速度矢量之间的夹角较大时，追踪法会造成末段弹道曲率变大，即末段弹道过载变大，下面分析追踪法弹道的过载特性。

追踪法弹道的过载为

$$n_y=\frac{a_y}{g}=\frac{V\dot{\theta}}{g}=\frac{V\dot{q}}{g}=\frac{V}{g}\left[\frac{-V_T\sin(q-\sigma_T)}{R}\right] \tag{6-11}$$

将式（6-10）代入上式，可得

$$n_y=\frac{V\dot{q}}{g}$$

$$=\frac{-V_TV\tan^{\frac{V}{V_T}}\left(\frac{q_0-\sigma_{T0}}{2}\right)}{gR_0\sin(q_0-\sigma_{T0})}\left[\frac{\sin(q-\sigma_T)^2}{\tan^{\frac{V}{V_T}}\left(\frac{q-\sigma_T}{2}\right)}\right]$$

$$=\frac{-4V_TV\tan^{\mu}\left(\frac{q_0-\sigma_{T0}}{2}\right)}{gR_0\sin(q_0-\sigma_{T0})}\sin^{2-\mu}\left(\frac{q-\sigma_T}{2}\right)\cos^{2+\mu}\left(\frac{q-\sigma_T}{2}\right)$$

由上式可知追踪法弹道的过载特性为：

1）当 $q_0=\sigma_{T0}$，即导弹速度方向与目标速度方向一致时，全弹道过载 n_y 为 0，即导弹可以以绝对直线弹道攻击目标；

2）当速度比 $1<\mu<2$，当导弹击中目标时，其 $q=\sigma_T$，即可得弹道过载 n_y 在接近目标的过程中趋于零；

3）当速度比 $\mu=2$，当导弹击中目标时，可得弹道过载 $n_y=\dfrac{-4V_TV\tan^2\left(\frac{q_0-\sigma_{T0}}{2}\right)}{gR_0\sin(q_0-\sigma_{T0})}$，导引弹道过载 n_y 在接近目标的过程中趋于某一常值；

4）当速度比 $\mu > 2$，当导弹击中目标时，即可得弹道过载 n_y 在接近目标的过程中趋于无穷大；

5）当速度比 $\mu \to \infty$，即目标速度 $V_T \to 0$ 时，在弹道前段和中段，弹道过载 n_y 趋于零，即弹道平直；当弹目距离接近于 0 时，过载趋于无穷大；

6）当速度比 $\mu \to \infty$，即目标静止时，整个弹道过载 $n_y = 0$，即导弹以绝对直线弹道攻击目标。

由以上分析可知，当 $1 \leqslant \mu \leqslant 2$ 时，导弹在有限的法向过载下能击中目标；当 $\mu > 2$ 时，导弹法向过载趋于无穷大，考虑到导弹的姿控为有限带宽，则引起导弹较大的脱靶量。对于打击静止目标，在理论上，可以以零脱靶量击中目标；对于打击移动目标，对目标的运动速度则有一定的约束，当目标运动速度较慢时，追踪法的打击效果反而不是特别理想。

例 6 - 2　速度追踪法弹道特性分析（不同速度比）。

导弹初始条件：$X = 0$，$Y = 5\,000$ m，$V = 220$ m/s，$\theta = -78.69°$。目标初始条件：$X = 1\,000$ m，$Y = 0$ m，V_T 分别取 146.666 7 m/s、110 m/s、55 m/s 和 0 m/s。对应的速度比 μ 分别为 1.5、2.0、4.0 和无穷大（即目标静止），试仿真速度追踪法导引弹道，并对不同速度比的弹道特性进行分析。

解： 仿真结果如图 6 - 7～图 6 - 12 所示，图 6 - 7～图 6 - 10 分别为速度比 μ 为 1.5、2.0、4.0 和目标静止对应的制导弹道（图中阿拉伯数字为等时间间隔标出导弹和目标的位置），图 6 - 11 为视线高低角和弹道倾角变化曲线，图 6 - 12 为法向加速度变化曲线。

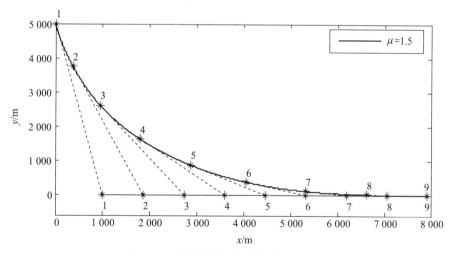

图 6 - 7　导引弹道（纯追踪法 $\mu = 1.5$）

仿真分析及结论：

1）导弹都是尾随攻击目标；

2）弹道初始段和中段的弹道弯曲程度随着速度比变大而变平直，当速度比趋于无穷大时（即目标静止），理论上导引弹道为直线；

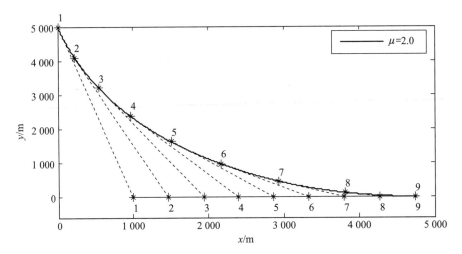

图 6 - 8　导引弹道（纯追踪法 $\mu = 2.0$）

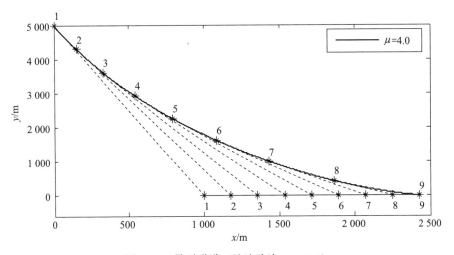

图 6 - 9　导引弹道（纯追踪法 $\mu = 4.0$）

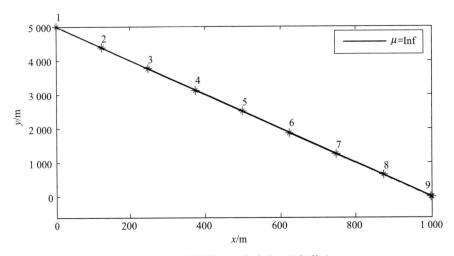

图 6 - 10　导引弹道（纯追踪法，目标静止）

3）弹道末段的弯曲程度随着速度比的增加而变大，当速度比 $1 \leqslant \mu \leqslant 2$ 时，理论上末段过载趋于 0，即弹体可以实现零脱靶量攻击。当速度比 $\mu > 2$ 时，随着 μ 的增加，弹道的初始段越平直，弹道末段越弯曲，即末段弹道需用过载急剧变大，将造成一定的脱靶量，但是攻击静止目标除外。

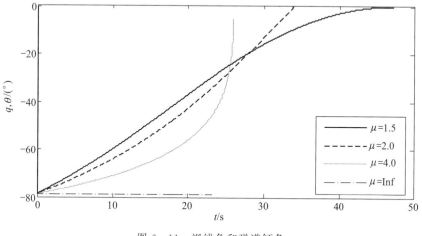

图 6 - 11　视线角和弹道倾角

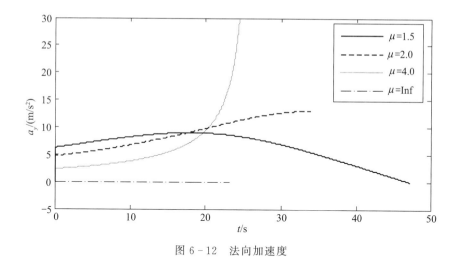

图 6 - 12　法向加速度

6.7.3　追踪法弹道的稳定性

先定义弹道的稳定性概念：当弹道受扰动后，导弹速度方向偏离弹道，当干扰消除后，导弹速度方向自动恢复至原弹道，则说明此弹道是稳定的，反之则不稳定。下面简单地介绍追踪法弹道的稳定性。

追踪法的弹目视线角速度为

$$\frac{\mathrm{d}q}{\mathrm{d}t} = -\frac{1}{R}V_T \sin\eta_T = -\frac{1}{R}V_T \sin(q - \sigma_T)$$

令 $\dfrac{\mathrm{d}q}{\mathrm{d}t}=0$，则得弹道的平衡条件为

$$q=\sigma_T\text{（尾随攻击）或 }q=\sigma_T+\pi\text{（迎头攻击）}$$

现在分尾随攻击和迎头攻击分析追踪法弹道的稳定性，如图 6-13 所示。

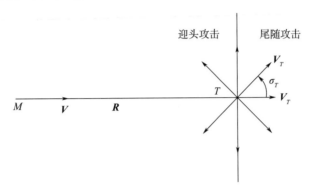

图 6-13　追踪法尾随攻击和迎头攻击

6.7.3.1　尾随攻击

对于尾随攻击，追踪法弹道的平衡条件为

$$q=\sigma_T$$

假设弹道受扰动，弹目视线角由 q 增加至 $q+\Delta q$，$\Delta q>0$，由 Δq 产生的弹目视线角速度为

$$\Delta\frac{\mathrm{d}q}{\mathrm{d}t}=-\frac{1}{R}V_T\left[\sin(q+\Delta q-\sigma_T)-\sin(q-\sigma_T)\right]$$

$$\approx-\frac{1}{R}V_T\left[\sin(q-\sigma_T)+\cos(q-\sigma_T)\Delta q-\sin(q-\sigma_T)\right]$$

$$\doteq-\frac{1}{R}V_T\Delta q<0$$

由干扰引起的弹目视线角速度增量为 $\Delta\dfrac{\mathrm{d}q}{\mathrm{d}t}<0$，将使导弹速度恢复至受扰弹道前的状态，即尾随攻击追踪法弹道为稳定。

6.7.3.2　迎头攻击

对于迎头攻击，追踪法弹道的平衡条件为

$$q=\sigma_T+\pi$$

假设弹道受扰动，弹目视线角由 q 增加至 $q+\Delta q$，$\Delta q>0$，由 Δq 产生的弹目视线角速度为

$$\Delta\frac{\mathrm{d}q}{\mathrm{d}t}=-\frac{1}{R}V_T\left[\sin(q+\Delta q-\sigma_T)-\sin(q-\sigma_T)\right]$$

$$\approx-\frac{1}{R}V_T\left[\sin(q-\sigma_T)+\cos(q-\sigma_T)\Delta q-\sin(q-\sigma_T)\right]$$

$$\doteq\frac{1}{R}V_T\Delta q>0$$

由干扰引起的弹目视线角速度增量为 $\Delta \dfrac{\mathrm{d}q}{\mathrm{d}t} > 0$，将使导弹速度偏离受扰弹道前的状态，即迎头攻击追踪法弹道为不稳定。

由追踪法弹道的稳定特性，要求追踪法实行尾随攻击。

6.7.4　追踪法工程实现

追踪法是一种古老的导引方法，在工程技术上实现较简单，使 $\varepsilon = q - \sigma \to 0$，即控制导弹飞行速度方向与弹目视线一致即可。

在数学上，追踪法只需提供速度矢量和弹目视线之间的夹角，即 σ 和 q 之差。在工程上，对于装备惯性制导设备的制导武器，可以利用弹体的惯性导航参数（位置和速度）和目标的位置解算得到 σ 和 q（只适用于攻击静止目标）。对于无装备惯性制导设备的制导武器，通常在弹头部分安装一个风标装置，在风标装置内安装一个目标位标器，要求目标位标器和风标装置同轴，风标装置指向导弹速度方向（实际上是弹体空速方向，而不是地速方向），当目标偏离风标装置指向时，即导弹速度矢量偏离弹目视线，形成制导指令，通过姿控系统调整弹体姿态使速度矢量和弹目视线一致，实现速度追踪法。

6.7.5　追踪法的优缺点及应用

导引律按输入量的特性可分为基于角度的导引法和基于角速度的导引法两大类，追踪法是最简单的导引方法，属于基于角度的导引法，其优点：1）只需测量导弹速度和弹目视线之间的夹角即可实现追踪法；2）不需要测量视线角速度。存在严重的缺点：1）其绝对速度方向始终指向目标，相对速度方向变化总是滞后于弹目视线的变化，总是追踪目标，从目标后方攻击目标，不能实现全向攻击目标；2）在弹道末段，如果目标运动速度与弹目视线方向不一致，追踪法弹道会严重弯曲，打击效果较差；3）在理论上，只有导弹与目标飞行速度比 $1 \leqslant \mu \leqslant 2$，制导弹道末端的过载才趋于 0，才能实现零脱靶量攻击目标。故追踪法只适用于打击以一定速度运动的目标或静止目标；4）对于采用风标装置的导引头，风标指向弹体空速方向，由于导弹在飞行过程中，受到气流不稳定的干扰，风标指向并不稳定，伴随着较大量级的扰动及噪声，即使采用一定的处理措施，其制导精度也不是很高。

传统的激光半主动空地制导炸弹常采用此类导引律，适用于攻击一定运动速度或静止的目标，考虑到追踪法弹道的稳定性，追踪法只适用于尾随攻击目标，即当导弹速度方向与目标速度方向较一致时，能较好地发挥追踪法的优点。

另一种追踪法为姿态追踪法，即要求弹体的纵轴始终指向目标，需要测量弹体纵轴与视线之间的夹角 ε。对于装备惯性制导设备的制导武器，可以直接利用惯性导航输出的姿态信息以及间接利用弹体和目标的位置解算得到 q（只适用于攻击静止目标）；对于无装备惯性导航设备的制导武器，通常需用捷联导引头测量此夹角 ε，姿态追踪法使 $\varepsilon \to 0$，此方法目前应用较少。

6.7.6　追踪法的改进形式

按照导弹—目标之间的运动学关系，引导弹道不外乎两种，即纯追踪法和前置追踪法，纯追踪法指在整个飞行过程中，导弹的速度始终指向目标；前置追踪法指在导弹攻击目标的过程中，导弹的速度矢量方向跟弹目视线间存在一定的角度，也可以将后续介绍的平行接近法和比例导引法视为前置追踪法。

纯追踪法是一种简单的、在工程上很容易实现的导引方法，当应用其攻击运动目标时，总是尾随攻击，弹道特性较差，不能实现全向攻击，另外对导弹和目标的速度比提出约束，理论上只有速度比在 $1\sim2$ 之间，才能较好地对机动目标实行攻击，在实际应用中，也提出追踪法的改进形式，即前置追踪法。

前置追踪法按前置角的变化规律可分为常值前置追踪法和变前置追踪法。

6.7.6.1　常值前置追踪法

常值前置追踪法的示意图如图 6-14 所示，即速度矢量并不指向目标，而是与弹目视线保持一个常值前置角。理论上，保持一个前置角（导弹的前置角与目标前置角方向一致）可在较大程度上改善导弹导引弹道的特性，使导引弹道有一个预判能力，弹道相对平直。

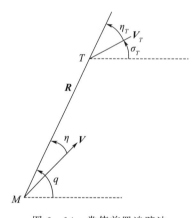

图 6-14　常值前置追踪法

由图 6-14 可知：当前置角由 0 变大时，导弹—目标的相对弹道由弯曲逐渐往平直变化；当前置角增大至某值时，导弹—目标的相对弹道则变为直线；当前置角大于某值时，则导致导弹在末端迎头攻击目标，造成较大的脱靶量。

当采用纯追踪法时，由目标运动引起的弹目视线角速度为

$$R\frac{\mathrm{d}q}{\mathrm{d}t}=-V_T\sin\eta_T$$

当采用常值前置追踪法时：弹目视线角速度为

$$R\frac{\mathrm{d}q}{\mathrm{d}t}=V\sin\eta-V_T\sin\eta_T$$

为了确保追踪法是尾随攻击目标，采用前置追踪法引起的弹目视线角速度应与只考虑目标运动引起的弹目视线角速度一致，假设只考虑目标运动引起的弹目视线角速度小于 0，则要求 $R \dfrac{\mathrm{d}q}{\mathrm{d}t} = V \sin\eta - V_T \sin\eta_T \leqslant 0$，即可得

$$\eta \leqslant \arcsin\left(\frac{V_T}{V}\sin\eta_T\right) = \arcsin\left(\frac{1}{\mu}\sin\eta_T\right)$$

此式即为前置角的大小范围。

例 6-3　常值前置追踪法弹道特性分析（不同前置角）。

导弹初始条件：$X = 0, Y = 5\,000$ m，$V = 220$ m/s。目标初始条件：$X = 1\,000$ m，$Y = 0, V_T = 110$ m/s。试仿真常值前置追踪法导引弹道，并对不同常值前置角情况下的弹道特性进行分析。

解： 仿真结果如图 6-15～图 6-20 以及表 6-1 所示。图 6-15～图 6-18 分别为常值前置角为 0°（纯追踪法）、$-7.095\,2°$、$-14.190\,4°$ 和 $-21.285\,6°$ 时对应的导引弹道，图 6-19 为弹道倾角变化曲线，图 6-20 为法向加速度变化曲线，表 6-1 列出了常值前置角为 0°（纯追踪法）、$-7.095\,2°$、$-14.190\,4°$ 和 $-21.285\,6°$ 时对应的导引弹道末端加速度及脱靶量。

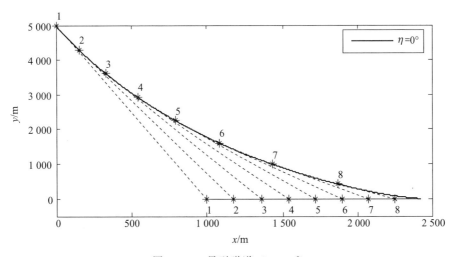

图 6-15　导引弹道（$\eta = 0°$）

仿真分析及结论：

1）当速度比 $\mu = 2$ 时，其弹道特性大多较差，在弹道末端，需用过载趋于很大，弹道特性不佳；

2）当前置角 $\eta \leqslant \arcsin\left(\dfrac{V_T}{V}\sin\eta_T\right)$、速度比 $\mu = 2$ 时，假设导弹可用过载无限大，则导弹可以击中目标，导弹的导引弹道随着前置角变大而变得平直，弹道特性也趋于合理；

3）当前置角 $\eta > \arcsin\left(\dfrac{V_T}{V}\sin\eta_T\right)$、速度比 $\mu = 2$ 时，导弹不能击中目标，如图 6-

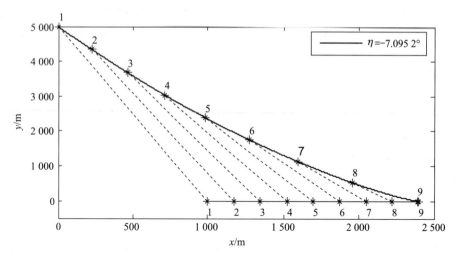

图 6 - 16　导引弹道（$\eta = -7.095\,2°$）

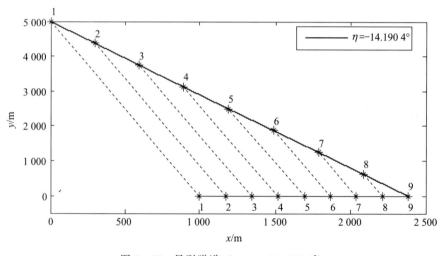

图 6 - 17　导引弹道（$\eta = -14.190\,4°$）

18 和表 6 - 1 所示；

　　4）当前置角 $\eta = \arcsin\left(\dfrac{V_T}{V}\sin\eta_T\right)$，则导引弹道平直，可保证弹目视线平行移动。

　　另外，结合理论分析和大量的仿真，对于常值前置追踪法来说，其弹道特性还有如下特点：

　　1）对于静止目标，要使前置角为 0，否则会产生脱靶量；

　　2）当前置角 $\eta \leqslant \arcsin\left(\dfrac{V_T}{V}\sin\eta_T\right)$，速度比 $\mu > 2$ 时，导引弹道都是尾随攻击，在导弹接近目标时，其弹目视线角速度迅速增大，引起弹道末端的过载趋于无穷大，容易引起脱靶量，如图 6 - 21 所示；

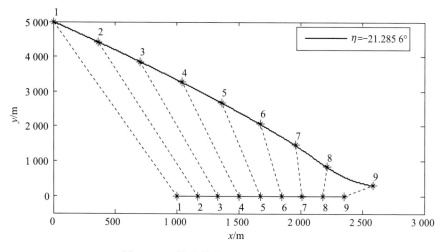

图 6-18　导引弹道（ $\eta = -21.285\ 6°$ ）

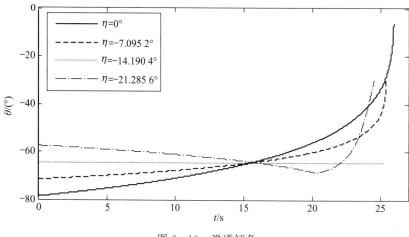

图 6-19　弹道倾角

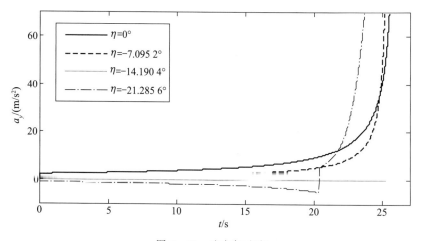

图 6-20　法向加速度

表 6 - 1　前置追踪法弹道的终端情况

弹道	弹目视线角/(°)	弹道倾角/(°)	加速度/(m/s²)	脱靶量/m
$\eta = 0°$	-5.4	-6.4	1 563	0.082
$\eta = -7.095\ 2°$	-30.0	-36.4	1 465	0.082
$\eta = -14.190\ 4°$	-78.7	-64.5	0	0.0
$\eta = -21.285\ 6°$	-51.1	-29.9	99.7	385

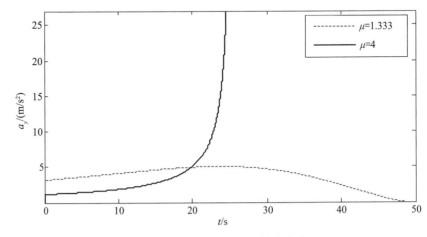

图 6 - 21　法向加速度（不同速度比）

3）当前置角 $\eta \leqslant \arcsin\left(\dfrac{V_T}{V}\sin\eta_T\right)$，速度比 $1 \leqslant \mu \leqslant 2$ 时，弹道过载在末段趋于零，如图 6 - 21 所示，弹道特性较佳，并且随着前置角的增加，弹道特性趋于改善；

4）对于前置角 $\eta = \arcsin\left(\dfrac{V_T}{V}\sin\eta_T\right)$，速度比 $1 \leqslant \mu \leqslant 2$，整个弹道过载都为零，弹道为平直。

虽然常值前置追踪法在速度比 $1 \leqslant \mu \leqslant 2$ 的条件下，只要前置角合理 $\left[\eta \leqslant \arcsin\left(\dfrac{V_T}{V}\sin\eta_T\right)\right]$，可以改善弹道特性，但是在工程上却较难应用，其原因：

1）很难确定合理的前置角，如果前置角过大，则引起末端弹道特性急剧恶化，引起脱靶；

2）对于空地导弹而言，如果打击移动目标，通常其速度比 $\mu \gg 2$。

6.7.6.2　变前置追踪法

从理论上，变前置追踪法的导引弹道有无穷多种，工程上也提出一种导引弹道特性较好的变前置追踪法，其前置角的大小跟弹目视线角速度成比例，其导引关系式为

$$\sigma = q + \eta , \ \eta = K\frac{\mathrm{d}q}{\mathrm{d}t}$$

即当目标机动或导弹自身加速等因素产生弹目视线角速度变化时，则导引律自动产生一个前置角，抑制弹目视线的转动，以使导弹—目标相对运动速度方向与弹目视线方向一致。

6.7.6.3　应用

随着科技的发展，空地导弹的一个发展方向是低成本及小型化或微型化，越来越多的空地导弹采用捷联式导引头。由于捷联式导引头输出为视线角度信息，故追踪法或改进追踪法获得一定的应用。

6.8　平行接近法

平行接近法指导弹在飞行过程中，弹目视线的方向在空间保存不变，其导弹—目标之间的相对运动关系如方程组（6-5）和图 6-22 所示，其导引关系式为

$$\varepsilon = \frac{\mathrm{d}q}{\mathrm{d}t} = 0 \tag{6-12}$$

对上式进行积分，即可得平行接近法导引关系式的另一种写法

$$\varepsilon = q - q_0 = 0$$

式中　q_0——初始弹目视线角。

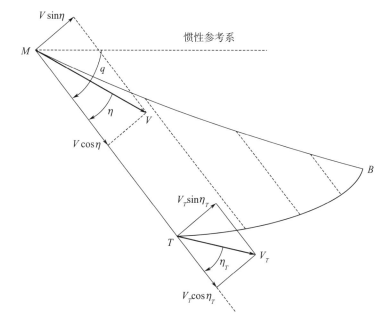

图 6-22　平行接近法

由方程组（6-5）第 2 式和式（6-12）或弹目运动关系图，可得

$$V\sin\eta = V_T\sin\eta_T \tag{6-13}$$

即平行接近法的特点为：导弹速度矢量和目标速度矢量在垂直于弹目视线的方向上的投影相等。

理论上，平行接近法可等价成前置角追踪法，前置角为

$$\eta = \arcsin\left(\frac{V_T}{V}\sin\eta_T\right)$$

当导弹速度、目标速度及方向恒定时，前置角也恒定，即导弹的速度矢量方向恒定，法向过载为0（假设为侧向攻击平面）；当目标轴向机动和法向机动时，导弹的前置角也发生相应的变化，以抑制弹目视线在空间的转动。

6.8.1　平行接近法弹道过载特性

由式（6-13），可得

$$V\cos\eta\dot\eta = V_T\cos\eta_T\dot\eta_T$$

由 $q = \eta_T + \sigma_T = \eta + \sigma$ ，可得

$$\frac{\mathrm{d}\eta_T}{\mathrm{d}t} = -\frac{\mathrm{d}\sigma_T}{\mathrm{d}t}，\frac{\mathrm{d}\eta}{\mathrm{d}t} = -\frac{\mathrm{d}\sigma}{\mathrm{d}t}$$

导弹和目标飞行法向加速度分别为

$$a = V\dot\theta = V\frac{\mathrm{d}\sigma}{\mathrm{d}t} = -V\frac{\mathrm{d}\eta}{\mathrm{d}t}，a_T = V_T\dot\theta_T = V_T\frac{\mathrm{d}\sigma_T}{\mathrm{d}t} = -V_T\frac{\mathrm{d}\eta_T}{\mathrm{d}t}$$

即

$$\frac{a}{a_T} = \frac{V\dfrac{\mathrm{d}\eta}{\mathrm{d}t}}{V_T\dfrac{\mathrm{d}\eta_T}{\mathrm{d}t}} = \frac{\cos\eta_T}{\cos\eta} < 1$$

上式即为平行接近法弹道的过载特性，由此可知：

1）只要导弹的飞行速度大于目标飞行速度，导弹的导引弹道过载总是小于目标运动轨迹过载，即导弹的导引弹道弯曲程度比目标的弹道弯曲程度要小；

2）随着导弹—目标速度比的增加（即导弹 V 变大、目标 V_T 变小或导弹 V 变大同时目标 V_T 变小），导弹飞行需用过载减小，导弹的导引弹道趋于平直；

3）对于静止目标，导弹的导引弹道为一条直线，即需要过载为0，在理论上，平行接近法完全与追踪法一致。

平行接近法的弹道特性可视为比例导引法的一种极限情况，即导引系数趋于无穷大时比例导引法的弹道特性（比例导引法将在6.9节中加以介绍），也等价于变前置追踪法的弹道特性，其前置角 $\eta = \arcsin\left(\dfrac{V_T}{V}\sin\eta_T\right)$ 。

6.8.2　平行接近法优缺点及应用

平行接近法就导引弹道的特性而言，是一种性能最佳的导引方法，其弹道最为平直，在弹道末段，需用过载最小，即可留有更多的机动裕度，来克服目标机动产生的扰动。其优点：1）导弹飞行过载总是小于目标飞行过载，这在很大程度上提高了导弹命中目标的概率；2）如果导弹和目标飞行速度恒定，则导弹—目标的相对运动为一条平直线，导弹的绝对弹道较为平直，即整个攻击弹道过载较小；3）导弹可实现全向攻击。其缺点：从理论上，需要实时测量导弹和目标的速度矢量（即速度大小及前置角），但基于现有的导引量测设备，较难测量目标的速度和前置角。

平行接近法基于目前的技术，较难克服其缺点，据公开的文献资料看，还没有一款制导武器实现了平行接近法导引律。

6.9　比例导引法

比例导引法是自动寻的制导律中最重要的一种，该制导律是使导弹速度矢量的转动角速度（或弹道法向过载）与弹目视线的转动角速度成正比。其特点是：制导武器跟踪目标时，若发现弹目视线的任何转动，总是使导弹朝着减小弹目视线角速度的方向运动，抑制弹目视线的转动，使导弹的相对速度方向对准弹目视线，力图使导弹以较平直的弹道飞向目标。绝大多数现代导弹都配置能测量弹目视线角速度或角度的导引设备，故采用比例导引法可以获得弹道特性较好的导引弹道，在工程使用上，比例导引法的导引精度高，广泛应用于各种制导武器的末制导。

6.9.1　比例导引法简介

比例导引法是指导弹在飞行过程中速度矢量 $\boldsymbol{V}$ 的转动角速度与弹目视线的转动角速度成比例的一种导引方法，如图 6-23（a）所示，其相对运动方程为方程组（6-5），导引关系式如式（6-14）所示

$$\varepsilon = \frac{\mathrm{d}\sigma}{\mathrm{d}t} - K\frac{\mathrm{d}q}{\mathrm{d}t} \qquad (6-14)$$

根据方程组（6-5）和式（6-14），可得

$$\frac{\mathrm{d}\eta}{\mathrm{d}t} = (1-K)\frac{\mathrm{d}q}{\mathrm{d}t}$$

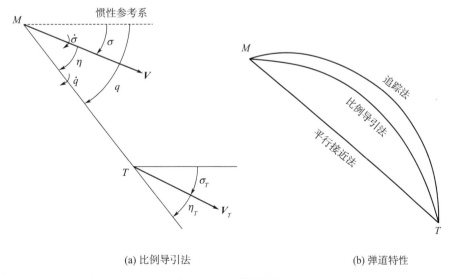

(a) 比例导引法　　　　　　　　(b) 弹道特性

图 6-23　比例导引法

　　其中 K 称为导引系数，也称为导航比，其值大小直接关系到导引弹道的特性。当 $K=1$，$\eta=0$ 时，比例导引法变成纯追踪法；当 $K=1$，$\eta\neq0$ 时，比例导引法变成前置角追踪法；当 $K=+\infty$ 时，比例导引法变成平行接近法。按导引弹道的特性，比例导引法是介于追踪法和平行接近法的一种导引方法，其弹道特性也介于平行接近法和追踪法之间，如图 6-23（b）所示。

　　比例导引法弹道的特点：弹道前段比较弯曲，充分利用导弹的初始机动能力，弹道后段比较平直，可使全弹道的过载合理分布，实现全向攻击，但在命中目标时的需用过载与弹道末段的目标机动和弹体的轴向加速度直接相关。

　　例 6-4　速度追踪法、比例导引法和平行接近法弹道仿真

　　导弹初始条件：$X=0$，$Y=5\,000$ m，$V=220$m/s，$\theta=-78.69°$。目标初始条件：$X=1\,000$ m，$Y=0$ m，$V_T=110$ m/s，$\theta_T=0.0°$。分别基于速度追踪法、比例导引法和平行接近法仿真导引弹道，并对弹道特性进行分析。

　　解：仿真结果如图 6-24～图 6-29 所示，图 6-24（a）为追踪法导引弹道（图中阿拉伯数字为等时间间隔标出导弹和目标的位置），图 6-24（b）为比例导引法（$K=2$）导引弹道，图 6-25（a）为比例导引法（$K=4$）导引弹道，图 6-25（b）为平行接近法导引弹道。图 6-26 为追踪法高低角、弹道倾角和法向加速度随时间变化曲线，图 6-27 为比例导引法（$K=2$）高低角、弹道倾角和法向加速度随时间变化曲线，图 6-28 为比例导引法（$K=4$）高低角、弹道倾角和法向加速度随时间变化曲线，图 6-29 为平行接近法高低角、弹道倾角和法向加速度随时间变化曲线。

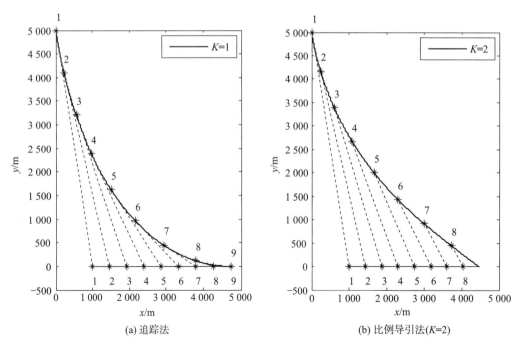

(a) 追踪法　　　　　　　　　　　　　(b) 比例导引法(K=2)

图 6-24　导引弹道

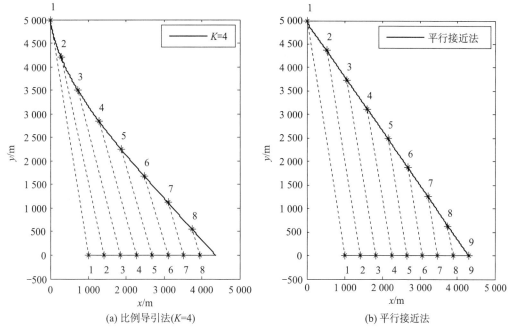

(a) 比例导引法($K=4$)　　　(b) 平行接近法

图 6-25 导引弹道

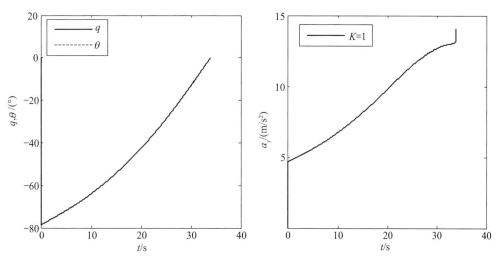

图 6-26 高低角、弹道倾角和法向加速度（追踪法）

仿真分析及结论：

1）对于此例的仿真条件，三种导引法都能击中目标。

2）追踪法的弹道最为弯曲，比例导引法次之（弹道弯曲程度随着导引系数的增加而减弱），平行接近法弹道为直线；就攻击目标所飞行的距离而言，追踪法最大，比例导引法次之，平行接近法最短。

3）追踪法总绕到目标后方攻击，法向过载随着时间的推移慢慢变大，在命中点附近

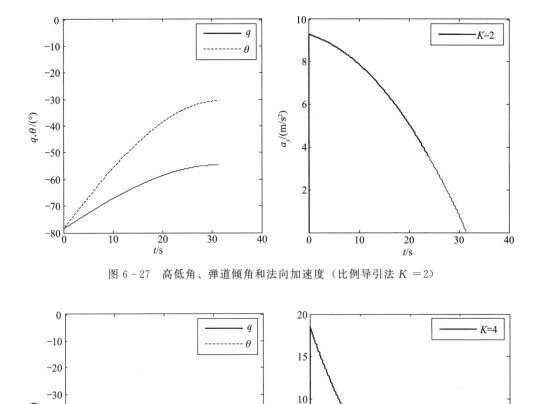

图 6-27　高低角、弹道倾角和法向加速度（比例导引法 $K=2$）

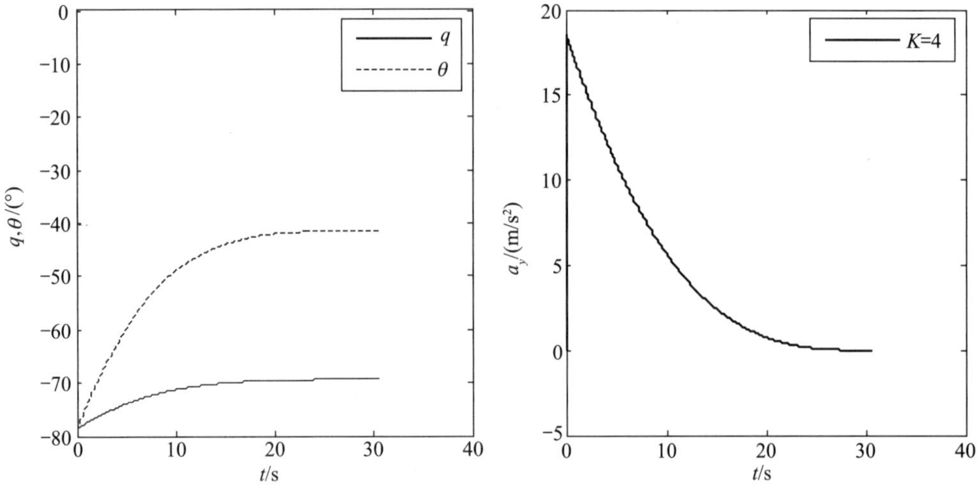

图 6-28　高低角、弹道倾角和法向加速度（比例导引法 $K=4$）

弹道较弯曲，受极限法向过载限制，不能实现全向攻击，一种改善追踪法弹道特性的方法就是采用追踪法的改进形式。

4）平行接近法弹道特性品质最佳，弹道前段需用过载较大，末段需用过载较小，可以实现全向攻击。

5）在弹道前段，追踪法的过载最小，比例导引法次之，平行接近法最大；在弹道末段，追踪法的过载最大，比例导引法次之，平行接近法最小。

6）就弹目视线在制导过程中的变化范围而言，追踪法变化最大，比例导引法变化次之，比例导引法的弹目视线变化范围随比例导引系数的增加而减小，平行接近法的弹目视线保持不变。

7）在工程实现上，追踪法要求速度方向与弹目视线重合才能击中目标，其应用较少，

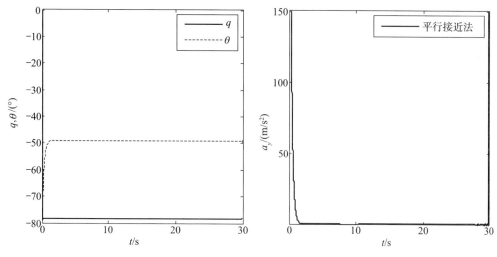

图 6 - 29　高低角、弹道倾角和加速度（平行接近法）

随着捷联式导引头的应用越来越多，追踪法或其改进型逐渐得到更多的应用；比例导引法要求制导设备输出视线角速度（导引头测量输出或依据弹目的位置和速度信息计算得到），在工程上很容易实现；平行接近法要求弹上制导设备实时精确测量导弹、目标速度以及前置角，并严格保证平行接近运动关系，在工程上很难实现。

　　理论上，速度追踪法、姿态追踪法、比例导引法和平行接近法都适于攻击静止目标，以弹道特性而论，平行接近法最佳，比例导引法次之，追踪法最差。实现各种导引方法所需的弹上量测设备有所不同。比例导引法和平行接近法适用于攻击移动目标，而追踪法（速度比超出 [1，2] 范围时）攻击移动目标时会造成较大的脱靶量。

　　由于比例导引法弹道特性较好（弹道特性可通过导引系数调整），所需的制导设备也为常用的设备，故大多现役的和正在研发的战术导弹大多采用比例导引法或修正比例导引法。故在本章剩余的章节重点介绍比例导引法及修正比例导引法。

6.9.2　比例导引法分类

　　根据比例导引法最原始的定义，其制导律为

$$\dot{\sigma} = \dot{\theta} = K\dot{q} \tag{6-15}$$

即导弹速度矢量的旋转角速度是弹目视线角速度的 K 倍。而结合工程应用，制导律希望得到指令加速度，即

$$a_c = KV\dot{q}$$

　　指令加速度的作用方向和大小是影响导引弹道特性的重要因素，据此，比例导引法大致分为理想比例导引法、纯比例导引法、偏置比例导引法、真比例导引法、改进真比例导引法、广义比例导引法、增广比例导引法等。

（1）理想比例导引法

指令加速度方向垂直于弹目相对速度矢量，其大小正比于相对速度与弹目视线角速度，其目的是使导弹—目标之间的相对速度方向与弹目视线一致，如图 6 - 30（a）所示，写成矢量的形式

$$\boldsymbol{a}_c = K \Delta \boldsymbol{V} \times \dot{\boldsymbol{q}}$$

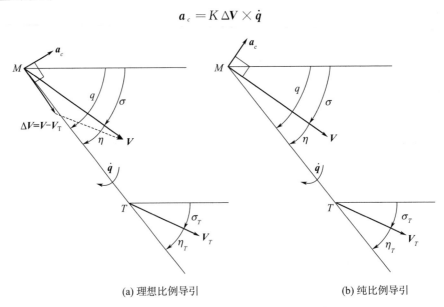

(a) 理想比例导引　　　　　　　　　　(b) 纯比例导引

图 6 - 30　理想比例导引法和纯比例导引法

（2）纯比例导引法

由于在工程上，较难对目标的速度大小和方向进行估计，加之导弹速度在较大程度上大于目标速度，故在理想比例导引法的基础上提出纯比例导引法，其指令加速度方向垂直于弹体的速度矢量，其大小正比于弹体的速度大小和弹目视线角速度，如图 6 - 30（b）所示，写成矢量的形式

$$\boldsymbol{a}_c = K \boldsymbol{V} \times \dot{\boldsymbol{q}}$$

工程上，常写成标量的形式

$$a_c = K V \dot{q}$$

式中　V ——导弹速度在导引平面内的投影。

（3）偏置比例导引法

偏置比例导引法主要是在纯比例导引法的基础上，在弹目视线角速度的项里补充一个常值的视线角速度或随某种变量变化的视线角速度项。这种方法在某种情况下可获得较佳的弹道特性，即减弱纯比例导引法在视线角速度存在较大噪声时的导引特性，其表达式为

$$a_c = K V (\dot{q} - \dot{q}_b) \quad , K \geqslant 2$$

式中　$\dot{q}_b$ ——视线角速度偏差量，当其值为 0 时，偏置比例导引法就退化为纯比例导引法。

（4）真比例导引法

指令加速度方向垂直于弹目视线，其大小正比于弹目视线角速度和导弹速度的乘积，如图 6 - 31（a）所示，写成标量的形式

$$a_c = KV\dot{q}$$

（5）改进真比例导引法

指令加速度方向垂直于弹目视线，其大小与弹目视线角速度和弹目接近速度的乘积成比例，如图 6 - 31（b）所示，写成标量的形式

$$a_c = K\left|\Delta \boldsymbol{V}\right|\dot{q}$$

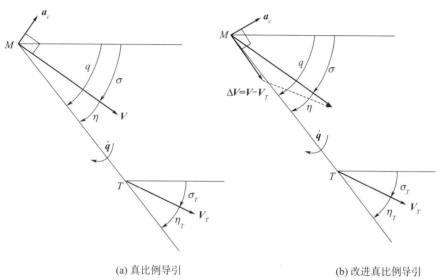

　　　　　（a）真比例导引　　　　　　　　　　　（b）改进真比例导引

图 6 - 31　真比例导引法和改进真比例导引法

（6）广义比例导引法

指令加速度方向与弹目视线存在一个固定偏角的方向垂直，其大小正比于弹目视线角速度和导弹速度之积，即

$$a_c = KV\dot{q}$$

（7）增广比例导引法

在比例导引法的基础上，增加一个对目标加速度的估计项，不同的目标加速度估计演变出不同的增广比例导引法形式，此导引律主要用于攻击机动目标。

上述众多比例导引法按特性又可归为三类：1）纯比例导引法：导弹加速度方向垂直于导弹速度方向；2）真比例导引法：导弹加速度作用方向垂直于弹目视线；3）增广比例导引法：在比例导引法的基础上增加对目标机动的补偿项和导弹自身轴向加速度的补偿项，根据补偿项的不同，演变出众多的不同的增广比例导引法，许多现代比例导引法或终端约束比例导引法都可归类于增广比例导引法。

另外，为了改善比例导引法弹道的特性，工程上有一些改进方法，提出了：1）积分型比例导引法；2）PID 型比例导引法；3）LQG 最优导引律等。下面介绍工程上常用的

积分型比例导引法。

比例导引法属于视线角速度型的导引方法，对比例导引法基本方程 $\dot{\sigma}=\dot{\theta}=K\dot{q}$ 两边进行积分，即可得到积分型比例导引法的表达式

$$\theta_c = Kq + \theta_0 - Kq_0 \tag{6-16}$$

式中　　θ_c——指令速度矢量角（在纵向平面内指弹道倾角，在水平平面内指弹道偏角）；

　　　　θ_0, q_0——进行积分比例导引法时初始时刻的速度矢量角和弹目视线角。

由上式可看出：积分型比例导引法也可视为追踪法的一个变形。

积分型比例导引法还有一个变形形式，称为近似积分型比例导引法，表达式为

$$\vartheta_c = Kq + \sigma_0 - Kq_0 \tag{6-17}$$

式中　　ϑ_c——指令姿态角。

积分型比例导引法属于基于视线角度的制导方法（相对于比例导引法是基于视线角速度的制导方法而言），可以与姿态角控制回路或弹道角控制回路相配合使用。但在工程上，纵向控制回路和侧向控制回路大多采用加速度控制，则需要对式（6-16）进行处理。

假设 t 时刻的弹道倾角为 $\theta(t)$，则积分型比例导引法的法向加速度指令为

$$a_c = V\frac{\theta_c - \theta(t)}{t_{\text{span}}} \tag{6-18}$$

式中　　t_{span}——时间跨度变量，用于将弹道倾角转换为弹道倾角变化率。

使用积分型比例导引法需要注意：

1）需要确定积分型比例导引法的初始速度矢量角和弹目视线角，如果此两角的初始值存在误差，则在较大程度上影响其后制导弹道的走势，但对制导精度的影响有限，特别是对于末制导时间较长的弹道。

2）导引系数可设定为常值，取值 2～8，需要综合各种因素确定导引系数，以获得较佳的弹道特性。在工程上，导引系数也可以设置为弹目距离的线性函数，为了减弱初始速度矢量角和弹目视线角对弹道的影响，可将初始段的导引系数设置为较小值，接近目标时取较大值，不过指令速度矢量角 θ_c 的表达式较为复杂。

3）如基于积分型比例导引法求取法向加速度指令，对于纵向制导平面，还需补偿重力对弹道的影响。

4）对于某些串联型的复合制导，如"比例导引＋积分比例导引"，在比例导引法切换至积分比例导引法时，由于积分比例导引法的指令从比例导引法末端的弹道角重新开始，这样切换点前后存在较大的指令突变，如图 6-32 和图 6-33 所示，这在较大程度上影响弹道特性，所以需要在切换点后补偿切换点前的比例导引法指令。

利用式（6-18）将弹道倾角指令转换为加速度指令，其方法在理论上存在一定的缺陷，主要表现为：很难确定时间跨度变量的大小，工程上只能采用试凑法。其弹道特性较差，表现为四个方面：

1）对某一特定弹道，相对于比例导引弹道，积分型比例导引弹道的特性较差，特别是在导引头输出视线角存在较大噪声以及常值偏差的情况下，其弹道特性更差。

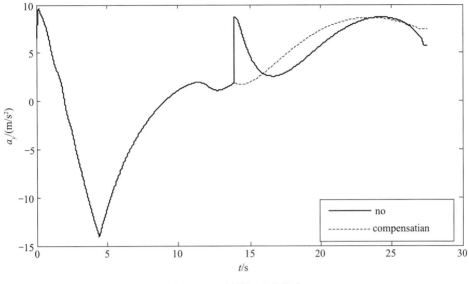

图 6 - 32　制导加速度指令

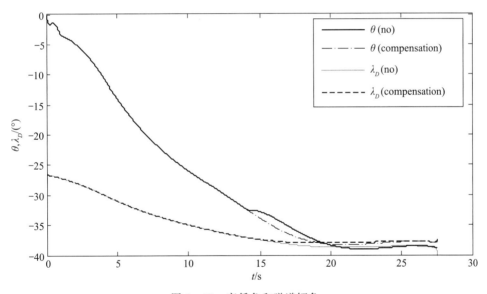

图 6 - 33　高低角和弹道倾角

2）对于整个投弹包络的弹道，相对于比例导引法，积分型比例导引法的适应能力较差，在某些投弹条件下，弹道特性较差。

3）此方法由于弹道特性较差，适用于打击静止目标（在某种较恶劣条件下则会产生较大的制导误差），不太适用于打击移动目标。

4）积分型比例导引法的弹道特性受姿控品质影响较大，两者耦合严重，即导引弹道较为弯曲，而姿控受约束于控制回路带宽，不能高品质地跟踪快速变化的弹道，反过来进一步使导引弹道的弹道特性变差。

6.9.3　比例导引法解析解

设计比例导引法弹道时，常假设导弹速度 V 和目标运动（V_T 和 σ_T）已知，弹目相对运动方程 [见方程组（6-5）] 和导引关系式 [见式（6-15）] 等五个方程确定了比例导引法弹道，即这五个方程包含五个变量，R、η、q、σ 和 K，方程有唯一解。但一般难以获得解析解，只有在某种假设下，才能获得解析解。

假设目标静止，即 $V_T=0$，$\eta_T=0$，导弹匀速运动，即 $V=\text{const}$，并假设 $K=2$，根据方程式（6-5）可得

$$\frac{\mathrm{d}R}{R\,\mathrm{d}\eta}=-\frac{V_T\cos\eta_T-V\cos\eta}{V\sin\eta-V_T\sin\eta_T}=\cot\eta \tag{6-19}$$

即得

$$R=\frac{R_0}{\sin\eta_0}\sin\eta$$

即可得

$$q=-\arcsin\left(R\,\frac{\sin\eta_0}{R_0}\right)+q_0+\eta_0 \tag{6-20}$$

当 $K\neq2$ 时，弹目距离和前置角之间的关系确定如下

$$q=-\frac{1}{K-1}\arcsin\left[\sin(\eta_0)\left(\frac{R}{R_0}\right)^{K-1}\right]+q_0+\frac{1}{K-1}\eta_0$$

例 6-5　比例导引法解析解。

导弹初始条件 $X=0$，$Y=3\,000$ m，$V=220$ m/s，$\theta=-20.557\,7°$。目标初始条件 $X=8\,000$ m，$Y=0$，$V_T=0.0$ m/s。导引系数 K 分别为 1.5，2，4，8，依据比例导引法解析解求解弹目距离与视线角之间的关系，并分析其特性。

解：根据导弹和目标的初始条件可得

$$R_0=8\,544 \text{ m}$$

仿真结果如图 6-34 所示。

仿真分析及结论：

1）当 $K=1.5\leqslant2$ 时，弹目视线角速度 $\dot{q}$ 随着弹目相对距离 R 的减小而增大，即在整个弹道中，弹体加速度越来越大，在命中目标点处达到最大值。

2）当 $K=2$ 时，弹目视线角速度 $\dot{q}$ 不随弹目相对距离 R 而变化 [取决于初始前置角，如式（6-20）所示]，即在整个弹道过程中，弹体加速度变化很小，几乎为恒值。

3）当 $K=4$，8 时，弹目视线角速度 $\dot{q}$ 在弹道前段变化很快，对应着法向过载较大，而且随着 K 变大，其法向过载变大；在弹道末段，q 维持不变，$\dot{q}$ 趋于 0，即弹道末段过载为 0（只针对静止目标），K 值越大，$\dot{q}$ 越早趋于 0，末段导引弹道的特性越好，可以留有更多的机动裕度，以克服目标的机动带来的影响。

4）由 $\dot{\sigma}=\dot{\theta}=K\dot{q}$ 可知，$K=2$ 对应的导引弹道刚好是弹道收敛和发散的分界线，当 $K<2$ 时，弹道角 $\dot{\sigma}$ 随着弹目距离的减小而趋于发散，弹道特性较差；当 $K=2$ 时，弹道

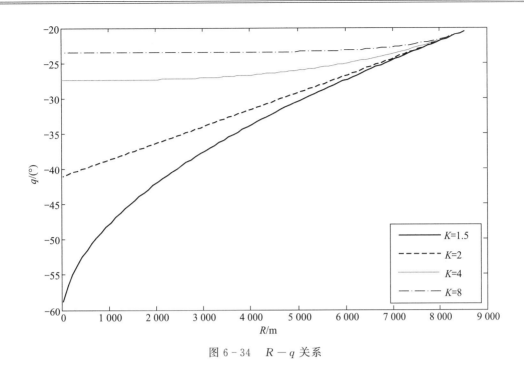

图 6-34 $R-q$ 关系

角 $\dot{\sigma}$ 随着弹目距离的减小而保持不变，弹道特性也较一般；当 $K > 2$ 时，弹道角 $\dot{\sigma}$ 随着弹目距离的减小而趋于 0，弹道特性较佳，在工程上，导引系数 $K > 2$。

6.9.4 比例导引法传递函数

以纵向攻击平面为例，推导比例导引法的传递函数。对方程组（6-4）第 2 式的两边求导，可得

$$\dot{R}\dot{q} + R\ddot{q} = \dot{V}_T\sin(\theta_T - q) + V_T\dot{\theta}_T\cos(\theta_T - q) - V_T\dot{q}\cos(\theta_T - q) - \dot{V}\sin(\theta - q) - V\dot{\theta}\cos(\theta - q) + V\dot{q}\cos(\theta - q)$$

$$= -V\dot{\theta}\cos(\theta - q) + \dot{V}_T\sin(\theta_T - q) + V_T\dot{\theta}_T\cos(\theta_T - q) - \dot{V}\sin(\theta - q) - \dot{R}\dot{q}$$

令 $D = \dot{V}_T\sin(\theta_T - q) + V_T\dot{\theta}_T\cos(\theta_T - q) - \dot{V}\sin(\theta - q)$ ，则可得

$$R\ddot{q} + 2\dot{R}\dot{q} = D - V\dot{\theta}\cos(\theta - q)$$

令

$$U = -V\dot{\theta}\cos(\theta - q)$$

可得

$$R\ddot{q} + 2\dot{R}\dot{q} = D + U \qquad (6-21)$$

式中 D ——干扰量；

U ——制导量。

比例导引法是基于视线角速度的导引方法，即 U 可表示为视线角速度的函数。

依据上式，在假设初始视线角速度和视线角加速度为 0 的条件下，可得干扰量与输出 $\dot{q}$ 之间的传递函数，如式（6-22）所示，其关系图如图 6-35 所示。

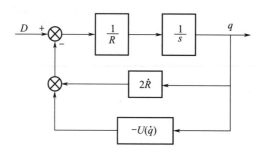

图 6-35　干扰量与视线角速度

$$G_{D}^{\dot{q}}(s) = \cfrac{1}{Rs - \cfrac{U(\dot{q})}{\dot{q}} + 2\dot{R}} \qquad (6-22)$$

式中　$U(\dot{q})$ ——导引律的传递函数。

式（6-22）可视为广义上导引法的传递函数，借助于传递函数的概念即可在频域上分析导引法的特性，例如导引法在受扰动后（即目标机动或导弹在弹道方向加速等）的响应惯性以及收敛或发散特性。

对于纵向攻击平面，还需考虑重力对弹道的影响，令

$$D = \dot{V}_T \sin(\theta_T - q) + V_T \dot{\theta}_T \cos(\theta_T - q) - \dot{V}\sin(\theta - q) + g\cos\theta\cos(\theta - q) \qquad (6-23)$$

则

$$\begin{aligned} R\ddot{q} + 2\dot{R}\dot{q} &= D - V\dot{\theta}\cos(\theta - q) - g\cos\theta\cos(\theta - q) \\ &= D - (V\dot{\theta} + g\cos\theta)\cos(\theta - q) \end{aligned} \qquad (6-24)$$

可得制导量为

$$U = -V\dot{\theta}\cos(\theta - q) - g\cos\theta\cos(\theta - q)$$

即对于纵向攻击平面，制导量需要在比例导引法的基础上修正重力对导引弹道的影响。

采用不同的导引律，其传递函数不同，对应不同的导引弹道特性，为了简化分析，忽略重力对弹道的影响，当采用比例导引法时，即 $\dot{\theta} = K\dot{q}$，可得

$$U = -V\dot{\theta}\cos(\theta - q) = -VK\dot{q}\cos(\theta - q)$$

代入式（6-22），即可得比例导引法的干扰量与输出量 $\dot{q}$ 之间的传递函数

$$G_{D}^{\dot{q}}(s) = \cfrac{1}{Rs + KV\cos(\theta - q) + 2\dot{R}} = \cfrac{\cfrac{1}{2\dot{R} + KV\cos(\theta - q)}}{\cfrac{R}{2\dot{R} + KV\cos(\theta - q)}s + 1}$$

由上式可知：1）当 $K > \dfrac{-2\dot{R}}{V\cos(\theta-q)}$ 时，干扰量对弹目视线角速率的影响是收敛的；2）导引系数 K 越大，则干扰量引起视线角速率越小；3）当弹目距离 R 较大时，干扰量对弹目视线角速率的影响越慢。

6.9.5　干扰量特性

由式（6-23）可知，干扰量的特性如下：

（1）重力加速度补偿项

$g\cos\theta\cos(\theta-q)$ 为重力加速度补偿项，即在纵向攻击平面内，弹体所受地球引力的影响而导致的弹目视线角加速度，其值较大，一般在制导律中加以实时补偿或近似补偿。

对于打击静止目标，由于在弹道末段时，弹道倾角接近于弹目视线，在比例导引律的基础上加上修正项 $g\cos\theta$ 也能补偿绝大部分重力加速度对弹道的影响。

对于打击移动目标，当目标运动速度较大时，导弹以一个较大的前置角（$\eta = q - \theta$）飞行，这时才需较精确求得前置角，其中弹道倾角 θ 可基于导航输出精确求得，高低角则需要基于导航系统和导引设备的输出较精确地求得。

（2）导弹轴向加速度项

$-\dot{V}\sin(\theta-q)$ 为导弹轴向加速度项，是由于导弹速度矢量与弹目视线存在一个前置角时，即导弹沿弹道方向的加速度引起的，如图 6-36 所示。

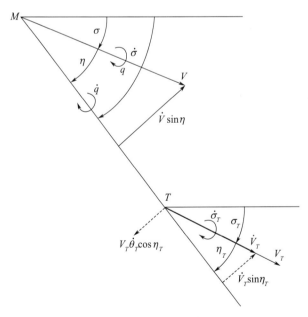

图 6-36　干扰项示意图

对于攻击静止目标或慢速目标，由于在弹道末段时，弹道倾角接近于弹目视线，而且弹体沿弹道方向的加速度较小，故此项不是很大，可以近似补偿或忽略不计。

对于攻击目标速度较大，特别是导引系数比较大时，前置角 $\eta = q - \theta$ 较大，这样此项较大，需要在制导律中加以实时补偿或近似补偿，补偿方法有如下两种：1）由导航系统输出近似求得 $\dot{V}$，在此基础上求得 $-\dot{V}\sin(\theta - q)$；2）由轴向加速度计输出 a_x 近似替代 $\dot{V}$，在此基础上求得 $-\dot{V}\sin(\theta - q)$。

（3）目标轴向加速度项

$\dot{V}_T\sin(\theta_T - q)$ 为目标轴向加速度项，是由目标轴向加速度引起的扰动量。如图 6-36 所示，当目标沿着弹目视线方向逃脱时，其值为 0；当目标沿着垂直弹目方向逃脱时，其值最大。

基于现有的技术，还没有特别有效的方法求取此项，故只能被动加以抑制。

（4）目标法向加速度项

$V_T\dot{\theta}_T\cos(\theta_T - q)$ 为目标法向加速度项，是由目标法向加速度引起的扰动量，正比于目标速度、目标弹道倾角变化率。如图 6-36 所示，当目标速度垂直于弹目视线时，此项为 0；当目标速度沿着弹目视线时，此项最大。

同理，基于现有的技术，也没有特别有效的方法求取目标法向加速度项或对其进行准确的估计，故只能被动加以抑制。

上述四项均被视为干扰项，引起弹目视线角加速度。由式（6-24）可知，干扰量引起的视线角加速度随着弹目距离的减小而趋于严重，特别是在弹道末段，由于弹目视线角加速度的作用，弹目视线角速度急剧变化，但是比例导引法属于被动抑制弹目视线的转动，加之姿控回路的滞后作用，最终造成导弹的速度矢量来不及如此快速变化，造成较大脱靶量。换言之，干扰项是影响比例导引法精度的根源，特别是打击移动目标，为了提高制导精度，需要对重力加速度补偿项和导弹轴向加速度项进行补偿，对另外两项进行抑制，对于比例导引法来说，在理论上，增加导引系数的值可以较有效地抑制这两干扰项对弹道特性的影响。

6.9.6　理想比例导引法

假设采用理想比例导引法，即

$$\dot{\theta} = K\dot{q}$$

代入等式 $U = -V\dot{\theta}\cos(\theta - q)$，并假设目标静止，则可得

$$U = -VK\dot{q}\cos(\theta - q) = K\dot{R}\dot{q} \qquad (6-25)$$

代入式（6-21），可得

$$R\ddot{q} + (2 - K)\dot{R}\dot{q} = D$$

即

$$\ddot{q} + \frac{(2 - K)\dot{R}\dot{q}}{R} = \frac{D}{R}$$

上式中 $\dot{q}=\dfrac{\mathrm{d}q}{\mathrm{d}t}$ ，$\dot{R}=\dfrac{\mathrm{d}R}{\mathrm{d}t}$ ，即很难求得 $\dot{q}$ 对时间 t 的解析表达式。在这里希望得到视线角速度 $\dot{q}$ 随弹目距离的变化，故为了简化分析，需要做一定的假设处理：1）$\dot{q}$ 为 R 的一元函数；2）干扰量 D 为常数；3）$\dot{R}$ 为常数，上式可转换为

$$\frac{\mathrm{d}\dot{q}}{\mathrm{d}R}+\frac{(2-K)\dot{q}}{R}=\frac{D}{R\dot{R}}$$

令 $y=\dfrac{\mathrm{d}q}{\mathrm{d}R}$ ，则得

$$\dot{y}+\frac{(2-K)}{R}y=\frac{D}{R\dot{R}}$$

即为一阶非齐次微分方程，自变量为 R ，因变量为 $y=\dot{q}$ ，其初始条件为 $\dot{q}(R_0)=\dot{q}_0$ ，令 $P(R)=\dfrac{(2-K)}{R}$ ，$Q(R)=\dfrac{D}{R\dot{R}}$ ，上式微分方程的解为

$$y=\mathrm{e}^{-\int P(R)\mathrm{d}R}\times\left(\int Q(R)\mathrm{e}^{\int P(R)\mathrm{d}R}\mathrm{d}R+C\right)$$

$$=CR^{(K-2)}+\frac{D}{(2-K)\dot{R}}$$

代入微分方程的初始条件，可得

$$y=\dot{q}=\left[\dot{q}_0-\frac{D}{(2-K)\dot{R}}\right]\left(\frac{R}{R_0}\right)^{(K-2)\dot{R}}+\frac{D}{(2-K)\dot{R}} \tag{6-26}$$

上式也可改写为

$$\dot{q}=\dot{q}_0\left(\frac{R}{R_0}\right)^{(K-2)}+\frac{D}{(2-K)\dot{R}}\left[1-\left(\frac{R}{R_0}\right)^{(K-2)}\right]$$

即采用理想比例导引律，弹道的视线角速度由两部分组成：1）攻击静止目标的视线角速度 $\dot{q}_{\text{static}}=\dot{q}_0\left(\dfrac{R}{R_0}\right)^{(K-2)}$ ，2）干扰量引起的视线角速度 $\dot{q}_{\text{disturb}}=\dfrac{D}{(2-K)\dot{R}}\left[1-\left(\dfrac{R}{R_0}\right)^{(K-2)}\right]$ 。

当 $K\geqslant2$ 时，其中 $\dot{q}_{\text{static}}$ 随着弹目距离的减小，而收敛于零，收敛的速度取决于 K 值，K 越大，收敛越快，当视线角速度为零时，即导弹速度矢量方向与弹目视线重合，导弹可以零脱靶量击中目标。$\dot{q}_{\text{disturb}}$ 的特性是随着弹目距离的缩小，由于扰动量 D 趋于发散，$\dot{q}_{\text{disturb}}$ 也趋于发散，最终造成攻击脱靶量。

由式（6-25）和式（6-26）可得制导量为

$$U=K\dot{R}\left\{\left[\dot{q}_0-\frac{D}{(2-K)\dot{R}}\right]\left(\frac{R}{R_0}\right)^{(K-2)}+\frac{D}{(2-K)\dot{R}}\right\}$$

弹道终端状态为

$$\begin{cases}\dot{q}(R=0)=\dfrac{D}{(2-K)\dot{R}}\\[3mm]U(R=0)=\dfrac{KD}{(K-2)}\end{cases} \tag{6-27}$$

上式也可由经典控制得到，即

$$\dot{q}(R=0)=\lim_{R\to 0}G_D^{\dot{q}}(s)D(s)=\lim_{R\to 0}\frac{1}{Rs-K\dot{R}+2\dot{R}}D(s)=\frac{D(s)}{(2-K)\dot{R}}$$

根据上式，可知：

1）如果目标静止或匀速运动且导弹纵向加速度为零，即 $D(s)=0$，在理论上，在弹道末段，视线角速度为 0，制导量为 0，制导武器以零脱靶量击中目标，但是考虑稳定回路的滞后作用，在弹道末段，制导量不为零，视线角速度也往往不为 0，制导武器并不能以零脱靶量击中目标；

2）当目标机动或导弹存在纵向加速度时，击中目标需要的制导量为 $\dfrac{KD}{(K-2)}$，当在击中目标前一段时间内，如果目标做大机动，即 D 较大时，制导量小于干扰量 D 或姿态控制的响应滞后，则容易造成较大的脱靶量；

3）当 D 较大时，增加导引系数 K 的值可以在较大程度上降低末段弹道的制导量及加速度，当 $K=2$，末端制导量趋于无穷大时才能保证击中目标，当 $K=4$，末端制导量趋于 2 倍干扰量时才能保证击中目标，当 $K=8$，末端制导量趋于 1.33 倍干扰量时才能保证击中目标。故适当提高导引系数，可提高制导精度，优化末端弹道特性，减小脱靶量。

6.9.7　比例导引法稳定性分析

比例导引法制导回路的稳定性与弹目距离、弹目相对速度、比例导引法类型、控制回路特性等相关，下面分 1）控制回路为理想环节；2）控制回路为一阶滞后环节等两种情况说明控制回路特性对制导回路特性的影响。

当导弹接近目标，近至某一距离时，由于弹目距离变小，导致制导回路特性急剧变化，制导回路将失稳。其物理现象表现为：对于攻击静止目标，导弹速度矢量和弹目视线不再趋于一致（对于攻击移动目标，则弹目相对速度矢量和弹目视线不再趋于一致），而是趋于发散，即导致弹目视线角速度趋于发散。

在失稳段，随着弹目距离的减小，在垂直于弹目视线方向的干扰会产生较大的视线角速度，且此角速度会越来越大，与之相关的需用过载会越来越大，超出可用过载而导致导弹不可控。

假设末段导引弹道不失稳（控制系统工作理想），令 $\dfrac{\mathrm{d}q}{\mathrm{d}t}=0$，则

$$\frac{\mathrm{d}q}{\mathrm{d}t}=\frac{1}{R}\left[V_T\sin(\theta_T-q)-V\sin(\theta-q)\right]=0$$

即

$$V_T\sin(\theta_T-q)=V\sin(\theta-q)$$

由于控制回路响应的滞后作用，真实速度矢量 θ_{true} 滞后于制导指令 θ，$\Delta\theta=\theta-\theta_{\text{true}}$，则

$$\Delta \dot{q} = \frac{1}{R} \left[V_T \sin(\theta_T - q) - V \sin(\theta_{\text{true}} - q) \right]$$

$$= \frac{1}{R} \left[V_T \sin(\theta_T - q) - V \sin(\theta - q - \Delta\theta) \right]$$

$$\approx \frac{1}{R} \{ V_T \sin(\theta_T - q) - V \left[\sin(\theta - q) - \cos(\theta - q) \Delta\theta + o(\Delta\theta) \right] \}$$

$$\approx \frac{1}{R} V \Delta\theta \cos(\theta - q)$$

即由于控制回路响应滞后作用，产生的附加 $\Delta\dot{q}$ 为 $\frac{1}{R} V \Delta\theta \cos(\theta - q)$，与弹目距离成反比，与导弹速度 V 和弹道倾角滞后量 $\Delta\theta$ 成正比。当弹目距离很大时，控制回路响应滞后作用产生的 $\Delta\dot{q}$ 很小，可以忽略，当弹目距离 R 小于某值时，$\Delta\dot{q}$ 开始急剧变大，制导回路开始发散，表现为：速度矢量与弹目视线之间的夹角快速变大，并随着时间的推移，此夹角的发散速度急剧变大。

6.9.7.1　控制系统为理想环节

假设控制系统模型为理想环节（即控制系统响应制导指令无时间延迟）且目标为静止，导引律为理想比例导引法，即

$$U(\dot{q}) = K \dot{R} \dot{q}$$

代入式（6-22），可得

$$G_D^{\dot{q}}(s) = \frac{\dfrac{1}{(2-K)\dot{R}}}{\dfrac{R}{(2-K)\dot{R}} s + 1}$$

上式为控制系统为理想环节情况下视线角速度对干扰量响应的表达式，由上式可知：

1）当弹目距离 R 较大时，$G_D^{\dot{q}}(s)$ 相当于一个时间常数很大的一阶惯性环节，即对输入的干扰量反应不敏感，随着弹目距离 R 的减小，视线角速度对干扰量的响应越来越敏感。

2）制导回路稳定条件：$K > 2, \dot{R} < 0, R > 0$，即在弹目相对速度小于 0，导引系数大于 2 的情况下，在导弹接近目标的过程中，制导回路稳定。

3）弹目相对速度 $\dot{R}$ 对制导回路的作用体现为：相对速度 $\dot{R}$ 越大，则干扰量对视线角速度的作用越弱，但同时使得干扰量对视线角速度的作用速度越快。

4）导引系数 K 对制导回路的作用体现为：K 越接近 2，则干扰量对视线角速度的作用越强，但同时使得干扰量对视线角速度的作用速度越慢，故导引系数需要在一定程度上大于 2；当 $K \to \infty$ 时，则 $\dfrac{1}{(2-K)\dot{R}} \to 0$，相当于采用平行接近法，可以抑制干扰量对视线角速度的影响，但同时使得干扰量对视线角速度的作用速度越快。

5）视线角速度对干扰量的增益为 $\dfrac{1}{(2-K)\dot{R}}$ ，即与导引系数 K 和弹目相对速度 $\dot{R}$ 相关，K 或 $|\dot{R}|$ 越大，干扰量对视线角速度的作用越弱。

6）严格意义上，制导回路并无带宽的概念，一般可用制导回路响应干扰量的快速性表示某种意义上制导回路输出 $\dot{q}$ 响应干扰量的能力，即 $\dfrac{(2-K)\dot{R}}{R}$ ，当 $R\to 0$ ，$K\to\infty$ ，$\dot{R}\to\infty$ 时，表示制导回路可以以更快的速度响应干扰量，即制导回路快速性与 K 、弹目之间相对速度 $\dot{R}$ 和弹目距离 R 有关。其中 K 越大，带宽越大，即导弹速度矢量可以以更快的速度跟上弹目视线角速度的变化；$\dot{R}$ 也是影响制导带宽的重要因子，迎头打击目标时，$\dot{R}$ 较大使带宽较大，而尾随打击目标时，$\dot{R}$ 较小使带宽较小；弹目相对距离减小，制导快速性随之增大。

6.9.7.2　控制系统为一阶滞后环节

假设控制系统模型可表示为一阶环节 $\dfrac{1}{T_1 s+1}$（T_1 为时间常数），导引律为理想比例导引法，即

$$U(\dot{q})=K\dot{R}\dot{q}\,\frac{1}{T_1 s+1}$$

则

$$G_D^{\dot{q}}(s)=\frac{T_1 s+1}{RT_1 s^2+(R-2\dot{R}T_1)s+(2-K)\dot{R}}=\frac{\dfrac{T_1}{(2-K)\dot{R}}s+\dfrac{1}{(2-K)\dot{R}}}{\dfrac{RT_1}{(2-K)\dot{R}}s^2+\dfrac{(R-2\dot{R}T_1)}{(2-K)\dot{R}}s+1}$$

上式表示控制系统为一阶环节情况下视线角速度对干扰量响应的表达式，由上式可知：制导回路稳定条件为 $K>2$ ，$\dot{R}<0$ ，$R>2|\dot{R}|T_1$ ，即在弹目相对速度小于 0 ，导引系数大于 2 ，并且弹目距离 $R>2|\dot{R}|T_1$ 之前，制导回路稳定；在弹目距离 $R<2|\dot{R}|T_1$ 之后，制导回路趋于发散。

例 6-6　比例导引法稳定性分析。

导弹初始条件：$X=0$ ，$Y=5\,000$ m，$V=220$ m/s，$\theta=0.0°$ 。目标初始条件：$X=4\,000$ m，$Y=0$ ，$V_T=50$ m/s，$\theta_T=0.0°$ 。导引系数 $K=3$ ，姿控回路传递函数分别为：1（理想环节），$\dfrac{1}{0.159\,2s+1}$（带宽：1.0 Hz），$\dfrac{1}{0.318\,3s+1}$（带宽：0.5 Hz），$\dfrac{1}{0.636\,6s+1}$（带宽：0.25 Hz），试仿真此条件下的导引弹道，并对弹道特性进行分析。

解：仿真结果如图 6-37～图 6-39 所示，图 6-37 为弹目视线高低角、弹道倾角和法向加速度变化曲线，图 6-38 为弹道初始段和末段法向加速度变化曲线，图 6-39（a）为弹目视线高低角速度变化曲线，图 6-39（b）为弹道末段的弹目视线高低角速度变化曲

线。曲线标号 1 代表控制系统为理想环节，标号 2 代表控制系统为 $\dfrac{1}{0.159\,2s+1}$，标号 3

代表控制系统为 $\dfrac{1}{0.318\,3s+1}$，标号 4 代表控制系统为 $\dfrac{1}{0.636\,6s+1}$。

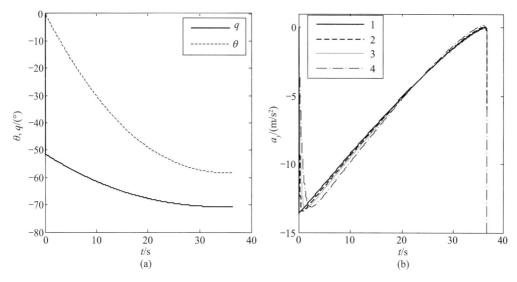

图 6 - 37　视线高低角、弹道倾角和法向加速度

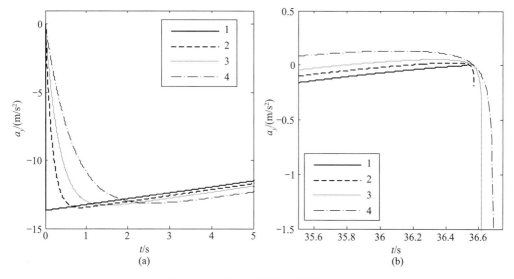

图 6 - 38　法向加速度（局部放大）

由仿真结果和理论分析可知：

1）当姿控回路为理想环节时，全弹道制导系统稳定，如图 6 - 37（a）所示，视线角不会在弹道末段趋于发散。

2）当姿控回路表示为一阶惯性环节时，末段弹道存在失稳情况，失稳开始点随着控制系统的带宽减小而提前，如图 6 - 38（b）和图 6 - 39（b）所示。在失稳段，弹体法向加速度和弹目视线角速度由平衡状态位置迅速发散。

3）失稳开始点与弹目距离变化率有关，弹目距离变化率较大时，则制导失稳开始点提前。

4）在工程上，为了提高制导品质和制导精度，导引律设计应力求使制导失稳开始点推迟。

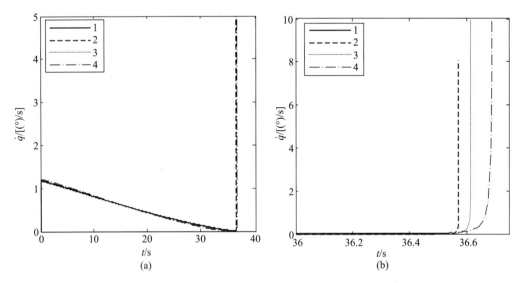

图 6-39　视线高低角速度和弹道末段视线高低角速度（局部放大）

6.9.8　比例系数 K 的选择

比例系数 K 的大小直接影响导引弹道的特性，不同比例系数对应的导引弹道的"走势"和过载特性不同。K 的取值不仅与采用哪一种比例导引法有关，还取决于：1）期望设计导引弹道的特性；2）目标运动的特性；3）弹体结构强度所允许承受的可用过载；4）制导回路稳定性；5）导引设备输出信号延迟特性以及噪声特性；6）导引弹道的射程等因素。

（1）K 值的下限

K 值的下限主要取决于 $\dot{q}$ 的收敛性，即使弹体在接近目标的过程中弹目视线的转动角速度 $\dot{q}$ 不断减小（假设静止目标），弹道各点的需用法向过载也不断减小，下面简单推导 $\dot{q}$ 收敛的条件。

由导弹—目标相对运动关系，可得

$$2\dot{R}\dot{q} + R\ddot{q} = -V\dot{\theta}\cos(\theta - q) + \dot{V}_T\sin(\theta_T - q) + V_T\dot{\theta}_T\cos(\theta_T - q) - \dot{V}\sin(\theta - q)$$

将比例导引法关系式 $\dot{\sigma} = K\dot{q}$ 代入上式，则得

$$\ddot{q} + \frac{\left[\dfrac{KV\cos(\theta - q)}{|\dot{R}|} - 2\right]}{R}|\dot{R}|\dot{q} = \frac{1}{R}[\dot{V}_T\sin(\theta_T - q) + V_T\dot{\theta}_T\cos(\theta_T - q) - \dot{V}\sin(\theta - q)]$$

令 $N = \dfrac{KV\cos(\theta - q)}{|\dot{R}|}$，则得

$$\ddot{q} + \frac{(N-2)}{R}|\dot{R}|\dot{q} = \frac{1}{R}[\dot{V}_T\sin(\theta_T - q) + V_T\dot{\theta}_T\cos(\theta_T - q) - \dot{V}\sin(\theta - q)]$$

式中　　N ——有效导航比，其大小是影响导引弹道特性的一个重要因素。

令目标静止及导弹轴向加速度为 0，上式可简化为

$$\ddot{q} = -\frac{(N-2)}{R}|\dot{R}|\dot{q}$$

要使比例导引法弹道稳定，需使 $\ddot{q}\dot{q} < 0$，即使 $N > 2$，即

$$K > \frac{2|\dot{R}|}{V\cos(\theta - q)}$$

上式显示，导弹从不同方向攻击目标对应的相对速度 $\dot{R}$ 不同，所以除了满足上式外，为了改善导引弹道特性，还要兼顾考虑投弹时的导弹—目标相对运动关系。对于打击静止目标，$V\cos(\theta - q) = |\dot{R}|$，即要求 $K > 2$ 即可。

（2）K 值的上限

由弹体动力学知识可知，弹体的法向过载为

$$n = \frac{VK\dot{q}}{g} \tag{6-28}$$

式中　　g ——重力加速度，如果是纵向攻击平面，还需考虑重力加速度。

由式（6-28）可知，如果 K 太大，即使 $\dot{q}$ 不大，需用法向过载也可能很大，而弹体在飞行中的可用过载受到最大舵偏角和弹体结构强度的限制，若需用过载超过可用过载，则弹体不能沿比例导引法弹道飞行。因此，可用法向过载限制了导引系数上限。

另外受限于制导系统的量测设备，输出弹目视线角或视线角速度存在偏差及噪声，或者制导系统受外界干扰及噪声的影响，使弹目视线角速度以一个偏离量 $\Delta\dot{q}$ 偏离真实值 $\dot{q}$，即

$$\dot{\sigma} = K(\dot{q} + \Delta\dot{q})$$

当导引系数 K 比较大时，较小的 $\Delta\dot{q}$ 即会引起较大的干扰偏差，造成制导指令剧烈振荡，所以也需要限制 K 值的上限。

在工程上改善比例导引法导引弹道特性的一个措施，是将导引系数 K 设置为变量，可以为 $\dot{q}$ 和 $\dot{R}$ 的函数，例如当 $\dot{R}$ 比较大时，导引系数 K 可以适度减小，反之亦然。

（3）仿真例子

下面分攻击静止目标和移动目标两种情况，仿真不同导引系数情况下的比例导引弹道。

例 6-7　目标静止，不同导引系数对比例导引法弹道特性的影响分析。

导弹初始条件：$X = 0$，$Y = 5\ 000$ m，$V = 220$ m/s，$\theta = 0.0°$。目标初始条件：$X = 6\ 000$ m，$Y = 0$，$V_T = 0$ m/s，$\theta_T = 0.0°$。导引系数 K 分别取 2，4，8，试仿真此条件下的

比例导引弹道，并对弹道特性进行分析。

解：仿真结果如图 6-40～图 6-43 所示，图 6-40 为导引弹道变化曲线，图 6-41 为视线高低角和弹道倾角变化曲线，图 6-42 为法向加速度变化曲线，图 6-43 为弹目视线高低角速度变化曲线。

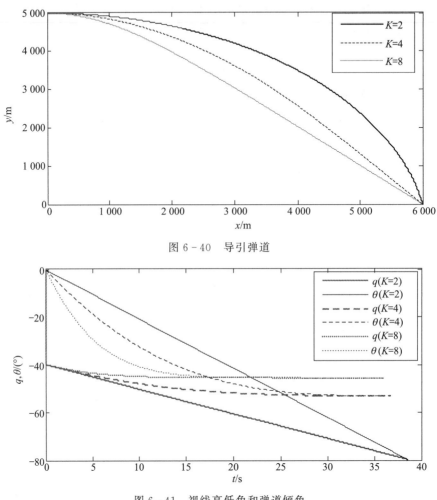

图 6-40　导引弹道

图 6-41　视线高低角和弹道倾角

仿真分析及结论：

1）当目标静止，导引系数 $K=2，4，8$ 时，导弹都能击中目标，脱靶量为 0.0 m，当导引系数 $K<2$ 时，则会产生脱靶量。

2）对于攻击静止目标，采用比例导引法时，导弹速度矢量在一定的时间内趋于与弹目视线一致，导引系数 K 越大，导弹速度矢量跟上弹目视线的速度越快。

3）导引系数 K 越大，导引弹道越平直。

4）导引系数 K 越大，前段弹道的法向加速度越大，后段弹道的法向加速度越小，即导引系数 K 可以用于调节弹道的加速度。

5）$K=2$ 时，视线角速度几乎为恒值；$K<2$ 时，视线角速度发散；$K>2$ 时，视线角

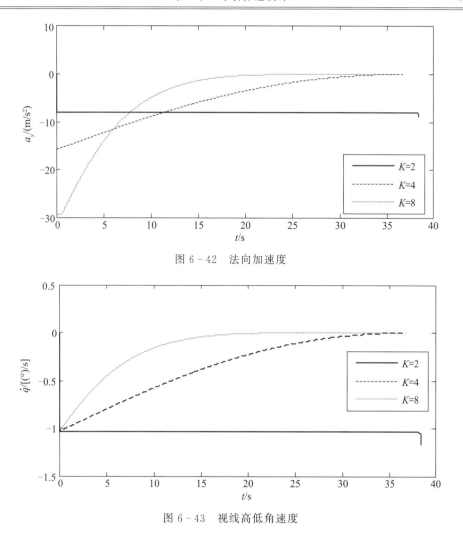

图 6-42　法向加速度

图 6-43　视线高低角速度

速度收敛，K 越大，视线角速度越快地收敛至 0，故对于攻击静止目标来说，导引系数 K = 2 是其下限。

由以上分析可知，对于攻击静止目标，导引系数 K 在很大程度上影响导引弹道的特性。K 越大，弹道越平直，末段弹道的过载特性越好，但是前段弹道越弯曲，而且 K 越大，会放大包含于弹目视线角速度 $\dot{q}$ 中的噪声。另外，K 在较大程度上取决于末制导的时间和距离，如果末制导距离较远，可适当取较小的 K 值，反之亦然。

例 6-8　目标运动，不同导引系数对比例导引法弹道特性的影响分析。

导弹初始条件：X = 0，Y = 5 000 m，V = 220m/s，θ = 0.0°。目标初始条件：X = 6 000 m，Y = 0，V_T = 30 m/s，θ_T = 0.0°。导引系数 K 分别取 2，4，8，试仿真此条件下的比例导引导弹，并对弹道特性进行分析。

解：仿真结果如图 6-44～图 6-47 所示，图 6-44 为导引弹道变化曲线，图 6-45 为视线高低角和弹道倾角变化曲线，图 6-46 为法向加速度变化曲线，图 6-47 为弹目视线高低角速度变化曲线。

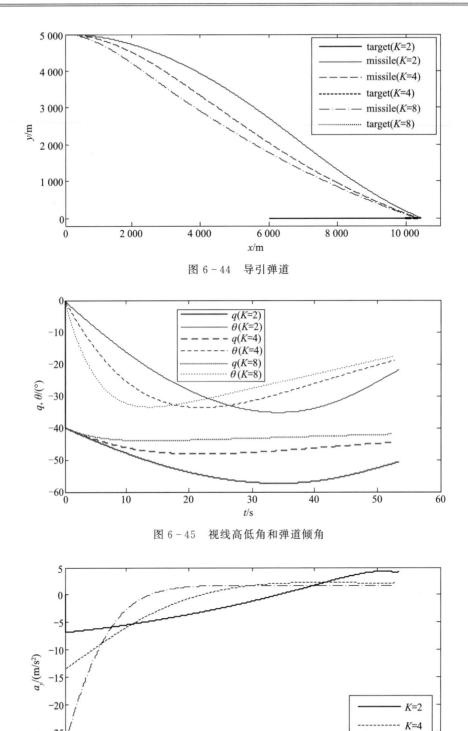

图 6 - 44　导引弹道

图 6 - 45　视线高低角和弹道倾角

图 6 - 46　法向加速度

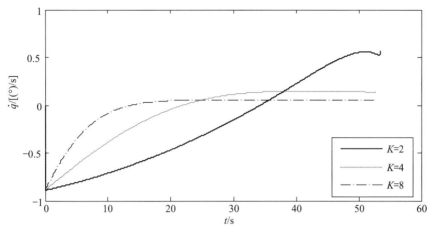

图 6-47　视线高低角速度

仿真分析及结论：

在导弹和目标速度为常值，导弹速度大于目标速度的条件下，导引系数 $K = 2$，4，8 时，都能击中目标，脱靶量为 0.0 m，如图 6-44 所示，这与理论分析结论一致。

1) 导引系数 K 越大，则导引弹道越平直。

2) 导引系数 K 越大，弹道前段弹道倾角变化越快，后段弹道倾角变化越慢，如图 6-45 所示。

3) 导引系数 K 越大，弹道前段法向加速度越大，后段弹道法向加速度越小，这也充分体现了比例导引法的优越性，在弹道的末段可留更多的机动裕度，以提高打击机动目标的能力。在工程上，K 常取值 3～6。另一种工程方法：K 可取较大值，如大于 6，然后对加速度进行限幅处理。

4) 当 $K = 2$ 时，视线角速度一直变化，$K = 4$，8 时，视线角速度趋于一个恒值（不为零），如图 6-47 所示，K 越大，视线角速度越早趋于恒值，且其恒值越小。

5) 此仿真假设弹上姿控回路为理想工作状态，即制导指令能无延迟地得到执行，如果考虑姿控回路的滞后作用，则会导致一定的脱靶量。

由以上仿真以及理论分析可知：

1) 对于攻击移动目标，其弹道特性与攻击静止目标的弹道特性相比存在很大的不同，在弹道末段，弹道倾角和视线高低角并不趋于常值，弹道倾角变化率趋于常值，K 越大，弹道倾角变化率越早趋于常值，并且其值越小，即末段弹道的过载值越小。

2) 对于本例，其导弹飞行方向与目标移动速度相一致，在弹道末段，制导指令收敛，故 $K = 2$ 也可零脱靶量击中目标，属于尾随攻击。如果目标移动速度与导弹速度相反，在弹道末段，制导指令发散，故 $K = 2$ 并不能保证导弹以零脱靶量击中目标，这时需要保证有效导航比 $N = \dfrac{KV\cos(\theta - q)}{|\dot{R}|} > 2$。

3) 导引系数 K 在很大程度上影响导引弹道的特性，K 越大，弹道越平直，末段弹道的过载特性越好，但是前段弹道越弯曲。

6.9.9　比例导引法工程实现

由于比例导引法具有较好的导引弹道特性，已广泛应用于各类战术制导武器，适合于攻击静止目标和移动目标。

比例导引法是一种基于视线角速度的导引方法，在数学上，比例导引法只需提供弹目视线的角速度 $\dot{q}$。工程上，对于装备惯性制导设备的制导武器，可以利用惯性导航及目标的位置信息解算得到 $\dot{q}$（只适用于攻击静止目标）。对于装备框架式导引头的导弹，可输出视线角速度，可直接应用比例导引法。对于装备捷联式导引头的导弹，由于输出为弹目视线的视线角，需要采用数学方法提取视线角速度信息，在此基础上再应用比例导引法。

6.9.10　比例导引法的优缺点及应用

比例导引法可视为变前置追踪法，其前置角变化补偿了常值追踪法的缺点，可以通过灵活选择不同的导引系数实现全向攻击目标。其优点：1）通过合理地设计导引系数，使弹目视线角速度逐渐减小，即导引弹道的前段比较弯曲，后段越来越平直，弹道特性较好；2）通过合理地设计导引系数，可使全弹道的需要过载小于导弹的可用过载，从而保证制导精度；3）比例导引法只需输入弹目视线角速度和导弹飞行速度，在工程上容易实现；4）比例导引法输出的制导指令为加速度，而现代导弹绝大多数装有加速度计，且纵向控制回路和侧向控制回路大多采用过载控制回路，即制导律和控制回路可以很完美结合；5）比例导引法对导引弹道的初始值要求不严格，其生成的制导指令总是抑制弹目视线转动。其缺点：当导弹在飞行过程中沿飞行弹道加减速且飞行速度存在前置角时或者目标进行法向或轴向机动时，在命中前，弹目视线角速度急速变大，制导量随之急速发散，造成较大的脱靶量。另外，由于控制回路响应的滞后作用，也会引起弹道末段视线角速度发散，导致制导偏差。

由于比例导引法优良的弹道特性，绝大多空地制导武器中段制导或末段制导采用比例导引法或修正比例导引法。对于打击静止目标或慢移动目标，采用比例导引法即可，对于打击机动目标，则需要开发修正比例导引法。

6.10　修正比例导引法

由 6.9.8 节内容可知，比例导引法实际上是一种攻击静止目标、控制能量不受约束情况下的具有零脱靶量的导引律。弹道特性（如需用过载等）取决于初值误差、弹体纵向加速度、目标轴向加速度及目标法向机动等（目标加速度和目标机动引起的需用过载随弹目距离的减小而增加）。另外目标存在机动、姿控回路响应制导指令存在时间延迟、一些测量误差等因素都会引起弹道需用过载随时间变大。为了改善比例导引法弹道的特性，减小弹道需用过载，提高命中精度，提出了修正比例导引法。

修正比例导引法的设计思想：在比例导引法的基础上，增加补偿项，主要对影响弹目视线的干扰项进行补偿。

根据式（6-23），D 相当于广义上的干扰项，按其是否能实时直接补偿，分为两种：主动补偿项与被动补偿项。

6.10.1　主动补偿项

主动补偿项有两项，即 $g\cos\theta\cos(\theta-q)$ 和 $\dot{V}\sin(\theta-q)$ 。

$g\cos\theta\cos(\theta-q)$ 为重力产生的干扰项，对纵向平面内的弹道产生影响，需要在导引律指令中加以实时补偿。

$\dot{V}\sin(\theta-q)$ 为导弹沿弹道方向存在加速度，当速度矢量和弹目视线不重合时，即 $(\theta-q)\neq 0$，将产生视线角加速度。在工程上，可以采用主动补偿，在导引律指令中，可以全部补偿或近似补偿。下面分两种情况分析 $\dot{V}\sin(\theta-q)$ 对导引弹道的影响。

（1）静止目标

对于攻击静止目标，一般不需要对 $\dot{V}\sin(\theta-q)$ 进行补偿，原因在于：在弹道末段，一般情况下，弹道倾角 θ 和视线高低角 q 趋于重合，如图 6-41 所示，$\sin(\theta-q)\to 0$，可忽略 $\dot{V}\sin(\theta-q)$ 对导引弹道的影响。

（2）运动目标

对于攻击运动目标，导引头天线已对准目标，令导引头天线与弹体纵轴的夹角为导引头框架角 φ，如图 6-48 所示，$\dot{V}\sin(\theta-q)$ 项可以表示为

$$\dot{V}\sin(\theta-q)=\dot{V}\sin(\varphi+\alpha)$$

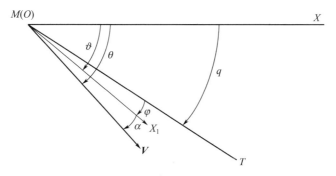

图 6-48　目标运动 $\dot{V}\sin(\theta-q)$ 补偿原理图

一般情况下，飞行攻角 α 较小，工程上，也难以得到精确值，故忽略不计，另外假设 1）框架角为小量，2）速度变化率 $\dot{V}$ 约为弹体纵向加速度 a_x，则

$$\dot{V}\sin(\theta-q)\doteq a_x\varphi$$

对于纵向攻击平面，考虑到重力对弹道的影响，采用如下制导量

$$U = K\dot{R}\dot{q} + a_x\varphi + g\cos\theta$$

在工程上，也可以根据导弹的实际飞行攻角来修正 φ 值，再采用上式计算制导量。另外，也可以采用下式计算

$$U = K\dot{R}\dot{q} + K_1 a_x\varphi + g\cos\theta \quad K_1 \geqslant 1$$

K 和 K_1 可以根据具体型号的情况，经弹道仿真后确定。

6.10.2　被动补偿项

被动补偿项有两项：$\dot{V}_T\sin(\theta_T - q)$ 和 $V_T\dot{\theta}_T\cos(\theta_T - q)$，即目标切向加速度和法向加速度所引起的扰动量，两项都是由目标机动产生的，弹上制导设备不能直接测量加以补偿。

对于空地战术导弹而言，由于所攻击目标的机动相对较小，在工程上，可以建立状态观测器，观测得到其估计值，然后加以修正补偿。

6.11　末段零视线角速度比例导引法

在理论上，在假设干扰量已知的条件下，可对比例导引法进行实时修正。其设计思想是在比例导引律的基础上，增加针对干扰量的修正量，以改善比例导引法的弹道特性，特别是改善末段弹道的特性，通常有两种修正方案：一种使末段弹道的弹目视线角速度为 0，另一种使末段弹道的制导量为 0。在本节先介绍第一种修正方案，第二种修正方案在 6.12 节介绍。

6.11.1　干扰量修正原理

假设干扰量 D 已知，则可令制导量 $U = K\dot{R}\dot{q} - D$，即对干扰量进行等量补偿，代入传递函数式（6-21），可得

$$R\ddot{q} + (2 - K)\dot{R}\dot{q} = 0$$

即

$$\ddot{q} + \frac{(2 - K)\dot{R}\dot{q}}{R} = 0$$

同理，上式中 $\dot{q} = \dfrac{\mathrm{d}q}{\mathrm{d}t}$，$\dot{R} = \dfrac{\mathrm{d}R}{\mathrm{d}t}$，在这里希望得到视线角速度 $\dot{q}$ 随弹目距离 R 的变化，故为了简化分析，假设 $\dot{q}$ 为 R 的一元函数，上式可转换为

$$\frac{\mathrm{d}\dot{q}}{\mathrm{d}R} + \frac{(2 - K)\dot{q}}{R} = 0$$

令 $y = \dfrac{\mathrm{d}q}{\mathrm{d}R}$，可得

$$\dot{y} + \frac{(2-K)}{R}y = 0$$

即为一阶齐次微分方程，其初始条件为 $\dot{q}(R_0)=\dot{q}_0$，令 $P(R)=\dfrac{(2-K)}{R}$，$Q(R)=0$，齐次微分方程的解为

$$y = Ce^{-\int P(R)dR} = CR^{(K-2)}$$

再代入微分方程的初始条件，可得

$$y = \dot{q} = \dot{q}_0\left(\frac{R}{R_0}\right)^{(K-2)}$$

即可得制导量为

$$U = KR\dot{q}_0\left(\frac{R}{R_0}\right)^{(K-2)} - D$$

式中，导引系数 $K > 2$，视线角速度 $\dot{q}$ 以相对距离 $\dfrac{R}{R_0}$ 的 $(K-2)$ 次幂减小至 0，导引系数越大，$\dot{q}$ 越快收敛于 0，但初始段制导量越大。

弹道终端的视线角速度和制导量为

$$\begin{cases} \dot{q}(R=0)=0 \\ U(R=0)=-D \end{cases} \tag{6-29}$$

式（6-29）也可由经典控制理论得到，即

$$\dot{q}(R=0) = \lim_{s\to 0}sG_D^{\dot{q}}(s)D(s) = \lim_{s\to 0}s\,\frac{1}{Rs - K\dot{R} + 2\dot{R}}D(s) = 0$$

根据式（6-29），可知：

1）在理论上，经干扰量补偿后弹道末段视线角速度为 0，导弹可以以 0 脱靶量击中目标。

2）在弹道末段，制导量为干扰量。值得注意的是：干扰量随着弹目距离等状态量变化，并非常值，其对制导的影响随弹目距离减小急剧变大，加上姿控回路响应的滞后作用，其综合作用导致一定量的脱靶量。

末段零视线角速度比例导引法基于干扰量已知，而考虑到目前的制导设备以及干扰量变化特性，很难对干扰量进行精确的实时测量，故需要在算法上设计状态观测器对干扰量进行实时观测，下面介绍基于扩展状态观测器（Extended State Obsever，ESO）对干扰量进行实时观测的方法，在此基础上修正比例导引法。

6.11.2　基于扩展状态观测器 ESO 的修正比例导引法

扩展状态观测器 ESO 可以依据输入—输出之间的关系对某微分方程中的某一状态量进行估计，故尝试采用 ESO 估计干扰量，ESO 具体内容见第 10 章。

6.11.2.1　ESO 设计

由式（6-21）可得

$$\ddot{q} = \frac{-2\dot{R}}{R}\dot{q} + \frac{D}{R} + \frac{U}{R}$$

令 $x = \dot{q}$，可得

$$\dot{x} = \frac{-2\dot{R}}{R}x + \frac{D}{R} + \frac{U}{R} \qquad (6-30)$$

将 $\dfrac{D}{R}$ 视为扰动量，则设计二阶 ESO 对其进行估计

$$\begin{cases} e = z_1 - x \\ \dot{z}_1 = \dfrac{-2\dot{R}}{R}z_1 + z_2 - \beta_{01}e + \dfrac{U}{R} \\ \dot{z}_2 = -\beta_{02}fal(e,\alpha,\delta) \end{cases} \qquad (6-31)$$

式中　z_1——x 的估计量；

　　　z_2——扰动量 $\dfrac{D}{R}$ 的估计量；

　　　β_{01}，β_{02}——ESO 观测器参数。

$fal(e，\alpha，\delta)$ 可表示如下

$$fal(e,\alpha,\delta) = \begin{cases} |e|^\alpha \mathrm{sign}(e) & |e| > \delta \\ \dfrac{e}{\delta^{1-\alpha}} & |e| \leqslant \delta \end{cases}$$

在得到 D/R 的估计量 z_2 之后，采用干扰量补偿比例导引律，即取

$$U = K\dot{R}\dot{q} + D = K\dot{R}\dot{q} + z_2 R \qquad (6-32)$$

6.11.2.2　数值仿真

例 6-9　末段零视线角速度比例导引法仿真。

导弹初始条件：$X = 0$，$Y = 5\ 000$ m，$V = 220$ m/s，$\theta = 0.0°$。目标初始条件：$X = 6\ 000$ m，$Y = 0$，$V_T = 30$ m/s，$\theta_T = 0.0°$，$a_T = 2$ m/s²。试采用末段零视线角速度比例导引法仿真此弹道，并对弹道特性进行分析。

解：设计二阶 ESO 对 D/R 进行观测，如式（6-31）所示，其中 $\beta_{01} = 37.698$，$\beta_{02} = 473.713\ 1$。

设计干扰量补偿比例导引律，如式（6-32）所示，其中导引系数 $K = 4$。

仿真结果如图 6-49～图 6-54 所示，图 6-49 为目标速度变化曲线，图 6-50 为导引弹道变化曲线，图 6-51 为视线高低角和弹道倾角变化曲线，图 6-52 为法向加速度变化曲线，图 6-53 为弹目视线高低角速度变化曲线，图 6-54 为干扰量及补偿量的变化曲线。

仿真分析及结论：

1）基于式（6-30）开发的 ESO［见式（6-31）］，根据输入量和输出量，可以很有效地估计干扰，在此基础上，采用干扰量补偿比例导引法，即可获得弹道品质较好的导引弹道。

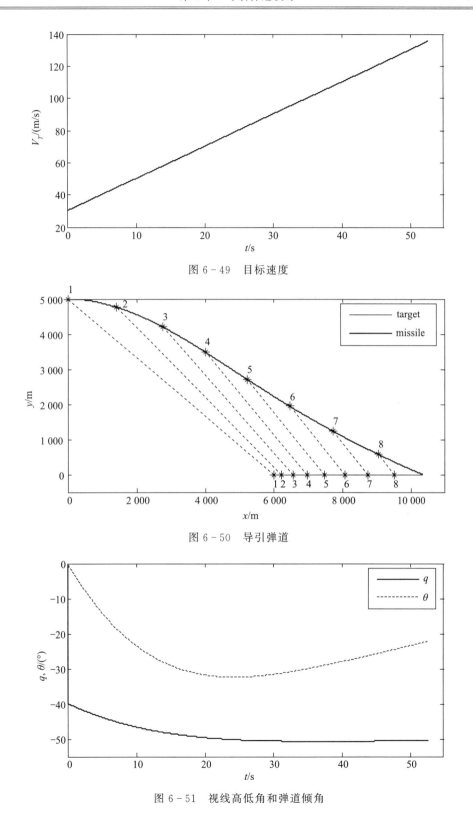

图 6 - 49　目标速度

图 6 - 50　导引弹道

图 6 - 51　视线高低角和弹道倾角

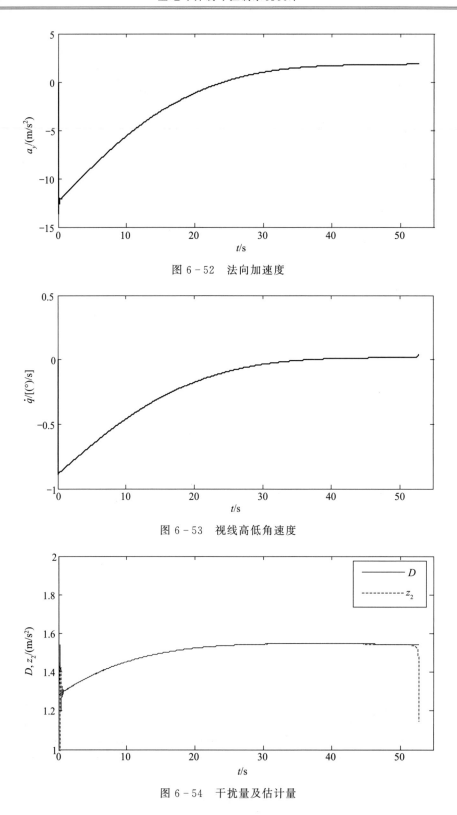

图 6 - 52　法向加速度

图 6 - 53　视线高低角速度

图 6 - 54　干扰量及估计量

2）具体应用 ESO 时，在初始段，由于弹目距离较大，干扰量影响很小，在接近目标时，干扰量对弹道的影响开始显现出来，针对此特性，可以设计一个变系数的 ESO，使在导引初始段时的 ESO 带宽较小，而在接近目标时，其带宽较大，保证较好的弹道特性。

3）在程序实现上，不是直接对扰动量 D 进行估计，而是将 D/R 看成扰动量进行估计，当接近目标时，D/R 由于弹目距离减小而导致快速变化，而 ESO 的带宽不够大，不能对其进行观测估计，会造成估计发散，如图 6-54 所示。为了改善末段的弹道特性，在接近目标时，可适当地提高 ESO 的带宽，如图 6-55 所示，其中 ESO2 的带宽是 ESO1 的 2 倍。

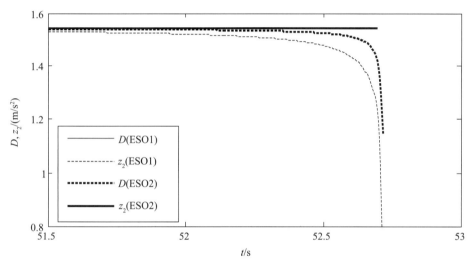

图 6-55 不同带宽 ESO 的干扰量及估计量

4）利用 ESO 实时估计出干扰量，并加以补偿，在导弹接近目标较长的一段范围内，视线角速度收敛于零（弹道末段），补偿后的导引弹道特性类似于平行接近法，这在较大程度上保证了较高制导精度。

5）由于导引弹道在接近目标前的较长时间范围内，视线角速度为 0，则根据式（6-32）可知，导引弹道的末段制导量为应补偿的干扰量。

6）考虑到姿控回路响应的滞后影响，视线角速度在弹道末段也逐渐发散，造成一定的脱靶量。

7）本方法的一个缺点是，需要得到比较精确的弹目相对速度 $\dot{R}$ 和相对距离 R，否则 $-2\dot{R}/R$ 的精度影响干扰量的估计误差。

6.12 末段零制导量比例导引法

末段零视线角速度比例导引法在理论上能使末段弹道的弹目视线角速度为 0，但是得付出制导量等于干扰量 D 的代价。由于干扰量 D 随弹目距离接近，其作用迅速被放大，加上姿控回路响应的滞后作用，最后造成一定量的脱靶量。

末段零视线角速度比例导引法在设计思想上还是属于"被动"抑制干扰量，即实时对干扰量进行 $1:1$ 的补偿，相对于常规的比例导引法而言，其弹道特性在很大程度得到改善，但是在弹道末段，其特性还不是很好。在工程上，也提出了末段零制导量比例导引法，在设计思想上属于"主动"抑制干扰量，属于干扰量过补偿。

6.12.1 干扰量修正原理

假设干扰量已知，则可设制导量 $U=K_1\dot{R}\dot{q}+K_2 D$ ，即对干扰量进行过补偿，代入式 $(6-21)$，可得

$$R\ddot{q}+(2-K_1)\dot{R}\dot{q}=(1+K_2)D$$

即

$$\ddot{q}+\frac{(2-K_1)\dot{R}\dot{q}}{R}=\frac{(1+K_2)D}{R}$$

假设 $\dot{q}$ 为 R 的一元函数，$\dot{R}$ 为常数，令 $y=\dfrac{\mathrm{d}q}{\mathrm{d}R}$ ，则得

$$\dot{y}+\frac{(2-K_1)}{R}y=\frac{(1+K_2)D}{R\dot{R}}$$

即为一阶非齐次微分方程，其初始条件为 $\dot{q}(R_0)=\dot{q}_0$ ，令 $P(R)=\dfrac{(2-K_1)}{R}$ ，$Q(R)=\dfrac{(1+K_2)D}{R\dot{R}}$ ，其解为

$$y=\mathrm{e}^{-\int P(R)\mathrm{d}R}\left[\int Q(R)\mathrm{e}^{\int P(R)\mathrm{d}R}\mathrm{d}R+C\right]=\frac{(1+K_2)D}{(2-K_1)\dot{R}}+CR^{(K_1-2)}$$

代入微分方程的初始条件，可得

$$y=\dot{q}=\dot{q}_0\left(\frac{R}{R_0}\right)^{(K_1-2)}+\frac{(1+K_2)D}{(2-K_1)\dot{R}}\left[1-\left(\frac{R}{R_0}\right)^{(K_1-2)}\right]$$

代入 $U=K_1\dot{R}\dot{q}+K_2 D$ ，可得制导量为

$$U=K_1\dot{R}\left\{\dot{q}_0\left(\frac{R}{R_0}\right)^{(K_1-2)}+\frac{(1+K_2)D}{(2-K_1)\dot{R}}\left[1-\left(\frac{R}{R_0}\right)^{(K_1-2)}\right]\right\}+K_2 D$$

当弹目距离 $R=0$ 时，令 $U=0$，则可得

$$K_1=-2K_2$$

即当比例导引法的导引系数 K_1 是干扰量补偿系数 K_2 的 -2 倍时，则可使修正比例导引法末段的制导量为 0。全程弹目视线角速度和制导量为

$$\begin{cases} \dot{q} = \dot{q}_0 \left(\dfrac{R}{R_0}\right)^{(K_1-2)} + \dfrac{(1-0.5K_1)D}{(2-K_1)\dot{R}} \left[1 - \left(\dfrac{R}{R_0}\right)^{(K_1-2)}\right] \\ U = K_1 \dot{R} \left\{ \dot{q}_0 \left(\dfrac{R}{R_0}\right)^{(K_1-2)} + \dfrac{(1-0.5K_1)D}{(2-K_1)\dot{R}} \left[1 - \left(\dfrac{R}{R_0}\right)^{(K_1-2)}\right] \right\} - 0.5K_1 D \end{cases}$$

上式中，当干扰量 $D=0$ 时，弹目视线角速度和制导量就变成理想比例导引法，为了保证导引律弹道收敛，则要求导引系数 $K_1 \geqslant 2$。

弹道终端的视线角速度和制导量为

$$\begin{cases} \dot{q}(R=0) = \dfrac{(1-0.5K_1)D}{(2-K_1)\dot{R}} = \dfrac{0.5D}{\dot{R}} \\ U(R=0) = 0 \end{cases} \qquad (6-33)$$

根据式（6-33），可知：

1）经过干扰量补偿后，弹道末段的制导律为 0，弹目视线角速度为 $\dfrac{0.5D}{\dot{R}}$，为了弹目

视线角速度尽早收敛于 $\dfrac{0.5D}{\dot{R}}$，则要求导引系数 K_1 尽量大；另外导引系数 K_1 越大，则弹

道越平直；

2）在弹道末段，理论上制导量为 0，其弹道特性明显优于常规比例导引律；

3）在工程上，干扰量是随机变化的且不能精确估计，另外存在姿控回路响应的滞后作用，加之其他不确定因素的影响，在弹道末段制导量并不能收敛于 0。

在工程上，有两种方法实现末段零制导量比例导引法，其一，由于在工程上，弹上制导设备还不能有效精确地对干扰量进行测量，故常采用状态观测器实时估计干扰量，再进行补偿，本书称之为干扰量直接补偿法；其二，利用滤波器根据视线角速度估计出视线角加速度，在此基础上，再进行补偿，本书称之为视线角加速度补偿法。

基于经典控制理论，也可以导出末段零制导量比例导引法。

对于 $U = K_1 \dot{R}\dot{q} + K_2 D$，由式（6-21）可得干扰量与输出视线角速度之间的关系如图 6-56 所示。

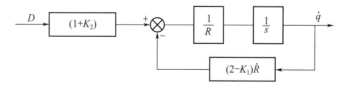

图 6-56　干扰量与视线角速度

即可得

$$\dot{q}(s) = \dfrac{(1+K_2)D}{Rs + (2-K_1)\dot{R}}$$

制导量为

$$U = K_1 \dot{R} \frac{(1 + K_2)D}{Rs + (2 - K_1)\dot{R}} + K_2 D$$

当 $R \to 0$ 时，令 $U = 0$，则可得

$$K_1 = -2K_2$$

6.12.2　干扰量直接补偿法

利用 6.11.2 节设计的 ESO，可实时估计出干扰量，即可利用制导量

$$U = K\dot{R}\dot{q} - 0.5KD$$

直接补偿干扰量，可使导引弹道末段的制导量为 0，具体见例 6-10。

例 6-10　基于干扰量直接补偿的末段零制导量比例导引法仿真。

导弹初始条件：$X = 0$，$Y = 5\ 000$ m，$V = 220$ m/s，$\theta = 0.0°$。目标初始条件：$X = 6\ 000$ m，$Y = 0$，$V_T = 30$ m/s，$\theta_T = 0.0°$ $a_T = 2$ m/s^2。试设计基于干扰量直接补偿的末段零制导量比例导引法，导引系数分别取 $K = 2$，4，6 和 8，仿真导引弹道，并对弹道特性进行分析。

解： 二阶 ESO 设计同例 6-9。

制导律 $U = K\dot{R}\dot{q} + 0.5KD$ 。

仿真结果如图 6-57～图 6-61 所示，图 6-57 为导引弹道变化曲线，图 6-58 为视线高低角和弹道倾角变化曲线，图 6-59 为法向加速度变化曲线，图 6-60 为弹目视线高低角速度变化曲线，图 6-61 为干扰量及估计量的变化曲线。

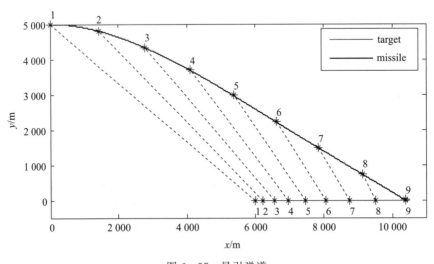

图 6-57　导引弹道

仿真分析及结论：

1）利用 ESO 可以有效地估计出绝大部分干扰量，但是在弹道的初始段和末段其估计效果较差，在弹道末段，ESO 估计受限于带宽趋于发散。

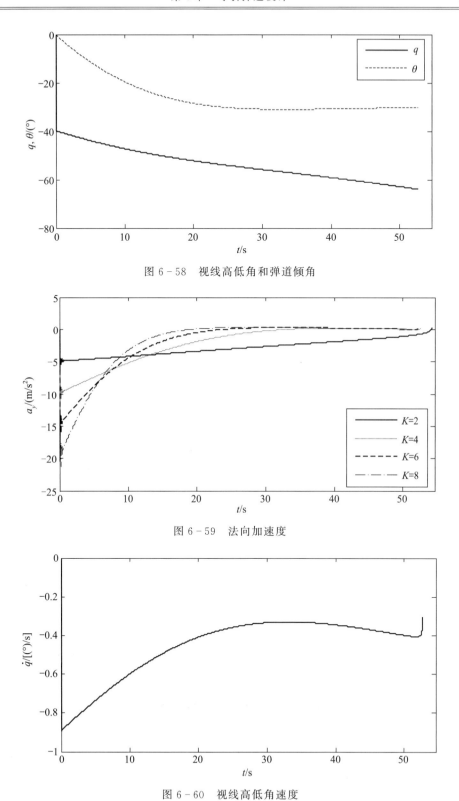

图 6 - 58　视线高低角和弹道倾角

图 6 - 59　法向加速度

图 6 - 60　视线高低角速度

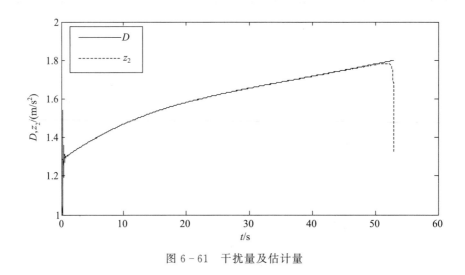

图 6-61　干扰量及估计量

2）在弹道初始段，导引系数 K 越大，弹目视线角速度在弹道初始段变化越快，越早趋于稳态值。

3）在弹道末段，视线角速度 $\dot{q}$ 趋于 $\dfrac{0.5D}{\dot{R}}$，在弹道终端，视线角速度为 $\dot{q}(R=0)=\dfrac{0.5D}{\dot{R}}$。导引系数 K 越大，$\dot{q}$ 越早趋于 $\dfrac{0.5D}{\dot{R}}$，并且，随着 K 的增加，弹道末段的 $\dot{q}$ 减小。另外，需注意的是：干扰量 D 并非常值，故在弹道末段，$\dot{q}$ 也在变化；

4）实时补偿干扰量后，在接近目标的一段时间内，制导量收敛为 0，收敛的速度取决于导引系数 K，K 越大，制导量越快收敛于零，但是不足之处是起始段的制导量较大，结合干扰量的特性，K 取变量，而非常值。

6.12.3　视线角加速度补偿法

视线角加速度反映视线角速度的变化，是一个重要可利用的制导量信息，利用视线角加速度信息可在较大程度上改善导引弹道的特性。

6.12.3.1　补偿原理

补偿分为三步：1）提取视线角加速度和弹目距离变化率；2）计算补偿量；3）计算制导量。

1）用滤波器提取视线角加速度 $\ddot{q}$ 和弹目距离变化率 $\dot{R}$。

设计滤波器，基于输入量 $\dot{q}$ 估计 $\ddot{q}$。

2）计算补偿量。由滤波器估计出来的视线角加速度 $\ddot{q}$ 以及弹目距离变化率 $\dot{R}$，视线角速度 $\dot{q}$ 和上一时刻的制导律 U_{last}，可得干扰量为

$$D = R\ddot{q} + 2\dot{R}\dot{q} - U_{\text{last}}$$

3）计算制导量。

$$U = KR\dot{q} - 0.5KD$$
$$= KR\dot{q} - 0.5K(R\ddot{q} + 2\dot{R}\dot{q} - U_{\text{last}}) \tag{6-34}$$
$$= -0.5KR\ddot{q} + 0.5KRU_{\text{last}}$$

因此，只需知道上一时刻的制导律 U_{last}、视线角加速度 $\ddot{q}$ 以及 R，即可计算得到制导量。上式为迭代公式，第一步迭代可以采用 $U = -0.5KR\ddot{q}$，其后采用式（6-34）。

此补偿方法实现的条件：1）测量弹目距离；2）基于伺服导引头输出的视线角速度提取视线角加速度。故此方法在工程上应用受限。

6.12.3.2　卡尔曼滤波器估计 $\ddot{q}$

比例导引法的修正补偿，最重要的是提取视线角加速度，下面采用卡尔曼滤波器估计 $\ddot{q}$，设状态量 $\boldsymbol{X} = \begin{bmatrix} \dot{q} & \ddot{q} \end{bmatrix}$，则状态方程

$$\begin{bmatrix} \ddot{q} \\ \dddot{q} \end{bmatrix} = \begin{bmatrix} 0 & 1 \\ 0 & 0 \end{bmatrix} \begin{bmatrix} \dot{q} \\ \ddot{q} \end{bmatrix} + \begin{bmatrix} 0 \\ 1 \end{bmatrix} \boldsymbol{W}(t) = \boldsymbol{AX} + \boldsymbol{FW}(t) \tag{6-35}$$

量测方程

$$\boldsymbol{Z} = \begin{bmatrix} 1 & 0 \end{bmatrix} \begin{bmatrix} \dot{q} \\ \ddot{q} \end{bmatrix} + \boldsymbol{V}(t) = \boldsymbol{HX} + \boldsymbol{V}(t) \tag{6-36}$$

式中　$\boldsymbol{W}(t)$，$\boldsymbol{V}(t)$——零均值的白噪声。

使用卡尔曼滤波器需要将上述连续系统离散化，即得

$$\begin{cases} \boldsymbol{X}(k+1) = \boldsymbol{\phi}(k+1,k)\boldsymbol{X}(k) + \boldsymbol{\Gamma}(k+1,k)\boldsymbol{W}(k) \\ \boldsymbol{Z}(k) = \boldsymbol{H}(k)\boldsymbol{X}(k) + \boldsymbol{V}(k) \end{cases} \tag{6-37}$$

设采样周期为 T，则 $\boldsymbol{\phi}_{k+1,k} = \begin{bmatrix} 1 & T \\ 0 & 1 \end{bmatrix}$，$\boldsymbol{\Gamma}_{k+1,k} = \begin{bmatrix} 0.5T^2 \\ T \end{bmatrix}$，$\boldsymbol{H}_k = \begin{bmatrix} 1 & 0 \end{bmatrix}$。

例 6-11　卡尔曼滤波估计 $\ddot{q}$ 仿真。

仿真条件：视线角速度 $\dot{q} = 5 \times \sin(0.25 \times \pi \times t)$，其噪声的均值为 0 （°）/s，方差为 0.114 6 $[$（°）/s$]^2$，采用卡尔曼滤波估计视线角速度 $\ddot{q}$。

仿真结果如图 6-62～图 6-65 所示，图 6-62 为原始视线角速度信号及卡尔曼滤波器输出，图 6-63 为原始视线角速度信号及卡尔曼滤波器输出的局部放大曲线，图 6-64 为理论视线角加速度和实际视线角加速度输出量，图 6-65 为卡尔曼协方差矩阵 $\boldsymbol{P}$ 的变化曲线。

仿真分析及结论：由图可知，利用卡尔曼滤波器可以从有噪声的视线角速度中提取较好品质的视线角速度信息，并能提取一定质量的视线角加速度信号，而视线角加速度相对于理论值有一定的延迟。卡尔曼收敛速度很快，在大约 0.1 s （大约 20 个计算周期）内，即能收敛至稳态值，角加速度的估计协方差为 0.087 3 （°）/s^2，角速度的估计协方差为 0.017 2 （°）/s。

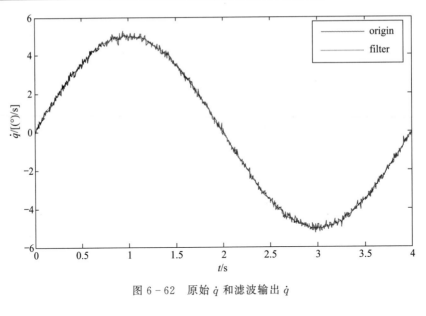

图 6 - 62　原始 $\dot{q}$ 和滤波输出 $\dot{q}$

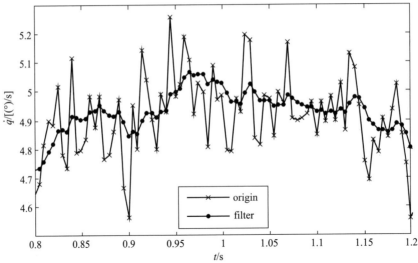

图 6 - 63　原始 $\dot{q}$ 和滤波输出 $\dot{q}$（局部放大）

6.12.4　ESO 修正 $\ddot{q}$

例 6 - 12　ESO 应用。

仿真条件：输入信号为 $v(t) = 1.0 \times \sin(0.5 \times 2\pi t)$，取速度因子 $r = 2\,400$，信号噪声如图 6 - 66（a）所示，信号噪声的功率谱密度如图 6 - 66（b）所示。

仿真结果如图 6 - 67、图 6 - 68 所示，图 6 - 67 为输入信号与响应、输入信号微分与响应变化曲线，图 6 - 68 为输入误差以及输入微分误差变化曲线。从图 6 - 67 可以看出，ESO 对输入信号有较大的滤波作用；从图 6 - 68 可以看出，ESO 输出微分信号会被原始输入信号的噪声放大。

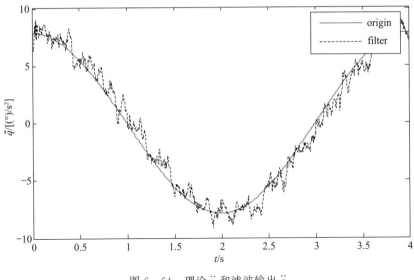

图 6 - 64　理论 $\ddot{q}$ 和滤波输出 $\ddot{q}$

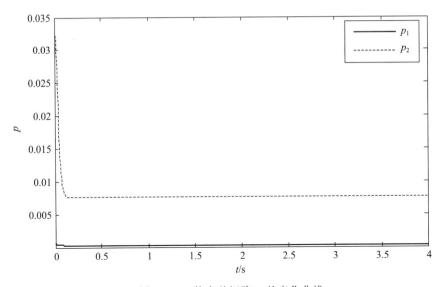

图 6 - 65　协方差矩阵 $\boldsymbol{P}$ 的变化曲线

通过大量的数值仿真可以得到如下结论：

1）ESO 对输入信号有较好的滤波效果（注：滤波综合效果不如专门的低阶滤波器），输出信号能很好地跟踪输入信号。

2）信号经过跟踪微分器后，可以提取输入信号的微分信息，但是提取的微分信号会被原始数据的噪声严重污染。

3）可以通过降低跟踪微分器的速度因子和增大滤波因子等来抑制微分信号中的噪声污染，但是带来新的问题：输出信号和输出微分信号之间有较大延迟。

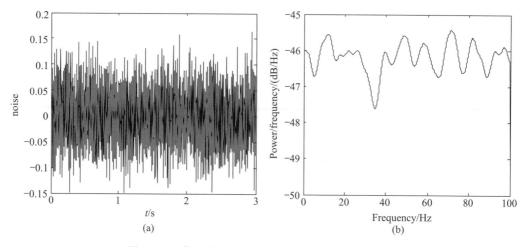

图 6-66　信号噪声及噪声的功率谱密度（滤波器前）

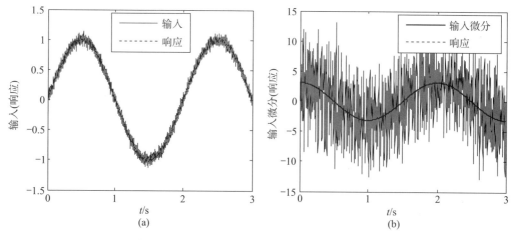

图 6-67　输入信号与响应，输入信号微分与响应

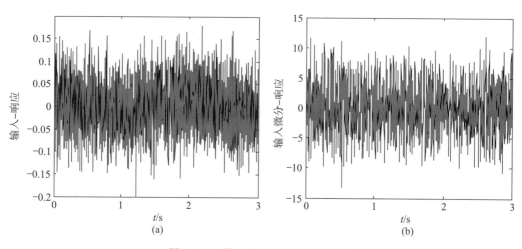

图 6-68　输入误差与输入微分误差

在实际应用中，如果输入信号噪声过大，可以在信号输入 ESO 之前设置一个二阶低通滤波器，滤波器的带宽取决于：1）噪声的强度；2）有用输入信号的频率；3）信号采样频率。

本文采用一个低通滤波器（$G(s) = \dfrac{1}{0.000\,9s^2 + 0.042\,42s + 1}$，带宽为 5.3 Hz）对包含噪声的原始信号进行滤波，滤波后噪声和滤波后噪声的功率谱密度如图 6 - 69 所示，滤波后的噪声幅值为 0.009 6，幅值较滤波前降低了 12.5 dB（滤波前的噪声幅值为 0.040 6）。

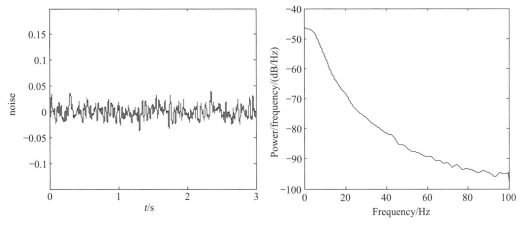

图 6 - 69 信号噪声及噪声的功率谱密度（滤波器后）

增加滤波器后，例 6 - 12 仿真结果如图 6 - 70、图 6 - 71 所示，由图可见，信号（被噪声污染）经过低通滤波器，并在输入跟踪微分器后，可提取品质较好的微分信号。

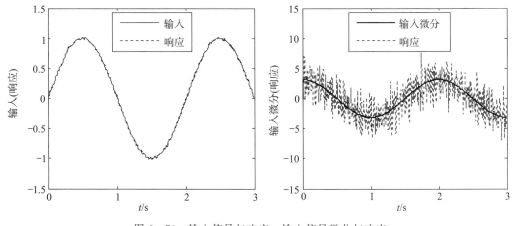

图 6 - 70 输入信号与响应，输入信号微分与响应

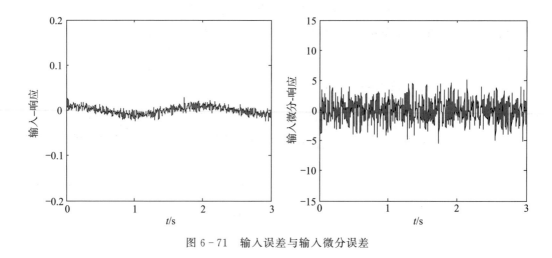

图 6 - 71　输入误差与输入微分误差

6.13　制导精度分析

6.13.1　制导精度的概念

制导精度是衡量制导系统性能最为重要的指标，在工程上常用脱靶量和圆概率误差 CEP 等定量表征。脱靶量一般用于描述制导系统设计时的制导精度，而圆概率误差一般用于描述制导系统设计完成后的制导精度，采用蒙特卡洛打靶法对整个制导系统的精度进行考核。

脱靶量定义：导弹在飞行过程中与目标之间的最短距离。导弹脱靶量指标的确定主要依据导弹战斗部的杀伤半径以及制导系统的性能，要求脱靶量小于杀伤半径，否则无法有效杀伤或摧毁目标。

在工程上，也常采用瞬时脱靶量来衡量制导精度。瞬时脱靶量：假设某时刻导弹和目标的速度大小及方向保持不变，即导弹和目标做匀速直线运动，瞬时脱靶量指此状态下导弹—目标之间的最近距离。

瞬时脱靶量计算：如图 6 - 72 所示，导弹和目标的速度分别为 V 和 V_T，弹目视线为 MT，导弹-目标相对速度为 $V_R = V - V_T$，导弹-目标相对运动关系可以在假设目标静止的情况下计算得到，即假设目标静止，导弹沿着相对弹道 MM_2 运动，在 M^* 点，弹目距离 M^*T 最小，M^*T 的大小即为瞬时脱靶量，也可以理解为在由目标和相对速度确定的靶平面内导弹离目标最近，按几何三角关系，可得

$$|M^*T| = |MT| \sin\mu$$

式中　μ ——相对速度前置角。

基于导引原理（参考 6.6 节），相对速度前置角是产生脱靶量的直接原因，只有前置角趋于 0，即相对速度方向对准弹目视线，导弹才能以零脱靶量击中目标。

圆概率误差是基于统计学表征制导武器制导精度的一个尺度，定义为：在某一条件下对同一个目标进行多次打击，考虑到弹上制导系统、执行机构、测量系统、弹体结构或气

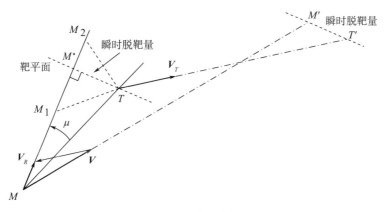

图 6 - 72　瞬时脱靶量

动偏差、大气干扰等因素，导弹将在目标点附近形成一个散布区域，以散布中心（即平均弹着点）为圆心，某半径 R 的圆如果包含 50% 的弹着点，此半径 R 为此制导武器的圆概率误差。

6.13.2　制导精度影响因素

影响制导武器制导精度的因素极多，如风场因素、气动与结构偏差、目标运动特性、天气因素、导引头特性、导航精度、导引方法等，很难进行确切的描述，在这里也只做简单的定性介绍，每个具体型号产生脱靶量的原因各不一样，应具体分析。在工程上，常将产生脱靶量的原因归为三大类：方法误差、量测误差以及执行机构误差。

（1）方法误差

对于制导武器来说，方法误差主要由两方面的原因引起，导引方法产生的误差和姿控回路产生的误差。

导引方法误差：主要由采用的导引律自身的特性引起，使得在接近目标的过程中，弹目视线角速度变大发散，导引弹道法向需用过载随之快速增加，当法向需用过载超出了弹体的可用过载时，即产生脱靶量，例如采用追踪法，如果导弹和目标的速度比超出了 [1，2] 区间，自然会引起较大的脱靶量，又如，当采用纯比例导引法时，当末段弹道目标机动较大，比例导引法在末段趋于发散，也类似产生较大的方法误差。另外，由于导引弹道设计不合适，即使打击静止目标，也可能在弹道末段其速度矢量未能很好地趋于与弹目视线一致，而导致较大的制导误差。

姿控回路误差：姿控回路在两个方面影响制导精度。1）姿控回路控制品质：由于受各种干扰的作用以及姿控回路的控制品质，实际姿控回路在响应制导指令的同时，多少伴随着一定的振荡。如果控制回路振荡厉害，特别是低频的振荡，会导致制导品质变差，制导指令也随之振荡，最终影响制导精度。2）姿控回路响应延迟特性：由于姿控回路响应指令存在延迟，会引起导引弹道在末段发散（即弹目视线角速度发散）而导致脱靶量。姿控回路响应的延迟越小，带宽越大，由其引发的导引弹道发散越迟，另外，由于姿控回路响应的延迟特性，会导致末段导引弹导道特性变差。故在工程上需要设计较高带宽且具有较好控制品质的姿控回路，特别对于末段弹道，通常要求姿控回路的带宽适应快速变化的制导指令。

通常情况下，导引方法误差在整个制导误差中不占主要部分，对于打击静止目标或匀速移动目标，可将导引方法误差限制在 0.1 m 以内。而姿控回路设计不当或性能较差、导引弹道设计不合理、制导和姿控回路之间匹配性差等都可能引起很大的方法误差，故在工程上，需要设计高制导品质的导引弹道以及高控制品质的姿控回路，以及协调制导和控制回路之间的匹配关系。

（2）量测误差

量测误差指由制导系统制导设备测量误差引起的制导误差，这与弹上制导设备的类型和性能直接相关，不同类型制导设备产生的误差完全不同，按制导设备输出的特性可分为：位置型、角速度型以及角度型制导设备。

1）位置型制导设备产生量测误差：位置型制导设备主要有 GPS/INS 复合制导、地形匹配以及景像匹配制导等，例如采用 GPS/INS 复合制导产生的误差为 10 m 左右，采用地形匹配制导产生的误差为 30 m，采用景像匹配制导产生的误差小于 10 m 等。

2）角速度型制导设备产生量测误差：角速度型制导设备主要为伺服式导引头，产生制导误差的原因主要有：导引头输出角速度常值偏差、隔离度以及导引头盲区等因素。a）角速度常值偏差在制导指令中叠加了一个干扰，使得导引弹道的弹道品质下降，弹目相对速度方向无法与弹目视线趋于重合，故产生脱靶量；b）当导引头隔离度较差，则导致制导—姿控—导引头之间产生寄生回路，在较大程度上影响制导回路和姿控回路的品质，导致较大的脱靶量；c）无论是基于光学体制还是基于无线电体制的导引头，都存在导引头盲区，当弹目距离小于导引头盲区时，导引头输出视线角速度就有偏差量，随着弹目距离接近，偏差量急速加大，导致制导指令严重失真，故在工程上常关闭导引头或锁定导引律输出的制导指令或锁定舵偏指令。这时制导误差取决于导引头关闭时的弹体运动特性，假设这时导弹—目标的相对速度矢量方向指向目标，往往脱靶量较小，这也是在选择导引律原则时要求导引末段加速度较小，导引弹道平直的原因。

3）角度型制导设备产生量测误差：角度型制导设备主要为捷联式导引头，产生制导误差的原因主要有：导引头输出角度误差和噪声特性。某一些导引方法可以抑制导引头输出角度常值误差，但实际上，导引头输出角度误差往往随环境、弹目视线以及其他因素变化而变化，在时域上表现为随时间变化，则导致导引指令中叠加了一个相应的干扰，导致制导误差。导引头输出角度值都伴随着一定量的有色噪声，有色噪声会导致导引指令叠加了一个随机的抖动量，由于姿控的作用引起弹体姿态振荡，其进一步引起噪声特性变差，综合作用使得制导回路和姿控回路品质下降，导致一定量的制导误差。

（3）执行机构误差

执行机构作为导弹制导控制系统的执行者，其控制品质也在一定程度上影响制导精度，特别是当执行机构的控制延迟较大时（即响应在时间上滞后于指令），在某些情况下，可能会严重影响姿控回路的控制品质，甚至引起姿控回路周期振荡，导致较大的制导偏差。不过当执行机构的控制延迟小至一定程度时，其对姿控回路的影响即可忽略，即这时可不考虑执行机构对制导精度的影响。

对于某些空地导弹打击地面固定目标，姿控回路带宽较小，在理论上并不需要执行机构具有很大的带宽，加之现代的执行机构带宽普遍较大，故这时可以忽略执行结构带来的制导误差。

6.13.3　圆概率误差计算

假设影响制导精度的 n 项因素互相独立，并且服从正态随机分布，则计算制导误差 CEP 如下：

假设第 i（$1 \leqslant i \leqslant n$）项影响制导精度的因素所引起的纵向标准偏差为 σ_{xi} 和横向标准偏差为 σ_{yi}，则可得纵向和横向标准偏差为

$$\sigma_x = \sqrt{\frac{1}{n}\sum_{i=1}^{n}\sigma_{xi}^2} \ , \ \sigma_y = \sqrt{\frac{1}{n}\sum_{i=1}^{n}\sigma_{yi}^2}$$

假设此项对纵向和横向的影响相互独立，进一步假设落点是以 (x_0, y_0) 为散布中心的二维正态分布，即分布密度函数为

$$f(x, y) = \frac{1}{2\pi\sigma_x\sigma_y} e^{-0.5\left(\frac{(x-x_0)^2}{\sigma_x^2}+\frac{(y-y_0)^2}{\sigma_y^2}\right)}$$

通常情况下视 $\sigma_x = \sigma_y$，则上式可简化为

$$f(x, y) = \frac{1}{2\pi\sigma^2} e^{-0.5\left(\frac{(x-x_0)^2+(y-y_0)^2}{\sigma^2}\right)}$$

结合分布密度函数和积分域的特性，常采用极坐标，直角坐标系中某一点 (x, y) 在极坐标可表示为 (r, θ)，令 $x = r\cos(\theta)$，$y = r\sin(\theta)$，故散布中心 (x_0, y_0) 可表示为 (r_0, θ_0)，$x_0 = r_0\cos(\theta_0)$，$y_0 = r_0\sin(\theta_0)$，则上式可重写为

$$f(r, \theta) = \frac{1}{2\pi\sigma^2} e^{-\frac{1}{2\sigma^2}(r^2+r_0^2-2rr_0\cos(\theta-\theta_0))}$$

假设导弹无系统误差，落点是以目标为原点的正态散布，即 $r_0 = 0$，则上式可简化为

$$f(r, \theta) = \frac{1}{2\pi\sigma^2} e^{-\frac{r^2}{2\sigma^2}}$$

单发导弹击中以目标为原点半径为 R 的圆的概率为

$$P(r < R) = \iint\limits_{r<R} f(r, \theta) r \mathrm{d}r \mathrm{d}\theta = \int_0^{2\pi} \mathrm{d}\theta \int_0^R \frac{1}{2\pi\sigma^2} e^{-\frac{r^2}{2\sigma^2}} r \mathrm{d}r = 1 - e^{-\frac{R^2}{2\sigma^2}}$$

按圆概率误差定义可得

$$1 - e^{\frac{-CEP^2}{2\sigma^2}} = 0.5$$

则制导系统圆概率误差为

$$CEP \approx 1.177\,4\sigma \tag{6-38}$$

此方法首先得列出影响制导精度的 n 项因素，然后在假设 n 项因素之间互相独立的情

况下计算每项对制导精度的影响，最后综合解算得到 CEP 。此方法的缺点为：1）在理论上较难列全影响制导精度的影响项；2）这些影响项之间也并非都独立，故由其计算所得的 CEP 往往偏大；3）式（6‑38）是在假设制导无系统误差的前提条件下得到，实际导弹落点往往是以偏离目标，以某一点为散布中心的正态分布，即落点的数学期望并不是目标。在工程上，在确定制导和姿控回路后，往往采用六自由度弹道数学仿真的方法解算得到制导误差 CEP ，运用蒙特卡洛仿真技术，进行大量蒙特‑卡洛打靶，由此解算得到圆概率误差。

假设蒙特‑卡洛打靶的样本数为 n ，第 i（$1 \leqslant i \leqslant n$）次打靶的落点精度：横向落点偏差为 Δx_i ，纵向落点偏差为 Δy_i ，则横向和纵向落点均方差为

$$\sigma_x = \sqrt{\frac{\sum_{i=1}^{n}(\Delta x_i - \overline{x})^2}{n}} \ , \ \sigma_y = \sqrt{\frac{\sum_{i=1}^{n}(\Delta y_i - \overline{y})^2}{n}}$$

其中

$$\overline{x} = \frac{\sum_{i=1}^{n}\Delta x_i}{n} \ , \ \overline{y} = \frac{\sum_{i=1}^{n}\Delta y_i}{n}$$

式中　$\overline{x}$, $\overline{y}$ ——横向和纵向落点偏差的均值。

在数学上，计算 σ_x 和 σ_y 时，当样本数 $n \leqslant 10$ 时，则取 $n = n-1$ ，制导精度圆概率误差为

$$CEP \approx 1.177\,41 \left(\frac{\sigma_x + \sigma_y}{2} \right)$$

6.13.4　命中概率计算

对于打击移动的装甲目标时，习惯用命中概率来表征制导精度。运用命中概率的概念的前提条件是：制导过程存在各种随机因素，即表明制导过程为一个随机过程，其制导误差服从正态分布。

经理论分析和各种制导系统仿真试验以及大量的实际打靶均表明，制导误差服从正态分布，故可运用命中概率的概念。

命中概率的计算与目标的形状相关。

（1）圆目标

已知圆目标的半径为 R ，制导系统的圆概率误差为 CEP ，假设无系统误差。

由圆概率误差 CEP 可得

$$\sigma = \frac{CEP}{1.177\,41}$$

无系统误差时的命中概率可表示为

$$P = 1 - \mathrm{e}^{-\frac{R^2}{2\sigma^2}}$$

（2）距形目标

已知距形目标的长为 $2L$ ，宽为 $2H$ ，制导系统的圆概率误差为 CEP 。

假设无系统误差，则导弹击中目标的概率为

$$P = \int_{-L}^{L} \int_{-H}^{H} f(x,y) \mathrm{d}x \, \mathrm{d}y$$

$$= \int_{-L}^{L} \frac{1}{\sqrt{2\pi}\,\sigma} \mathrm{e}^{-0.5\left(\frac{x^2}{\sigma^2}\right)} \mathrm{d}x \int_{-H}^{H} \frac{1}{\sqrt{2\pi}\,\sigma} \mathrm{e}^{-0.5\left(\frac{y^2}{\sigma^2}\right)} \mathrm{d}y$$

从数学上来说，需将上式化简为标准正态分布，然后通过查表可求得，即令 $\bar{x} = \dfrac{x}{\sigma}$，$\bar{y} = \dfrac{y}{\sigma}$，则可得

$$P = \int_{-\frac{L}{\sigma}}^{\frac{L}{\sigma}} \frac{1}{\sqrt{2\pi}} \mathrm{e}^{-0.5\bar{x}^2} \mathrm{d}\bar{x} \int_{-\frac{H}{\sigma}}^{\frac{H}{\sigma}} \frac{1}{\sqrt{2\pi}} \mathrm{e}^{-0.5\bar{y}^2} \mathrm{d}\bar{y} = \left[2\phi\left(\frac{L}{\sigma}\right) - 1\right]\left[2\phi\left(\frac{H}{\sigma}\right) - 1\right]$$

式中，$\phi(\cdot)$ 可通过查询标准正态分布表得到，即命中概率可表示为纵向和横向的命中概率之积。

假设存在系统误差，则导弹击中目标的概率为

$$P = \iint_{|x|<L,\,|y|<H} \frac{1}{2\pi\sigma^2} \mathrm{e}^{-0.5\left[\frac{(x-x_0)^2+(y-y_0)^2}{\sigma^2}\right]} \mathrm{d}x \, \mathrm{d}y$$

$$= \int_{\frac{-L-x_0}{\sigma}}^{\frac{L-x_0}{\sigma}} \frac{1}{\sqrt{2\pi}} \mathrm{e}^{-\frac{\bar{x}^2}{2}} \mathrm{d}\bar{x} \int_{\frac{-H-x_0}{\sigma}}^{\frac{H-x_0}{\sigma}} \frac{1}{\sqrt{2\pi}} \mathrm{e}^{-\frac{\bar{y}^2}{2}} \mathrm{d}\bar{y}$$

$$= \left[\phi\left(\frac{L-x_0}{\sigma}\right) - \phi\left(\frac{-L-x_0}{\sigma}\right)\right]\left[\phi\left(\frac{H-y_0}{\sigma}\right) - \phi\left(\frac{-H-y_0}{\sigma}\right)\right]$$

6.14　科氏加速度和牵连加速度对制导弹道的影响

导弹在飞行过程中除了受到发动机推力、气动力、地球重力等作用力之外，还会受到科氏加速度（由地球自转引起的）和牵连加速度（导弹线运动引起的）的作用。由于制导是基于地理坐标系下进行的，而加速度计感受的是惯性空间下的比力，即其输出包含了科氏加速度和牵连加速度两项有害加速度，故需要对此进行补偿。

补偿原理见惯性导航比力方程［见式（6-39）］，即计算载体相对于地球存在运动速度时，需要在输出加速度计比力 $\boldsymbol{f}$ 的基础上，剔除科氏加速度和牵连加速度等两项有害加速度及重力加速度

$$\dot{\boldsymbol{v}}_{ep} = \boldsymbol{f} - (2\boldsymbol{\omega}_{ie} + \boldsymbol{\omega}_{ep}) \times \boldsymbol{v}_{ep} + \boldsymbol{g} \tag{6-39}$$

式中　$\boldsymbol{v}_{ep}$ ——载体相对于地球的运动速度；

　　　$\boldsymbol{\omega}_{ie}$ ——地球自转角速度；

　　　$\boldsymbol{\omega}_{ep}$ ——由于载体相对于地球线运动而产生的角速度。

（1）科氏加速度

科氏加速度是由于地球自转引起的，其表达式为

$$\boldsymbol{F}_k = 2\boldsymbol{\omega}_{ie} \times \boldsymbol{v}_{ep} \tag{6-40}$$

其中

$$\boldsymbol{v}_{ep} = v_e \boldsymbol{i} + v_n \boldsymbol{j} + v_u \boldsymbol{k}$$

式中　　v_e，v_n，v_u——载体的东向速度、北向速度和天向速度。

将上式在地理坐标系下写成分量的形式，即表示为

$$
\begin{aligned}
\boldsymbol{F}_k &= 2\boldsymbol{\omega}_{ie} \times \boldsymbol{v}_{ep} \\
&= \begin{vmatrix}
(\omega_y v_u - \omega_z v_n)\boldsymbol{i} \\
(\omega_x v_e - \omega_x v_u)\boldsymbol{j} \\
(\omega_x v_n - \omega_y v_e)\boldsymbol{k}
\end{vmatrix} \\
&= \begin{vmatrix}
(\omega_{ie}\cos L v_u - \omega_{ie}\sin L v_n)\boldsymbol{i} \\
\omega_{ie}\sin L v_e \boldsymbol{j} \\
-\omega_{ie}\cos L v_e \boldsymbol{k}
\end{vmatrix}
\end{aligned}
\tag{6-41}
$$

式中　　L——地理纬度。

（2）牵连加速度

牵连加速度是由于载体相对于地球运动引起的，其表达式为

$$\boldsymbol{F}_q = \boldsymbol{\omega}_{ep} \times \boldsymbol{v}_{ep} \tag{6-42}$$

式中　　$\boldsymbol{\omega}_{ep}$——由于载体相对于地球线运动而产生的角速度，可表示为

$$\boldsymbol{\omega}_{ep} = \frac{v_n}{R_M}\boldsymbol{i} + \frac{v_e}{R_N}\boldsymbol{j} + 0\boldsymbol{k}$$

式中　　R_M——卯酉圈半径；

　　　　R_N——子午圈半径。

将式（6-42）在地理坐标系下写成分量的形式，表示为

$$
\begin{aligned}
\boldsymbol{F}_q &= \boldsymbol{\omega}_{ep} \times \boldsymbol{v}_{ep} \\
&= \frac{v_e}{R_N}v_u \boldsymbol{i} - \frac{v_n}{R_M}v_u \boldsymbol{j} + \left(\frac{v_n}{R_M}v_n - \frac{v_e}{R_N}v_e\right)\boldsymbol{k}
\end{aligned}
\tag{6-43}
$$

可视科氏加速度和牵连加速度为有害加速度，科氏加速度通常是小量（例如，在 5 000 m 高度以 $Ma = 2$ 飞行的导弹，其科氏加速度为 0.093 1 m/s²），对于某些较近射程，可以忽略不计，对于较远射程，需要补偿科氏加速度和牵连加速度。

按式（6-41）计算的科氏加速度和按式（6-43）计算的牵连加速度都是以地理坐标系为参考，而制导指令常采用弹体坐标系下的加速度指令，故需要将科氏加速度和牵连加速度投影至弹体坐标系下，即

$$\boldsymbol{a}_{\text{disturb}} = \boldsymbol{C}_n^b(\boldsymbol{F}_k + \boldsymbol{F}_q)$$

式中　　$\boldsymbol{C}_n^b$——地理坐标系至弹体坐标系的转换矩阵。

将弹体加速度计输出的加速度在进行姿控计算之前进行补充，即

$$\boldsymbol{a} = \boldsymbol{a}_{\text{accelerometer}} - \boldsymbol{a}_{\text{disturb}}$$

下面以举例的方式说明科氏加速度和牵连加速度对制导弹道的影响，具体见例 6-13。

例 6-13　仿真科氏加速度和牵连加速度对制导弹道的影响。

某滑翔制导武器投放条件：投放高度为 10 000 m，射程为 100 km；投放速度为东速 $V_e = 0.0$ m/s，北速 $V_n = 240$ m/s，天速 $V_u = 0.0$ m/s；投放姿态为滚动角 $\gamma = 0°$，偏航角 $\psi = 0°$，俯仰角 $\vartheta = 0°$；目标为静止状态，位于正北方向。分别对弹体加速度计输出进行补偿和不补偿两种情况仿真六自由度弹道，并分析科氏加速度和牵连加速度对弹道特性的影响。

解：仿真结果如图 6-73～图 6-76 所示，图 6-73 为加速度计输出补偿后的弹道偏角和方位角变化曲线，图 6-74 为加速度计输出无补偿的弹道偏角和方位角变化曲线；图 6-75 为科氏加速度和牵连加速度在弹体侧向加速度计的投影变化曲线；图 6-76 为导弹北向距离、东向距离及东速变化曲线。

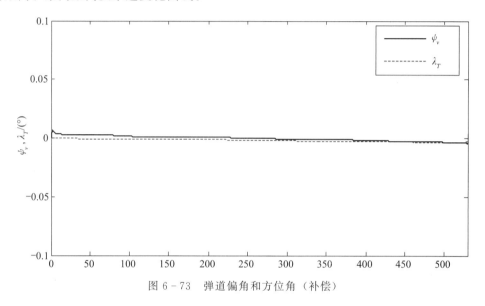

图 6-73　弹道偏角和方位角（补偿）

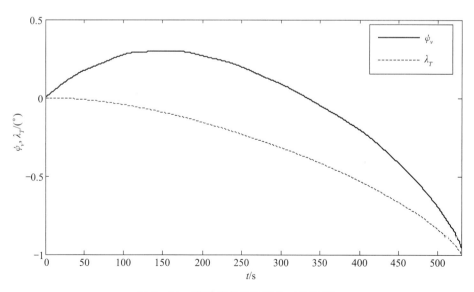

图 6-74　弹道偏角和方位角（无补偿）

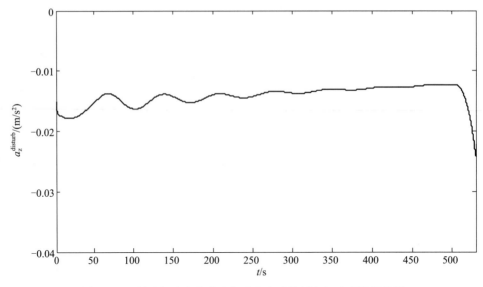

图 6 - 75　科氏加速度和牵连加速度在弹体侧向加速度计的投影

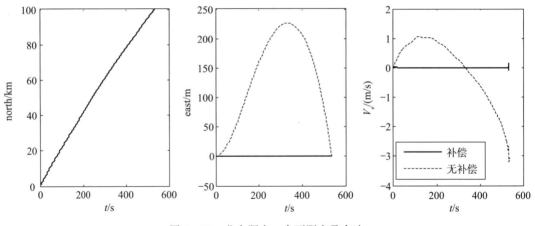

图 6 - 76　北向距离、东西距离及东速

　　仿真分析及结论：对于此弹道，科氏加速度和牵连加速度在弹体侧轴的投影约为 $0.02\ \text{m/s}^2$（相当于侧向加速度计有 $2\ \text{mg}$ 的误差输出），此量对制导弹道产生一定的影响，使得导弹不能沿正北方向飞向目标。加速度计输出无补偿时，由于加速度计输出含有科氏加速度和牵连加速度的作用，故其弹道偏角和视线方位角不能重合。

　　科氏加速度和牵连加速度的大小与载体飞行速度大小和方向两者相关，载体速度越大，则作用在载体上的科氏加速度和牵连加速度越大，载体速度方向决定科氏加速度和牵连加速度的作用方向，故为了提高制导品质，需要对加速度计的输出进行科氏加速度和牵连加速度补偿。

6.15 终端角度约束制导律设计

随着制导技术的发展以及空中打击能力的增强,对立方防御体系的防御能力也越来越强,具有重要战略价值的目标(如指挥中心、通信中心、控制中心等)转入地下或在朝着敌方的这一面工事加强防御,且防御结构也越来越坚固。为了对付这类目标,要求战斗部必须侵入目标内部后爆炸,依靠战斗部装药爆炸产生的冲击波来摧毁目标,所以为了增强对目标的打击效果,在保证制导系统具有较小脱靶量的同时,还需要对各种目标选择不同的打击角,例如,如果目标为垂直建筑,弹道末段的弹道高低角不大于30°;如果目标是地下工事,一般末段的高低角小于−60°。另外,对于某些目标还要选择一定的方位角,如图6-77所示。

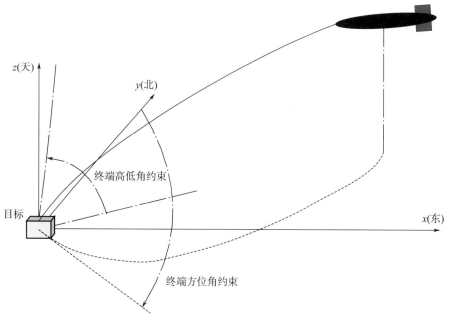

图 6-77 终端弹道角约束

6.15.1 终端角度约束简介

为了提高对目标的打击效果,单单提高制导精度是不够的,通常还需要以预定的弹道高低角和方位角打击目标。在工程上,即需要开发纵向攻击平面内弹道高低角约束和水平攻击平面内方位角约束制导律,将三维空间的制导问题转化成俯冲平面和转弯平面上的制导问题,基于最优控制理论,用黎卡提方程推导出一种线性最优的带落角约束的制导律。

自 Kim 和 Grider 于 1973 年基于线性化模型,针对再入飞行器在垂直平面内提出了一种最优攻击角度约束导引律以来,众多学者开展了对不同的攻击角度约束制导律的研究。大多基于最优控制理论推导出具有终端角度约束的制导律,也有应用滑模变结构控制、自适应控制、智能控制、预测控制和模糊控制等非线性控制理论开发终端角度约束的制导律。

6.15.2　纵向平面内终端角度约束制导律设计

纵向平面内终端角度约束制导律设计主要是根据战术指标，开发终端弹道角约束的制导律，基于最优控制理论，约束条件分为两种：终端弹道角约束，$q(t_f) = q_{t_f}$（其中 q_{t_f} 指终端约束的弹道高低角）；过程约束，过程约束为不等式约束，例如过载小于可用过载等。在工程上，大多只约束终端弹道高低角。

6.15.2.1　理论推导

为了简化理论推导，本文假设目标静止，推导终端弹道高低角约束制导律，实际上推导的制导律适用于攻击低速运动目标。

比例导引法是指导弹在飞行过程中速度矢量 **V** 的转动角速度与弹目视线的转动角速度成比例的一种导引方法，如图 6-78 所示，其相对运动方程为

$$\begin{cases} \dfrac{\mathrm{d}R}{\mathrm{d}t} = V_T\cos\eta_T - V\cos\eta \\[2mm] R\,\dfrac{\mathrm{d}q}{\mathrm{d}t} = V\sin\eta - V_T\sin\eta_T \\[2mm] q = \sigma + \eta \\[2mm] q = \sigma_T + \eta_T \\[2mm] \varepsilon = 0 \end{cases} \tag{6-44}$$

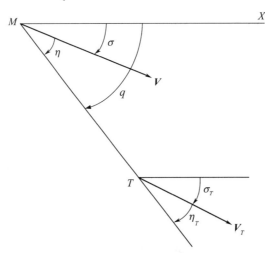

图 6-78　弹体与目标的相对位置

假设目标静止，即 $V_T = 0$，则方程组（6-44）可简化为

$$\begin{cases} \dfrac{\mathrm{d}R}{\mathrm{d}t} = -V\cos\eta \\[2mm] R\,\dfrac{\mathrm{d}q}{\mathrm{d}t} = V\sin\eta \\[2mm] q = \sigma + \eta \end{cases} \tag{6-45}$$

对方程组（6-45）第 2 式两边求导，整理可得

$$\frac{\mathrm{d}^2 q}{\mathrm{d}t^2} = \left(\frac{\dot{V}}{V} - \frac{2\dot{R}}{R}\right)q + \frac{\dot{R}}{R}\dot{\theta} \tag{6-46}$$

根据题意，终端约束条件为

$$\begin{cases} q(t=t_f) = q_{t_f} \\ \dot{q}_{t_f} = 0 \end{cases}$$

式中　t_f——终端时间。

定义 $x_1 = q - q_{t_f}$，$x_2 = \dot{q}$，则

$$\begin{cases} \dot{x}_1 = x_2 \\ \dot{x}_2 = \left(\dfrac{\dot{V}}{V} - \dfrac{2\dot{R}}{R}\right)x_2 + \dfrac{\dot{R}}{R}\dot{\theta} \end{cases} \tag{6-47}$$

为了便于二次型最优控制问题求解，假设导弹在飞行过程中速度恒定，则式（6-47）可写成状态空间形式

$$\dot{X} = AX + BU$$

其中

$$A = \begin{bmatrix} 0 & 1 \\ 0 & -\dfrac{2\dot{R}}{R} \end{bmatrix}, \ B = \begin{bmatrix} 0 \\ \dfrac{\dot{R}}{R} \end{bmatrix}, \ U = \dot{\theta}$$

终端约束条件为

$$\begin{cases} \dot{x}_1(t_f) = 0 \\ \dot{x}_2(t_f) = 0 \end{cases}$$

求解终端弹道角约束问题即为寻找一个最优控制 $U = U^*(T)$，将系统由状态 $X(t_0) = X_0$ 转移到 $X(t_f) = X_{t_f}$，并使某一性能指标最小，本文取导弹所需的机动过载最小，即使下式取最小值

$$J(U) = \int_{t_0}^{t_f} 0.5 R U^2 \mathrm{d}t$$

式中　R——加权因子。

考虑终端约束，性能指标函数

$$J(U) = \int_{t_0}^{t_f} 0.5 R U^2 \mathrm{d}t + X^{\mathrm{T}}(t_f) F X(t_f)$$

式中　F——罚因子，取 $F = \infty$。

假设其解为

$$U^*(t) = -R^{-1} B^{\mathrm{T}} P X$$

式中，$R = 1$，P 由黎卡提微分方程求解，即

$$\begin{cases} \dot{P} = -PA - A^{\mathrm{T}}P + PBB^{\mathrm{T}}P \\ P(t_f) = F \end{cases}$$

定义 $-\dfrac{R}{\dot{R}} = T_{\text{togo}}$（剩余飞行时间），上式可写成逆黎卡提方程

$$
\begin{cases}
\dot{\boldsymbol{P}}^{-1} = \boldsymbol{A}\boldsymbol{P} + \boldsymbol{P}^{-1}\boldsymbol{A}^{\mathrm{T}} - \boldsymbol{B}\boldsymbol{B}^{\mathrm{T}} \\
\boldsymbol{P}^{-1}(t_f) = \boldsymbol{F}^{-1} = \boldsymbol{0}
\end{cases}
$$

令 $\boldsymbol{E} = \boldsymbol{P}^{-1}$ ，则

$$
\begin{cases}
\dot{\boldsymbol{E}} = \boldsymbol{A}\boldsymbol{E} + \boldsymbol{E}\boldsymbol{A}^{\mathrm{T}} - \boldsymbol{B}\boldsymbol{B}^{\mathrm{T}} \\
\boldsymbol{E}(t_f) = \boldsymbol{0}
\end{cases}
$$

求解上式，可得

$$
U^*(t) = \dot{\theta}^*(t) = 4\dot{q} + \frac{2}{T_{\text{togo}}}(q - q_{t_f}) \tag{6-48}
$$

由上式可知，纵向平面内终端角度约束制导律由两部分组成：

1）经典比例导引项，导引系数为 4；

2）终端约束项 $\dfrac{2}{T_{\text{togo}}}(q - q_{t_f})$ 。

比例导引项用来满足制导精度要求，终端约束项用于满足终端弹道高低角约束。在实际应用中，剩余时间 T_{togo} 的计算精度会在较大程度上影响弹道高低角约束值，甚至严重影响制导精度，根据制导体制，如果弹上制导系统得不到 T_{togo} ，则需要估计得到，对于惯性/GPS 复合制导，则可以很精确地得到 T_{togo} 。

6.15.2.2　仿真分析

在本节分三自由度和六自由度弹道对纵向平面内终端角度约束弹道进行仿真，其中三自由度弹道仿真偏向于终端约束弹道的理论分析，而六自由度弹道仿真偏向于终端弹道高低角约束在工程实际中的应用。

例 6-14　不同终端弹道高低角约束的三自由度弹道仿真。

导弹初始条件：$X = 0$，$Y = 5\,000$ m，$V = 220$ m/s，$\theta = 0.0°$。目标初始条件：$X = 7\,000$ m，$Y = 0$，$V_T = 0.0$ m/s，$a_T = 0$ m/s²。终端高低角约束：$-20°$，$-40°$ 和 $-80°$，假设控制系统理想，试仿真三自由度弹道，并分析弹道特性。

解：制导律采用式（6-48）。

仿真结果如表 6-2 和图 6-79～图 6-83 所示，表 6-2 列出了终端视线高低角和脱靶量；图 6-79 为导引弹道变化曲线，图 6-80 为视线高低角和弹道倾角变化曲线，图 6-81 为法向加速度变化曲线，图 6-82 为比例导引项加速度和约束项加速度变化曲线，图 6-83 为弹目视线高低角速度变化曲线。

表 6-2　终端视线高低角约束三自由度弹道仿真

弹道	视线高低角约束值/(°)	视线高低角/(°)	脱靶量/m
1	−20.0	−20.43	0.082
2	−40.0	−40.04	0.018
3	−80.0	−79.85	0.098

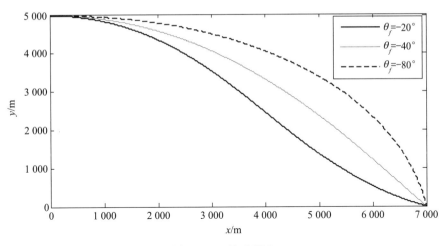

图 6-79　导引弹道

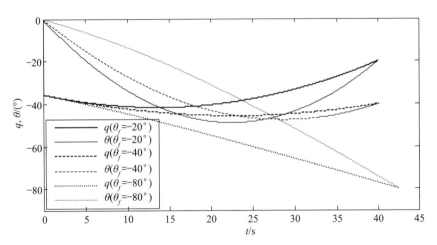

图 6-80　视线高低角和弹道倾角

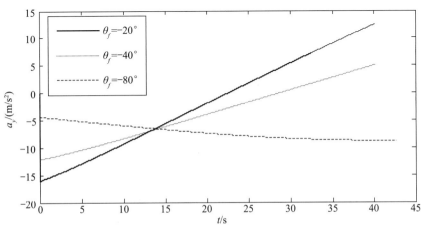

图 6-81　法向加速度

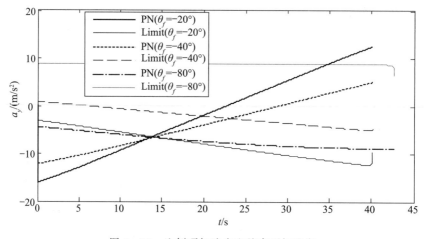

图 6 - 82　比例项加速度和约束项加速度

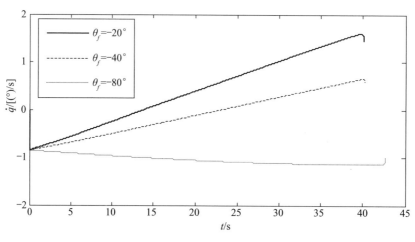

图 6 - 83　视线高低角速度

仿真分析及结论：

1) 从表 6 - 2 可以看出，三自由度弹道仿真由于未考虑姿控回路对制导的影响，在不考虑弹道需用过载的情况下，打击静止目标时，其速度矢量趋于弹目视线，并在接近目标时，速度矢量和弹目视线重合，故脱靶量小，满足制导精度要求。

2) 在弹道角约束项的作用下，弹道末段的弹道角可以很好地满足终端视线高低角约束值。

3) 假设无弹道角约束项作用时其末端弹道角为 q_{t_f}，当约束弹道角在较大程度上脱离 q_{t_f} 时，其弹道末端过载比较大，制导精度也受到一定的影响。

4) 通常情况下，比例导引项和终端约束项的作用相反，其比例导引项主要保证制导精度，而终端约束项的作用，使得速度矢量脱离弹目视线，引起制导精度变差，故需要协调两者之间的关系，使得既满足制导精度，也保证终端约束弹道角。

基于工程实际，导弹导引弹道为六自由度，并且姿控回路对制导回路存在的影响也不能忽略，其飞行过载受一定的限制，其综合作用表现为：六自由度弹道在某些方面与三自由度弹道不同，具体见例 6-15。

例 6-15　不同终端弹道高低角约束的六自由度弹道仿真。

导弹初始条件：$X=0$，$Y=5\,000$ m，$Ma=0.55$，$\theta=0°$。气动参数和结构参数不拉偏。目标初始条件：$X=20\,000$ m，$Y=0$。终端高低角约束：$-20°$，$-50°$ 和 $-70°$，接入姿控回路，试仿真六自由度弹道，并分析弹道特性。

解：制导律采用式（6-48），进行六自由度弹道仿真。

仿真结果如表 6-3 和图 6-84～图 6-87 所示，表 6-3 列出了终端视线高低角和脱靶量；图 6-84 为导引弹道变化曲线，图 6-85 为视线高低角和弹道倾角变化曲线，图 6-86 为导弹飞行攻角变化曲线，图 6-87 为导弹飞行马赫数变化曲线。

表 6-3　终端视线高低角约束六自由度弹道仿真

弹道	视线高低角约束值/(°)	视线高低角/(°)	横向落点偏差/m	纵向落点偏差/m
1	−20.0	−20.11	0.001	0.075
2	−50.0	−50.26	0.005	−0.191
3	−70.0	−69.84	0.061	0.346

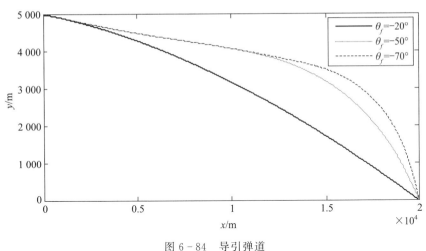

图 6-84　导引弹道

仿真分析及结论：

1）弹道高低角约束六自由度弹道相对于三自由度弹道而言，由于姿控回路对制导回路的滞后影响、过载限幅等，其制导精度相对有一定下降。

2）当打击静止目标时，视线高低角约束值为 $-20°$、$-50°$ 及 $-70°$ 时，弹道在弹道末端其速度矢量趋于弹目视线，并在接近目标时，速度矢量和弹目视线趋于重合，故脱靶量较小。

3）当弹道角约束低至 $-70°$ 时，在弹道末端速度矢量和弹目视线之间的差别趋于变大，其制导精度也随之降低，从这点看，对于具体型号，并不能保证任何弹道高低角约束都能满足。

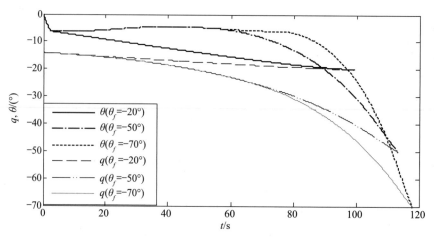

图 6 - 85　视线高低角和弹道倾角

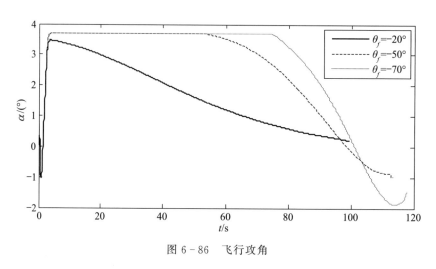

图 6 - 86　飞行攻角

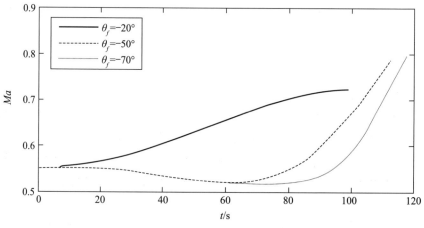

图 6 - 87　马赫数

4）根据制导理论，比例导引项和终端约束项对弹道的作用往往相反，其比例导引项主要保证制导精度，使得速度矢量趋于弹目视线，而终端约束项的作用，使得速度矢量脱离弹目视线，引起制导精度变差，故需要协调两者之间的关系。在工程上，通常将制导精度放在第一位，在制导精度和终端约束冲突较大时，限制终端约束项的作用，在牺牲一定终端约束项精度的基础上保证制导精度。

5）制导律［式（6-48）］是在某些假设条件下推理得到的，在应用于工程具体型号时，还需要根据飞行状态、弹道特性、控制回路等确定式（6-48）的系数，并对某些项进行限幅处理。

6.15.3　横侧向平面内终端角度约束制导律设计

考虑到 1）侧向突防需要；2）避开弹目视线中目标前面的障碍物；3）在某些情况下，为了提高打击效果，需要侧向打击目标，故需要基于空地制导武器侧向机动能力开发终端视线方位角约束弹道。

按最优控制原理，侧向方位角约束弹道也分为两种：1）终端约束，终端视线方位角约束 $q(t_f) = q_{t_f}$；2）过程约束，过程约束为不等式约束。在工程上，大多只考虑终端约束。

实现终端视线方位角约束弹道大致有两种方法：1）虚拟目标法，即在真实目标的侧后方设置虚拟目标点，制导武器先飞向虚拟目标点，然后由虚拟目标点再飞行至真实目标点，此方法需要根据制导武器的机动性能、终端弹道偏角约束大小等规划虚拟目标点，工程上实现比较麻烦；2）终端弹道偏角约束制导律。

本文采用终端视线方位角约束制导律，具体见例 6-16。

例 6-16　不同终端视线方位角约束的六自由度弹道仿真。

导弹初始条件：$X = 0$，$Y = 10\,000$ m，$Ma = 0.80$，弹道倾角 $\theta = 0°$，弹道偏角 $\phi_v = -90°$，气动参数和结构参数不拉偏。目标初始条件：$X = 70\,000$ m，$Y = 0$。终端视线方位角角约束：$-30°$，$-60°$，$-90°$ 和 $-120°$，试设计不同终端视线方位角约束下制导律，仿真六自由度弹道并对弹道特性进行分析。

解：仿真结果如表 6-4 和图 6-88～图 6-92 所示，表 6-4 列出了终端视线方位角、落速和脱靶量；图 6-88 为导引弹道变化曲线，图 6-89 为视线方位角和弹道偏角变化曲线，图 6-90 为导弹飞行攻角变化曲线，图 6-91 为导弹飞行马赫数变化曲线，图 6-92 为弹体滚动角变化曲线。

表 6-4　终端视线方位角约束六自由度弹道仿真

弹道	视线方位角约束值/(°)	视线方位角/(°)	落速/(m/s)	横向落点偏差/m	纵向落点偏差/m
1	-30.0	-29.92	289.7	0.011	0.016
2	-60.0	-60.3	256.7	0.002	-0.005
3	-90.0	-89.00	226.7	-0.003	-0.006
4	-120	-117.32	208.7	-0.006	-0.006

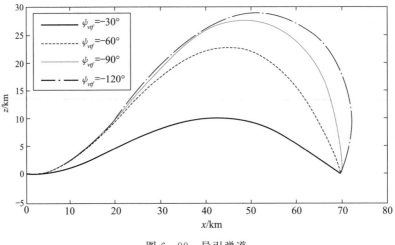

图 6 - 88　导引弹道

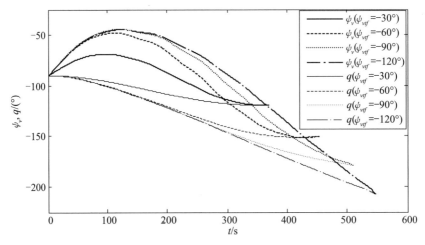

图 6 - 89　视线方位角和弹道偏角

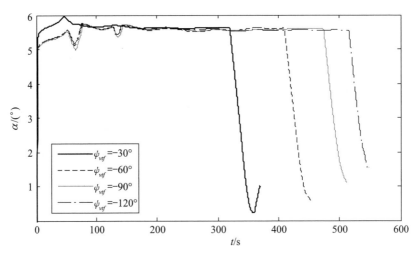

图 6 - 90　飞行攻角

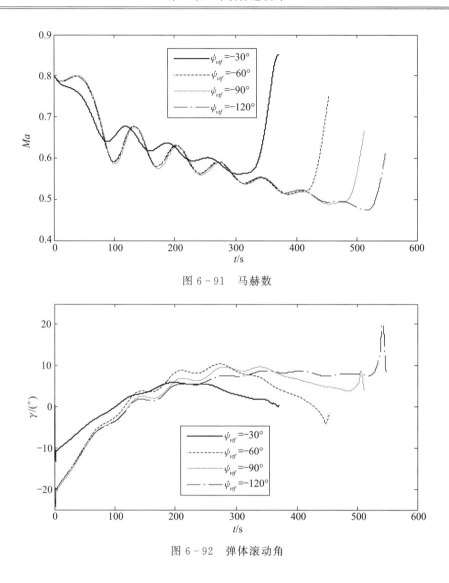

图 6 - 91　马赫数

图 6 - 92　弹体滚动角

仿真分析及结论：

1）从表 6 - 4 可以看出，弹道末段的视线方位角可以较好地满足终端方位角约束值，脱靶量小，满足制导精度要求。

2）终端视线方位角约束角越大，则弹道越弯曲，随着约束角增大，末端弹道偏角与约束角之间的偏差越大，其也取决于弹体飞行速度以及侧向机动能力。

3）对于面对称空地导弹来说，一般情况下，侧向受限于较小的气动面（大部分面对称空地导弹侧向除了气动舵之外，并无主气动面），侧向机动较差。此类导弹侧向机动时大多采用 BTT，即依靠导弹滚动产生水平面内的机动，其滚动角如图 6 - 92 所示。

4）侧向约束角的大小取决于导弹在水平面内的侧向机动能力和飞行时间，侧向机动能力越强、飞行时间越长，则对应的侧向约束角越大。对于某些远射程的巡航导弹来说，其侧向约束角可达 ±180°。

　　5）对于本例来说，由于飞行滚动角并没有达到极限，故其侧向约束角在较大程度上大于-120°。

　　6）在飞行过程中，比例导引项和约束项产生的侧向加速度在通常情况下符号相反，需要协调好两者之间的关系，两者大小决定了飞行轨迹"绕圈"的大小，如果设计不合理，则末端视线方位角大幅偏离约束值，也可能出现"绕圈"过大，引起脱靶。

　　7）比例导引项和约束项系数可以根据弹体飞行时间、末端约束角大小、弹体的机动能力等确定，并不受限于式（6-48）所示的系数，本例约束项系数为2，导引项系数如图6-93所示。一般情况下，导引项系数在弹道前段取相应较小值，在弹道后段取较大值。

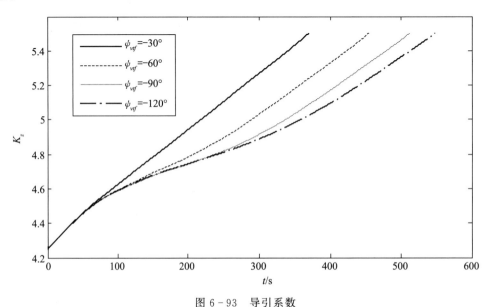

图 6-93　导引系数

参 考 文 献

［1］ 张有济. 战术导弹飞行力学设计［M］. 北京：宇航出版社，1998.

［2］ 钱杏芳，林瑞雄，赵亚男. 导弹飞行力学［M］. 北京：北京理工大学出版社，2006.

［3］ 聂永芳，周卿吉，张涛. 制导规律研究现状及展望［J］. 飞行力学，2001，19（3）：7-11.

［4］ GUELMAN M. Optimal Guidance Law in the Plane［J］. Journal of Guidance，1984，7（4）：1471-476.

［5］ YUAN P J，CHEN J S. Ideal Proportional Navigation［J］. Journal Guidance，Control and Dymmics，1992，15（5）：1161-1165.

［6］ 吴文海，曲建岭，王存仁，等. 飞行器比例导引综述［J］. 飞行力学，2004，22（2）：1-5.

［7］ 王蒙一，江涌. 一种基于零效脱靶量的末制导律［J］. 现代防御技术，2010，38（1）：42-47.

［8］ 林德福，祁载康，夏群力. 带过重力补偿的比例导引制导律参数设计与辨识［J］. 系统仿真学报，2006，18（10）：2753-2756.

［9］ M KIM，K V GRIDER. Terminal Guidance for Impact Attitude Angle Constrained Flight Trajectories［J］. IEEE Transactions on Aerospace and Electronic Systems，1973，9（6）：852-859.

［10］ 陈克俊，赵汉元. 一种适用于攻击地面固定目标的最优再入机动制导律［J］. 宇航学报，1994，15（1）：1-7.

［11］ 祁载康. 战术导弹制导控制系统设计［M］. 北京：中国宇航出版社，2018.

［12］ SHNEYDOR N A. 导弹导引和追踪［M］. 陈建辉，郭利，许葆华，等译. 北京：国防工业出版社，2016.

第 7 章　控制系统设计基础

7.1　引言

空地导弹控制系统的功能是控制和稳定弹体绕质心的运动，在各种内外干扰、偏差及不同飞行环境下，控制弹体姿态稳定飞行。另外，基于制导指令工作的控制系统按选用的控制律生成三个通道的舵控指令，驱动舵面偏转以间接控制弹体质心按导引指令运动，使得导弹沿所设计的弹道飞行以击中目标。

控制系统设计所涉及的研究内容很多，在本章简要介绍控制系统设计所涉及的一些基础知识，在第 8、9 和 10 章详细阐述控制回路设计。

7.2　控制系统定义

从系统的角度来看，导弹控制系统由制导系统和姿控系统两个子系统组成，如图 7-1 所示，其中制导系统为引导导弹质心运动的外回路，依据探测系统获取弹目相对运动信息，基于选定的制导律生成制导指令，引导导弹按照一定的飞行轨迹与目标交会；姿控系统为稳定弹体姿态运动的内回路，基于制导指令和响应，按选用的控制律生成三个通道的舵控指令，舵控回路响应指令，驱动舵面偏转以控制弹体姿态稳定，间接控制弹体质心按制导指令运动。

从控制回路的角度来看，控制系统是指由控制器和被控对象组成的闭环系统，常称为飞行控制系统、稳定控制系统或姿态控制系统，本文简称控制系统或姿控系统。控制系统中的被控对象是制导武器本身，表征为弹体动力学，控制器常包括内回路的阻尼器（有的控制回路还有中回路——增稳回路）或校正网络和外回路的前向串联校正网络。根据弹体在惯性空间的姿态具有三个自由度，控制系统相应地具有三个通道的控制回路，分别控制弹体的滚动、偏航以及俯仰运动，对应地称为滚动控制回路、偏航控制回路以及俯仰控制回路，其中偏航和俯仰控制回路常称为侧向通道，偏航控制回路和俯仰控制回路相应称为侧向稳定控制回路（或简称为侧向控制回路），即为由侧向通道的被控对象和侧向通道的控制器组成的闭环回路，滚动控制回路为由滚动通道的被控对象和控制器组成的闭环回路。

传统上飞行控制系统常称为自动驾驶仪（即相对于早期飞机有人驾驶仪而言），相应地进一步分为滚动自动驾驶仪、偏航自动驾驶仪和俯仰自动驾驶仪，其中偏航自动驾驶仪和俯仰自动驾驶仪也称为侧向自动驾驶仪，不过这种称呼的使用已越来越少。

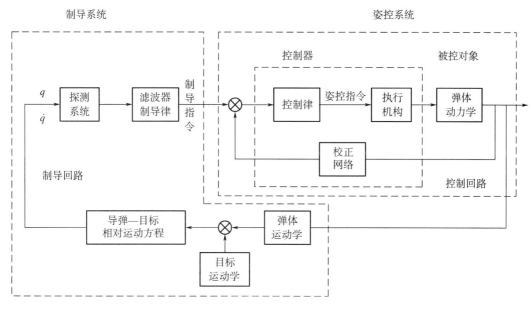

图 7 - 1　制导控制回路示意图

7.3　控制系统功能

空地导弹控制系统的功能是控制和稳定弹体绕质心的运动，即在各种内外干扰、偏差和不同飞行环境下，将导弹的姿态误差限制在一定的允许范围之内。通常包含两层作用：
1）响应制导指令——通过控制的作用，控制弹体按照制导回路给出的制导指令运动；
2）稳定弹体姿态——在整个飞行的空域范围内，当弹体受到各种干扰时，能克服干扰，保持弹体姿态稳定飞行。

控制系统主要用于改善并充分发挥导弹的性能，按照制导系统给出的制导指令控制导弹稳定飞行，具体功能如下：

（1）改善飞行品质

导弹由于受限于结构设计、气动设计、飞行环境、导弹结构件加工精度及组装精度、测量设备精度等因素，其表现为一个低阻尼特性的不确定性被控对象，抗扰特性较差，另外对于气动静不稳定导弹，在没有控制的作用下则不能稳定飞行。这些特点决定了导弹作为被控对象需要和控制器组成一个闭环的控制回路来改善导弹飞行品质，即控制系统的作用是：

1）增加导弹弹体的阻尼，使受到扰动时，弹体姿态运动响应动态品质良好。

2）对于静不稳定弹体，增加增稳回路，使其等效为一个稳定的被控对象。

3）抑制弹体作为一个不确定性被控对象对控制品质的影响，使导弹能在气动、结构以及测量设备存在较大偏差时，保证导弹平稳飞行。

4）利用导弹的可用过载，保证弹体气动面的法向和侧向过载不超过结构允许的范围，以避免在飞行过程中，由导弹气动面失效而导致飞行失败。

5）限制导弹飞行攻角不超过气动失速攻角，以免造成导弹失速而导致飞行失败。

6）某些导弹由于受限于弹上发动机工作状态，需要对飞行攻角和侧滑角进行约束，此任务也需要控制系统承担。

（2）响应制导指令

控制系统应根据制导控制系统的性能指标，在弹体受到各种扰动和敌方干扰的情况下，准确、快速、稳定地控制导弹按特定的导引弹道飞行。当控制系统响应存在较大稳态误差、响应滞后严重或弹体姿态受扰动时剧烈振荡都会导致制导弹道的品质变差，进一步引起一定的制导误差，影响打击精度。为了提高制导控制系统的精度，必须设计足够带宽、高品质的控制系统。

7.4 控制系统组成

从不同的角度看，对控制系统组成的描述有所不同。

（1）经典控制回路

从经典控制回路的角度看，空地导弹控制系统由被控对象和控制器组成。弹体即为被控对象，控制器由测量单元、执行机构和校正单元（或称为校正网络）等组成。

1）测量单元的作用是对控制回路的状态量进行测量，以供控制器生成控制指令之用。对于空地制导武器来说，不同的控制回路结构和制导指令决定了具体的测量单元。对于制导指令为加速度的控制回路来说，敏感弹体法向加速度和弹体角速度的惯性测量单元是必不可缺少的；对于制导指令为俯仰角、弹道倾角或飞行高度的控制回路来说，则需选择导航系统作为测量单元。随着技术发展，对于空地制导武器来说，惯性测量单元、卫星接收装置、大气测量系统、高度表（气压高度表或无线电高度表）等为常用的或必备的，特别是惯性测量单元。为了配合测量单元更好地完成控制系统的功能，还需开发相应的算法软件，如惯性导航算法。

2）执行机构作为控制系统的执行者，在理论上，任何对弹体上施加外力的控制机构都可以用作执行机构，对于战术制导武器而言，常见的执行机构为舵机、发动机推力矢量等。

3）校正网络的作用是基于测量元件输出弹体飞行状态量，结合制导指令计算得到偏差量，按控制规律对姿态偏差进行变换，并经过功率放大后送给执行元件。校正网络分模拟式和数字式，现在绝大多数战术导弹采用数字控制，即由制导控制软件和弹载计算机承担校正元件的功能。

（2）软硬件

从软硬件的角度看，控制系统由硬件和软件组成，如图 7 - 2 所示。

不同空地制导武器控制系统的主要硬件有所不同，一般情况下，现代空地制导武器控制系统由弹载计算机、惯性测量单元（简称惯组）、电源（包括一、二次电源和各种配电

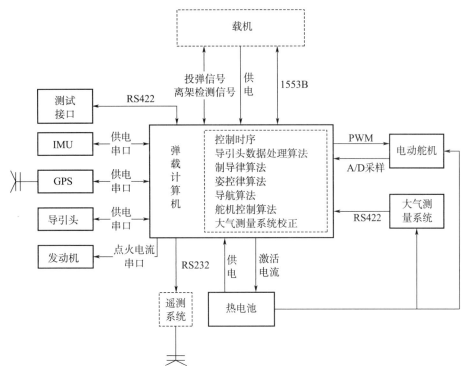

图 7 - 2　控制系统软硬件示意图

器等）、执行机构、电缆网等组成，某些空地制导武器还配备导引头、卫星接收装置、发动机、大气测量系统、高度表（气压高度表或无线电高度表）、数据存储仪、基准图数据库、遥测系统等。软件包括弹上总体时序、控制时序、导引头数据处理算法、结构滤波器、惯性导航算法、制导律算法、控制律算法和执行机构控制算法等，某些空地导弹控制系统软件还包括 GPS/INS 组合导航算法、大气测量系统算法、目标图像匹配算法等。软件运行于弹载计算机，是制导控制算法的实现。

值得注意的是，本文提的控制系统是针对经典的空地制导武器而言的，实际上，各种空地制导武器的硬件和软件千差万别，有的制导武器受限于成本，弹上硬件配置极为简单，甚至省略了通常情况下控制系统的标配"惯性测量单元"，出现了"磁强计＋卫星接收装置＋弹载计算机"极简构型的控制系统。

7.5　硬件组成

随着 DSP 技术、FPGA（可反复编程的逻辑器件）技术、数字控制技术、计算机接口技术、数据总线技术的高速发展，制导武器控制系统逐渐克服系统复杂、质量人、体积大、器件多、可靠性低等缺点，已开发出以弹载计算机为核心，具有功能强大、功耗低、实时性强、可靠性高、质量小、体积小、系统集成度高等特性的弹载飞行控制系统。在工程上，可将 GPS 接收芯片、大气测量系统（压力传感器）、惯组（MESM 陀螺）、石英加速度计、导引头的信号处理模块、电动舵机控制模块、1553B 通信模块等集成于弹载计算机，即一体化设计飞行控制系统，如图 7-3 所示。其优点：1）在很大程度上减小了控制系统的体积，减小了质量，为战术空地导弹小型化提供了可能；2）集成一体化设计，可在较大程度上省略一些元器件，降低了成本；3）提高了控制系统硬件的可靠性。

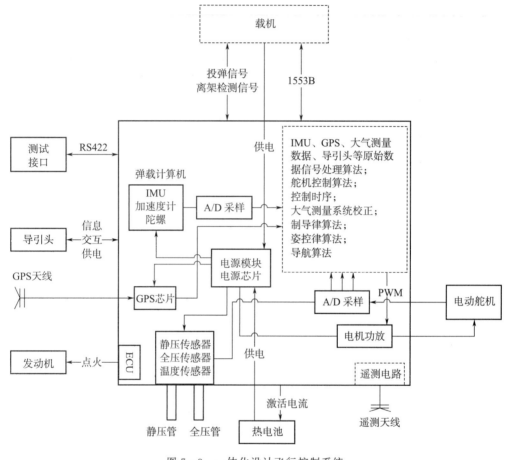

图 7-3　一体化设计飞行控制系统

下面依次简单地介绍弹载计算机、舵机系统、GPS、大气测量系统及高度表，对惯性测量单元和导引头的介绍分别见第 4 章和第 5 章相关内容。

7.5.1　弹载计算机

弹载计算机是飞行控制系统硬件的核心，其技术发展特点：高度集成化、小型化、多功能化等。

弹载计算机硬件系统采用了 DSP＋FPGA 的架构，如图 7-4 所示，DSP 是弹载计算机的核心，总体软件和制导控制系统软件等就运行在 DSP 的片内存储器或外扩的 SDRAM 空间上，FPGA 用于管理硬件电路接口。DSP 大多选用浮点型 DSP 数字信号处理器，如 TMS320C2807、TMS320C6713、TMS320C6727、TMS320C6755 和 TMS320C6678 等。硬件的主要配置有数据存储器 SDRAM、程序存储器 FLASH、晶振、RS 232/422 异步串行通信接口、并行通信接口、A/D 接口、PWM 接口、开关量输入输出接口等。

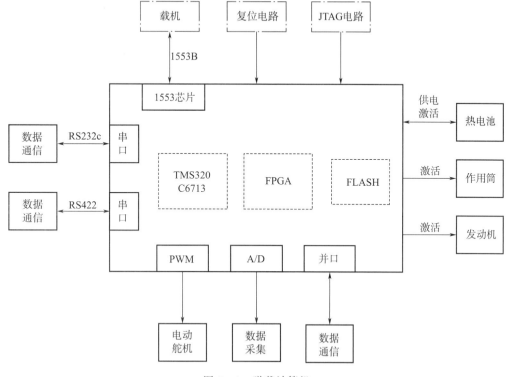

图 7-4　弹载计算机

7.5.1.1　功能

作为飞行控制系统的"大脑"，弹载计算机负责弹上火控、导航、制导、姿控以及舵控等计算工作，要很好地完成这些工作，需具备：

1）自检功能；

2）与载机进行实时通信；

3）与仿真机或测试设备进行实时信息交换；

4）判断导弹是否脱插；

5）负责弹上硬件设备的供电；

6）基于弹体硬件设备自检结果判断弹上电气和控制系统是否正常工作；

7）负责弹上的火控计算；

8）实时数据采集及处理：实时接收和处理 IMU、卫星接收装置、导引头、大气压力传感器、舵机等外设产生的数字和模拟信号；

9）传递对准和惯性导航计算：传递对准可分为地面传递对准和空中传递对准，惯性导航计算基于传递对准的结果，利用 IMU 输出的弹体角速度和线加速度，输出弹体的位置、速度和姿态等信息；

10）制导和姿控计算：基于导引头输出数据或利用惯性导航和目标点信息数据计算得到制导指令，根据制导指令和采用的姿态控制律，计算得到姿控指令；

11）根据姿控指令和舵偏输出，依据舵机伺服控制算法，实时生成舵偏控制指令，驱使舵面偏转。

7.5.1.2　性能指标

弹载计算机除了需完成制导控制系统的任务，在设计时还需要考虑计算实时性、体积大小和性价比等因素，某一款弹载计算机的主要性能指标如下：

1）尺寸大小：$\phi 80$ mm × 100 mm。

2）CPU 性能：

主频：200 MHz；

处理能力：600 MFLOPS；

数据总线位数 32 bit。

3）外围存储空间：

FLASH（程序存储器）：16 MB×16 位；

SDRAM（数据存储器）：4 MB×32 位。

4）外围接口：

串口：RS232c　4 路，RS422　6 路；

并口（32 位）：1 路；

1553B 总线：2 路；

D/A 接口：4 路；

A/D 接口（12 位）：4 路；

I/O 接口：10 路（输入、输出各 5 路）；

PWM 脉宽调制信号：4 路。

5）硬件看门狗：1 个。

6）供电：18～36 V。

7）启动时间：≤1 s。

8）功耗：≤3 W（工作电压 28 VDC）。

9）适用环境：工作温度−45～＋60 ℃，使用湿度≤95％。

7.5.1.3　结构布局

新一代的弹载计算机通常要求具有功能强大、质量小、体积小、器件少、功耗低、采样率高、抗过载功能强、可靠性高、系统集成度高等优点。

考虑到小型化是现在和未来空地制导武器研发的一个重要发展趋势（即弹径越来越小），故采用多层板同轴布局的方式，各 PCB 之间采用对插的方式进行固定和通信，如图 7－5 所示，左边为电源转换及功放板，主要输入为机载电源或弹载热电池电源的直流电，然后经电源模块分压出 DSP 所需的电源电压（3.3 V 和 1.2 V），舵机标准电压15 V，舵机电位计供电电压 5 V 和其他的电源电压 28V（如总压-静压管加热电源、舵机功放电压）

等，为了方便，舵机功放模块也布置在此板上（还需要布置散热片进行散热处理）；中间板为主板，采用 DSP＋FPGA 的构架方案；右边为接口板，主要负责通过 JTAG、1553B、串口、并口、A/D、D/A、脉宽调制等与调试计算机、载机和弹上其他硬件设备进行交互通信。

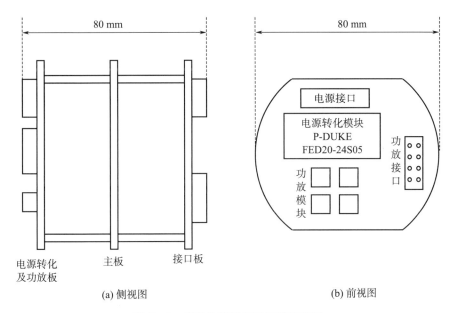

图 7 - 5　弹载计算机多层板结构布局

7.5.1.4　DSP 芯片选型

DSP 芯片的性能直接关系到弹载计算机的性能，所以 DSP 芯片的选型至关重要。目前，DSP 芯片的性能由 1982 年 TI 公司推出的 TMS320C10 的 5MIPS（Million Instructions Per Second）提高至 TMS320C6678 的 20GFLOPS（单核），编程实现由原来的汇编语言变化至 C/C＋＋，其至为 MATLAB，如图 7 - 6 所示。

目前比较著名的 DSP 芯片生产公司主要有 TI、ADI 和 MOTOROLA 等，其中 ADI 公司的芯片比较专业但价格昂贵，TI 公司的芯片已成熟商业化，价格便宜，已形成系列化产品。现在工程上大多选用 TI 公司的 DSP 芯片。

DSP 芯片 TMS320C67××是美国 TI 公司于 1997 年推出的 C6000 系列 DSP 芯片中的一款，采用 TI 公司的 VelociTI 和超长指令字结构（Very Long Instruction Word），主要用于图像处理和数字通信等领域，是一款 32 位高速浮点型 DSP（采用 65 nm 工艺），时钟最高频率为 300 MHz。其主要特点：

1) 处理速度快，工作主频最高可达到 300 MHz，峰值运算能力为 2 400 MIPS/1 800 MFLOPS。

2) 采用超长指令字结构，单指令字长为 32 位，指令包里有 8 个指令，总字长达到 256 位。执行指令的功能单元已经在编译时分配好，程序运行时通过专门的指令分配模块，可以将每个 256 位的指令包同时分配到 8 个处理单元，并由 8 个单元同时运行，所以

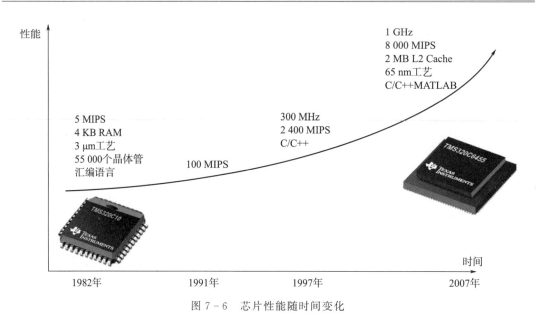

图 7-6　芯片性能随时间变化

最大处理能力可达到 2 400 MIPS。

3）芯片内部存储器采用两级高速缓存结构，包括：4 KB 的第一级高速程序缓存（L1P）、4 KB 第一级高速数据缓存（L1D）和第二级总共 256 KB 片内存储容量（64 KB 的 L2 统一缓存/映射 RAM 和 192 KB 的附加 L2 RAM）。

4）32 位外部存储器接口 EMIF，可无缝连接 SRAM、EPROM、FLASH、SBSRAM 和 SDRAM 等外部存储器。

5）芯片内部集成了许多外围设备接口，可以方便地连接片外存储器、主机、串行设备等外设。所有外部接口都是由一些信号线和控制寄存器组成的，开发人员对接口设计的主要工作是完成接口连线和写控制寄存器两项工作，使得扩展外设变得更加容易。

6）功耗低，内核 1.2 V，外围 3.3 V。

7）32 位定时器 2 个。

8）工作温度：-40～105 ℃。

9）价格低。

TMS320C67×× DSP 芯片按结构由三部分组成：CPU 内核、外设和存储器，如图 7-7 所示，CPU 具有两组寄存器，分别为 A 寄存器和 B 寄存器，每组寄存器由 16×32 位寄存器组成，CPU 芯片包含片内数据存储器和程序存储器，外设包括直接存储器访问 DMA、外部存储器接口 EMIF、扩展总线、主机口、定时器等。

TMS320C67×× DSP 主要用于图像处理、音频处理和数字通信等领域，对照 7.5.1.2 节提出的弹载计算机指标，通过构造"DSP＋FPGA"可以满足弹载计算机性能指标，采用 FPGA 处理外部接口信息，采用外扩 SDRAM 扩展计算机的数据存储空间，采用外扩 FLASH 扩展计算机的程序存储空间，采用外置晶振配置计算机所需的各种频率等。可以构建以 TMS320C67×× 芯片为核心的功能强大的弹载计算机。

根据有关公开资料，C6000 系列 DSP 芯片早已应用于多种制导武器的弹载计算机，故也可用作空地制导武器弹载计算机的芯片，无技术风险。

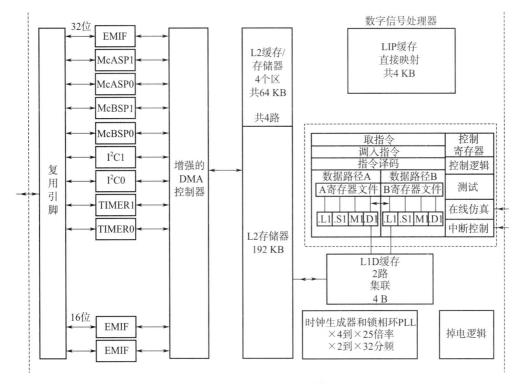

图 7 - 7　TMS320C67××B 结构框图

7.5.1.5　DSP 外围芯片

弹载计算机是以 DSP 芯片为核心设计的，要完成制导控制任务，需要设计高集成度的多功能弹载计算机，还得选择 FPGA、FLASH、SDRAM、1553B 芯片、模数转换器、数模转换器、电源芯片、晶振等，具体见表 7 - 1。

表 7 - 1　DSP 外围芯片

芯片名称	芯片型号	芯片名称	芯片型号
FPGA	XC3S1000	模数转换器	AD7890
FLASH	AM29LV008BB - 90EC	数模转换器	DAC8222FS
SDRAM	MT48LC2M32B2	电源芯片	TPS54310 TPS73HD301PWPRG4
1553B	BU61580S3 - 110	晶振	SG5032VAN

（1）FPGA 芯片

选用 100 万门的 XC3S100D FPGA 芯片，实现对各种外设输入的管理，主要为串口通信、A/D 采样等。

（2）FLASH 外部程序存储器

TMS320C67××内部存储器的第二级片内存储器为 256 KB（64 KB 的 L2 统一缓存/映射 RAM 和 192 KB 的附加 L2 RAM），可满足绝大多数制导控制系统程序的需要（可对程序代码和数据变量类型进行优化处理）。随着弹载计算机功能的增强，可将原来外设完成的任务集成至弹载计算机，故为了以后扩展使用，通过 EMIF 外扩一个 16 MB×16 位的 FLASH 型存储器，芯片型号为 AM29LV008BB-90EC。

（3）SDRAM 外部数据存储器

TMS320C67××采用二级高速缓存结构，其中第一级高速数据缓存（L1D）为 4 KB，可满足大部分制导控制系统程序的需要，为了以后扩展使用，通过 EMIF 外扩一个 2 MB×16 位的 SDRAM 型存储器，芯片型号为 MT48LC2M32B2。

（4）1553B 总线芯片

选用 BU61580S3-110 作为 1553B 芯片与载机进行总线通信。

（5）模数转换器

由于采用数字弹载计算机，故需要将外部输入的连续信号转换为数字信号。按需转换的模拟量的特性划分，可分为时间/数字、电压/数字、机械量/数字等。弹载计算机模数转换器主要用于将执行机构（舵机）反馈量（电压量）、电路电压监测量等转换为数字量，故采用电压式模数转换器。

目前大多采用高速高精度 A/D 芯片，工程上常选用 AD7890。AD7890 为一款 8 通道、12 位数据模数转换器，根据输入电压大小，又可分为三种：1）AD7890-10 用于输入电压为±10 V；2）AD7890-4 用于输入电压为 0～4.096 V；3）AD7890-2 用于输入电压为 0～2.5 V，可基于电源芯片的特性相应地选择合适的 A/D 芯片。

（6）数模转换器

选用 DAC8222FS 作为数模转换器，将数字量转换为模拟量（电压）。

（7）电源芯片

弹体 DSP 芯片（内核供电为 1.2 V，芯片 I/O 口供电为 3.3 V）、A/D 转换器芯片、执行机构、FPGA 芯片、舵机电位计等可能需要不同的供电品质和电压，故需要采用多种电源转换芯片。

（8）晶振

TMS320C67××芯片内部集成石英晶振（即石英晶体谐振器和石英晶体时钟振荡器的统称），由于集成晶振工作不太稳定，故在工程上，大多采用外置石英晶振，常根据弹载计算机的各种工作频率选用相应的晶振，在此基础上进行倍频或分频得到各种系统所需的频率。

选择石英晶振时，需根据：1）基准频率；2）工作电压；3）输出电平；4）频率精度；5）老化度；6）启动时间；7）时钟抖动；8）工作温度范围等指标确定。其中频率精度是一个很重要的指标，如以±5 ppm@−20～70 ℃为例，其含义是，在−20～70 ℃温度范围内，该晶振输出频率相对基准频率的偏差不会超过 5 ppm。

7.5.1.6 接口说明

弹载计算机通过接口与外部设备进行通信，一起完成制导控制任务，具体接口见表7-2。

表 7-2 接口表

序号	接口类型	接口数量	用途	信号线说明	物理线数
1	1553B 总线	1 路 RT 地址	RT 地址输入	6 路 RT 地址线,1 路 RT 地址回线	6
		1 路总线	1553 数据总线	MUXA+、MUXA−、MUXB+、MUXB−	4
2	JTAG	1 个	程序调试	标准 JTAG	14
3	RS232	4 路	1 路 GPS	Rx,Tx,GND,1pps	4
			1 路数据存储器	Rx,Tx,GND	3
			1 路电台	Rx,Tx,GND	3
			1 路预留	Rx,Tx,GND	3
4	RS422	6 路	1 路检测	Rx+,Tx+,Rx−,Tx−,GND	5
			1 路导引头	Rx+,Tx+,Rx−,Tx−,GND	5
			1 路惯组	Rx+,Tx+,Rx−,Tx−,5 ms 同步信号,GND	6
			1 路压力传感器	Rx+,Tx+,Rx−,Tx−,GND	5
			1 路无线电高度计	Rx+,Tx+,Rx−,Tx−,GND	5
			1 路发动机推力	Rx+,Tx+,Rx−,Tx−,GND	5
5	A/D 接口	8 路	4 路舵机位置反馈	1 模拟地 输入范围−10～+10 V	模拟电压输入(每路 1 个 GND)
			1 路+5V 电源监测	输入电压+5 V,地线板内连接	
			1 路允许投放电压监测	输入电压 0～+5 V,地线板内连接	
			1 路载机电压监测(门限电压)	输入范围 0～+5 V（衰减后输入）,地线板内连接	
			1 路系统电压监测(门限电压)	输入范围 0～+3.3 V（衰减后输入）,地线板内连接	
6	D/A 接口	4 路	4 路模拟舵机控制	4 路模拟电压输出 1 路模拟地 输出电压范围:−10～+10 V	模拟电压输出

续表

序号	接口类型	接口数量	用途	信号线说明	物理线数
7	PWM 接口	4 路	PWM1	控制信号,1GND	2
			PWM2	控制信号,1GND	2
			PWM3	控制信号,1GND	2
			PWM4	控制信号,1GND	2
8	开关量接口	5 路输入	1 路载机电源电压 V1 监控	28 V 电源衰减至 3.3 V 以后输入 地线板内连接	2
			4 路预留		2×4
		5 路输出	1 路热电池激活信号	28 V 10 A	2
			1 路作动筒激活信号	28 V 10 A	2
			1 路作动筒激活信号	28 V 10 A	2
			1 路发动机激活信号	28 V 10 A	2
			1 路预留	28 V 10 A	4
9	并行接口	1 路	并行设备接口	D0 - D7、复位信号、中断信号、读信号	TTL

7.5.1.7 JTAG 接口

弹载计算机一般都配备联合测试行动小组（Joint Test Action Group，JTAG）接口电路，台式计算机通过仿真器与 JTAG 接口进行通信，方便设计者对弹载计算机进行调试，工程上大多选用 14 引脚的 JTAG 接口电路。

JTAG 是一种国际标准测试协议（IEEE 1149.1 兼容），主要用于芯片内部测试及对系统进行仿真和调试，JTAG 技术是一种嵌入式调试技术，它在芯片内部封装了专门的测试电路测试访问口（Test Access Port，TAP），通过专用的 JTAG 测试工具对内部节点进行测试。标准的 JTAG 接口是 4 线：TMS、TCK、TDI、TDO，分别为模式选择、时钟、数据输入和数据输出线。

7.5.1.8 电源模块设计

通常情况下，依靠弹载热电池给弹载计算机供电，弹载热电池通常输出电压为 (28.5±3) V，TMS320C67×× 的内核供电为 1.2 V，芯片 I/O 口供电为 3.3 V，弹上执行机构供电为 28.0 V，FPGA 内核供电为 1.5 V，执行机构的基准电压为 ±15 V（自隔离）等，这些均需要使用 DC - DC 转换器来实现电压转换。

首先，采用 P - DUKE 的 FED20 - 24S05 电压转换模块对输入电压进行转换，如图 7 - 8 所示，可得到 DC 5.0V 的电压，FED20 - 24S05 的管脚定义见表 7 - 3。

表 7 - 3　FED20 - 24S05 管脚定义

管脚	定义
1	＋输入
2	－输入
3	＋输出
4	TRIM
5	＋输出
6	CTRL

图 7 - 8　FED20 - 24S05 电源模块外观

其次，采用 TI 公司生产的 TPS73HD301PWPRG4 芯片，如图 7 - 9 所示，其输入为 DC 5.0 V，输出为两路，一路为 DC 3.3 V，一路为 DC 1.2 V，可分别为 TMS320C67×× 的 I/O 口和内核供电。管脚定义如图 7 - 10 所示。

图 7 - 9　TPS73HD301PWPRG4 芯片

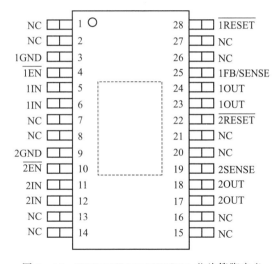

图 7 - 10　TPS73HD301PWPRG4 芯片管脚定义

7.5.1.9　外存储器接口

由于 TMS320C67×× 片内数据存储器和程序存储器空间较小，对于较大程序，一般情况下需要扩展，即利用 EMIF（External Memory Interface）连接外部存储器与片内其他单元，访问片外存储器时必须通过 EMIF 接口。

TMS320C67×× EMIF 为如下三种类型的存储器提供了无缝接口，数据总线宽度为 32 bit，寻址空间为 32 Gbit，数据吞吐量最高可达 923 MB/s，各类存储器控制信号：复用引脚，自动切换。

1）异步存储器，包括 ROM，FLASH，异步 SRAM；

2）同步突发静态存储器（SBSRAM）；

3）同步动态存储器（SDRAM）。

　　异步存储器可以是静态随机存储器（SRAM）、只读存储器（ROM）和闪存等存储器，通常选用闪存作为片外程序存储器，SBSRAM 接口、SDRAM 接口和异步存储器接口的信号合并复用。

　　TMS320C67×× EMIF 接口信号示意图如图 7-11 所示，ECLKIN 信号是系统提供的一个外部时钟源，ECLKOUT 信号是由内部产生（基于 ECLKIN）的，所有与 TMS320C67×× 接口的存储器必须在 ECLKOUT（EMIF 时钟）下工作；SBSRAM、SDRAM 和异步存储器接口的信号复用，不需要进行后台刷新，系统允许同时具有这三种类型的存储器。复用的端口控制信号为 SDRAS、SDCAS 和 SDWE，分别是行地址、列地址和写使能信号，ED [31：0]，EA [21：2]，CE [3：0]，BE [3：0] 分别是数据线、地址线，空间选择线，低位字节激活使能。ARDY、HOLD、HOLDA、BUSREQ 信号线分别是就绪，外部总线保持（三态）请求信号，外部总线保持请求响应及总线请求信号。

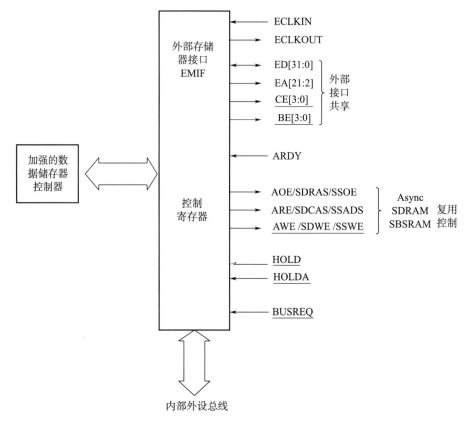

图 7-11　TMS320C67×× EMIF 接口信号

　　TMS320C67×× EMIF 的特点为：

　　1）总线宽度：32 位，即有 32 条数据线 ED [31：0]。

　　2）存储空间：4 个，♯CE0～♯CE3，对应 0x80000000、0x90000000、0xA0000000、0xB0000000。每个存储空间的寻址范围：256 MB（0x10000000 B＝268435456 B＝256×1 024×1 024 B＝256 MB）。受到地址线 EA [21：2] 的限制，如果接 SDRAM，每个空

间最大只能寻址到 128 MB，总计可接 512 MB。

3）时钟：可以选择外部 ECLKIN 引脚输入，或者由内部 SYSCLK3 提供，最高频率 100 MHz。

4）可访问的数据宽度：8/16/32 位。

7.5.1.10　开关量接口

弹载计算机的一个重要功能是通过 I/O 口对外设进行开关量控制，通常要引入一些开关量的输出控制（如继电器的通/断）及状态量的反馈输入（如机械限位开关状态、控制继电器的触点闭合等），这些控制大多和强电（大电流、高电压）电路联系在一起，需合理地设计保护电路，例如采用光电隔离技术。

弹载计算机开关量输入输出通道一般由三部分组成：CPU 接口逻辑、输入缓存器和输出缓存器以及输入输出电气接口。弹载计算机设计需考虑到扩展性，需设计了 10 路开关量，其中 5 路用于输出控制，5 路用于输入控制，见表 7-2。

开关量输入通道的基本功能是用于接收外设的状态信号，这些状态信号表征为逻辑"0"和逻辑"1"，可用于检测外设的高电压、过电流等状态量。本计算机 5 路开关量输入配置：1 路开关量输入用于检测载机的 V1 电压（28 V 直流电），弹载计算机实时监测 V1 电压，当投弹后，此路为断开状态，通过读取输入缓存器的值，获知 28 V 是否存在来判断制导武器是否离机，其他 4 路作为备份。

本计算机 5 路开关量输出配置：第 1 路用于激活弹上热电池，当火控计算满足热电池激活判据后，飞行员扣住驾驶杆上的扳机，弹载计算机接收热电池激活信号，通过 I/O 口电流（电压 28 V，电流 10 A，电流脉冲持续时间大于 50 ms）激活热电池；第 2 和 3 路用于激活弹上的作动筒，分别用于某些气动组件（如弹翼和舵面）的展开；第 4 路用于激活固体火箭发动机的点火器；第 5 路预留，作为备份。

7.5.1.11　D/A 转换接口

D/A 转换接口主要是对 D/A 芯片进行控制，DSP 首先把要转换的数据和通道号写入数据缓存器，然后启动 D/A 芯片进行输出和操作，FPGA 还可以根据 DSP 指令对 D/A 芯片进行清零等操作。

7.5.1.12　模拟量采集接口

模拟量采集接口的主要功能是对串行 A/D 进行控制，设置各通道的采样频率，由 FPGA 根据 DSP 发出的通道号进行数据采集，存储 A/D 值，DSP 从指定地址读取数据。

7.5.2　舵机系统

对于在地球大气层内飞行的空地导弹，可以通过改变作用在导弹上的气动力获得控制力，也可通过改变发动机推力方向和大小获得控制力。用于改变弹体气动力矩或推力力矩的机构称为执行机构。相对于空空导弹或地空导弹，空地导弹的机动性较小，故绝大多数空地导弹采用改变气动力的方法即可获得足够控制力，执行机构即为舵机系统。

对空地导弹舵机系统的要求：体积小、质量小、输出扭矩大、最大角速度大、带宽大、动态响应好等。舵机系统作为制导武器的执行机构，处于飞行控制系统的最内层回路，舵机系统的动态性能直接影响飞行控制系统的性能。

7.5.2.1 类型

舵机按照驱动舵机能源不同，一般分为三大类，即气压式舵机、液压式舵机和电动式舵机。

气压式舵机分为冷气式和燃气式，冷气式舵机利用高压冷气瓶中的高压惰性气体来驱动舵面，燃气式舵机利用固体燃料燃烧产生的高压气体驱动舵面，气压式舵机由于本身的特性，一般用于飞行时间较短的小型战术导弹。

液压式舵机主要由电液信号转化装置、作动筒和信号反馈装置等构成，由高压油源驱动舵面，其优点为体积小、质量小、功率大、频带宽、动态性能受载荷影响小，其缺点为价格昂贵，大多用于对舵机快速性要求较高的中远程制导武器。

电动式舵机分为电磁式和电机式，电磁式舵机为一个电磁机构，其优点为尺寸小、结构简单、快速性较好，其缺点为输出功率较小，一般用于飞行时间较短的小型战术导弹。电机式舵机一般由直流电机、齿轮、减速器、电位器等部件组成，其优点为结构简单、成本低，其缺点为体积较大、功率较小、快速性一般。随着数字控制、电机技术等的发展，电动式舵机已取得长足的进展，其功率质量比及可靠性日益提升，已大量应用于战术导弹，特别是中小型空地导弹。

7.5.2.2 设计指标

舵机和控制器组成舵控回路，某一型号的舵控回路的设计指标为：

1) 力矩指标：扭矩（铰链力矩）$\geqslant 40$ N·m，弯矩$\geqslant 200$ N·m；

2) 机械偏转角：$-25° \leqslant \delta \leqslant 25°$；

3) 最大角速度（额定载荷）：$\geqslant 120$ (°)/s；

4) 带宽：$\geqslant 15$ Hz；

5) 死区：$\leqslant 0.2°$；

6) 偏转误差：$|\delta| < 15°$时，偏转误差$\leqslant 0.3°$；

$\qquad\qquad 15° \leqslant |\delta| \leqslant 30°$时，偏转误差$\leqslant 3.5\%$。

重要设计指标确定依据如下：

1) 输出扭矩主要取决于舵面大小、舵轴位置、飞行速度、飞行攻角和侧滑角、最大可用舵偏等因素。在工程上，扭矩指标的确定通常基于 CFD 计算数据或风洞测压试验数据，下面简单地说明扭矩指标的确定步骤，具体如下：

a) 确定弹体飞行攻角、侧滑角、马赫数、舵偏角等；

b) 依据 CDF 计算或风洞测压试验得到铰链力矩系数，如图 7-12 所示，结合导弹的飞行状态，确定最大铰链力矩系数 m_h；

c) 根据下式确定铰链力矩

$$M = m_h \times Q \times S_{ref} \times L_{ref}$$

式中　　Q ——飞行动压；

　　　　S_{ref} ——参考面积；

　　　　L_{ref} ——参考长度。

d）确定最终的舵机铰链力矩

$$M_{\text{servo}} = k \times M$$

式中　　k ——安全系数，$1 \leqslant k \leqslant 1.5$。

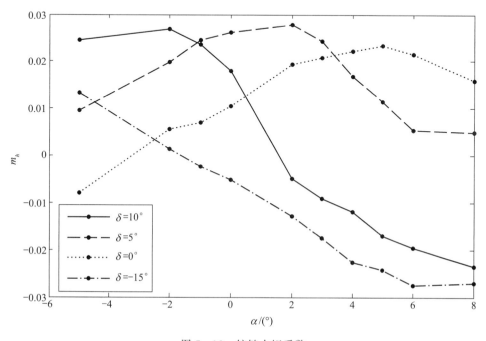

图 7 - 12　铰链力矩系数

2）弯矩指标的确定与扭矩指标的确定相类似。

3）机械偏转角一般要大于弹体的使用舵偏角，确定舵偏角取决于如下因素：a）根据舵偏的失速角确定，一般由 CFD 计算数据或风洞测力试验数据确定一定飞行攻角和侧滑角状态下的失速舵偏角；b）由飞行控制系统根据制导控制系统的需要确定所需的最大使用舵偏角。

4）最大角速度（额定载荷）和舵控带宽与弹体的机动性相关，弹体的机动性越强，则要求执行机构的角速度越大，结合现在的电动舵机的性能指标，提出了额定载荷状态下的最大角速度大于 120 (°)/s［空载状态下，最大角速度可超过 180 (°)/s］。

为了降低执行机构的响应延迟对控制回路的影响，执行机构带宽应该大于输入信号频率的 5～10 倍。提高执行机构快速性的一个重要途径是增加控制回路的增益，但当被控对象存在非线性环节（如齿轮间隙）等原因时，增加增益会引起执行机构发生自激现象，从这一点看，执行机构的增益不能无限增加。另外，值得注意的是，执行机构控制回路的带宽需要避开弹体的一阶结构振动频率。

5）执行机构的死区是执行机构的固有特性，其大小取决于：a）执行机构内部的机械间隙；b）电气特性；c）执行机构控制器的性能。可通过改变执行机构内部的机械传动机构的结构特性或调节传动机构间的间隙，以及优化小控制偏差状态下的伺服控制算法以获得较小的死区。

6）偏转误差：舵机的偏转误差是指真实机械舵偏角和指令电气舵偏角之间的偏差量，主要取决于舵机控制精度和测量精度，其中测量精度占主要部分，其原因是大多电动舵机采用电位计测量舵偏角，电位计基于滑动电阻工作，输出为一个电压值，但温度变化、磨耗以及滑动器与可变电阻器之间的污垢、可变电阻器材质不均匀均造成电阻波动，引起测量误差。

此外，某些型号还要求舵机具有零位锁定功能（即在挂飞过程中，舵机保持在零位附近），对舵机的功率、最大尖峰电流、质量、体积、可靠性等指标提出要求。

7.5.2.3　铰链力矩对舵控回路的影响分析

舵机作为控制系统的执行机构，带动舵面偏转以改变导弹的飞行姿态，最终达到控制飞行轨迹的目的。

舵机在工作时主要承受两种力矩：摩擦力矩和铰链力矩。其中铰链力矩的大小取决于：1）飞行动压；2）飞行攻角和侧滑角；3）飞行马赫数；4）舵偏角大小；5）舵机在导弹中的配置位置等。其表达式可近似表示为

$$M = m_h^\delta \times Q \times S_{ref} \times L_{ref} \times \delta = M_h^\delta \delta$$

式中　δ ——舵偏角；

　　　m_h^δ ——单位舵偏产生的铰链力矩系数；

　　　M_h^δ ——单位舵偏产生的铰链力矩。

舵偏引起的铰链力矩有可能作为负反馈或正反馈，通过减速器的传动比反作用于电机的输出轴上，如果舵机不做任何反馈控制，则铰链力矩直接作用于舵机系统，其系统结构图如图 7-13 所示。

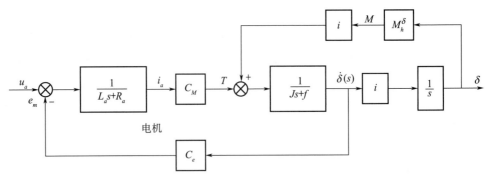

图 7-13　电机模型及铰链力矩

当一个固定铰链力矩作用于舵机上时，在负反馈铰链力矩的作用下，舵控回路是稳定的，但在正反馈铰链力矩的作用下，可能使舵控回路发生振荡或不稳定。所以设计舵控回路时，需要考虑铰链力矩反馈对舵控回路的影响。在工程上，需要在舵控回路加入反馈控

制，构成一个完整的反馈控制回路来抑制铰链力矩对舵控回路带来的不利影响。可以引入角速度反馈，也可以引入位置反馈，使舵控回路最终变成一个位置随动系统。

7.5.2.4　组成和工作流程

目前绝大多数电动舵机为位置反馈的随动系统，其组成包含控制器和舵机执行机构（简称电动舵机）两大部分。其中控制器一般采用 PD 或 PID 控制器；电动舵机由直流电机、减速器、舵轴、电位计、电源以及配套的电缆等组成。

注：目前绝大多数空地导弹舵机装配解锁装置，即在挂飞阶段，由解锁装置锁定舵机以防止舵面在受到载机扰流的影响下大幅偏离零位。

电动舵机作为一个位置反馈的闭环控制系统，如图 7 - 14 所示，其工作流程如下：

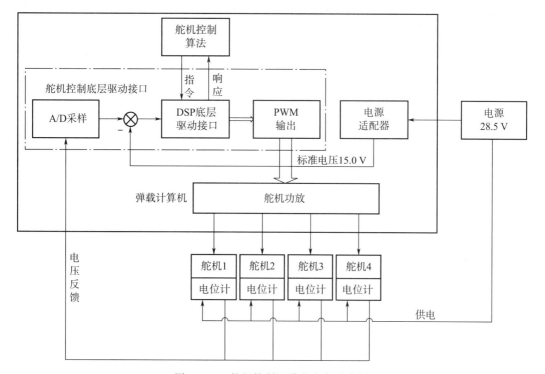

图 7 - 14　舵机控制回路的电气示意图

1）舵机控制器通过 A/D 采样舵机反馈信号（通过采集电位计两极的电压）计算得到相应的响应舵偏角；

2）依据姿控回路输入的指令舵偏角由舵机控制算法解算形成数字控制量；

3）转换为 PWM 控制量输出；

4）由舵机功放将此控制量解调放大，驱动电机转动。

7.5.2.5　舵控回路设计

（1）硬件选型

舵控回路设计是基于由电机、减速器、反馈元件等所组成被控对象进行控制回路设计。因此电机、减速器、反馈元件的选型是依据舵控回路的设计指标进行的，其选型流程是：

1) 依据作用于舵机的铰链力矩 M（通过气动计算或风洞试验得到）、舵片转动惯量 J，弹上控制系统给出舵机需要达到的带宽及舵机带载时的最大角速度（甚至有时需要得到舵机带载的最大角加速度）等参数以确定电机的功率。

2) 根据所选电机的最大旋转角速度（r/min）及舵控设计指标（最大角速度或带宽）确定减速器的齿轮比。

3) 舵控回路根据控制静态误差、带宽的要求，需要对反馈元件、采样回路、功放环节的指标进行分析及确定，最终完成舵控回路各个机构及元件的选型。

（2）被控对象模型

电动舵机是基于位置反馈的闭环随动系统，可采用 PID 控制或超前-滞后校正网络或复合控制，本文选用 PID 控制。

舵控回路作为一个位置随动系统，电机为被控对象，大多采用直流电机，其电枢回路可表示为

$$u = e_m + i_a R_a + L_a \frac{\mathrm{d}i_a}{\mathrm{d}t} \tag{7-1}$$

式中　u ——作用于电机上的直流电压；

　　　i_a，R_a，L_a ——电枢电流、电阻和电感；

　　　e_m ——电枢的反电动势。

$$e_m = C_e \dot{\theta} \tag{7-2}$$

式中　C_e ——反电动势系数；

　　　$\dot{\theta}$ ——电机旋转角速度。

电机产生的力矩可表示为

$$T = C_M i_a \tag{7-3}$$

式中　C_M ——电机力矩系数。

电机力矩产生的角加速度的计算式为

$$J\ddot{\theta} + f\dot{\theta} = T \tag{7-4}$$

式中　J ——折算到电机轴上的轴系转动惯量；

　　　f ——齿轮箱黏滞摩擦系数；

　　　$\ddot{\theta}$ ——电机旋转角加速度。

由式（7-1）～式（7-4）可得被控对象的控制框图如图 7-15 所示，图中 i 为减速器的齿轮比。

一般情况下，齿轮箱黏滞摩擦系数很小而且很难得到精确值，故忽略，即 $f=0$，另外，电枢电感也很小，也常假设为 0，即 $L_a=0$，即直流电机的控制框图可简化为如图 7-16 所示。

由控制回路结构框图（图 7-15）可得到舵控回路被控对象的传递函数为

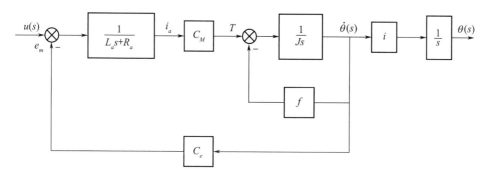

图 7 - 15　直流电机的控制框图

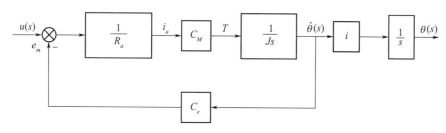

图 7 - 16　直流电机的简化控制框图

$$P(s) = \frac{\theta(s)}{u(s)} = \frac{C_M i}{s\left[L_a J s^2 + (L_a f + R_a J)s + R_a f + C_M C_e\right]}$$

假设 $L_a = 0$，$f = 0$，上式可简化为

$$P(s) = \frac{\theta(s)}{u(s)} = \frac{C_M i}{s(R_a J s + C_M C_e)} = \frac{\dfrac{1}{C_e} i}{s\left(\dfrac{R_a J}{C_M C_e} s + 1\right)} = \frac{K_M i}{s(T_M s + 1)}$$

其中

$$K_M = \frac{1}{C_e}$$

$$T_M = \frac{R_a J}{C_M C_e}$$

式中　K_M ——电机电枢增益；

　　　T_M ——电机电枢的时间常数。

（3）舵控回路设计

舵控回路如图 7 - 17 所示，图中 $\theta_r(s)$ 为输入指令；$\theta(s)$ 为输出位置信号；$G_c(s)$ 为控制器；K_{pwm} 为电机功放系数。

根据舵控回路结构框图可得其开环传递函数为

$$open(s) = K_{pwm} G_c(s) P(s)$$

由于被控对象可简化为一个一型环节，加之 T_M 虽小，但 $1/T_M$ 比开环回路的截止频率小，为了使舵控回路具有较好的控制品质以及较充足的控制裕度，对于位置伺服系统而

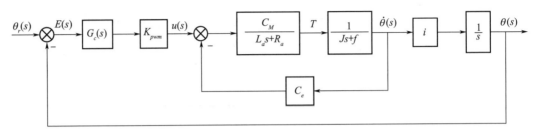

图 7-17　舵控回路框图

言，可取控制器为零阶（PD 控制）或一阶（PID 控制）。

　　空地导弹在空中飞行时，舵面受到气动铰链力矩和弯矩的作用，铰链力矩在某些飞行状态下较大，即相当于在控制回路中加入一个强干扰作用。如果采用 PD 控制器，由扰动至输出的传递函数可知，控制回路存在稳态误差，所以在工程上常采用 PID 控制，由积分控制去抑制干扰量，使得稳态误差为 0。

　　根据舵控回路，可求得闭环传递函数为

$$close(s) = \frac{\theta(s)}{\theta_r(s)} = \frac{G_c(s)P(s)K_{pwm}}{1 + G_c(s)P(s)K_{pwm}}$$

（4）舵控回路设计举例

　　下面以举例的方式说明舵控回路的设计过程，旨在加深对舵控回路设计的理解，具体见例 7-1。

　　例 7-1　舵控回路设计。

　　某电动舵机的控制回路如图 7-17 所示，其中电机电阻 $R_a = 1\ \Omega$，电感 $L_a = 0.003\ \text{H}$，电机力矩系数 $C_M = 0.02$，电机轴上的轴系转动惯量 $J = 0.000\,02\ \text{kg} \cdot \text{m}^2$，齿轮箱黏滞摩擦系数 $f = 0$，减速器的齿轮比 $i = 1/320$，舵机功放系数 $K_{pwm} = 0.07$，试设计舵控回路，带宽大于 18 Hz，并具有较充足的控制裕度。

　　解： 舵控回路被控对象为

$$P(s) = \frac{\theta(s)}{u(s)} = \frac{C_M i}{s[L_a J s^2 + (L_a f + R_a J)s + R_a f + C_M C_e]}$$

$$= \frac{1\,041.666\,7}{s(s+312)(s+21.37)}$$

　　根据经典控制理论，可以忽略极点 -312（此极点由考虑电机电感而引入）对舵控回路的影响，即可得

$$P(s) = \frac{1\,041.666\,7}{s(s+312)(s+21.37)} \approx \frac{3.338\,7}{s(s+21.37)}$$

　　针对被控对象的特点，如取 PD 控制，则可以利用 PD 的零点去消除被控对象的极点，即取控制器为

$$G_c(s) = K_p + K_d s = K_p\left(1 + \frac{K_d}{K_p}s\right) = K_p\left(1 + \frac{1}{21.37}s\right)$$

即

$$K_p = 21.37 K_d$$

考虑到干扰因素对舵控回路的影响，控制器取 PID 控制，则可以视为在 PD 控制器调试的基础上增加积分控制，积分控制量的大小在很大程度可参考干扰量的性质和大小而定，根据经典控制理论，此例的积分控制取值为 $K_i = (0 \sim 5)K_p$。

根据控制回路的带宽要求，经调试取控制器为

$$\begin{cases} G_c(s)\big|_{PD} = K_p + K_d s = 8\ 300 + 388.394\ 9s \\ G_c(s)\big|_{PID} = K_p + K_d s + \dfrac{K_i}{s} = 8\ 300 + 388.394\ 9s + \dfrac{8\ 300}{s} \end{cases}$$

则开环回路的传递函数为

$$\begin{cases} open(s)\big|_{PD} = \dfrac{28\ 320.464\ 8}{s(s+312)} \\ open(s)\big|_{PID} = \dfrac{28\ 320.464\ 8(s+20.32)(s+1.052)}{s^2(s+312)(s+21.37)} \end{cases}$$

闭环回路的传递函数为

$$\begin{cases} close(s)\big|_{PD} = \dfrac{28\ 320.464\ 8}{s^2 + 312s + 28\ 320.464\ 8} \\ close(s)\big|_{PID} = \dfrac{28\ 320.464\ 8(s+20.32)(s+1.052)}{(s+20.03)(s+1.065)(s^2+312.2s+28\ 320.464\ 8)} \end{cases}$$

由开环传递函数可知，开环 bode 的幅值以 -20 dB/dec 的斜率穿过 0 dB 线，还可确定截止频率远离前后两个交接频率，由此可知，控制系统具有较为充足的控制裕度以及较好的动态特性。开环 bode 图如图 7 - 18 所示，根轨迹图如图 7 - 19 所示，由图可知：

1）采用 PD 和 PID 控制的控制品质相差不大，从经典控制理论可知，此例的积分控制影响低频段的幅值和相位曲线，两者在低频段都具有足够的增益，即能保证控制系统的稳态精度。

2）采用 PD 控制时，开环截止频率 $\omega_c = 13.9$ rad/s，相位裕度 $\gamma = 74.3°$，幅值裕度 h 为无穷大，舵控回路具有足够的相对稳定裕度。延迟裕度 $Dm = 14.9$ ms（延迟裕度概念见 7.10.4 节内容），一般情况下，舵控回路采用 1 ms 的控制周期，即舵控回路具有大约 15 个控制周期的绝对控制裕度，从经典控制工程经验判断，此绝对控制裕度较为合适，可以抑制一定量的被控对象不确定性以及干扰，但是如果存在较大不确定性或强扰动，则可以适当降低控制回路的截止频率，以获得更充足的绝对控制裕度。

3）闭环系统的主导极点为 $-156 \pm 63.1i$，阻尼为 0.927，即可知控制系统具有足够的响应速度，并且超调量为 0。

闭环回路的 bode 图如图 7 - 20 所示，由图可知，采用 PD 控制和 PID 控制在理论上差别不大，如采用 PID 控制，则存在两对偶极子（零点 -20.32 和极点 -20.03 构成一对偶极子，零点 -1.052 和极点 -1.065 构成一对偶极子），故单位阶跃响应存在轻微的爬行现象，如图 7 - 21 所示，其对控制系统的影响较小，可以忽略。

此例舵控回路的 MATLAB 程序见附录 1。

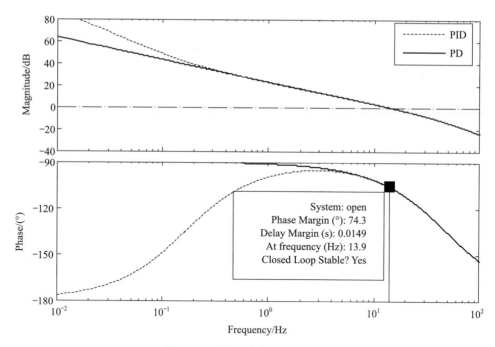

图 7 - 18 舵控回路开环 bode 图

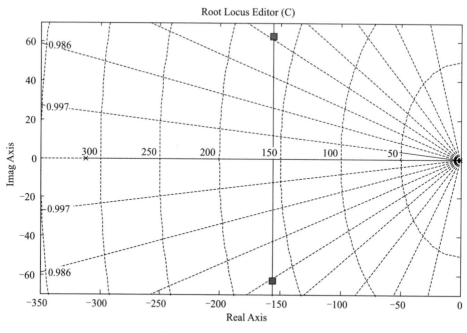

图 7 - 19 舵控回路根轨迹图

7.5.2.6 舵控回路测试

在工程上，当设计舵控回路后，需进行半实物仿真以验证舵控回路的设计指标（见7.5.2.2节），本节对舵控回路的带宽、最大角速度和死区进行测试。

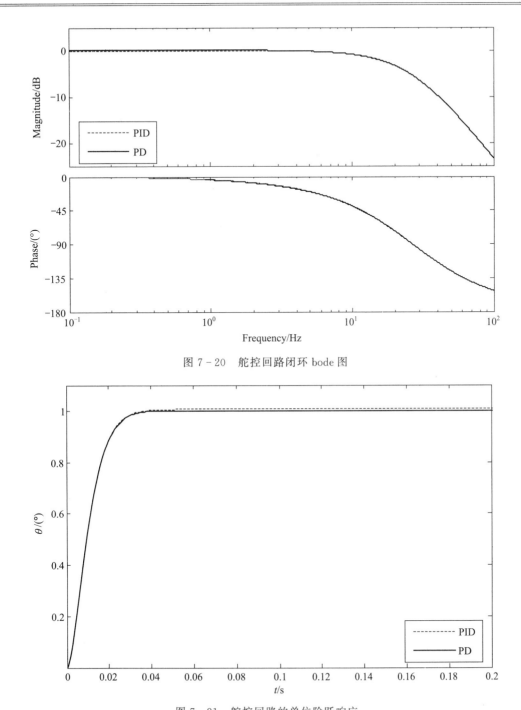

图 7 - 20 舵控回路闭环 bode 图

图 7 - 21 舵控回路的单位阶跃响应

（1）带宽测试

带宽测试分为频域测试和时域测试，频域测试如图 7 - 20 所示，由图可知，带宽约为 18 Hz。时域测试如下：

输入正弦指令：$\delta_c = 1.0°\sin(12 \times 2\pi \times t)$；

其响应如图 7 - 22 （a） 所示，经计算舵控回路的带宽大于 12 Hz。

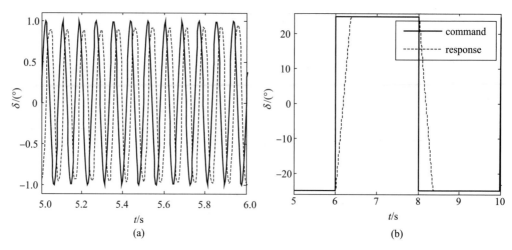

图 7 - 22　舵控回路的带宽测试和最大角速度测试

（2）最大角速度测试

输入方波指令：$\delta_c = 24° \times \mathrm{sign}\,[\sin(0.5 \times 2\pi \times t)]$ ；

其响应如图 7 - 22 （b） 所示，经计算可得舵控回路的最大角速度为 143.77 （°）/s。

（3）死区测试

输入阶跃指令分两段，0～6 s 对舵机正的死区进行测试，如下式所示，6～12 s 则对舵机负的死区进行测试，如图 7 - 23 所示。

$$\delta_c = \begin{cases} 0.00° & 0 \leqslant t < 0.5 \text{ s} \\ 0.10° & 0.5 \text{ s} \leqslant t < 1.5 \text{ s} \\ 0.00° & 1.5 \text{ s} \leqslant t < 2.5 \text{ s} \\ 0.20° & 2.5 \text{ s} \leqslant t < 3.5 \text{ s} \\ 0.00° & 3.5 \text{ s} \leqslant t < 4.5 \text{ s} \\ 0.30° & 4.5 \text{ s} \leqslant t < 5.5 \text{ s} \\ 0.00° & 5.5 \text{ s} \leqslant t < 6.5 \text{ s} \end{cases}$$

其响应如图 7 - 23 所示，由图可知，此舵控回路的死区小于 0.1°。

7.5.2.7　舵控回路模型

根据实测的舵控回路频率特性（此频率特性与输入的幅值有关）和理论分析，舵控回路可等价于一个纯延时环节和一个线性环节相串联的模型，其中线性环节可用一个三阶滞后环节表示，即

$$G_{\text{servo}}(s) = \frac{\mathrm{e}^{-\tau_0 s}}{(\tau_1 s + 1)(\tau_2^2 s^2 + 2\tau_2 \xi s + 1)}$$

其中，延迟时间参数 τ_0、线性环节的时间常数 τ_1 和 τ_2、阻尼 ξ 可采用试凑法来确定，即根据不同频率下测试的幅值衰减特性和相位滞后特性，采用拟合法确定舵机回路的频率特性，然后据此确定舵控回路模型的参数。

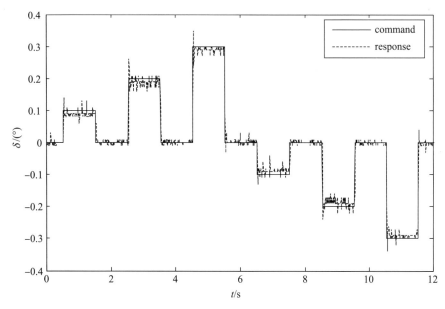

图 7 - 23　舵控回路的死区测试

为了研究方便，常采用简化的舵机模型，如

$$G_{\mathrm{servo}}(s)=\frac{\mathrm{e}^{-\tau_0 s}}{\tau_2^2 s^2+2\tau_2 \xi s+1}\ \text{和}\ G_{\mathrm{servo}}(s)=\frac{\mathrm{e}^{-\tau_0 s}}{(\tau_1 s+1)}$$

即舵机模型为二阶环节串联滞后环节或一个惯性环节串联滞后环节。更为简化的舵机模型为

$$G_{\mathrm{servo}}(s)=\frac{1}{\tau_2^2 s^2+2\tau_2 \xi s+1}\ ,\ G_{\mathrm{servo}}(s)=\frac{1}{\tau_1 s+1}\ ,\ G_{\mathrm{servo}}(s)=1$$

即将舵机视为二阶环节、一阶环节或常数 1。

7.5.3　GPS

7.5.3.1　GPS 简介

GPS 是美国于 1973 年开始研制的新一代卫星无线电导航系统，即"授时与测距导航系统/全球定位系统"（Navigation System Timing and Ranging/Global Postioning System，Navstar/GPS），简称为"全球定位系统（GPS）"，这套系统于 1993 年基本建成并投入使用。GPS 采用了"多星高频，测时-测距"体制，其目标是为美军建立一个战略性的高精度全球卫星无线电导航系统，并以较低精度提供民用，可提供实时、全天候的导航定位服务，为用户提供三维位置、三维速度和一维时间信息。

GPS 由空间卫星网、地面监控系统和用户设备三大部分组成。

（1）空间卫星网

GPS 原设计工作卫星为 24 颗，备份 3 颗，实际上现在在空间健康运行的 GPS 卫星已达 32 颗。GPS 卫星分布在 6 个等间隔的轨道面上，每个轨道面分布 4 颗卫星，倾角 55°，各轨道面升交点赤经相差 60°，轨道为近圆形，其高度约为 20 200 km，地球表面和近地空间任何时刻均可同时观测到 4 颗或 4 颗以上的 GPS 卫星，便于实时定位。GPS 卫星配备有高精度时钟，一般安装备份两台铷原子钟和两台铯原子钟，使之可提供高稳定度的时间基准。GPS 卫星的主要功能为：

1) 接收并存储地面监控系统发来的导航信息，并执行其控制指令。

2) 通过星载高精度原子钟产生基准信号，并提供精确的时间基准。

3) 向用户连续不断发送导航定位信息，其中包括：调制在载波 L1 （频率 1 575.42 MHz）的伪噪声码 C/A 码 （Coarse Acquistion Code）；调制在载波信号 L1 和 L2 （频率 1 227.60 MHz）的伪噪声码 P 码 （Precise Code）；调制在 L1 和 L2 上的导航电文，称为 D 码。其中 C/A 码频率 1.023 MHz，P 码频率 10.23 MHz。

4) 接收地面主控站发送的调度命令，如调整卫星姿态，启用备用卫星，启用备用时钟等。

（2）地面监控系统

1) 该系统由一个主控站，三个注入站和五个监测站组成，主要作用是跟踪观测卫星，计算编制卫星星历，监测和控制卫星的"健康"状态，保持精确的 GPS 时间系统，向卫星注入导航电文和控制指令。

2) 各监测站的 GPS 接收机对 GPS 卫星进行连续观测，同时收集当地气象数据。

3) 主控站收集各监测站的测量数据，计算各颗 GPS 卫星的星历、时钟及信号电离层延迟修正参数，按一定格式编成导航电文。

4) 注入站将主控站传送的导航电文及控制指令注入 GPS 卫星。

（3）用户设备

用户设备的核心部分为 GPS 接收装置（简称接收机），由主机、天线、电源和数据处理软件等组成，其主要任务是捕获按一定卫星高度仰角选择的待测卫星并跟踪这些卫星的运行，然后从接收到的 GPS 信号中获取从卫星到接收天线的传播时间，计算出 GPS 卫星所发送的导航电文，实时地计算出用户的三维速度、位置和时间。

GPS 卫星同时发射两种导航信息，允许进行两种等级的定位服务：精密定位服务（PPS）和标准定位服务（SPS），其中 SPS 将用于明码广播，任何用户都可以实时使用；PPS 信号进行加密处理，只供美国军方和选定的盟军用户使用。

表 7-4 列出了与 GPS 信号特性有关的数据。

表 7-4 GPS 的信号特性

	参数	GPS
信号	信号区分方法	CDMA（码分多址）
	载频	L1＝1 575.42 MHz L2＝1 227.60 MHz

续表

参数		GPS
结构	伪码 C/A 码速率 C/A 码码元宽度 P 码速率 P 码码元宽度	 1.023 MHz 293 m 10.23 MHz 29.3 m
	保密特性 C/A 码 SA 措施 P 码加密 A－S	 已取消 有
精度	水平位置 高度 测速 定时	10 m(无 SA) 10 m(无 SA) 0.1 m/s(无 SA) 340 ns(无 SA)
参照系	基准时间 坐标系	UTC(USNO) WGS－84

7.5.3.2　GPS 卫星轨道参数

GPS 卫星在空间的运动轨道遵循开普勒定律，可用六个轨道参数来唯一确定卫星的运行轨道，即长半轴 a，偏心率 e，轨道倾角 i，右升交点赤经 $RNNA$，近地点角 ω 和过近地点时刻 τ_p。在实际进行轨道预报和计算时，还需要考虑其他因素，如各种摄动力的影响，故仅用六个参数来表示轨道是不全面的，北美防空联合司令部（NORAD）在六参数轨道要素的基础上定义了双行参数表示法 TLEs，可以完整地描述空间飞行器的发射日期、编号、轨道参数、运行状态等信息。

TLEs 实际包括三行数据。第一行描述了卫星的名称，其余两行具体描述航天器的特征参数（每行 69 个字符），并使用 NORAD 的 SGP4/SDP4 轨道模型计算卫星的位置和速度。TLEs 的数据格式见表 7-5。

表 7-5　TLEs 表示法的数据格式

```
AAAAAAAAAAAAAAAAAAAAAAAA
1 NNNNNC NNNNNAAA NNNNN. NNNNNNNN +. NNNNNNNNN +NNNNN－N +NNNNN－N N NNNNN
2 NNNNN NNN. NNNN NNN. NNNN NNNNNNN NNN. NNNN NNN. NNNN NN. NNNNNNNNNNNNNN
```
其中：有效的字符为数字 0～9、大写字母 A～Z、小数点、空格和加减号。
"N"表示任何数字 0～9，在某种情况是空格。
"A"为任何的字母 A～Z 或空格。
"C"只为两种字符："U"为非机密数据，"S"为机密数据。（不公开）。
"＋"或者是一个加号或者是空格。
"－"或者是一个减号或者是空格

一组用 TLEs 表示 GPS 卫星的例子如下所示。

```
GPS BIIA－22 (PRN 05)     TOE：03H. 25/02/2003；03H. 056. 2003 UTC
1 22779U 93054A   03054.67284077   .00000025   00000－0   00000－0 0   1811
2 22779   53.5914 186.8274 0041829   38.6410 321.6298   2.00547678 69496
```

TLEs 首行由 24 个字母组成，用于描述卫星的名称，TLEs 第一行和第二行的具体定义分别见表 7-6 和表 7-7，具体解释如下：

第一列表明为哪一行：行号。

域 1.2 和 2.2 为卫星编号，是 NORAD 对卫星的数据进行的目录编号，对每一颗在卫星目录 SATCAT 中的人造卫星有独一无二的编号，域 1.2 和 2.2 必须是相同的。

域 1.3 对数据进行安全性划分。所有公开可用的非保密数据用 "U" 来表示。

域 1.4 到 1.6 定义了卫星的国际编号。其由世界火箭卫星数据中心（WDC-A-R&S）与 NORAD 和美国 NASA 国际空间科学数据中心（NSSDC）一起进行注册管理。国际编号指示出每一个发射卫星的发射年（域 1.4 只给出最后两位数）、该年发射序号（域 1.5）和发射各组成部件编号（域 1.6，"A" 表示是第一个。按照国际编号规则，如果一次发射多颗卫星，使用 26 个英文字母排序，按照 A、B、C、D 的顺序排列为每个卫星编号）。

域 1.7 和 1.8 一起定义了参数设置时的参考历元时间。域 1.7 两位数字表示年号，域 1.8 为该年的天数。所有的历元时刻从国际时间（UT）的子夜开始计算并以平太阳时作为单位。

域 1.9 为平均角速度的一阶导数，单位：圈/每天的平方。

域 1.10 为平均角速度的二阶导数，单位：圈/每天的立方。这两个域给出了平均角速度随时间变化的二阶描述。

域 1.11 专门为 SGP4 计算模型定义了阻力系数 $B*$（BSTAR），单位为 1/地球半径。其与在空气动力学理论中定义的弹道系数 B 的关系为：$B^* = 0.5\rho_o B = 0.5\rho_o C_D A/m$，其中 C_D 为阻力系数，A 为代表面积，m 为质量，ρ_o 为大气密度参考值。

域 1.12 表示使用哪种星历类型（如轨道模型）来生成数据。空间跟踪报告小组建议如下的表示方式：1=SGP，2=SGP4，3=SDP4，4=SGP8，5=SDP8。

域 1.13 表明参数设置序号。每产生一个新的参数设置该值便增 1。

每一行的最后一栏（域 1.14 和 2.10）表示对该行所有数据的模 10 检查和。简单地把每一行所有数字加起来，忽略所有的字母、空格、小数点和加号，对所有的减号取值为 1。检查和可以检查出 90% 的错误。若消除剩余的错误，需要再通过格式和范围检查测试。

表 7-6　双行参数表示法格式定义（第 1 行）

域	列	描述
1.1	01	TLEs 数据格式的行号
1.2	03～07	卫星编号
1.3	08	分类信息
1.4	10～11	国际指定编号（最后两位：发射年）
1.5	12～14	国际指定编号（该年发射序号）
1.6	15～17	国际指定编号（发射各组成部件编号）

续表

域	列	描述
1.7	19～20	历元年（最后两位：年）
1.8	21～32	历元（该年天数及天数的小数部分）
1.9	34～43	平均角速度的一阶导数
1.10	45～52	平均角速度的二阶导数（暗含了小数点）
1.11	54～61	BSTAR 阻力项（暗含了小数点）
1.12	63	星历类型
1.13	65～68	参数数目
1.14	69	检查和（对 10 取模）（字母，空格，周期，加号＝0；减号＝1）

对域 2.3 到 2.8 的定义见表 7－7，域 2.9 是运行圈数，在 NORAD 的约定中，从发射到第一个升交点的阶段被认为 0 圈，当到达第一个升交点时记为 1 圈。

表 7－7　双行参数表示法格式定义（第 2 行）

域	列	说明
2.1	01	TLEs 数据格式的行号
2.2	03～07	卫星编号
2.3	09～16	倾角［度］
2.4	18～25	升交点赤经［度］
2.5	27～33	偏心率（暗含小数点）
2.6	35～42	近地点角［度］
2.7	44～51	平均近地点角［度］
2.8	53～63	平均角速度［圈每天］
2.9	64～68	历元时刻旋转圈数［圈］
2.10	69	检查和（模 10）

最新的 GPS 卫星 TLEs 轨道参数见附录 2。

7.5.3.3　GPS 星历和历书

GPS 接收机接收到广播星历与历书两种导航信息。历书与星历都是表示卫星运行的参数，其中历书包括全部卫星的大概位置，可用于接收机快速捕捉卫星和预报，星历只是当前接收机观测到的卫星的精确位置，用于定位。

历书是从导航电文中提取的，每 12.5 min 的导航电文才能得到一组完整的历书。表 7－8 是 ICD－GPS－200 规定的历书格式。

表 7 - 8　ICDGPS 历书格式

说明	类型	字节	单位
卫星号	short	2	
健康状况	short	2	
偏心率	float	4	
轨道参考时间	long	4	s
轨道倾角	float	4	rad
升交点赤经变化率	float	4	rad/s
长半轴的平方根	double	8	
升交点赤经	double	8	rad
近地点角距	double	8	rad
参考时间的平近点角	double	8	rad
卫星钟差改正	float	4	s
卫星钟漂改正	float	4	s/s
历书星期数	short	2	
GPS 星期数	short	2	
GPS 星期秒数	long	4	s
校验和			

一组典型的 GPS 卫星历书数据如下所示。

```
* * * * * * * Week 3 almanac for PRN - 01 * * * * * * * *
ID:                        01
Health:                    000
Eccentricity:              0.8716583252E - 002
Time of Applicability(s):  61440.0000
Orbital Inclination(rad):  0.9752906039
Rate of Right Ascen(r/s):  - 0.7954617056E - 008
SQRT(A)  (m 1/2):          5153.604004
Right Ascen at Week(rad):  - 0.2477056147E + 001
Argument of Perigee(rad):  0.693172437
Mean Anom(rad):            - 0.1371871676E + 001
Af0(s):                    - 0.3814697266E - 005
Af1(s/s):                  - 0.7275957614E - 011
```

week：　　　　　　　　　　　　　3

＊ ＊ ＊ ＊ ＊ ＊ ＊ ＊ Week 3 almanac for PRN－02 ＊ ＊ ＊ ＊ ＊ ＊ ＊ ＊

ID：　　　　　　　　　　　　　02

Health：　　　　　　　　　　　000

Eccentricity：　　　　　　　　0. 1889896393E － 001

Time of Applicability(s)：　　61440. 0000

Orbital Inclination(rad)：　　0. 9544380525

Rate of Right Ascen(r/s)：　　－ 0. 8126052768E － 008

SQRT(A)　(m 1/2)：　　　　　5153. 642090

Right Ascen at Week(rad)：　　－ 0. 2545189088E ＋ 001

Argument of Perigee(rad)：　　－ 1. 745963376

Mean Anom(rad)：　　　　　　－ 0. 1087844422E ＋ 001

Af0(s)：　　　　　　　　　　　－ 0. 2002716064E － 003

Af1(s/s)：　　　　　　　　　　－ 0. 1091393642E － 010

week：　　　　　　　　　　　　　3

　　GPS 卫星星历参数包含在导航电文的第二和第三子帧中，从有效的星历中，可解得卫星的较准确位置和速度，从而用于接收机定位和测速。GPS 卫星历书每 30 秒重复一次，有效期为以星历参考时间为中心的 4 小时内。

　　GPS 卫星星历数据中各参数具体描述：

　　1）ID：卫星序列号；

　　2）Health：卫星健康状况；

　　3）Week：GPS 星期周数；

　　4）Toe Time of Applic（s）：星历参考时间；

　　5）IODE：星历数据期号；

　　6）Eccentricity：卫星轨道偏心率；

　　7）Orbital Inclination（rad）：Toe 时的轨道倾角；

　　8）Inclination rate（r/s）卫星轨道倾角变化率；

　　9）Rate of Right Ascen（R/s）：升交点赤经变化率；

　　10）SQRT（A）（$m^{1/2}$）：轨道长半轴的平方根；

　　11）Dn：平均角速度校正值；

　　12）Right Ascen at Toe（rad）：Toe 时的升交点赤经；

　　13）Argument of Perigee（rad）：轨道近地点角距；

　　14）Mean Anom（rad）：Toe 时的平近点角；

　　15）Cuc（rad）：升交点角距余弦调和校正振幅；

　　16）Cus（rad）：升交点角距正弦调和校正振幅；

　　17）Crc（m）：轨道半径余弦调和校正振幅；

18）Crs（m）：轨道半径正弦调和校正振幅；

19）Cic（rad）：轨道倾角余弦调和校正振幅；

20）Cis（rad）：轨道倾角正弦调和校正振幅。

7.5.3.4　典型 GPS 卫星轨道递推算法

典型 GPS 卫星轨道递推算法主要基于 GPS 星历计算载体的位置和速度。

（1）位置计算

计算卫星运行平均角速度 n

$$n_0 = \sqrt{\mu} / (\sqrt{a})^3 , \ n = n_0 + \Delta n \tag{7-5}$$

计算归化时间 t_k

$$t_k = t - t_{oe} \begin{cases} > 302\ 400, t_k = t_k - 604\ 800 \\ < -302\ 400, t_k = t_k + 604\ 800 \end{cases} \tag{7-6}$$

计算观测时刻卫星平近点角 M_k

$$M_k = M_0 + n \times t_k \tag{7-7}$$

计算偏近点角 E_k

$$E_k = M_k + e \times \sin E_k \tag{7-8}$$

计算真近点角 υ_k

$$\upsilon_k = \arctan[(\sqrt{1-e^2}\sin E_k)/(\cos E_k - e)] \tag{7-9}$$

计算升交距角 Φ_k

$$\Phi_k = \nu_k + w \tag{7-10}$$

计算摄动改正项 δ_u，δ_r，δ_i

$$\begin{cases} \delta_u = C_{uc} \times \cos(2\Phi_k) + C_{us} \times \sin(2\Phi_k) \\ \delta_r = C_{rc} \times \cos(2\Phi_k) + C_{rs} \times \sin(2\Phi_k) \\ \delta_i = C_{ic} \times \cos(2\Phi_k) + C_{is} \times \sin(2\Phi_k) \end{cases} \tag{7-11}$$

计算经过摄动改正的升交距角 u_k，卫星矢径 r_k 和轨道倾角 i_k

$$\begin{cases} u_k = \Phi_k + \delta_u \\ r_k = a(1 - e\cos E_k) + \delta_r \\ i_k = i_0 + \delta_i + (i - d_{ot})t_k \end{cases} \tag{7-12}$$

计算卫星在轨道平面上的位置 x_k 和 y_k

$$\begin{cases} x_k = r_k \times \cos u_k \\ y_k = r_k \times \sin u_k \end{cases} \tag{7-13}$$

计算观测时刻的升交点赤经 Ω_k

$$\Omega_k = \Omega_0 + (\dot{\Omega} - \omega_e)t_k - \omega_e t_{oe} \tag{7-14}$$

式中　ω_e——地球自转角速度。

计算卫星在 WGS‐84 坐标系的位置

$$\begin{cases} X_k = x_k \cos\Omega_k - y_k \cos i_k \sin\Omega_k \\ Y_k = x_k \sin\Omega_k - y_k \cos i_k \cos\Omega_k \\ Z_k = y_k \sin i_k \end{cases} \quad (7-15)$$

（2）速度计算

根据导航电文提供的 GPS 卫星星历，还可计算出卫星运动速度的三个分量 $\dot{X}_k$、$\dot{Y}_k$ 和 $\dot{Z}_k$。其计算公式和步骤为

$$\dot{E}_k = n_0(1 - e\cos E_k) \quad (7-16)$$

$$\dot{\Phi}_k = \sqrt{\frac{1+e}{1-e}} \cdot \frac{\cos^2(f_k/2)}{\cos^2(E_k/2)} \dot{E}_k \quad (7-17)$$

$$\dot{r}_k = ae\sin E_k \times \dot{E}_k \quad (7-18)$$

$$\dot{u}_k = \dot{\Phi}_k \quad (7-19)$$

$$(i_k)_t^n = \dot{i} \quad (7-20)$$

$$\dot{L}_k = \dot{\Omega} - \omega_e \quad (7-21)$$

$$\begin{cases} \dot{x}_k = \dot{r}_k \cos u_k - \dot{r}_k \sin u_k \dot{u}_k \\ \dot{y}_k = \dot{r}_k \sin u_k + \dot{r}_k \cos u_k \dot{u}_k \end{cases} \quad (7-22)$$

$$\begin{cases} \dot{X}_k = \dot{x}_k \cos L_k - \dot{y}_k \sin L_k \cos i_k + y_k \sin L_k \sin i_k (i_k)_t^n - (x_k \sin L_k + y_k \cos L_k \cos i_k)\dot{L}_k \\ \dot{Y}_k = \dot{x}_k \sin L_k + \dot{y}_k \cos L_k \cos i_k - y_k \cos L_k \sin i_k (i_k)_t^n + (x_k \cos L_k - y_k \sin L_k \cos i_k)\dot{L}_k \\ \dot{Z}_k = \dot{y}_k \sin i_k + y_k \cos i_k (i_k)_t^n \end{cases}$$

$$(7-23)$$

以上简单地介绍了根据 GPS 卫星轨道递推 GPS 卫星在 WGS - 84 坐标系中的位置和速度，要确定在某一时刻载体的位置及速度，需选择 4 颗 GPS 卫星进行导航计算（其原因是求解的导航位置是三维信息，另外得考虑导航卫星的时间钟差）。在理论上，选取任意 4 颗 GPS 卫星即可确定载体的位置及速度，但在工程上，为了提高导航精度，根据某一选星策略（通常选择 PDOP 最小）选取 4 颗卫星进行导航计算，GPS 星座如图 7 - 24 所示，由图可知：1）GPS 卫星在惯性空间的分布情况；2）在某一时刻在地球某地 GPS 接收机与参与 GPS 导航计算的 4 颗 GPS 卫星之间的几何构型。

图 7 - 25～图 7 - 27 是某一次投弹后 GPS 工作情况，图 7 - 25 为导弹从投弹至击中目标的过程中 GPS 接收机收到有效 GPS 星数〔即满足条件：1）GPS 星俯仰角大于 5°；2）信噪比大于 14 dB〕以及 PDOP 变化；图 7 - 26 为导弹在飞行过程中 GPS 输出经度、纬度和高度信息，图 7 - 27 为导弹在飞行过程中 GPS 输出的东向速度、北向速度和天向速度信息。经大量的地面测试对比和飞行试验表明，随着美国第三代 GPS 卫星（首星编号为 GPS Ⅲ SV01，其定位精度是当前 GPS 系统的 3 倍）的逐渐投入运行，其基于粗码 L1 解算的精度已经达到一个很高水平，位置误差小于 5 m，速度误差小于 0.1 m/s。

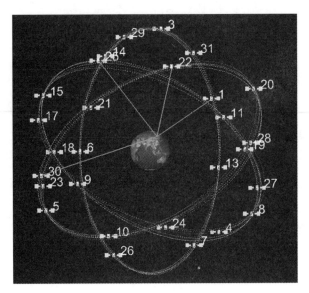

图 7 - 24　GPS 星座

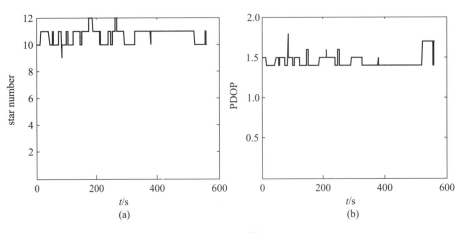

图 7 - 25　GPS 星数与 PDOP

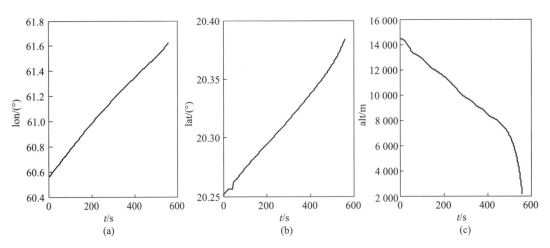

图 7 - 26　GPS 输出位置信息

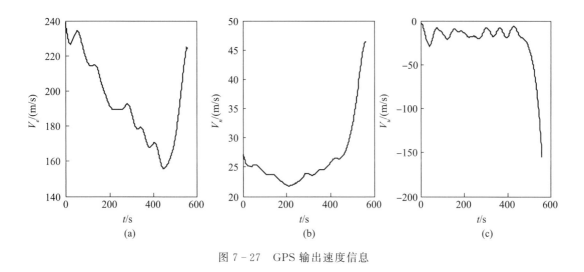

图 7 - 27　GPS 输出速度信息

7.5.4　大气测量系统

7.5.4.1　概述

大气测量系统用于导弹在飞行过程中采集总压和静压信息，解算得到飞行实时状态，即动压、马赫数、气压高度等信息，以提供给火控、制导回路、姿控回路等解算使用，可有效地提高火控射程解算的精度，提高制导和控制的品质。

7.5.4.2　必要性

现役的空地制导武器并不是都具备大气测量系统，一般根据空地导弹飞行速度和飞行高度决定是否配备大气测量系统。大气测量系统适用于飞行高度较高而飞行速度较低的制导武器，其原因：地球大气对流层内的风大小随着飞行高度的增加而增加［据统计，某一地区的一倍风场（定义为 95% 的风场概率或 99% 的风场概率）大小如图 7 - 28 所示，海拔 10 000 m 处的一倍风场大小为 78 m/s，而海拔 0 m 处的一倍风场大小为 22.5 m/s，前者是后者的 3.466 7 倍］，相对于配备大气测量系统的导弹而言，不配备大气测量系统的导弹只能利用导航速度和高度信息解算得到飞行动压和马赫数，其精度随着飞行速度的减小以及飞行高度的增加而大幅降低。

空地导弹火控解算、制导回路以及姿控回路解算都需要动压、马赫数、地速等信息，动压和马赫数的精确性直接影响空地导弹火控解算、制导回路以及姿控回路解算的性能与品质。飞行空速和动压不精确，则带来如下问题：1）大气中风速及方向在较大程度上影响导弹的射程，由于空速不精确则导致风速及方向解算存在偏差，直接导致火控解算的射程存在偏差；2）制导回路基于动压解算得到的某些指令限幅，动压不精确导致指令限幅存在偏差，直接影响制导回路的品质；3）控制回路中大多参数和动压相关，动压不精确则在很大程度上影响姿控回路的控制品质甚至稳定性。

例 7 - 2　比较配备大气测量系统和不配备大气测量系统两种情况下动压解算的精确度。

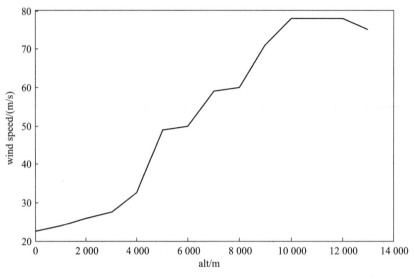

图 7 - 28　大气风场模型

假设某制导武器投放高度为 10 000 m，马赫数为 0.7，风场为一倍逆风，试比较配备大气测量系统和不配备大气测量系统两种情况下解算动压信息的精确度。

解：不配备大气测量系统的制导武器不能精确地得到动压信息，通常使用地速信息计算得到动压数据，即 $Q_1 = 0.5\rho \times V_{ground} \times V_{ground}$（$V_{ground}$ 为导航系统输出的地速），而精确动压信息为 $Q_2 = 0.5\rho \times V_{air} \times V_{air}$（$V_{air}$ 为大气测量系统输出的空速）。

根据投放高度 10 000 m，$\rho = 0.412\,7$，$V_{air} = 0.7 \times 299.46$ m/s $= 209.622$ m/s，一倍风速为 $V_{wind} = 78.0$ m/s，则在一倍逆风的情况下

$$V_{ground} = V_{air} - V_{wind} = 131.622 \text{ m/s}$$

计算得到

$$Q_1 = 3\,574.9 \text{ Pa}，Q_2 = 9\,067.3 \text{ Pa}$$

则真实动压和基于地速计算的动压之比为

$$\frac{Q_2}{Q_1} = 2.536\,4$$

考虑到存在空气密度偏差等因素，实际两者的比值可能超过 2.536 4。

例 7 - 3　仿真不配备大气测量系统的空地制导武器在顺逆风情况下制导回路的性能。

仿真条件：投放高度为 10 000 m，投放速度为 $Ma = 0.7$，空中风场为一倍顺风、无风和一倍逆风，试仿真不配备大气测量系统时制导回路的性能。

解：仿真结果如图 7 - 29 和图 7 - 30 所示，图 7 - 29（a）为飞行攻角，图 7 - 29（b）为飞行马赫数，图 7 - 30（a）为飞行动压，图 7 - 30（b）为飞行高度。

由仿真结果可知：

1）在顺风和逆风情况下，导弹飞行弹道的特性很差，不能很好地发挥弹体气动高升阻比的特性（对于本例的气动参数最佳升阻比对应的攻角为 5°）。

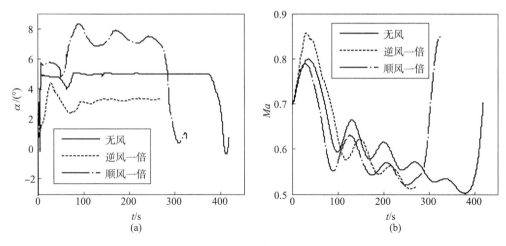

图 7 - 29　飞行攻角和马赫数

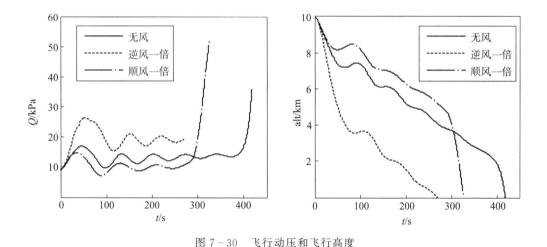

图 7 - 30　飞行动压和飞行高度

2) 在顺风情况下, 飞行攻角严重偏大, 对于带大展弦比弹体的制导武器来说, 存在飞行失速的风险和由于飞行攻角太大不能发挥弹体的升阻比特性。

3) 在逆风的情况下, 飞行攻角严重偏小, 由于升力较小, 飞行高度迅速下降。

7.5.4.3　设计指标

某一型号大气测量系统的设计指标如下所示:

1) 压力量程: 静压 0～1 150 hPa; 总压 0～2 000 hPa;

2) 高度、速度范围: 高度 −100～25 000 m; 速度 0～1 200 km/h;

3) 压力精度:

a) 绝对精度: 最大值≤100 Pa, 典型值≤50 Pa;

b) 相对精度: 最大值 ≤ 0.10%FS, 典型值 ≤ 0.05%FS;

4) 长期稳定性: 0.025%FS/year;

5) 大气测量系统精度:

a）$\Delta Ma \leqslant 0.01$；

b）Δ 动压：$\leqslant 100$ Pa；

6）稳定时间：$\leqslant 100$ s（上电 100 s 后输出数据精度满足要求）。

此外，大多型号要求装配的大气测量系统具有加热和除冰功能，对功率及可靠性等指标提出规定。

7.5.4.4　组成

旧式的大气测量系统大多为模拟式，随着科技进步，现代的控制系统大多采用数字式大气测量系统。

数字式大气测量系统由总压－静压管、高精度大气压力传感器、配套电缆、供电电源、模数转换器、DSP 以及大气测量系统解算算法等组成。

（1）总压－静压管

总压－静压管为一个"L"形或直线形的金属管，其结构如图 7 - 31 所示，管子的顶端有一组周向分布的小孔，即总压孔，总压孔与总压管连通；静压孔位于距离管子顶端的 3～8 倍管子直径处，一般情况下，静压孔由管子上表面一组若干个小孔和下表面一组若干个小孔组成，静压孔与静压管连通。总压孔与静压孔不相通，引出总压孔和静压孔的接头，以便与大气压力传感器连接。注：为了使得气流流经总压－静压管头部之后可以更好地恢复至无穷远处的大气静压，常在头部做倒角处理。

图 7 - 31　总压-静压管

（2）压力传感器

传统上，利用膜盒等弹性元件的变形来测量大气压力，这类用于早期的航空航天飞行器上，其缺点为体积大、精度低、灵敏度低、非线性严重、适应温度范围较窄、使用不方便等。随着电子技术的发展，现在大多采用固态半导体压力传感器（硅压阻传感器），其优点是可以直接输出电信号（可直接转换为数字信号输出）、线性度好、体积小、灵敏度高、精度好、功耗小、抗冲击性好、可靠性高、适应温度范围宽。

其工作原理是利用固体半导体压力传感器受到压力时其电阻阻值发生敏感变化。一般由四个敏感固态半导体电阻组成，它们之间连成惠斯顿电桥，如图 7 - 32 所示，分别将电阻 R_1 和电阻 R_2 串联，电阻 R_3 和电阻 R_4 也串联，然后把上述两者并联在一起，当敏感固态半导体电阻受到压力差时，其电阻 R_1 和 R_3 的阻值会变大，而电阻 R_2 和 R_4 的阻值会减小，则电桥间便有电压 U_2 输出，通常情况下 $R_1 = R_2 = R_3 = R_4$，则 $\Delta R_1 = \Delta R_2 = \Delta R_3 = \Delta R_4 = \Delta R$，即根据电路知识可得

$$U_2 = \frac{R_1 R_3 - R_2 R_4}{(R_1 + R_2)(R_3 + R_4)} E$$

$$= \frac{(R_1 + \Delta R_1)(R_3 + \Delta R_3) - (R_2 - \Delta R_2)(R_4 - \Delta R_4)}{(R_1 + \Delta R_1 + R_2 - \Delta R_2)(R_3 + \Delta R_3 + R_4 - \Delta R_4)} E$$

$$= \frac{\Delta R}{R} E$$

即只需测量电桥输出电压 U_2，即可得到相应的大气压力。

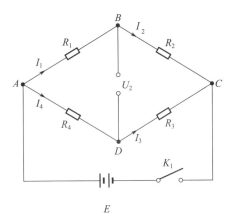

图 7 - 32　惠斯顿电桥

大气压力传感器（如图 7 - 33 所示，图（a）为封装好的一个大气压力传感器，图（b）为大气压力传感器的内部组成）主要由硬件和软件组成，硬件有固体半导体压力传感器、温度敏感组件、高精度电源模块、A/D 模数转换器、串口芯片、高性能 MCU、大气接口、电气接口等组成。软件有 CPU 底层驱动、RS422 驱动、大气测量系统算法、温度补偿算法等。

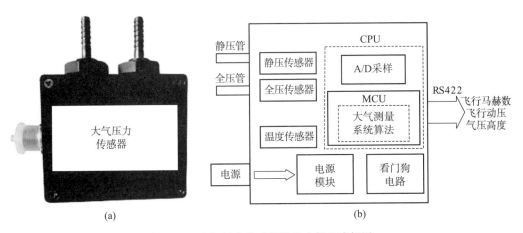

图 7 - 33　大气压力传感器以及内部组成框图

温度补偿算法：固体半导体压力传感器的误差主要有非线性和温度误差等，采用软件温度补偿算法，可以补偿大部分非线性和温度误差，使系统在全温度（－50～＋70 ℃）范围内保持很高的精度。

采用的大气测量系统压力传感器主要指标见表 7-9。

表 7-9　大气测量系统压力传感器主要指标

项目		单位	数值
供电要求	输入电压	V	24～32
	输入电流	mA	＜25（@28VDC）
测量范围	高度	m	25 000
	速度	km/h	2 000
输出特性	输出接口	串口	RS422
	输出数据频率	Hz	1～100 可调
物理特性	质量	g	＜150
	体积	mm³	60×40×30
	温度	℃	－55～＋85
气压高度标准值及误差	－1 000～2 000	m	±18
	2 000～5 000	m	±27
	5 000～10 000	m	±45
	10 000～15 000	m	±63
	15 000～22 000	m	±150
空速标准值及误差	120	km/h	±6
	600	km/h	±2
	1 000	km/h	±2
	1 400	km/h	±2
	1 600	km/h	±2

7.5.4.5　算法设计

大气测量系统算法主要利用静压和总压解算得到飞行有关数据，下面分静压修正、解算飞行马赫数、解算飞行动压和算法编程实现四部分简述大气测量系统算法设计。

（1）静压修正

大气测量系统利用压力传感器测量得到的总压和静压值，可以算出弹体飞行马赫数、气压高度和飞行动压。理论上，由于静压孔开在离总压-静压管 $3D～8D$（D 为管子的直径）处，来流虽然受管子头部的扰动，但当经过一定距离的流动后，静压孔处的来流静压逐渐恢复至无穷远处未受扰动的静压。实际使用总压-静压管时，一般将总压-静压管安装在弹体战斗部的头部，这样由于战斗部弹头的存在，会对总压-静压管的静压孔处的流场造成影响，理论上，总压-静压管越长，即静压口离扰动源（战斗部头部）

越远，则战斗部头部对静压孔处的来流扰动越小，当总压-静压管的长度为战斗部直径的三倍以上时，战斗部头部对静压孔处的扰动可忽略。但是通常情况下，总压-静压管设计的长度考虑如下因素：1) 弹长的限制；2) 平时维护；3) 总压-静压管越长，飞行时变形越大，振动越厉害，总压-静压管的长度一般短于弹径的三倍长度，故需要对静压孔测量到的静压值进行修正，即在风洞试验时进行测压试验，如图 7-34 所示，离线计算得到静压修正系数

$$C_p = \frac{p_s - p_\infty}{Q_\infty} \tag{7-24}$$

式中　p_s——大气测量系统静压值；

　　　p_∞——风洞中静压值（即来流静压，真实静压值）；

　　　Q_∞——风洞中动压（即飞行中真实动压）。

图 7-34　大气测量系统测压试验

图 7-35 为某一次风洞测压试验得到的静压修正系数，由图可见：

1) 由于战斗部头部的扰动，大气测量系统压力传感器测量得到的静压值比无穷远处的静压值大；

2) 战斗部头部对静压孔处的扰动随马赫数增加而变强；

3) 静压修正系数随飞行马赫数的增加近似呈二次曲线增加。

注：1) 理论上，静压修正系数随飞行攻角和侧滑角的变化而变化，如果弹体飞行攻角和侧滑角较小，可以忽略攻角和侧滑角对静压修正系数的影响；2) 根据风洞测压修正经验和理论，一般大气测量系统总压值较准确不需要修正，主要修正静压值，具体修正需要根据吹风数据修正；3) 静压口离弹头越近，则其弹头对静压口处造成的扰动越大，弹头越钝（即流线性越差），则其扰动作用越大。

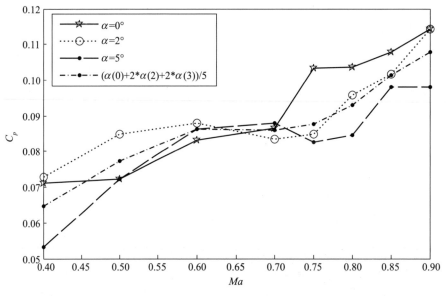

图 7 - 35 C_p 随马赫数和攻角变化图

（2）解算飞行马赫数

表征一维可压定常流的参数变量为压强 p ，密度 ρ ，温度 T 和流速 V 。根据一维等熵绝热流原理，可以得到总压、静压和马赫数的关系式为

$$\frac{p_0}{p} = \left(1 + \frac{\gamma - 1}{2} Ma^2\right)^{\frac{\gamma}{\gamma - 1}} \qquad (7-25)$$

即可得

$$Ma = \sqrt{\frac{2}{\gamma - 1}\left[\left(\frac{p_0}{p}\right)^{\frac{\gamma - 1}{\gamma}} - 1\right]} \qquad (7-26)$$

式中 p_0——驻点压强（即总压）；

　　p ——静压；

　　γ ——比热比（常数取 1.4）。

根据式（7 - 26），即可解算得到飞行马赫数。

（3）解算飞行动压

根据流场的弱扰动理论，声速表示如下

$$c^2 = \frac{\gamma p}{\rho} \qquad (7-27)$$

则飞行动压 Q 可表示为

$$Q = 0.5\rho V^2 = 0.5\rho c^2 Ma^2 = 0.5\rho \frac{\gamma p}{\rho} Ma^2 = 0.7 p Ma^2 \qquad (7-28)$$

即根据静压和飞行马赫数可求得动压 Q 。

（4）算法编程实现

如果静压和总压已知，根据式（7 - 26）和式（7 - 28），即可求解得到飞行马赫数和动压，但是根据静压修正系数公式［式（7-24）］和试验结果（图7-35），静压为飞行马赫数的函数，故在算法编程实现上，常采用迭代算法，算法如下：

第一步：根据上一步的飞行马赫数，计算得到静压修正系数，根据式（7-24），基于上一步的动压，计算得到静压值；

第二步：根据式（7-26），计算得到飞行马赫数；

第三步：根据式（7-28），计算得到飞行动压。

经过一个迭代循环，即可得到较高精度的飞行马赫数和动压。

7.5.4.6　性能测试

搭载某载机进行飞行试验，对大气测量系统的性能和精度进行验证，飞行试验结果如图7-36～图7-38所示，图7-36为大气测量系统实时采集的静压和总压，修正的静压和原始静压如图7-36（a）所示，图7-37为大气测量系统解算的动压和高度，图7-38为大气测量系统和载机输出的飞行马赫数。

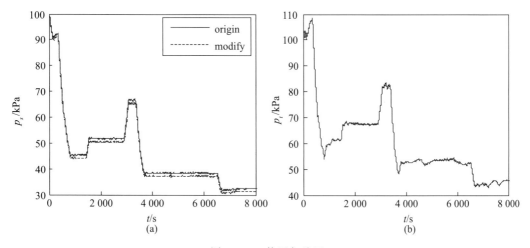

图 7-36　静压与总压

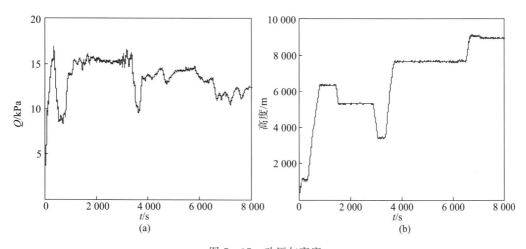

图 7-37　动压与高度

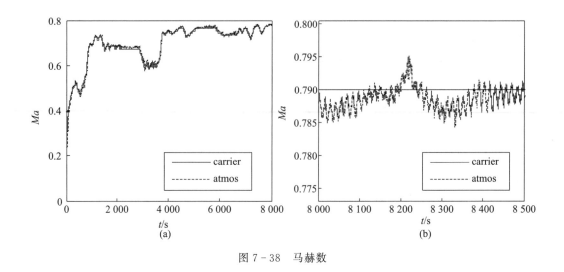

图 7 - 38　马赫数

分析飞行试验数据可知，假设载机输出马赫数精确，则大气测量系统解算得到的飞行马赫数精度较高，在绝大部分时间段，精度优于 3 m/s。

7.5.5　高度表

对于空地导弹，在巡航段，通常需要用高度表来测量导弹的飞行高度。可用于测量导弹飞行高度的测量设备主要有：

（1）气压高度表

现代导弹大多采用数字式气压表，其工作原理已在 7.5.4 节介绍，主要用于测量导弹相对于标准海平面的高度，如图 7 - 37（b）所示。由于受大气扰动、温度等因素的影响，其精度较为一般。通常在使用前需要在地面对其进行预先修正，但其误差值随着高度的增加而增加。气压高度表常用于高空飞行。

（2）卫星无线电导航

卫星无线电导航（如 GPS 导航、BD 导航等）输出的高度值为载体相对于地球参考椭球或某地的海平面，其精度较为精确，且几乎不随着高度变化而变化，但受制于卫星无线电导航的可靠性，卫星无线电导航常用于备份方案或与其他导航系统组合成复合导航。

（3）雷达高度表

调频/连续波（FW/CW）或脉冲式高度表大多在导弹飞行高度较低的情况下使用，主要测量的是相对高度，即导弹与最靠近回波点之间的距离，其精度较高（如某雷达高度表在相对高度低于 10 m 的情况下，其典型测量精度为 5% 或 0.5 m），并且测量时，可允许导弹有较大的滚动角、偏航角或俯仰角。

（4）激光高度表

激光高度表的工作原理与雷达高度表相似，由导弹上激光源发出窄激光束照射正下方目标，接收机则收到目标漫辐射的激光束，根据实时测量得到的时间差来计算导弹相对于正下面目标的高度。激光高度表的测量精度很高，在相对高度 10 m 之内，其精度为 0.1 m，在相对高度 10～50 m 之间，其精度为 1%。

7.6　控制系统软件设计

随着 DSP、FPGA、接口技术、数字通信的发展，传统的模拟飞行控制系统早已逐渐被先进的数字控制系统所替代，现在以 DSP＋FPGA 为核心的计算机可完成更多更复杂的功能，软件作为控制系统功能实现的载体发挥越来越重要的作用，其性能以及可靠性直接影响制导控制系统的性能。

7.6.1　软件功能

软件是制导武器制导控制系统功能实现的载体，其设计是否合理将会对制导控制系统的主要性能产生重要的影响。软件要高质量、高可靠性实现制导控制系统的功能，需具备如下基本功能：

（1）初始化模块

完成系统硬件的初始设置和软件系统中各个变量默认值的设置。该模块通常包括外围芯片初始化、片内特殊功能寄存器的初始化（如定时器和中断控制寄存器等）、堆栈指针初始化、全局变量初始化、全局标志初始化、系统时钟初始化和数据缓冲区初始化等。该模块为系统建立一个稳定和可预知的初始状态，任何系统在进入工作状态之前都必须执行该模块。

（2）自检模块

软件自检是控制系统工作前必须进行的一个工作步骤，其目的是对硬件系统进行检查，旨在发现存在的故障，避免控制系统"带病运行"。该模块通常包括程序存储器自检、数据存储器自检、通信并口和串口自检、GPS 接收装置自检、惯性测量单元自检、导引头自检和大气测量系统自检等。

（3）信息采集模块

该模块采集系统运行所需要的外部信息，通常包括各种传感器或设备输出的模拟信息和各种开关量输出的数字信息，其中模拟信息的采集大多由模数转换器来完成。该模块执行的实时性体现了系统对外部信息变化的敏感程度。

（4）数据处理模块

按预定的算法将采集的设备数据信息以及通信数据信息进行处理，该模块设计的核心问题是数据类型的选择和算法的选择及优化，合理的选择将大大提高数据处理的效率。

（5）信号输出模块

采用数字控制后，系统中各状态量或物理量是以数字形式存在，制导控制系统的子系统（如导航、制导、姿控、舵控、火控等）和相关设备之间的信号传递也都是以数字形式存在，其他模拟信息的输出由数模转换器或 PWM 来完成。

（6）信息传输和交换模块

该模块设计的核心问题是如何确保制导控制系统各子系统之间以及制导控制系统与外界之间信息传输和交换的可靠性及快速性，需根据需要制定通信协议，包括并口通信和串口通信，对于串口通信设置需要确定传输波特率、数据格式及校验。

（7）制导控制系统功能实现

制导控制系统功能的实现是软件设计的核心，主要分为火控、导航、制导控制时序、外部输入数据转换及滤波处理、制导律设计和姿控律设计、舵控设计等模块，其功能简要介绍如下：

1）火控：弹上火控模块其主要功能是实时计算投弹区，根据实时的目标信息、导弹信息、风场信息等计算导弹的攻击区域，实时判断目标是否进入攻击区域、是否满足投放条件等。

2）导航：依据卫星导航和 IMU 输出的加速度计和陀螺数据，实时解算导弹的位置、速度和姿态信息。

3）制导控制时序：对不同导弹，时序涉及内容有所不同，涉及启动时间、姿控阻尼段时间、姿态启控段、制导接入点、发动机点火指令（由控制系统根据导弹的实时飞行数据，基于射程最大为目标而实时计算）、弹翼展开、中末制导交接班、末制导指令锁定点等，需要根据实际情况，合理设计和优化。

4）外部输入数据转换及滤波处理：由于制导控制系统外部输出信息较多而每个信息的处理程度也不同，所以需要设计外部输入数据转换及滤波处理模块，主要对输入的数据进行数据转换、限幅以及滤波处理，也可结合导弹的飞行状态数据对某些数据进行坐标转换等处理，使其可直接或间接应用于导航、制导和姿控之用。

5）制导律设计和姿控律设计：根据导引头、IMU、大气测量系统等信息进行制导律计算，输出制导指令给姿控系统，姿控系统依据制导指令以及其他导弹信息计算姿控律；

6）舵控设计：依据舵机的性能、姿控输出的舵偏指令，基于舵控算法实时计算得到舵控指令。

7.6.2　软件性能要求

飞控系统软件应具有以下五种特性：

（1）实时性好

飞控系统软件是一个实时多任务调度管理软件，任务模块很多，许多任务是并行执行的。在进行控制律解算的同时，还需要对舵机电位计、惯性测量单元、导引头、大气测量系统、卫星无线电导航等外部输入数据进行处理，又要完成大量的计算，如惯性导航计算或惯性/卫星组合导航、火控计算、制导计算、姿控计算等，所有的工作必须在一个控制周期内完成，即需要对控制系统软件运算实时性进行优化。

对软件的实时性也可根据各模块或子系统对实时性的要求区别对待，如舵控采用 1 ms 的控制周期，姿态采用 5 ms 的控制周期，制导采用 20 ms 的计算周期。另外对系统各个设备的采样频率也区分对待，但都得遵循采样定理，即采样频率大于 2 倍的信号带宽，例如对于舵控，其 A/D 采样频率为 10 00 Hz；对于导航、制导和姿控系统，惯性器件采样频率为 200 Hz，导引头采样频率为 100 Hz，大气测量系统传感器采样频率为 20 Hz。

（2）软件空间小

为了保证软件运行的可靠性以及软件运行的实时性，要求在完成功能的情况下，尽可能优化软件代码，使软件所占的程序空间和数据空间尽可能小。对于采用 TMSC67×× 处理器，在不使用外部存储器接口 EMIF 外扩 SDRAM 和 FLASH 的情况下（外扩 SDRAM 和 FLASH 会影响程序的实时性），二级总共为 256 KB 片内存储容量（64 KB 的 L2 统一缓存/映射 RAM 和 192 KB 的附加 L2 RAM），而运行在 256 KB 片内存储容量的程序包括：1）TMSC67×× 芯片的程序；2）底层驱动程序和驻留程序；3）总体时序软件；4）控制系统软件等，故留给制导控制系统软件的内存空间较小，需要尽可能地优化代码，将控制系统软件占用的内存空间限制在 100 KB 之内。

（3）模块化设计

目前，程序设计主要分为结构化设计和面向对象设计。结构化设计方法是在模块化、自顶向下逐步细化及结构化程序设计技术基础之上发展起来的。结构化设计方法可以分为两类：一类是根据系统的数据流进行设计，称为面向数据流设计或称过程驱动设计；另一类是根据系统的数据结构进行设计，称为面向数据结构设计，或称数据驱动设计。

采用模块化设计，每个功能为一个分模块，各模块之间保持独立，这样便于软件的调试、维护以及功能升级。

另外，为了使程序的模块化设计更优，也提出了制导控制系统代码编写规范，具体见附录 3。

（4）计算精度高

弹上的控制系统软件要求较高的计算精度，特别是长时间飞行的空地制导武器，弹上惯性导航系统对计算的要求最高。为了提高计算精度，选用高精度浮点型的 DSP C67××p 处理器，字长为 32 位，对于一些要求精度高的变量，则定义为 double 型。另外，为了提高计算精度，对于 A/D 转换的长度也提出了严格的要求。

（5）软件可靠性高

软件可靠性高是软件系统工程最为基础的要求之一，由于制导武器制导控制系统的特殊性，尤其对软件的可靠性提出更高的要求，需要对软件进行可靠性设计和测试，并要求软件的开发和维护采用软件工程的方法进行。

7.6.3　软件工程

随着软件技术的不断进步，为了克服"软件危机"，更有效地开发、使用和维护软件，提出了按软件工程化的原则和方法组织软件开发。

软件工程（Software Engineering，SE）到目前为止还没有一个统一的定义，1983 年 IEEE 的软件工程定义：软件工程是开发、运行、维护和修复软件的系统方法。1993 年

IEEE 又提出软件工程更为综合的定义：将系统化的、规范的、可度量的方法应用于软件的开发、运行和维护的过程，即将工程化应用于软件中。概括地说：就软件工程而言，它借鉴了传统工程的原则和方法，以求高效地开发高质量软件。

软件工程规定了软件生命周期的三个阶段：

1）定义阶段：可行性研究、初步项目计划、软件需求分析；

2）开发阶段：概要设计、详细设计、编程（实现）、测试；

3）运行和维护阶段：运行、维护、废弃。

软件工程的基本原则为：

1）按软件生存期分阶段制定计划并认真实施：把整个软件开发过程视为一项工程，把工程划分为若干阶段，分别制定每个阶段的计划，逐个实施。

2）坚持进行阶段评审：前一阶段的结果将成为下一阶段的依据。坚持阶段评审才能保证错误不传播到下一阶段。

3）坚持严格的产品控制：将影响软件质量的因素在整个过程中置于严格控制之下。

4）使用现代程序设计技术：先进的程序设计技术带来的是生产率和质量的提高。使用合适的开发模式和工具可以有效地建立功能强大的系统。

5）明确责任，使得工作结果能够得到清楚的审查：开发组织严格划分责任并制定产品的标准，使得每个成员的工作有据可依，确保产品的质量。

6）用人少而精：开发组织不在于人多，而在于每个人的技能适合要求。同时用人少而精，可减少沟通路径，提高生产率。

7）不断改进开发过程：在开发的过程中不断总结经验，改进开发的组织和过程，有效地通过过程质量的改进提高软件产品的质量。

7.6.4　软件集成开发环境

弹载计算机采用 TI 公司的 DSP 芯片，其软件开发工具为 CCS（Code Composer Studio）集成开发环境，在 Windows 操作系统下，采用图形接口界面，提供环境配置、源文件编辑、程序调试、跟踪和分析等工具，便于实时、嵌入式信号处理程序的编制和测试，能够加速开发进程，提高工作效率。

CCS 集成开发环境由以下几个主要功能模块组成：1）CCS 代码生成工具；2）CCS 集成开发环境（IDE）；3）DSP/BIOS 插件程序和 API；4）RTDX 插件、主机接口和 API。CCS 构成及接口如图 7 - 39 所示。

CCS 集编辑、编译、链接、软件仿真、硬件调试和实时跟踪等功能于一体，包括编辑工具、工程管理工具和调试工具等，如图 7 - 40 所示。

CCS 有两种工作模式，即软件仿真器模式和硬件在线编程模式。软件仿真器模式：可以脱离 DSP 芯片，在 PC 上模拟 DSP 的指令集和工作机制，主要用于前期算法实现和调试。硬件在线编程模式：可以实时运行在 DSP 芯片上，与硬件开发板相结合在线编程和调试应用程序。

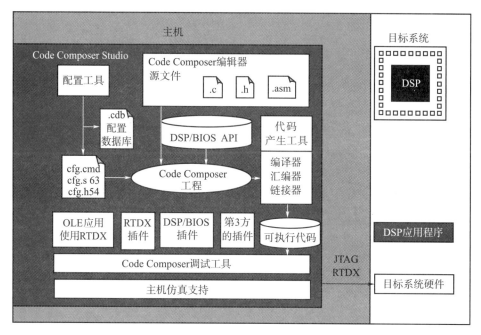

图 7 - 39　CSS 构成及接口

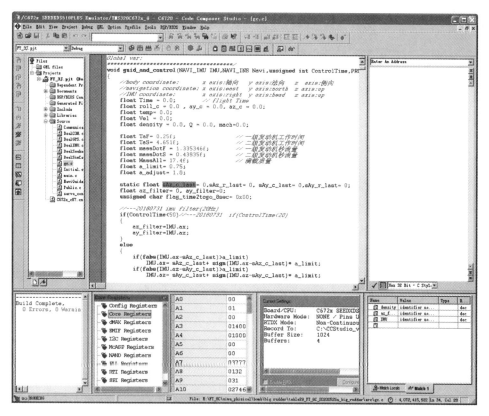

图 7 - 40　CSS 界面

7.6.5 软件开发编程语言

随着计算机技术的发展，程序语言也在不断地发展之中，由最初的机器语言（用二进制代码表示指令和数据），发展为汇编语言（汇编语言是一种用符号表示的、面向 CPU 指令系统的程序设计语言，其指令与机器指令相对应），其后发展为高级程序语言（例如，ALGLOL，FORTRAN，COBOL，Basic，Pascal，C，C＋＋等），即第三代程序语言，现在出现了第四代程序语言（面向问题、非过程化程度高）。其中高级程序语言（例如，FORTRAN，C，C＋＋等）是目前使用最广的计算机编程语言。

汇编语言：直接基于 DSP 的硬件特性对位、字节、寄存器、存储单元、I/O 口等进行处理，可利用指令系统提供的各种寻址方式编制出高质量的程序。基于汇编语言编写程序必须对 DSP 的内部资源和外围电路非常熟悉，还需熟练掌握指令系统的使用，汇编语言主要适用于功能比较简单的中小型应用系统，不适用于编写大型的应用软件。

高级程序语言：只需对 DSP 的内部结构有基本了解即可，主要应用于编写中型或大型应用程序。

第四代程序语言的缺点：整体能力不如第三代程序语言，只能面向专项应用，抽象级别较高，系统运行开销大、效率低、缺乏统一的工业标准，品种繁多、差异大，主要适用于数据库应用的领域，不适于科学计算、实时系统和系统软件开发。

C 语言本身兼顾高级语言的特性，又兼顾某些常见的汇编语言的特点，所以广泛应用于编写弹上制导控制程序。另外，TI 的工程师也在不断改进 CCS 的 C 语言编译器，基于 C 语言编写程序的执行效率可达到汇编语言执行效率的 90% 甚至更高。

在一些对时序要求非常苛刻或对运行效率要求非常高的场合，单纯采用 C 语言编程也难以完成，只有汇编语言和 C 语言混合编程才能很好胜任。

7.6.6 主程序框架

控制软件采用模块化设计，由各个功能相对独立的子程序有序地组成一个完整的飞行控制系统软件，其中主程序采用中断的方式进行子程序调用。

主程序框架大致可分为两部分：1）初始化；2）运行主程序。其中初始化主要包括 1）系统初始化，2）A/D 模块初始化，3）串口模块初始化，4）PWM 模块初始化，5）设置中断，6）打开中断等；运行主程序则基于中断工作，可以是 DSP 内部中断，也可以是外部中断，当获取中断信息后就进入中断服务程序，进行相应的处理计算，直到收到主程序结束指令，则关闭中断，如图 7 - 41 所示。

由于 DSP 既要按 1 ms 的控制周期进行舵机控制，按 5 ms 的控制周期进行导航、制导和姿控计算，又要以 1）200 Hz 串行通信的方式接收 IMU 的数据；2）1 Hz 串行通信的方式接收 GPS 的数据；3）20 Hz 串行通信的方式接收导引头的数据；4）25 Hz 串行通信的方式接收大气测量系统的数据。因此，本系统软件设置了多路中断，一路为 A/D 中断，四路为 RS422 串行通信中断，两路为 RS232 串行通信中断。

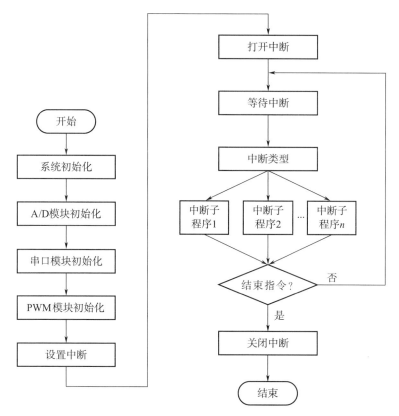

图 7 - 41　主程序框架

7.6.7　软件测试

软件测试是在软件投入使用之前，对软件需求分析、设计规格说明和程序代码的最终复审，是软件质量控制的关键步骤。

（1）软件测试定义

在规定的条件下对程序进行操作，以发现程序错误，衡量软件质量，并对其是否能满足设计要求进行评估的过程。

（2）软件测试对象

软件测试的对象：需求分析、概要设计、详细设计及程序代码等阶段的文档资料，包括需求规格说明、概要设计规格说明、详细设计规格说明以及源程序。

（3）软件测试分类

典型的软件测试方法有如下几种：

①静态测试

不运行程序本身而寻找程序代码中可能存在的错误或评估程序代码的过程。

②动态测试

实际运行被测程序，输入相应的测试实例，检查运行结果与预期结果的差异，判定执行结果是否符合要求，从而检验程序的正确性、可靠性和有效性，并分析系统运行效率和健壮性等性能。

③黑盒测试

一般用来确认软件功能的正确性和可操作性，目的是检测软件的各个功能是否能得以实现，把被测试的程序当作一个黑盒，不考虑其内部结构，在知道该程序的输入和输出之间的关系或程序功能的情况下，依靠软件规格说明书来确定测试用例和推断测试结果的正确性。

④白盒测试

根据软件内部的逻辑结构分析来进行测试，是基于代码的测试，测试人员通过阅读程序代码或者通过使用开发工具中的单步调试来判断软件的质量。

白盒测试即已知产品的内部工作过程，可以通过测试证明每个内部操作是否符合设计规格要求，所有内部成分是否已经过检查（对软件的过程性细节做细致的检查）。用例设计要求：1）逻辑覆盖；2）语句覆盖；3）判定覆盖；4）条件覆盖；5）判定—条件覆盖；6）条件组合覆盖；7）路径覆盖。

（4）测试大纲

软件需求规格说明和软件详细设计说明，对制导控制系统软件的测试内容、方法及指标进行了规定。

（5）测试内容

①接口测试

通过数学仿真或半实物仿真联试联调，确认导航、制导、姿控、舵控、火控等软件模块接口正确。例如，对某一型空地导弹的制导姿控接口（表 7 - 10）进行测试，测试结果用测试表表示，见表 7 - 11。

表 7 - 10　制导姿控软件接口

```
void guidance_control (unsigned char    plane_type,
                       unsigned char    missile_type,
                       unsigned char    flag_release,
                       long             counter,
                       AIM              aim,
                       IMU              imu,
                       GPS              gps,
                       ATMOS            atmos,
                       Seeker           seeker,
                       NAVI             navi,
                       unsigned char*       pFlag_rudder_open,
                       unsigned char*       pFlag_wing_open,
                       unsigned char*       pFlag_engine_fire,
                       SeekerCommand*       pSeeker_cmd,
                       RUDDER*              pRudder_cmd,
                       CONTROL_TEL*         pControl_tel);
```

表 7 - 11 制导姿控软件接口测试结果

序号	测试内容	变量	变量类型	测试结果	备注
1	载机类型	plane_type	unsigned char	正常	输入量
2	导弹型号	missile_type	unsigned char	正常	输入量
3	脱插标识	flag_release	unsigned char	正常	输入量
4	控制周期计数	counter	long int	正常	输入量
5	目标位置	aim	自定义结构体	正常	输入量
6	IMU 数据	imu	自定义结构体	正常	输入量
7	GPS 数据	gps	自定义结构体	正常	输入量
8	大气测量系统数据	atmos	自定义结构体	正常	输入量
9	导引头数据	seeker	自定义结构体	正常	输入量
10	导航数据	navi	自定义结构体	正常	输入量
11	舵面展开指令	pFlag_rudder_open	unsigned char *	正常	输出量
12	弹翼展开指令	pFlag_wing_open	unsigned char *	正常	输出量
13	发动机点火指令	pFlag_engine_fire	unsigned char *	正常	输出量
14	导引头指令	pSeeker_cmd	自定义结构体指针	正常	输出量
15	舵偏指令	pRudder_cmd	自定义结构体指针	正常	输出量
16	制导控制遥测数据	pControl_tel	自定义结构体指针	正常	输出量

② 重要单机及子系统极性测试

对惯性测量单元、导航系统、大气测量系统、导引头等重要单机的极性进行测试。

1）通过翻转惯性测量单元，检查陀螺、加速度计输出极性是否正确。

2）在地面按法向正向朝上摆放导弹，导航输出的情况下，按滚动弹体、绕法向轴旋转弹体、抬起弹头等操作检查导航姿态角的极性是否正确。

3）通过对大气测量系统的总压-静压管的总压口和静压口进行吸气和吹气检验大气测量系统的极性。

4）通过上下和左右移动靶标的方式检验导引头的极性。

③ 状态转移检查

通过单步调试，确认导航、制导、姿控、舵控、火控等软件模块的状态是否能正确转移，以制导模块为例，测试结果见表 7 - 12，结果显示软件设计的状态都能够正确转移。

表 7 - 12 制导模块主要函数体状态转移表

序号	测试内容	判断	测试结果	备注
1	无控段	Time<gTime_control	√	
2	阻尼段	Time≥gTime_damp && Time< gTime_control	√	
3	弹体翻滚段	Time<gTime_wing_open	√	

续表

序号	测试内容	判断	测试结果	备注
4	过渡过程	$0.4 \leqslant (time - gTime\_wing\_open) \leqslant 1.0$	$\checkmark$	
5	弹翼展开	$Time > (gTime\_wing\_open + 1.0)$	$\checkmark$	
6	发动机点火	$(sMach \leqslant Mach\_fire\ \&\&\ Time > 60) \| Time > 120) \&\& sFirefinish == 0$	$\checkmark$	
7	btt 向 stt 过渡段	$0.3 \leqslant hegOne \leqslant 0.4$	$\checkmark$	
8	stt 制导段	$hegOne < 0.3$	$\checkmark$	
9	指令锁定	$delatR < 120.0$	$\checkmark$	

④功能测试结果

对大气测量系统、导引头数据处理、火控、制导控制时序、导航、制导、姿控、舵控等模块的功能进行详细的测试。例如，制导模块主要根据半实物仿真的仿真结果以及弹道特性去判断是否满足功能，制导精度是否满足战术指标要求，制导品质是否符合设计等。例如姿控模块，主要依据姿控回路的仿真结果去判断是否满足设计指标。

⑤异常处理测试结果

列举可能出现的异常现象，并将其输入软件，通过仿真结果验证软件是否具有异常处理的能力。

⑥内存/处理时间测试

在软件正式投入使用前，还需要对软件的内存占用量和进程时间进行测试，判断是否满足设计要求。

对制导控制系统的内存占用量进行测试，内存占用量包括可执行代码占用的程序空间以及数据文件占用的数据空间，见表 7 - 13。

表 7 - 13　软件内存/处理时间量表

名称	内存/KB	进程时间/ms	备注
wind_compensate()	2	0.006	风修正模块
guidance()	15	0.09	制导律模块
control()	28	0.10	姿控律模块
navigation()	45	1.23	导航模块
servo()	4	0.01	舵控模块
fire_control()	18	0.03	火控模块
总计	114	1.466	

进一步对附属的制导模块（测试结果见表 7 - 14）、姿控模块（测试结果见表 7 - 15）、导航模块以及舵控模块进行测试。

表 7 - 14　制导模块内存/处理时间量表

名称	内存/KB	进程时间/ms	备注
time_serial()	1	0.01	制导时序
atmos_deal()	2	0.01	大气测量系统数据处理
seeker_deal()	2	0.02	导引头数据处理
filter_limit()	3	0.01	滤波和限幅处理
guidance_cmd()	7	0.04	制导律设计
总计	15	0.09	

表 7 - 15　姿控模块内存/处理时间量表

名称	内存/KB	进程时间/ms	备注
roll_cotrol()	7	0.025	滚动通道控制
yaw_cotrol()	8	0.035	偏航通道控制
pitch_cotrol()	9	0.035	俯仰通道控制
rudder_allocation()	4	0.005	舵偏分配及限幅
总计	28	0.10	

⑦边界值测试结果

对各模块的边界值（根据各模块的实际情况确定）进行测试，例如对于导航模块，根据实际导弹的飞行情况设计边界值，在测试时，判断是否满足，即对加速度计、陀螺、卫星导航输出、组合导航输出、对准输出的结果进行限幅判断。

7.7　被控对象的特点

空地制导武器作为被控对象是制导和控制回路中重要的环节，通过输入和输出关系对制导和控制回路产生影响，在进行制导控制系统设计前，需要详细分析被控对象的特点。

7.7.1　模型非线性

模型的非线性主要体现在如下几个方面：

（1）气动

导弹的气动参数是飞行攻角、侧滑角、飞行马赫数、弹体角速度以及舵偏的非线性函数，在某一些飞行状态下表现为高度非线性，例如随着导弹飞行速度进入跨声速区间，弹体的升力、阻力、静稳定度、横侧向气动参数均可能发生剧烈变化。

（2）结构

导弹的结构质量特性随着发动机的工作也表现为非线性，特别是对于带有液体燃料的导弹来说，其质心变化除了与发动机的工作状态相关，还与导弹的姿态相关。

（3）飞行动力学与运动学

在工程上，为了简化建模，将导弹视为刚体，而刚体在惯性空间的六自由度运动方程为典型的非线性方程。通常采用小扰动线性化，将其线性化为一组线性微分模型，然后建立传递函数。

另外，值得指出的是：对于某一些细长的超声速飞行导弹，在飞行载荷比较大的情况下，气动面发生一定量的变形，而且可能带来气动面颤振以及伺服机构颤振，这样均表现为非线性。

（4）由控制器和执行机构所引入的非线性

在进行控制系统设计时，在制导回路和控制回路中常引入各种各样作用不同的限幅。另外，执行机构不可避免地具有饱和非线性、死区非线性、偏转误差等，这些非线性因素不可避免地导致导弹在飞行过程中表现为非线性。

7.7.2 模型不确定性

从严格意义上，实际弹体相对于设计所依据的标称模型在模型结构和参数方面均或多或少存在差别，即模型不确定性，按不确定性的性质，主要分结构不确定性和参数不确定性。

（1）结构不确定性

结构不确定性表现为真实弹体与标称模型在模型结构方面存在区别。在工程上，建立完整而详细的弹体标称模型是不可能的，而且也是没必要的。建立标称模型通常忽略某些次要因素，在结构上进行简化处理。对于空地制导武器，在模型的结构方面进行如下的简化处理：

1）忽略弹体的结构一阶以及高阶模态，将弹体看成刚体模型，建立弹体的标称模型，这对低速飞行的制导武器足够精确，但对于细长弹体、高超声速飞行速度的弹体，则存在较大的结构不确定性。

2）通常情况下，俯仰通道被控对象的运动模态为四阶模型，包含二阶长周期模态和二阶短周期模态，在工程上常常忽略二阶长周期模态，建立其只包含短周期模态的二阶模型。严格意义上，弹体的短周期二阶模型并不能完整地描述弹体的运动特性，即用短周期二阶模型去描述弹体的运动特性存在结构不确定性。

3）弹体的横侧向运动模态包含滚动模态、荷兰滚模态和螺旋模态，即运动包含滚动运动和偏航运动，两者互相交联，为了便于控制系统设计，通常将横侧向运动模态分解为独立的滚动运动和偏航运动。

（2）参数不确定性

参数不确定性主要体现为在确定模型结构特性的条件下，被控对象真实参数与标称模型的参数存在区别，表现为气动参数不确定性、结构参数不确定性、大气参数不确定性等，简述如下：

1）气动参数不确定性：气动参数不确定性是导弹最为主要的参数不确定性，严重影响控制品质。引起气动参数不确定性的因素有：a）标称的气动参数存在误差，虽然随着科技进步有一定改善，但是标称的气动参数与真实值仍存在一定的误差，在某一些情况下，此误差较大；b) 由于受限于气动组件的加工精度和组装精度，真实弹体的气动外形与标称的气动模型存在一定的区别，也影响弹体的气动参数不确定性；c) 飞行过程中，由于受气动载荷的影响，弹体气动面或多或少存在变形，引起气动参数的变化。

2）结构参数不确定性：结构参数不确定性表现为真实弹体的质量结构特性与标称值之间的差别，主要为质心位置偏差、转动惯量偏差以及质量偏差。通过结构的优化设计，提高结构件加工精度和装配精度，可以大幅减弱结构参数不确定性对控制系统控制品质的影响。

3）大气参数不确定性：大气的变化极为复杂，真实大气参数与标称大气存在偏差，表现为大气密度、温度等参数存在偏差，此两项对飞行控制造成一定的影响。另外大气参数不确定性表现为大气干扰，具体见 7.7.3 节。

7.7.3　干扰

弹体在投放后飞行过程中，常会遇到各种各样的干扰，表现为干扰力和干扰力矩，按照干扰的性质，可分为外部干扰和内部干扰。

（1）外部干扰

外部干扰主要包括弹机分离干扰和大气干扰等。

弹机分离干扰为外部强扰动，在挂飞时，由于载机、挂弹架和制导武器本身之间形成一个很强的非线性耦合流场，制导武器离载机越近，其受到的干扰影响越大，甚至干扰引起的气动力和气动力矩超出了重力作用和控制力矩，引起弹机分离安全问题。例如，某战术空地导弹从大型载机脱插后，在很短时间内，由于受到弹机分离强干扰的作用，弹头迅速抬头，飞行攻角急剧增加，其弹体法向力相应地急剧增加，超过了重力，如图 7 - 42 所示。据有关公开的文献资料及视频，中小型空地导弹从大型载机上投放，容易发生弹机分离安全问题，某导弹脱插后逐渐抬头，俯仰角甚至可超过 $90°$，导致导弹碰撞载机。

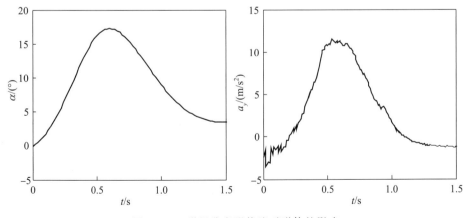

图 7 - 42　弹机分离强扰流对弹体的影响

大气干扰：大气压力分布不匀称是造成大气干扰的直接原因，根据大气干扰的性质，可分为两种：即常值风和突变风（阵风）。常值风随海拔的升高而增强，在海拔 10 000 m

处，某地一倍常值风的风速可达 78 m/s。阵风常简化为垂直阵风和水平阵风：1）垂直阵风常引起飞行攻角突然变大或减小，导致飞行攻角超出失速攻角，对于纵向静不稳定弹体，由于攻角增加引起弹体抬头为发散力矩，则要求控制力矩具有足够的恢复力矩；2）水平阵风带来额外的侧滑角，对于大展弦比弹翼的制导武器，由于存在较大的斜吹力矩，会使弹体快速滚动，滚动又会引起额外的侧滑，两者耦合引起飞行状态偏离原平衡状态。

（2）内部干扰

内部干扰主要包括结构偏差、发动机安装偏差、发动机推力矢量偏差、发动机燃烧扰动、助推器脱落、惯性测量单元安装偏差、导引头测量误差和隔离度、执行机构的死区与响应延迟等引起的扰动。

①结构偏差

结构偏差包括结构件加工精度和组装精度引起的各种偏差量，直接和间接地引起实际的弹体气动特性和结构质量特性偏离基准值，即1）加工精度和组装精度主要影响弹体的气动外形；2）加工精度和组装精度也小幅改变弹体的质量、质心以及转动惯量。两者都改变被控对象的特性。

另外，加工精度和组装精度引起质心偏差导致导弹在发动机工作段产生较大的干扰力矩，特别是对于某些微小空地导弹需重视。

综上所述，在总体设计时，基于气动特性、发动力推力特性以及成本控制提出结构件加工精度和组装精度要求。

②发动机安装偏差、发动机推力矢量偏差

发动机安装偏差是由结构设计以及安装精度等因素引起的，发动机推力矢量偏差是由发动机制造工艺、药柱不均匀和发动机各组件安装偏差等因素造成的，表征为发动机推力偏差角和作用点偏心。一般初步设计时，需考虑系统最大作用点偏心和最大推力偏差角带来的干扰影响。对于主发动机，一般情况下此干扰相对较小，而且这时控制气动力矩较大，故控制系统可以克服此干扰力矩，不会明显改变飞行导弹的姿态；对于助推器，由于推力很大导致干扰力矩相对较大，而且这时气动控制力矩相对较小，在助推器工作期间，弹体姿态剧烈变化，偏离设计值，故需要限制最大推力偏差角和作用点偏心，以改善发射初始弹道的特性。

③发动机燃烧扰动

由于发动机燃烧伴随着燃烧脉动，此脉动引起推力矢量小幅波动，此扰动较小，引起弹体姿态小幅无规则振荡，对控制系统造成一定的影响。对于微小型导弹而言，由于其质量小、转动惯量小等，燃烧脉动可等效为无规则的干扰力矩，即使在控制的作用下，也会造成导弹姿态以较大幅值无规则振荡，所以在发动机燃烧之后进入弹道攻击段，以保证较高的制导精度。

④助推器脱落

助推器脱落除了引起弹体质心、质量和转动惯量的突变之外，气动特性同时也会发生突变，此扰动较大。

⑤惯性测量单元安装偏差

惯性测量单元安装偏差会引起导航输出姿态存在额外的偏差，此偏差量引起额外的控制量，造成较大扰动，影响飞行制导弹道的品质。

在工程上可采用如下两种方法：1) 通过结构设计保证惯性测量单元的安装精度，将此干扰控制在较小的量级之内；2) 离线测量惯性测量单元相对于基准值之间的安装偏差角，在进行导航解算之前，对惯性测量单元输出的弹体线加速度及角速度进行补偿，即可保证导航输出精度。

⑥导引头测量误差和隔离度

对于框架式导引头，输出为视线角速度，其测量误差导致制导指令出现偏差，故影响制导弹道的品质，进而引起末端制导指令发散，产生一定的脱靶量。对于捷联式导引头，如采用积分型制导律，则在一定程度上抑制测量误差对制导弹道品质的影响，在理论上可容许较大导引头输出误差，但需要抑制导引头输出误差的变化率对制导弹道品质的影响。

导引头隔离度在较大程度上影响控制品质和制导品质，不过其对不同气动外形制导武器的影响也存在较大区别。在理论上，其对面对称制导武器的影响较大，解释如下：导引头输出不免存在一定的噪声和干扰，故在接入末制导的瞬间，控制存在一定量的突变，即引起弹体姿态变化，由于导引头隔离问题，其输出为一个在真实视线角速度的基础上叠加一个寄生角速度，此寄生角速度产生一个寄生制导指令，即寄生纵向制导指令和侧向制导指令，控制系统响应此指令，引起弹体姿态产生一个不期望的干扰运动，导致弹体姿态产生额外运动。对于侧向制导而言，此额外运动引起不期望的侧滑角，对于面对称制导武器，导致较大的斜吹力矩，进一步引起弹体滚动变化，现代大多战术制导武器采用二框架导引头，在理论上二框架导引头不能隔离滚动姿态运动，故导致框架导引头工作环境恶化，产生不期望的干扰信号。

在设计带框架式导引头战术制导武器的控制系统时，需要重视导引头测量误差、隔离度以及导引头框架伺服控制品质对全弹控制和制导的影响。

⑦执行机构的死区与响应延迟

执行机构死区与响应延迟在一定程度上影响导弹控制品质，其对控制系统的影响与被控对象的特性相关，对于时间常数较小、增益较大的被控对象来说，执行机构死区和响应延迟对控制回路的影响很大，需要严格限制死区的大小，尽量减小其响应延迟。而对于时间常数较大、增益较小的被控对象来说，执行机构死区和响应延迟对控制回路的影响相对较小，即可放宽对执行机构死区和响应延迟的要求。

对于某一些微小型空地导弹，其被控对象往往表现为高增益，执行机构的死区和响应延迟对姿控的影响表现得尤为严重。这时优化控制回路的作用不太大，优化执行机构的死区与延迟特性却能起很显著的作用。

下面以某一个半实物仿真为例，定性说明执行机构死区和响应延迟对姿控品质的影响，被控对象为一微小型空地导弹（10 kg 量级），其滚动通道被控对象表现为小时间常数、大增益，偏航通道被控对象由于静稳定度小而表现为被控对象增益较大。

仿真结果如图 7 - 43～图 7 - 45 所示，其中图 7 - 43 为不同执行机构的死区和响应延迟特性，图 7 - 44 为不同执行机构的死区和响应延迟对弹体角速度的影响，图 7 - 45 为不同执行机构的死区和响应延迟对弹体姿态的影响。

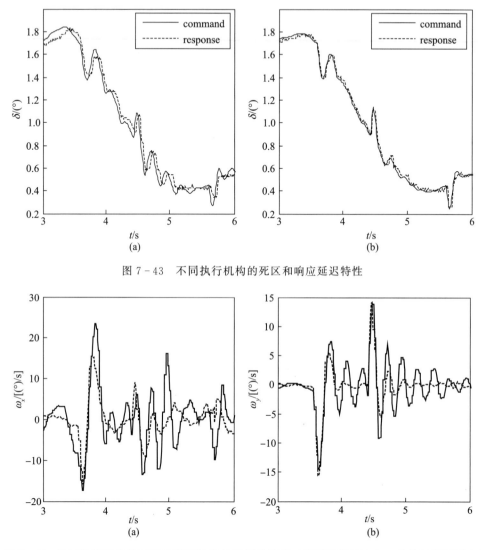

图 7 - 43　不同执行机构的死区和响应延迟特性

图 7 - 44　不同执行机构死区和响应延迟对角速度的影响（实线对应死区大，虚线对应死区小）

理论分析和大量的仿真结果显示：

1）由图 7 - 43 可知同一执行机构控制回路由于控制参数不同导致执行机构控制品质不同，图（a）所示为执行机构控制回路低带宽对应的控制品质，其死区相对较大且响应存在较大的延迟，图（b）所示为执行机构控制回路高带宽对应的控制品质，其死区相对较小且响应延迟较小。

2）死区较大和响应延迟较严重的执行机构对应姿控回路的控制品质明显下降，在受到干扰后，弹体振荡厉害。

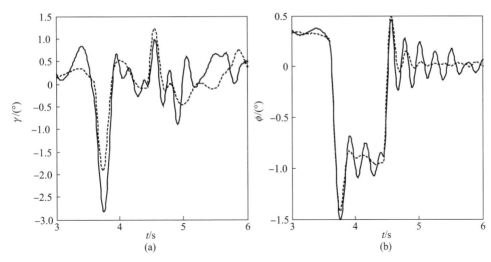

图 7-45　不同执行机构死区和响应延迟对姿态的影响（实线对应死区大，虚线对应死区小）

3）另外对于时间常数较大、弹体增益较小的被控对象，在理论上可允许执行机构响应存在较大的死区和较严重的延迟。

4）由此可知，不同被控对象对执行机构的性能要求也存在较大区别。

7.7.4　时变性

被控对象的时变性主要表现在：

1）飞行环境变化引起的时变性，如飞行高度和飞行速度变化引起飞行动压变化，另外高度变化引起飞行雷诺数变化，导致气动参数变化等。

2）飞行状态变化引起的时变性，弹体气动参数随飞行状态（飞行空速、攻角、侧滑角、舵偏以及角速度等）变化而变化，在某一些情况下，气动参数随飞行状态剧烈变化，特别是当飞行速度进入跨声速前后，弹体纵向气动参数和横侧向气动参数会随飞行速度、飞行攻角和侧滑角剧烈变化。

3）结构特性变化引起的时变性，飞行过程中，由于发动机燃料消耗而引起弹体结构特性变化（如质量、质心和转动惯量等）和气动特性变化（由结构质量特性变化引起）。

7.7.5　耦合特性

空地导弹在惯性空间的姿态运动受到各种耦合的作用。

（1）运动学耦合

弹体的运动学分质心运动学和姿态运动学，其中姿态运动学存在耦合关系，表示如下

$$
\begin{cases}
\dot{\gamma} = \omega_x - \tan\vartheta\left(\omega_y\cos\gamma - \omega_z\sin\gamma\right) \\[2mm]
\dot{\psi} = \dfrac{1}{\cos\vartheta}\left(\omega_y\cos\gamma - \omega_z\sin\gamma\right) \\[2mm]
\dot{\vartheta} = \omega_y\sin\gamma + \omega_z\cos\gamma
\end{cases}
$$

　　当弹体俯仰角不为 0 时，绕弹体法向轴和侧轴的角速度引起滚动运动；当滚动角不为 0 时，绕弹体侧轴的角速度引起偏航运动，绕弹体法向轴的角速度引起俯仰运动。

　　（2）气动耦合

　　气动耦合较为复杂，可分为如下三类：1）横侧向气动之间的耦合；2）偏航和俯仰通道之间的耦合；3）马格努斯效应等。

　　横侧向气动之间的耦合，主要表现为：1）侧滑引起弹体滚动运动；2）偏航角速度引起弹体滚动运动；3）滚动角速度引起弹体偏航运动；4）当弹体的质心不在气动外形中心时，偏航舵偏会引起滚动运动。

　　偏航和俯仰通道之间的耦合，主要表现为如下两种情况：1）导弹偏航舵偏引起俯仰通道升力以及俯仰力矩的变化；2）导弹侧滑飞行状态引起俯仰通道升力以及俯仰力矩的变化，如图 7-46 所示（某一微小型轴对称空地导弹）。

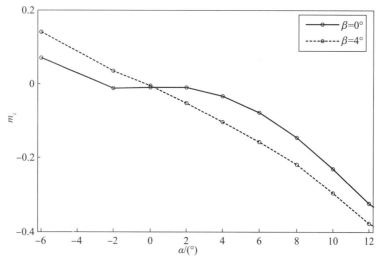

图 7-46　俯仰力矩随侧滑角变化

　　根据基础气动理论，对于轴对称战术制导武器，导弹侧滑飞行状态引起俯仰通道俯仰力矩变化有可能较大，特别是在小攻角飞行时，其对飞行控制的影响很大，如图 7-47 所示，当弹体受到侧向干扰时，弹体航向剧烈振荡，这时虽然俯仰控制回路起作用，但是由于偏航振荡对俯仰的耦合作用，俯仰控制回路还是发生剧烈的振荡现象。反之，俯仰运动引起弹体偏航方向的气动特性快速变化。

　　马格努斯效应：如图 7-48 所示，当弹体以较大的滚动角速度滚动时，如果这时存在较大的侧向气流，例如，导弹以一定的攻角或侧滑角飞行时，将会产生垂直侧向气动力和力矩，此现象称为马格努斯效应，当滚动角速度很大时，有时会产生很大的耦合力和力矩。物理解释如下：当弹体以较大滚动角速度滚动时，由于气动黏性的作用，带动贴近弹体的一层气流以顺时针或逆时针运动，气流大小一样，这时，如果存在侧向气流，弹体左右气流不同引起气动力矩特性发生变化。

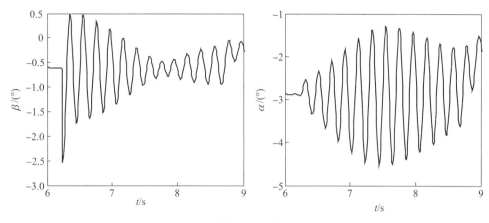

图 7 - 47　侧滑运动引起俯仰运动

（3）惯性耦合

将动量矩方程在弹体坐标系 $Ox_1y_1z_1$ 投影，并假设交叉转动惯量为 0，即 $J_{xy} = J_{yz} = J_{zx} = 0$，可得

$$\begin{cases} J_x \dfrac{\mathrm{d}\omega_x}{\mathrm{d}t} = M_x - (J_z - J_y)\omega_y\omega_z \\[2mm] J_y \dfrac{\mathrm{d}\omega_y}{\mathrm{d}t} = M_y - (J_x - J_z)\omega_x\omega_z \\[2mm] J_z \dfrac{\mathrm{d}\omega_z}{\mathrm{d}t} = M_z - (J_y - J_x)\omega_x\omega_y \end{cases} \tag{7-29}$$

对于绝大多数制导武器，绕弹体侧轴转动惯量 J_z 和绕法向轴转动惯量 J_y 大致相当，都远大于绕纵轴转动惯量 J_x，这样当弹体高速滚动时，绕弹体侧轴的角速度 ω_z 会引起偏航运动，绕法向轴的角速度 ω_y 会引起俯仰运动，即弹体高速滚动时，会引发弹体攻角或侧滑角迅速增大。

惯性耦合使弹体纵向运动与横侧向之间产生耦合，下面进一步分析惯性耦合项：假设某细长制导武器以 ω_x 绕纵轴旋转，这时如果弹体存在偏航运动或弹体受扰动产生 ω_y 时，其和角速度为 $\boldsymbol{\omega} = \omega_x \boldsymbol{i} + \omega_y \boldsymbol{k}$。为了分析方便，假设弹体的质量分布简化为用弹体头部和尾部的两个质量块 m_1 和 m_2 表示，如图 7-49 所示，即弹体头部的质量块由于弹体角速度产生向上的离心力，而弹体尾部的质量块产生向下的离心力，即弹体产生俯仰力矩，引起弹体俯仰方向的角运动。

（4）气动和结构耦合

弹体（包括弹翼和控制舵面）实际上为一个弹性体，飞行过程中，由于弹体受到力和力矩的影响，引起结构变形，这种变形又反过来改变气动力的重新分布，新的气动分布又引起结构变形，两者互相作用最终趋于一个平衡状态。

对于短粗型气动布局的制导武器，当飞行速度较小时，可忽略气动和结构之间的耦合，对于高速飞行的细长型气动布局的制导武器，则需要考虑气动和结构之间的耦合作用。

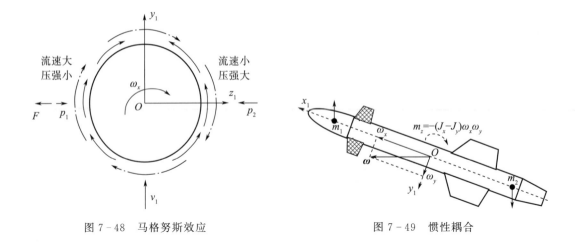

图 7-48　马格努斯效应　　　　　　　　　　图 7-49　惯性耦合

（5）控制耦合

控制耦合跟气动耦合相关，主要表现为三个控制回路之间的耦合，比较典型的耦合有：

1）侧向机动引起的滚动：侧向机动时需要改变弹体的飞行侧滑角，这时产生斜吹力矩使弹体发生滚动；侧向机动时，常需要改变弹体的偏航舵偏，进而产生滚动力矩使弹体滚动。

2）俯仰机动引起的滚动：对于某一些带大展弦比弹翼的制导武器，其斜吹力矩不仅随飞行马赫数急剧变化，而且随飞行攻角急剧变化，故俯仰机动时，飞行攻角变化，引起弹体滚动。

（6）气动弹性与控制回路耦合

主要是当气动控制力作用在弹性弹体上时，除了使弹体运动轨迹发生改变之外，还引发弹体振动和伺服机构振动，弹体振动以一阶谐振最为激烈，其频率也最靠近控制回路的通频带，故设计时应该考虑一阶谐振。解决方法：其一是将量测设备配置在适当位置，其二是在控制回路中引入滤波器，滤除一阶谐振的相关频率信号。

7.7.6　结构质量特性变化

弹体的结构质量特性实时变化，其质量、质心、转动惯量随着助推器燃烧剂的消耗及脱落和主发动机燃烧剂的消耗而实时变化。

7.8　控制系统分类

飞行控制系统种类繁多，按照不同的性质，可分为不同类型的控制系统。

7.8.1　控制系统结构

飞行控制系统同一般的工程控制系统一样，分为开环控制和闭环控制。开环控制形式简单，控制器和被控对象之间只有顺向作用而没有反馈作用，即系统的输出量不反馈至系统的输入端。闭环控制（也称为反馈控制）需要测量系统的输出量（反馈量），依据输入信号和反馈量（反馈量为输出量或输出量的函数）的函数关系（通常为比例、积分或微分）生成控制量。

早期的制导武器曾采用开环控制，虽然结构简单，但由于开环控制的误差随时间增大，故只适用于短射程的制导武器，总体上性能较差，现代制导武器已很少采用。现代绝大多数制导武器采用闭环控制，本书介绍的控制方法也都是基于闭环控制。

7.8.2　控制方法

根据作用于弹体上控制力的产生来源，控制方法分为气动力控制和非气动力控制。气动力控制依靠空气舵实施对弹体姿态控制，即根据制导指令（假设为弹体法向和侧向加速度）和实际响应产生控制指令（即舵偏），偏转舵面，产生弹体姿态变化所需的气动力矩，驱动弹体响应趋于制导指令；非气动力控制则不依靠弹体的气动力，主要依据发动机推力实现对弹体姿态的控制，目前，较常用的有两种，推力矢量控制和直接力控制。

7.8.2.1　气动力控制

绝大多数空地制导武器采用气动力控制方法，根据控制面（舵面）相对弹体质心的位置，气动力控制方法进一步分为尾舵控制方法、旋转弹翼控制方法、鸭舵控制方法。气动力控制弹体的特点在第 2 章已经做过介绍，在第 8 章和第 9 章介绍的纵向控制回路设计和滚动控制回路设计都是基于气动力控制。

7.8.2.2　推力矢量控制

推力矢量控制：通过改变发动机推力矢量相对弹轴的偏转产生改变弹体姿态所需控制力矩。此方法不依靠空气动力，与飞行状态无关，在低速、高空状态下也可产生很大的控制力矩，控制效率较高。

目前在工程上，推力矢量控制实现的方法主要有：

1）发动机喷管偏转：将发动机安装在一个二向的万向支架上，通过控制万向支架在高低和方位方向的转动角度来产生相应的控制力矩，驱动弹体姿态变化以使响应趋于制导指令。此方法适用于较大型的制导武器。

2）燃烧气流偏转：需要在发动机喷口安装两对燃气舵，通过燃气舵的偏转改变发动机喷流方向，使发动机推力方向在俯仰和偏航方向发生改变，从而获得改变弹体姿态所需的控制力矩。此方法适用于各种大型的制导武器，其缺点是需要增加燃气舵及相应的配套电气设备，另外，增加燃气舵使发动机的工作效率在一定程度上有所降低，即推力有所损失。

3）燃烧气流二次喷射：固体火箭发动机气体二次喷射技术是目前航空航天技术领域极具发展潜力的一种推力矢量技术。主要是将燃烧室中的燃气通过一个导气管引入至喷管的扩展段，由相应的控制阀控制燃气是否接入尾喷管扩展段。其工作机理为：注入的燃气流在超声速尾喷口扩展段产生一个斜激波，进而引起压力分布不均衡，导致尾喷口的气流偏斜，产生相应的侧力，以达到控制推力方向的目的，据有关资料显示：二次喷射能产生的最大侧向力约为主推力的 4%～5%。

此外，也可以外接二次喷射存储箱，由控制系统给出控制信号，使得存储箱至尾喷口的活门打开，存储的喷射物质在冷空气的挤压下，高速向尾喷口喷去，喷射物质受热后急剧膨胀产生局部激波，即可使发动机推力矢量发生偏转。

7.8.2.3　直接侧向力控制

目前，新一代的空空导弹和地空导弹为了提高弹体的机动能力和控制精度，绝大多数采用直接侧向力控制。直接侧向力控制，将侧向喷流布局在导弹空载质心位置，沿弹体截面以 90°的间隔均匀分布垂直于弹体轴向的侧向喷管（或者多于四个喷管），各喷管的轴线垂直于弹体轴线。直接侧向力控制用于直接调整弹体姿态或直接改变弹体质心运动。

直接侧向力控制具有独特的优势，可以大大提高导弹的综合性能，因此世界各国对直接侧向力控制技术进行了大量的研究，在某些发达国家已经将此技术大量应用在先进的导弹上。

对于防空导弹来说，从常规的控制方法转向非常规的控制方法是必然的发展趋势，这是由空中来袭目标的不断发展变化所决定的。空气动力控制作为一种传统的成熟的控制方式，有许多优点，它必将作为一种成熟的控制方式而继续被使用。推力矢量控制技术有待进一步发展完善，尤其是其控制机理及规律还需进一步研究和确定。直接侧向力控制技术以其独特的优点已经成功应用于防空导弹，成为未来高精度制导武器的标志性技术，但仍然有很多技术问题需要进一步解决。由分析可知，每种控制方法都有各自的优缺点和适用范围，很难依靠单一的控制方法来达到高性能精确控制的目的，故提出了复合控制的概念。

7.8.2.4　复合控制

空气动力控制、推力矢量控制和直接侧向力控制各具优缺点和特色，可形成互补，在工程上常将空气动力控制与推力矢量控制或与直接侧向力控制结合使用，形成复合控制，可在很大程度上提高控制系统的性能。

现在复合控制已大量应用于高性能的防空导弹的控制中，大大提高了防空导弹的拦截性能。这些技术也必将推广应用于空地导弹，大大提升空地导弹的机动性和拓宽打击包络。

7.8.3　控制方式

对于空地制导武器而言，制导控制的本质是产生某方向的气动作用力和力矩来改变弹体的飞行轨迹，以击中目标。按照作用在弹体的作用力的个数和方向，控制方式可分为直角坐标控制和极坐标控制，如图 7-50 所示。直角坐标控制方式是指控制系统操纵两组舵面以产生两个方向的机动，消除方位方向和高低方向的偏差量，以击中目标，通常情况下，要求将弹体滚动角控制至零，此方法适用于轴对称气动外形的空地制导武器。极坐标控制方式是指通过弹体滚动通道的控制，将弹体法向力方向控制至目标方向，再通过一对舵偏产生所需的法向力，消除法向方向的偏差量，以击中目标，此方法适用于面对称气动外形的空地制导武器。

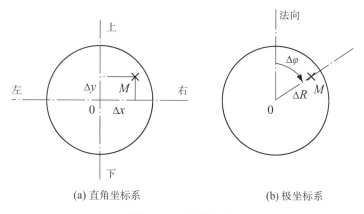

(a) 直角坐标系   (b) 极坐标系

图 7-50 控制方式

7.8.4 控制通道

制导武器制导和控制的最终目的是控制弹体飞行轨迹，使其接近目标。目前，大部分导弹通过对弹体姿态的控制而实现对弹体空间轨迹的控制。弹体在空间的姿态表征为滚动、偏航和俯仰三个姿态角。按控制通道划分，通常划分为单通道控制、双通道控制和三通道控制。

（1）单通道控制

对于绕弹体纵轴旋转的导弹（以下简称旋转导弹），导弹通过绕其纵轴低速旋转（转速为 5～25 圈/秒）而实现滚动稳定，不需要加以控制，只需通过一个控制通道同时控制导弹的俯仰与偏航两个方向的空间运动，称为单通道控制。

下面简单地从旋转导弹的气动特性、工作原理以及优缺点等方面说明单通道控制的特性。

①气动特性

单通道控制导弹的气动布局大多为鸭式，气动面由位于细长弹体最前端的一对"一"字舵和位于弹体尾部的"X"形尾翼等构成。

②自旋机理

利用尾喷斜置装置和尾翼斜置装置产生自旋力矩。

③导引头

目标探测系统可采用红外导引头，也可用雷达或激光导引头。其中导引头回路由光学系统、调制盘、红外探测器和三自由度陀螺系统等组成。

随着技术的发展和空地导弹低成本化发展趋势，单通道控制导弹也出现了一种极简的弹上硬件配置，其制导设备为"GPS+磁强计"，甚至无惯性测量单元和导引头。

④控制方式

典型的单通道控制回路如图 7 - 51 所示，导弹的舵面绕舵轴做"继电式"偏转或者"正弦式"偏转，利用导弹的旋转，可产生俯仰和偏航的控制力，进而控制弹体在俯仰和偏航方向的轨迹。

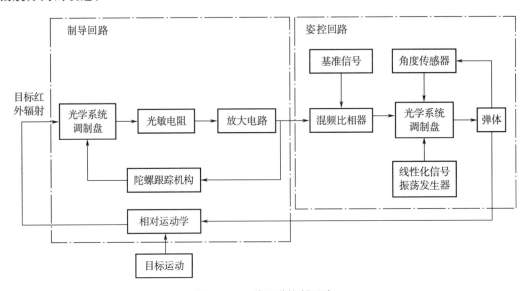

图 7 - 51　单通道控制回路

制导控制系统由线性化信号产生器、角速度传感器、电子线路及执行机构组成。线性化信号产生器产生的线性化振荡信号的作用是使周期等效控制力的大小与误差信号的幅值成线性关系。角速度传感器的作用是产生正比于导弹纵轴角速度的电信号，用来阻尼导弹绕质心的摆动。

执行机构一般采用继电式工作方式，即当控制信号为正时，舵面偏转角为 δ_M，当控制信号为负时，舵面偏转角为 $-\delta_M$，属于典型的 Bang - Bang 控制，为了提高控制效果，也可采用改进的 Bang - Bang 控制，即正弦 Bang - Bang 控制。

⑤控制特点

单通道控制系统的组成结构和控制内容形式都与三通道控制系统不同。主要表现在如下几方面：

1）三通道自动驾驶仪由俯仰、偏航通道分别操纵导弹做俯仰和偏航运动，滚动通道保持导弹不旋转或轻微旋转，实现上述两个通道的解耦。而单通道自动驾驶仪采用交流控制系统，应用相位控制原理（利用弹体绕纵轴的旋转，通过控制舵面换向时刻，形成空间任意方向的控制力），由一个舵机一对（或两对）舵面同时操纵俯仰和偏航方向的运动，简化了控制设备，但较难解除两个方向的交叉耦合。产生交叉耦合的内部原因主要是系统各环节的电气、机械惯性产生相位移，导致等效舵偏角也偏移；外部原因是导弹自旋带来的马格努斯效应和陀螺效应，使两个方向的耦合程度与弹旋频率、绕纵轴惯性大小有关。

2）三通道自动驾驶仪中信号变换只是通过矩阵实现坐标变换，而旋转导弹自动驾驶仪中的信号变换器不仅通过初相位的变换完成坐标变换，还要实现频率变换。

3）三通道自动驾驶仪中角速度传感器直接敏感导弹绕质心的横向角速度，而单通道自动驾驶仪角速度传感器敏感的是与弹旋同频率的交流分量。在输出轴还始终存在与弹旋同频率的角加速度，不能直接测量横向角速度。

4）三通道自动驾驶仪根据控制信号将舵面偏转到一个固定位置产生控制力。但对于旋转导弹，固定舵偏角产生的等效控制力为零，不能用固定舵偏角来控制。而是通过舵面按一定规律向正反两个方向偏转产生平均控制力来控制。舵面换向时刻对应控制信号的相位，它决定平均控制力的空间指向；正反向偏转的时间比对应控制信号的大小，它反映导弹所需操纵力的大小。

5）单通道自动驾驶仪传递的是交流信号，信号传送过程中产生的相位移将使等效控制力方向产生偏差，为尽量减小这种偏差，要求电路的相位移小，在导弹自旋频率变化区间内频率特性平坦。

单通道控制的优点：a）弹上控制系统设备简单，省出来的空间可多装燃药，使导弹飞得更快更远；b）折叠式翼面使发射装置小型化。缺点：控制效果较差，最大的平均合成控制力只有瞬时控制力的 63.7%，所以只有机动性要求不高的导弹才能采用旋转式单通道控制，机动性要求比较高的导弹仍应当采用多通道控制。

（2）双通道控制

根据第 6 章的内容可知，为了有效地攻击目标，制导控制系统需要操作导弹在弹目视线高低角和方位角方向机动，根据弹体气动和结构特性，通常将机动分解在弹体互相垂直的俯仰和偏航通道内，在滚动控制回路中，仅仅对其姿态或弹体角速度进行稳定，此控制即称为双通道控制方式。

根据制导类型（分为角速度型制导律和角度型制导律），双通道控制的法向和侧向制导律可以给出加速度指令和弹道角指令，下面以较常见的加速度指令为例介绍双通道控制。

基于加速度指令的双通道控制其制导律给出法向和侧向加速度指令，如图 7－52 所示，下面简述其工作原理：

1）由弹上测量跟踪回路（通常由各种导引头承担此任务）在导引头坐标系下完成对导弹和目标运动学参数的测量，输出弹目相对运动信息。

2）弹目相对信息通常为导引头坐标下的弹目视线角速度或弹目视线角，经坐标变化，转至弹体坐标系下，经导引规律，输出弹体坐标系下的法向和侧向加速度指令（在此处还需要考虑地球重力对制导弹道的影响，即需要补偿重力对弹体法向和侧向加速度指令的影响）。

3）然后依据此指令、IMU 给出的角速度和加速度得到偏航和俯仰通道的舵控指令

$$\begin{cases} \delta_{y\_c} = f(a_{z\_c}, a_z, \omega_y) \\ \delta_{z\_c} = f(a_{y\_c}, a_y, \omega_z) \end{cases}$$

　　4) 偏航和俯仰通道的舵控回路根据偏航和俯仰的舵控指令，驱动舵面偏转，操作导弹沿高低角和方位角机动。

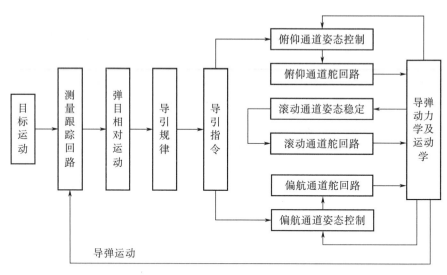

图 7 - 52　双通道控制回路

　　至于滚动控制回路，仅对其进行稳定，根据稳定的状态量分为角速度稳定（也称滚动稳定）和滚动角稳定（也称倾斜稳定），一般情况下，常优先采用滚动角稳定。

（3）三通道控制

　　三通道控制是在双通道控制的基础上，增加对滚动通道的控制，如图 7 - 53 所示，而不是仅仅对滚动控制回路进行稳定。

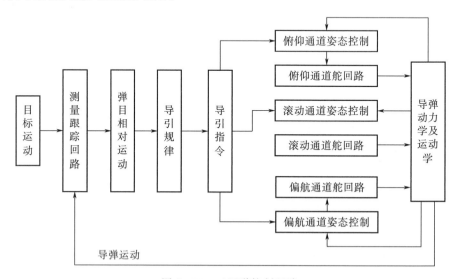

图 7 - 53　三通道控制回路

　　目前绝大多数空地制导武器采用三通道控制，其控制表达式为

$$\begin{cases} \delta_{x\_c} = f\left(\gamma_c, \gamma, \omega_x\right) \\ \delta_{y\_c} = f\left(a_{z\_c}, a_z, \omega_y\right) \\ \delta_{z\_c} = f\left(a_{y\_c}, a_y, \omega_z\right) \end{cases}$$

（4）五通道控制

气动力和推力矢量相综合的复合控制技术通常采用五通道控制。在三通道控制的基础上，在发动机喷口四周加装 2 对燃气舵，实现推力矢量控制，并与空气动力控制相结合，使导弹的控制通道由传统的三通道控制变为五通道控制，即三通道气动力控制和二喷流偏转舵控制。

应用五通道控制可以大幅提高控制品质，同时提高制导武器的机动性，可以在较大程度上提高打击精度，另外，实现大射向角发射空地制导武器，在很大程度上，拓宽空地制导武器的投弹包络。

7.8.5　控制回路

在工程上，考虑到被控对象的特性、弹上测量设备以及飞行控制系统的设计指标，控制系统通常采用多回路设计，其设计原则：设计较宽带宽内回路来抑制被控对象的模型不确定性以及外部干扰对控制回路的影响。在此基础上，考虑：1）控制回路裕度的限制；2）抑制噪声对控制回路的影响；3）输入制导指令的特性，设计较窄带宽的外回路，使得控制系统输出较好的跟踪制导指令。

飞行控制系统按控制回路的结构特性划分，可分为双回路控制和三回路控制。以纵向控制回路为例，如图 7 - 54～图 7 - 58 所示，图 7 - 54 为一种典型的二回路控制结构，其内回路为角速度反馈回路（即阻尼回路），主要用于增加弹体的阻尼，以改善控制品质，外回路为姿控回路，主要用于控制弹体输出响应制导指令。图 7 - 55～图 7 - 58 为几种比较典型的三回路控制结构，分别为经典三回路姿控、修正经典三回路姿控、伪攻角反馈三回路姿控以及过载反馈三回路姿控等（图中变量的具体定义见第 12 章内容）。三回路控制可视为在二回路的基础上，在中环增加增稳回路，虽然取名为增稳回路，实际上应用于调节弹体的稳定度，可增大稳定度，也可减小稳定度。更确切地说是用于调节新被控对象（即增加阻尼回路和增稳回路后的被控对象）的时间常数，使之处于一个合理的区间之后，以减小外回路的设计压力。

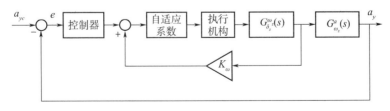

图 7 - 54　二回路姿控简图

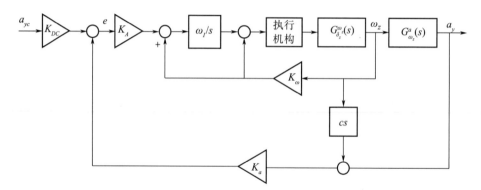

图 7-55　经典三回路姿控简图

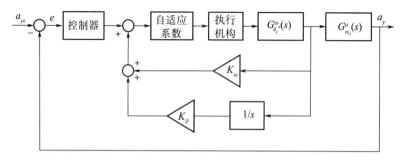

图 7-56　修正经典三回路姿控简图

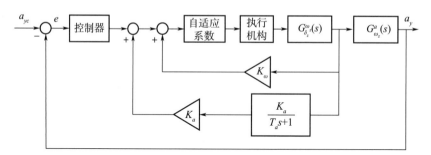

图 7-57　伪攻角反馈三回路姿控简图

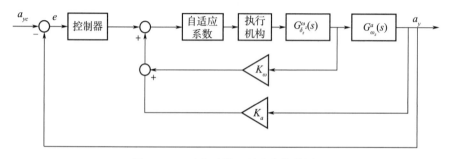

图 7-58　过载反馈三回路姿控简图

可将二回路姿控视为三回路姿控的一个特例，根据经典控制理论，三回路控制在内环反馈多个状态变量，可更好地改造被控对象的特性，抑制被控对象的模型不确定性以及外部干扰对控制回路的影响，理论和实验均表明三回路姿控的控制品质优于二回路控制，具体可见第 12 章内容。值得注意的是：是否选用三回路姿控在很大程度上取决于被控对象的时间特性以及控制回路的快速性设计指标，另外，如果增稳回路设计不合理，可能导致比二回路控制更差的控制品质。

7.8.6　制导指令

按姿态控制系统输入指令不同，姿控可采用姿态角控制、弹道倾角（或弹道偏角）控制、加速度控制和高度控制等。

姿态角控制的输入为姿态角，主要有滚动角控制、偏航角控制和俯仰角控制，大多采用二回路控制结构，此控制适用于制导武器的初始制导段或中制导段。

弹道倾角（或弹道偏角）控制的输入为弹道倾角（或弹道偏角），大多采用二回路控制结构或三回路控制结构，此控制适用于制导武器的末制导段或中制导段，可以和积分比例导引律或追踪法结合使用。

加速度控制又称为过载控制，其输入为侧向加速度和法向加速度，可采用二回路控制结构或三回路控制结构。此控制适用于制导武器的初制导、中制导及末制导，大多空地制导武器末段采用加速度控制。

高度控制的输入为高度，可采用二回路控制结构或三回路控制结构，巡航导弹大多在巡航段（初制导和末制导之间）采用高度控制。

7.9　控制时序

从弹体脱插分离起，空地导弹在空中的飞行经历无控段、稳定段、控制段和锁定段四个阶段。

（1）无控段

当导弹挂载在载机下飞行时，导弹、挂架和载机之间形成一个极为复杂的强气流扰流场。导弹脱离载机后，在受到这种强扰流的影响下，其弹体姿态呈现不规则运动，甚至严重危及载机的安全，如图 7 - 42 所示。

根据此气流扰流场的特性，为了载机安全，在气流扰流场之内，通常将舵面锁死在电气零位，当确定导弹接近脱离扰流场或扰流场对导弹的姿态影响较小时，再接入控制。从脱插至启控称为归零段或无控段，大多少于 1 s，典型值为 0.4 s、0.5 s 或 0.8 s。另外也有专家认为投弹后适当的控制会更加安全，在导弹脱离挂架后瞬间即接入稳定姿态控制，或者接入阻尼回路控制。

在工程上一个比较好的控制策略：在接入控制前 0.1 s 时接入半阻尼控制（即阻尼反馈系数的取值是正常阻尼回路的一半），并对阻尼最大舵偏角进行限幅，其后再接入控制。

其原因如下：1）虽然弹体脱离载机时受到很大的弹机分离强气动扰流，但基于气动知识，这时弹体的气动舵偏偏转（小角度偏转）还是产生一定的正作用，可起增加弹体阻尼的作用，抑制弹体姿态剧烈振荡；2）执行机构开始启控时往往伴有较严重的滞后效应，增加阻尼回路可以让执行机构先"动"起来，这样随后接入控制时，可改善由于执行机构由静止启动带来的滞后效应引起的控制振荡现象。

（2）稳定段

在导弹脱离载机后，由于受到弹机干扰气流对弹体的扰动影响，在启控时刻，弹体的姿态和角速度可能很大，这时一般不接入制导指令，而是设计控制系统使弹体在较短时间内稳定下来，一般情况下，先将滚动角控制至较小值，然后对俯仰通道和偏航通道施加稳定控制。此段控制的特点是以弹体姿态稳定为主，以姿态控制的性能为辅，对姿态控制系统的快速性要求较低。

（3）控制段

在此段，接入制导指令，为了使控制系统的性能最佳化。这段控制系统的设计思想：在满足控制系统裕度指标的情况下，设计带宽尽量高的姿控系统，其原因如下：1）带宽较高的姿控系统与制导系统之间的耦合较弱，由制导和姿态之间耦合产生的振荡较小，可以提高制导精度以及姿控品质；2）带宽较高的姿控系统具有较强的抑制扰动能力以及可抑制模型不确定性对姿控的影响。

（4）锁定段

当导弹接近目标时，制导指令可能趋于发散，一般称制导趋于发散至导弹落地这一段为锁定段。在此段，制导指令由之前的快速变化逐渐趋于发散，其制导指令也失去了"制导作用"，另外其姿控由于受约束于带宽也逐渐跟不上制导指令，故在工程上采用锁定控制舵面的方法。

前面简单地将空地导弹在空中飞行划分为无控段、稳定段、控制段和锁定段等几个阶段，但考虑到空地制导体制不同、攻击目标是否静止等众多因素，时间上各型号的控制时序都不太相同，有的型号可能缺少其中几个阶段，例如缺少稳定段和锁定段，有的型号也可能增加一些过渡阶段等。具体设计时，需考虑各种因素综合确定合适的控制时序。

7.10 稳定性与控制裕度

稳定性：系统工作在平衡状态，受到外界干扰时，将偏离平衡状态，当干扰消失后，若系统又恢复到平衡状态或趋于一个新的平衡状态，则系统是稳定的。对于线性系统来说，稳定性只取决于系统结构和参数，而与初始条件及外扰动无关。

稳定性是飞行控制系统设计中最重要的设计指标，讨论控制系统设计指标的前提条件：控制系统是稳定的。

依据经典控制理论，对于单位反馈的闭环系统来说，如图 7-59 所示，如果开环系统 $G(j\omega)$ 的 nyquist 曲线越接近于包围 $-1+j0$ 点，则闭环系统的控制裕度越小，系统响应的振荡性越大。下面以某一被控对象 [见式 (7-30)] 为例，说明控制器取不同增益系数时，$G(j\omega)$ 的 nyquist 曲线接近 $-1+j0$ 程度不同，闭环系统的稳定性也相应不同。

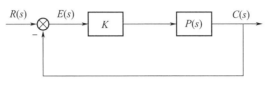

图 7-59　单位反馈

$$P(s) = \frac{80}{s(s+5)(s^2+5.6s+16)} \qquad (7-30)$$

分别取增益系数 $K=0.75$，3.44 和 4.25，则开环 nyquist 曲线如图 7-60 (a) 所示，其对单位阶跃的响应如图 7-60 (b) 所示。

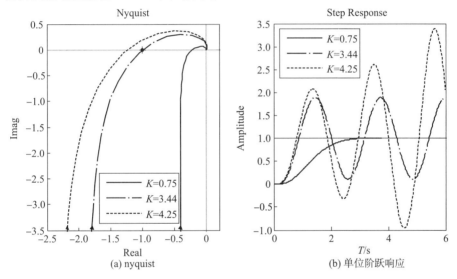

图 7-60　nyquist 图和单位阶跃响应图

由图 7-60 可知，对于被控对象为最小相位的系统，当开环 nyquist 曲线在 $-1+j0$ 的右边并远离 $-1+j0$ 时，闭环系统稳定，稳定裕度越大，相应的系统响应速度越慢；当 nyquist 曲线穿过 $-1+j0$ 时，系统临界稳定；当 nyquist 在 $-1+j0$ 的左边并远离 $-1+j0$ 时，系统不稳定并且发散速度较快。即闭环系统稳定性可用开环系统 nyquist 曲线接近 $-1+j0$ 点的程度来加以定性衡量，基于经典控制理论，常用开环系统的相位裕度和增益裕度来定量地描述闭环系统的稳定裕度。

7.10.1　相位裕度和增益裕度

相位裕度定义：开环系统幅值等于 1 对应的频率称为截止频率，用 ω_c 表示。开环系统幅相频率特性 $G(j\omega)$ 的幅值 $A(\omega)=|G(j\omega)|=1$ 时的向量与负实轴的夹角即定义为相位裕度，如图 7-61 所示，用 γ 表示

$$\gamma = 180° + \varphi(\omega_c)$$

相位裕度含义：如果开环回路的信号在相位上再滞后 γ，则对应闭环系统将变为临界稳定，如果滞后超过 γ，则闭环系统将变为不稳定。

幅值裕度定义：$G(j\omega)$ 曲线与负实轴交点处的频率 ω_g 称为相位交界频率，此时幅相特性曲线的幅值为 $|G(j\omega_g)|$，如图 7-61 和图 7-62 所示。幅值裕度是其倒数，常用 h 表示，即

$$h = \frac{1}{|G(j\omega_g)|}$$

在工程上，常在对数坐标系下表示幅值裕度，即

$$h = -20\lg G |(j\omega_g)|$$

幅值裕度的含义：如果开环回路的增益再增大 h 倍，则对应的闭环系统将变为临界稳定，如果增大超过 h 倍，则闭环系统将变为不稳定。

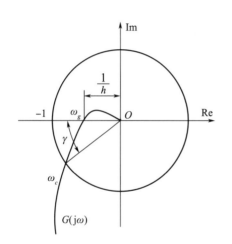

图 7-61　相位裕度和幅值裕度定义（nyquist 图）　　　图 7-62　相位裕度和幅值裕度定义（bode 图）

要设计高质量的飞行控制系统，需深入理解控制系统稳定裕度的意义，还应注意如下几点：

1) 对于最小相位系统，要使系统稳定，要求相位裕度 $\gamma > 0°$，幅值裕度 $h > 1$。为保证系统具有较好的控制品质和鲁棒性，稳定裕度不能太小。大多文献介绍：在工程上经常取 $\gamma = 30° \sim 60°$，$h \geqslant 6\ dB$（也有文献建议取 $\gamma \geqslant 45°$，$h \geqslant 8\ dB$），即能保证较好的控制品质和鲁棒性。但实际上，得视被控对象的特性而定，例如有的姿态控制系统 $\gamma = 45°$，$h \geqslant 6\ dB$，但当存在较强外部干扰、被控对象存在较大不确定性以及执行机构存在较严重延迟时，其控制品质较差，甚至不稳定。

2) 按定义，幅值裕度和相位裕度适用于最小相位系统，非最小相位系统不能使用该定义，如某开环对象为 $G(s) = \dfrac{3s + 9}{s^2 - s}$ 单位负反馈系统，其幅值增益为 $-9.54\ dB$，如图 7-63 所示，但实际上，此系统是稳定的。

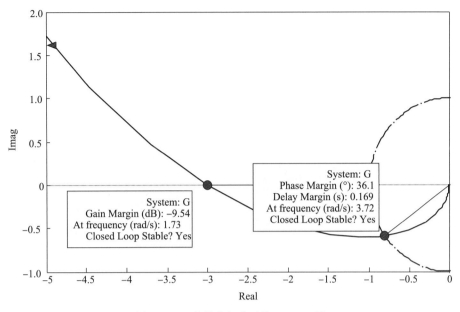

图 7 - 63 非最小相位系统 nyquist 图

3）幅值裕度和相位裕度为系统的相对稳定裕度（绝对稳定裕度为系统的最大灵敏度，具体见 7.10.5 节内容），一般情况下，需要同时使用相位裕度和幅值裕度判断系统的相对稳定裕度，但对于开环频率特性类似于图 7 - 64（a）的系统，设计控制系统着重考虑幅值裕度，对于开环频率特性类似于图 7 - 64（b）的系统，设计控制系统着重考虑相位裕度。

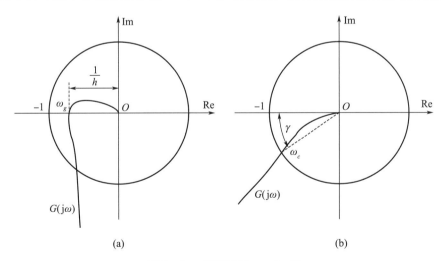

图 7 - 64 开环系统 nyquist 图

4）某一些开环频率幅值与 0 dB 相交于多点，如图 7 - 65 所示，一般情况下，相位裕度取最高增益截止频率处计算，例如被控对象为 $G(s) = \dfrac{203.1s + 4\,062}{s^3 + 4.398s^2 + 1\,934s}$，其开环 nyquist 曲线如图 7 - 65 所示，其截止频率为 45.1 rad/s，相位裕度为 39.3°。

5）对于多回路系统，通常将内回路依次向外转换，等效成新的环节，即转换为单回路的控制结构，再计算其稳定裕度。

6）某一些开环系统的幅值裕度和相位裕度都满足开环性能指标，但闭环系统的控制品质和鲁棒性都较差。例如，被控对象为 $G(s) = \dfrac{203.1s + 4\,062}{s^3 + 4.398s^2 + 1\,934s}$，开环 nyquist 图如图 7-65 所示，其相位裕度 $\gamma = 39.3°$，幅值裕度 $h \geqslant 8.58\ \mathrm{dB}$，其阶跃响应如图 7-66 所示，即开环系统幅值裕度和相位裕度都较好，但其闭环系统的控制品质却很差（从这点上也可以看出幅值裕度和相位裕度所描述的稳定裕度为相对裕度，而非绝对裕度），一般情况下，在满足系统裕度指标的同时，闭环系统的特性在很大程度上取决于开环系统在中频段的特性。

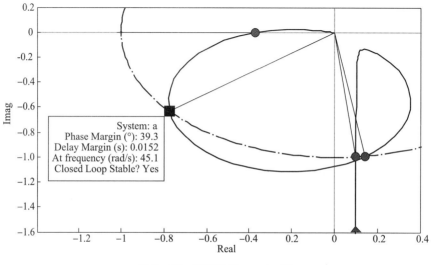

图 7-65　开环系统 nyquist 图

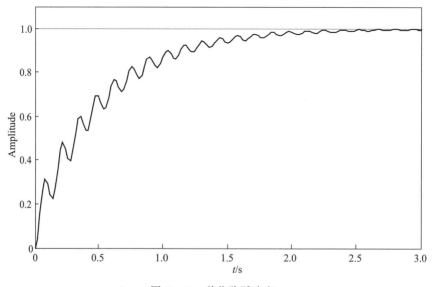

图 7-66　单位阶跃响应

7）一般情况下，系统存在延迟环节（如执行机构的延迟、传感器的延迟等），即可假设系统的开环传递函数为 $G(s)\mathrm{e}^{-\tau s}$，相对于 $G(s)$，$G(s)\mathrm{e}^{-\tau s}$ 的幅值特性保持不变，而相位特性滞后了 $-\tau\omega$，即相位滞后正比于角频率，相位裕度为

$$\gamma = \gamma_0 - \tau\omega_c = 180° + \angle G(j\omega_c) - \tau\omega_c$$

由于系统存在延迟环节，导致控制回路相位裕度下降 $\tau\omega_c$，这也是限制控制系统设计带宽提高的一个很重要因素。

7.10.2　开环和闭环系统的关系

在工程上，大多利用开环系统的频率特性去设计控制回路，对于单位反馈系统，如图 7-67 所示，也可以利用系统开环频率特性去估计闭环系统的频率特性。

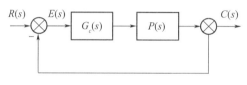

图 7-67　单位反馈系统

假设单位反馈系统的开环传递函数为 $G(s) = G_c(s)P(s)$，其闭环传递函数表示如下

$$\frac{C(s)}{R(s)} = \frac{G(s)}{1 + G(s)}$$

将 $s = j\omega$ 代入上式，即可得

$$\frac{C(j\omega)}{R(j\omega)} = \frac{G(j\omega)}{1 + G(j\omega)}$$

其中

$$G(j\omega) = G_c(j\omega)P(j\omega)$$

式中　$G(j\omega)$ ——开环系统的频率特性；

$\dfrac{G(j\omega)}{1 + G(j\omega)}$ ——闭环系统的频率特性。

将 $G(j\omega)$ 写成如下形式

$$G(j\omega) = |G(j\omega)|\mathrm{e}^{j\phi}$$

则

$$\frac{C(j\omega)}{R(j\omega)} = \frac{G(j\omega)}{1 + G(j\omega)} = \left|\frac{A}{B}\right|\mathrm{e}^{j(\phi - \lambda)}$$

即闭环系统的幅频特性等于 $\left|\dfrac{A}{B}\right|$，相位特性等于 $\phi - \lambda$。在工程上，可利用开环传递函数的 nyquist 曲线去判断闭环传递函数的特性，如图 7　68（a）所示，说明如下：

1）在低频段，对于一型系统或二型系统而言，开环幅值 $|G(j\omega)|$ 很大，远大于 1，$\left|\dfrac{A}{B}\right|$ 接近于 1，$\phi \doteq \lambda$，即相位延迟接近于 0，即闭环系统的响应可以精确地跟踪低频的

指令信号；

2）在中频段（$|G(j\omega)|\approx 1$对应频率的前后一段频率定义为中频段），nyquist 曲线走势直接影响闭环系统的动态特性，从 nyquist 曲线可以简单计算闭环系统的幅值特性和相位特性，进而可估算闭环系统的时域特性。

3）在高频段，$|\boldsymbol{B}_1|$趋于 1，即$\left|\dfrac{\boldsymbol{A}}{\boldsymbol{B}}\right|$接近于$|\boldsymbol{A}|$，相位延迟接近于$\phi$，即闭环系统在高频段的特性可等价于开环系统的高频衰减特性。

4）通常情况下，在$\omega>\omega_c$的一段频率内，其$\left|\dfrac{\boldsymbol{A}}{\boldsymbol{B}}\right|>0.707$，即闭环系统带宽$\omega_b>\omega_c$，据相关资料统计，绝大多数高控制品质的控制系统满足：$\omega_c\leqslant\omega_b\leqslant 2\omega_c$。

对此统计资料，进行如下理论分析：

a）当控制相位裕度小于 90°时，开环传递函数的 nyquist 曲线为如图 7-68（b）所示的$G_3(j\omega)$曲线，在截止频率ω_c处，$\left|\dfrac{\boldsymbol{A}_3}{\boldsymbol{B}_3}\right|>0.707$，即可得$\omega_b>\omega_c$；

b）当控制相位裕度为 90°时，开环传递函数的 nyquist 曲线为如图 7-68（b）所示的$G_2(j\omega)$曲线，在截止频率ω_c处，$\left|\dfrac{\boldsymbol{A}_2}{\boldsymbol{B}_2}\right|=0.707$，$\phi-\lambda=45°$，即可得$\omega_b=\omega_c$；

c）当控制相位裕度大于 90°时，开环传递函数的 nyquist 曲线为如图 7-68（b）所示的$G_1(j\omega)$曲线，在截止频率ω_c处，$\left|\dfrac{\boldsymbol{A}_1}{\boldsymbol{B}_1}\right|<0.707$，即在截止频率$\omega_c$处的闭环响应小于 0.707，即可得$\omega_b<\omega_c$。

5）相位裕度与闭环系统性能的关系，对于图 7-68（a）所示的开环系统，其相位裕度较大时，闭环系统的幅值特性较好，相位延迟较小。通常情况下，设计控制回路时，将控制相位裕度限制在一定的范围之内以获得较好的控制品质，例如$50°\leqslant\gamma\leqslant 80°$。解释如下：

a）当γ较小时，例如$\gamma=45°$，对于输入截止频率的信号时，则$\left|\dfrac{\boldsymbol{A}}{\boldsymbol{B}}\right|(\omega=\omega_c)=$ 1.306 6，$\phi-\lambda=77.5°$，即闭环系统阶跃响应出现较大的超调（具体超调量还取决于截止频率附近的开环传递函数的 nyquist 曲线走势），而且闭环系统响应也对应较大的滞后；

b）当γ较合适，例如$\gamma=60°$，对于输入截止频率的信号时，则$\left|\dfrac{\boldsymbol{A}}{\boldsymbol{B}}\right|(\omega=\omega_c)=$ 1.0，$\phi-\lambda=60°$，即闭环系统阶跃响应不会出现较大的超调，而且闭环系统响应滞后也较小；

c）当γ较大，例如$\gamma=90°$，对于输入截止频率的信号时，则$\left|\dfrac{\boldsymbol{A}}{\boldsymbol{B}}\right|(\omega=\omega_c)=$ 0.707 1，$\phi-\lambda=45°$，即一般情况下，闭环系统阶跃响应较为缓慢，系统带宽较低。

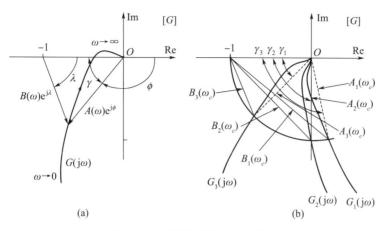

(a)　　　　　　　　　　　　　　　(b)

图 7 - 68　开环系统 nyquist 图

7.10.3　闭环系统频域指标与时域指标之间的关联关系

除了根据开环系统的指标去判断控制系统的时域特性和频域特性之外，有时候也可以根据闭环系统的频域特性去判断控制系统的品质。下面从闭环系统的幅值特性和相位特性去初步判断控制系统的性能。

（1）带宽和快速性之间的关系

闭环系统带宽表征控制系统的快速性，系统带宽越高，对输入信号的复现速度越快，精度越高。下面以一阶和二阶系统为例，说明闭环系统带宽与时域指标之间的关系，如图 7 - 69 所示，闭环系统的带宽分别为 0.25 Hz，0.5 Hz，1.0 Hz 和 5.0 Hz 时的闭环 bode 图，对应的阶跃响应如图 7 - 70 所示，其闭环系统的时域指标见表 7 - 16。

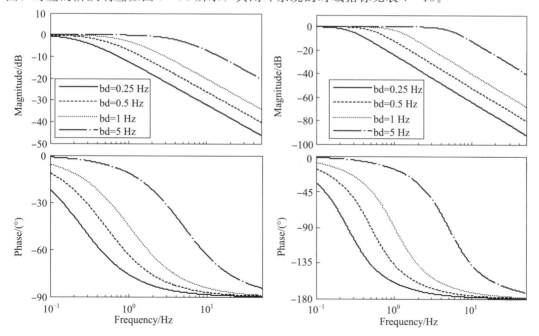

图 7 - 69　一阶系统和二阶系统的 bode 图

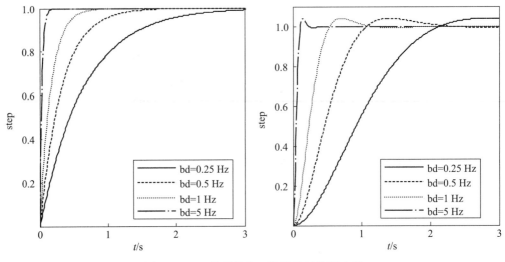

图 7 - 70　　一阶系统和二阶系统的阶跃响应

表 7 - 16　　一阶系统和二阶系统的带宽与快速性之间的关系

ω_b /Hz	t_r /s		t_s /s	
	一阶系统	二阶系统	一阶系统	二阶系统
0.25	1.4	1.37	2.49	3.8
0.5	0.699	0.684	1.25	1.9
1.0	0.35	0.342	0.623	0.949
5.0	0.069 9	0.068 4	0.125	0.19

对于一阶或二阶系统而言，闭环系统的带宽（ω_b /Hz）与系统的快速性存在某种线性关系，即上升时间 t_r 可近似表征为

$$t_r = \frac{0.35}{\omega_b}$$

另外，一阶系统和二阶系统虽然在系统响应时间上相似，但是其响应过程却存在较大的差别：一阶系统由于在低频段的相位延迟小，故在阶跃的初始段响应较快，而中后段响应较慢，慢慢单调趋于稳态值，不会出现超调现象；而二阶系统则不同，在初始段响应较慢，而在中段响应较快，其后可能以超调的形式趋于稳态值。

实际飞行控制系统大多为高阶系统，其中相当一部分控制回路可以运用主导极点的概念（特别需要指出的是：有的控制回路较难运用主导极点的概念，或者说利用主导极点的概念得到的分析结果与实际相差较大），可将控制回路闭环简化为二阶系统，故其闭环系统的响应特性更接近于二阶系统的响应特性。

（2）闭环系统幅值和相位特性与阶跃响应超调之间的关系

闭环系统幅值和相位特性与阶跃响应之间的关系较为复杂，难以解析求解得到它们之间的直接关系，只能结合经典控制理论和信号频谱理论加以定性分析，可以得到如下结论：

　　1）当闭环系统的幅值曲线和相位曲线等确定时，即可唯一确定控制系统的阶跃响应特性。

　　2）闭环系统的带宽越大，响应越快，不过闭环系统的响应还应该从闭环系统的相位特性去考虑，这也意味着即使闭环系统的带宽相等，两者的阶跃响应也可以存在较大差别，如图 7−71、图 7−72 和图 7−73 中的曲线 1 和曲线 2 所示，两者的带宽都为 0.286 1 Hz。曲线 2 对应着三阶系统，两者在 1 rad/s 处的相位延迟分别为 29.1° 和 67.1°。

　　根据闭环系统带宽可以大致估算阶跃响应的快速性，但不能描述阶跃从 0 开始至稳态值这段走势，其在较大程度上跟闭环系统的相位曲线有关，当相位延迟较大时，意味着在阶跃响应初始阶段存在较大的响应滞后性。

　　3）单位阶跃响应的超调量与闭环系统的幅值特性有关，也与闭环系统的相位特性有关，对于闭环系统幅值存在峰值，则单位阶跃响应相应地存在峰值，但峰值大小取决于幅值峰值的大小、峰值对应的频率以及相位特性等因素，如图 7−71、图 7−72 和图 7−73 中的曲线 3 所示。闭环幅值峰值越大，峰值对应的频率越小、相位延迟越大，则单位阶跃响应超调越严重，原因解释如下：由于系统为线性系统，闭环系统在某一频段存在峰值意味着系统对此段的响应存在幅值放大，而阶跃信号可视为由各频段的信号叠加而成的，即对阶跃信号的响应也相应存在超调。

　　4）当幅值曲线不存在超调量，阶跃响应则可能也存在超调现象，如图 7−71、图 7−72 和图 7−73 中的曲线 1、曲线 2 和曲线 4 所示，原因解释如下：由于控制闭环为反馈系统，控制系统前向存在被控对象存在的延迟，故反馈信号总是滞后于指令，两者存在时间差，当延迟较为严重时，即可能产生超调响应。

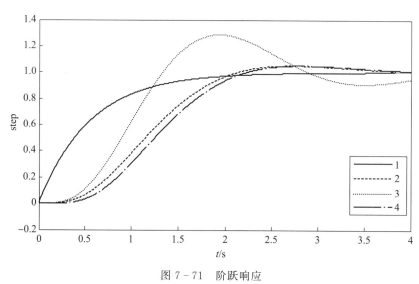

图 7−71　阶跃响应

（3）闭环系统特性与系统的稳定性

　　闭环系统特性与系统的稳定性不存在解析关系式，但可以从闭环特性初步判断系统的稳定性，下列情况对应的系统稳定性较差。

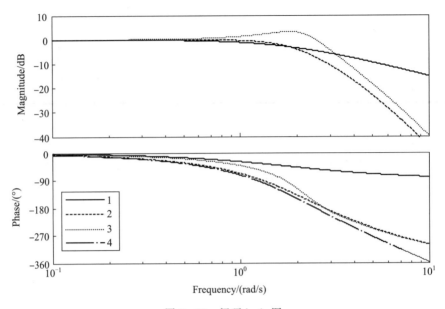

图 7 - 72　闭环 bode 图

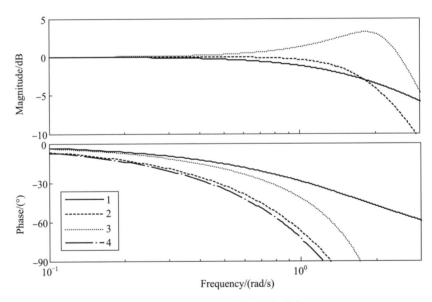

图 7 - 73　闭环 bode 图（局部放大）

1）阶数较高的系统；

2）带宽较高的系统；

3）传递函数的幅值特性存在明显峰值的系统；

4）相位延迟较严重者，特别是相位曲线变化不平滑的系统。

（4）闭环系统抗噪声特性

根据经典控制理论，控制系统带宽越低，在中高频段的幅值斜率越陡，则对应系统的抗噪声特性越好。

7.10.4　延迟裕度

经典控制理论分析和大量控制实例均表明：对于多回路控制系统设计问题而言，控制系统的相位裕度、幅值裕度以及截止频率均满足设计指标，但控制品质和鲁棒性可能较差或很差。这说明仅仅依靠相位裕度和幅值裕度去判断系统的控制品质和鲁棒性有时是不够的，需要引入延迟裕度概念。

延迟裕度定义：对原多回路控制系统进行等价变换，如图 7-74 所示，即将内环输出信号反馈点移至系统的输出点，将内环反馈信号的输入点移至系统的输入点，即变换为一个非单位反馈的单回路控制系统，前向回路传递函数为

$$G(s) = G_{c1}(s)S(s)P_1(s)P_2(s)$$

反馈回路传递函数为

$$H(s) = 1 + \frac{G_{c2}(s)}{G_{c1}(s) \times P_2(s)}$$

开环回路传递函数为

$$open(s) = G(s)H(s) = [G_{c1}(s)S(s)P_1(s)P_2(s)]\left[1 + \frac{G_{c2}(s)}{G_{c1}(s) \times P_2(s)}\right]$$

$$(7-31)$$

变换后的开环系统的截止频率为 ω_c，相位裕度为 γ，则延迟裕度 Dm 定义如下

$$Dm = \frac{\gamma}{\omega_c}$$

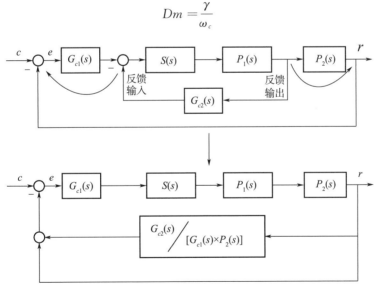

图 7-74　系统等价变换

延迟裕度的物理意义：当开环回路 $open(s)$ 的信号再延迟 Dm 时，闭环系统临界稳定。使用延迟裕度说明如下：

1）延迟裕度在某种意义上代表控制系统的绝对稳定裕度，其值较大时，代表系统的裕度较大，控制的动态品质较好，其值较小时，代表系统的裕度较小，控制的动态品质

较差。

2）当两个控制系统的幅值裕度和相位裕度相当时，延迟裕度大的系统优于延迟裕度小的系统。

3）根据等价变换后的开环系统求解得到的 ω_c 并不是原开环系统的截止频率，其值大小与闭环系统的带宽 ω_b 无相关关系。

4）根据等价变换后的开环系统求解得到的幅值裕度并不是原开环系统的幅值裕度，要求其大于零即可。

5）由于等价变换后开环回路为一个非单位反馈的闭环系统，故不能根据等价变换后开环回路的 bode 图分析闭环系统的特性。

6）根据控制理论，利用等价变换后的开环回路计算得到的闭环系统等价于利用原开环回路求解得到的闭环系统。

下面以举例的方式说明延迟裕度，旨在加深对延迟裕度的理解。

例 7 - 4　延迟裕度对控制回路的影响。

设某两个控制回路，控制回路结构相同，如图 7 - 75 所示，其被控对象和执行机构相同，分别表示为被控对象传递函数 $P(s) = \dfrac{10}{0.5s + 1}$ 和执行机构传递函数 $S(s) = \dfrac{1}{0.05s + 1}$。控制器由内环反馈控制（反馈系数 K_d）和串联比例控制（比例系数 K_p）组成，控制回路 1（表示为 sys1）的 $K_d = 0.9, K_p = 4.0$；控制回路 2（表示为 sys2）的 $K_d = 2.9, K_p = 12.0$。试分析两者控制回路的开环系统特性，并分析两者控制品质之间的差别，计算它们的延迟裕度。

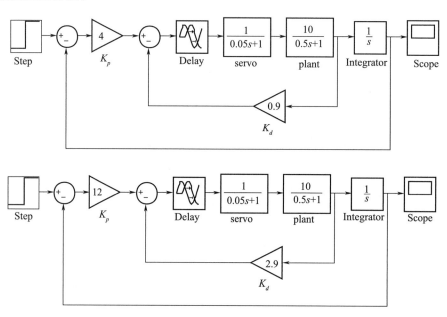

图 7 - 75　sys1 和 sys2

解： 由控制回路的结构，可得控制回路的开环传递函数

$$sys(s) = K_p \frac{S(s)P(s)}{1+S(s)P(s)} \frac{1}{s}$$

利用开环回路的 bode 图（图 7 - 76），可求解得到 sys1 和 sys2 控制参数对应控制回路的频域指标。sys1：$\omega_c = 4.06$ rad/s，$h = 14.0$ dB，$\gamma = 76.9°$。sys2：$\omega_c = 4.04$ rad/s，$h = 14.8$ dB，$\gamma = 85.7°$。单依据开环系统的幅值裕度和相位裕度去判断控制回路的控制品质，得出结论：两者控制回路的控制品质相当。

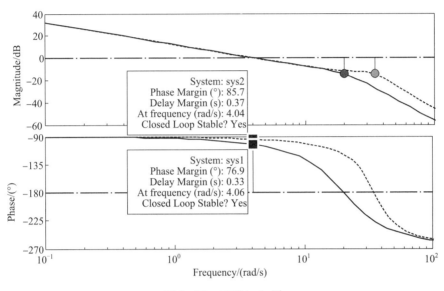

图 7 - 76　开环 bode 图

下面考核两者控制回路的时域特性，分执行机构处无延迟和执行机构处增加 0.015 9 s 的延迟环节两种情况仿真 sys1 和 sys2 的阶跃响应，如图 7 - 77 所示（图（a）为执行机构处无延迟，图（b）为执行机构处延迟 0.015 9 s）。由图可知，在执行机构处增加 0.015 9 s 的纯延迟，发现 sys2 为临界稳定，而 sys1 还具有较大的控制裕度。仿真结果说明：1）两者控制回路即使控制回路结构一样，并具有相近截止频率、幅值裕度和相位裕度，其控制品质也可能存在很大的差别；2）对于多回路控制回路来说，仅依据控制系统的截止频率、幅值裕度和相位裕度去判断控制系统的控制品质和鲁棒性是远远不够的。

下面从内回路的延迟裕度和整个控制回路的延迟裕度两个方面分析其原因。

（1）内回路的延迟裕度

如图 7 - 78 所示，内回路的开环传递函数为

$$inner(s) = K_d S(s) P(s) = K_d \frac{1}{0.05s+1} \frac{10}{0.5s+1}$$

开环传递函数为一个零型二阶系统，分别取 $K_d = 0.9$ 和 $K_d = 2.9$ 代入上式，求解得到开环的频率特性，如图 7 - 78 所示，当内环反馈系数 K_d 由 0.9 增大至 2.9 时，开环截止频率由 14.5 rad/s 增加至 31.2 rad/s，相位裕度由 62° 减小至 36.3°，延迟裕度由 0.074 9 s 减

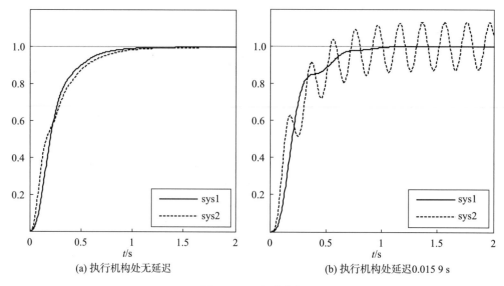

(a) 执行机构处无延迟　　　　　　(b) 执行机构处延迟0.015 9 s

图 7 - 77　阶跃响应

小至 0.020 3 s。

由于内环反馈系数的增加，其截止频率增加，导致相位裕度减小，内回路的延迟裕度减小，必然导致内环的控制品质下降。另外，对于基于本例控制回路结构和被控对象来说，整个控制系统的延迟裕度必然小于内回路的延迟裕度，这时内回路的控制参数设计显得尤为重要。

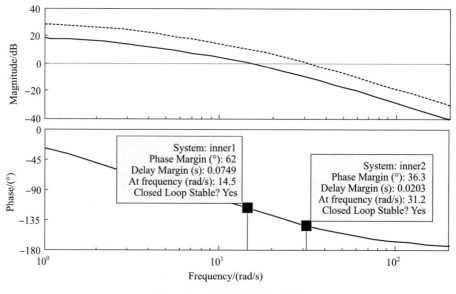

图 7 - 78　内环的开环 bode 图

（2）整个控制回路的延迟裕度

将本例的控制回路按本节介绍的方法进行等价变换，可得

$$open(s) = G(s)H(s) = \left(K_p S(s)P(s)\frac{1}{s}\right)\left(1 + \frac{K_d}{K_p \times \frac{1}{s}}\right)$$

将 sys1 的 $K_d = 0.9$，$K_p = 4.0$；sys2 的 $K_d = 2.9$，$K_p = 12.0$ 代入上式，求解得到开环的频率特性，如图 7 - 79 所示，当控制参数由 sys1 变化至 sys2 时，开环截止频率由 14.9 rad/s 增加至 31.4 rad/s，相位裕度由 44.3°减小至 28.6°，延迟裕度由 0.051 8 s 减小至 0.015 9 s，即控制回路延迟裕度大幅减小。

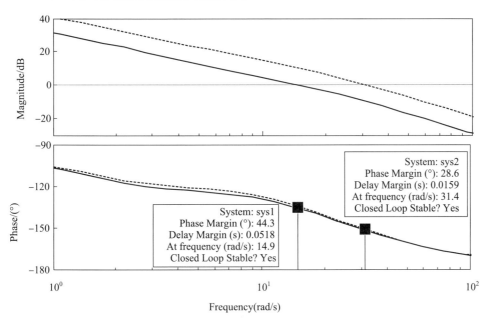

图 7 - 79　等价变换后的开环 bode 图

由仿真分析可知：

1）对于多回路控制回路而言，内回路的特性在很大程度上决定了整个控制回路的控制品质，必须保证内回路具有充足的延迟裕度。

2）延迟裕度较大的系统对应着较好的控制品质，并具有较强的控制鲁棒性。

3）等价变化后的开环特性的截止频率不能真正说明控制回路的快速性，但是截止频率较高者往往对应着较低的延迟裕度，即意味着控制系统的裕度较小。

7.10.5　灵敏度

由 7.10.1 节可知，幅值和相位裕度都满足设计指标要求的系统，不见得其控制品质和鲁棒性很好，在工程上也常用系统灵敏度去考核控制系统的品质和性能。

7.10.5.1　灵敏度概念

控制系统输出对系统特性或参数变化的敏感程度定义为系统的灵敏度，灵敏度的大小反映系统在特性或参数发生改变时控制系统偏离正常运行状态的程度。灵敏度是控制系统的一项基本性能指标，控制系统对参数变化的灵敏度是一项很重要的系统特征。

系统传递函数灵敏度：系统传递函数变化率与被控对象变化率之比，如图 7 - 80 （a）所示，则系统闭环传递函数

$$T(s) = \frac{C(s)}{R(s)} = \frac{G(s)P(s)}{1 + G(s)P(s)}$$

根据系统灵敏度定义

$$S(s) = \frac{\dfrac{\Delta T(s)}{T(s)}}{\dfrac{\Delta G(s)}{G(s)}}$$

当变化量为微小的增量时，可将上式写成微分的形式，即

$$S_G^{\mathrm{T}}(s) = \frac{\dfrac{\mathrm{d}T(s)}{T(s)}}{\dfrac{\mathrm{d}G(s)}{G(s)}} = \frac{\mathrm{d}T(s)}{\mathrm{d}G(s)}\frac{G(s)}{T(s)} = \frac{1}{1 + G(s)P(s)} \tag{7-32}$$

由上式可知：

1）对于开环系统，系统的灵敏度为 1，即被控对象的参数变化 1：1 影响控制系统的输出，对于闭环反馈控制系统，其设计思想是尽量降低系统的灵敏度。

2）灵敏度函数表征系统对被控对象变化的鲁棒性，灵敏度越低，则表征系统受被控对象的变化的影响越小，灵敏度越大（最大值为 1），即系统抑制外界扰动或抵制被控对象参数变化的能力越弱。

灵敏度还在如下两个方面表征系统的特性：抑制扰动和稳态误差。

（1）抑制扰动

由图 7 - 80 （a）可得，输出端扰动 $d(s)$ 至输出的传递函数即为上式，即

$$\frac{C(s)}{d(s)} = \frac{1}{1 + G(s)P(s)} = S_G^{\mathrm{T}}(s) \tag{7-33}$$

表示灵敏度越低，则系统对输出端扰动的抑制作用越强。

（2）稳态误差

偏差量 $E(s)$ 对输入量的传递函数为

$$\frac{E(s)}{R(s)} = \frac{1}{1 + G(s)P(s)} = S_G^{\mathrm{T}}(s) \tag{7-34}$$

即灵敏度越小 ［即对应着开环系统 $G(s)P(s)$ 的低频段增益越大］，则闭环系统的稳态特

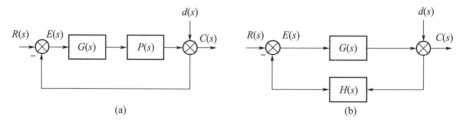

图 7 - 80　两种反馈控制系统

性越好。

7.10.5.2　最大灵敏度

在 7.10.4 节中已提到，幅值裕度和相位裕度都较好的控制系统有可能控制品质较差，从这一点看，幅值裕度和相位裕度可视为控制系统的相对裕度，真正的绝对裕度可用最大灵敏度表示。下面介绍系统最大灵敏度的定义。

由开环系统的传递函数 $G(s)P(s)$ 和系统灵敏度传递函数之间的关系，很容易想到用开环系统的 nyquist 图去观察系统灵敏度传递函数在频域平面随频率的变化特性，即可以很直观知道灵敏度随频率增加的变化曲线，如图 7-81 所示，灵敏度的幅值定义为

$$|S(\omega)| = \frac{1}{\rho(\omega)} = \frac{1}{|1 + G(\omega)P(\omega)|}$$

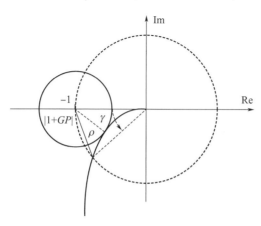

图 7-81　最大灵敏度

在低频段，通常灵敏度很小，在中频段，灵敏度变化比较剧烈，由小变大，在高频段，灵敏度通常缓慢减小。最大灵敏度定义为

$$M_s = \max(|S(\omega)|) = \frac{1}{\min(\rho(\omega))}$$

由最大灵敏度的定义，可知：

1）衡量系统真正绝对裕度的指标为最大灵敏度，即被控对象变化，引起开环 nyquist 曲线在频域平面的变化，如果最大灵敏度 M_s 较小，即使被控对象 P 变化引起开环 nyquist 曲线在其基准曲线附近较大变化，$|\rho(\omega)|$ 距离 $-1+j0$ 还是较远，不仅控制稳定而且具有较好的控制品质，如果最大灵敏度 M_s 较大，即使被控对象 P 发生较小变化，都导致 $|\rho(\omega)|$ 距离 $-1+j0$ 很近，控制系统的稳定性不能保证，即使稳定，其控制品质也极差。

2）灵敏度函数与相位裕度之间的关系为

$$\left| \frac{1}{S(\omega)} \right| = |1 + GP| = 2\left| \sin\frac{\gamma}{2} \right|$$

$$\rho \leqslant 2\left| \sin\frac{\gamma}{2} \right|$$

即相位裕度只给出 ρ 的上限，并不能给出真正代表系统鲁棒性的最大灵敏度 M_s。

3）最大灵敏度主要基于开环控制系统中频段的频率特性；

4）图 7-81 对最小相位系统适用，对非最小相位系统不适用。

下面举例说明控制系统的真正裕度为最大灵敏度。

例 7-5 已知系统的开环传递函数为 $G(s) = \dfrac{203.1s + 4\,062}{s^3 + 4.398s^2 + 1\,934s}$，求其灵敏度函数、最大灵敏度以及单位闭环系统的特性。

解： 灵敏度函数为

$$S(s) = \frac{1}{1 + G(s)} = \frac{s^3 + 4.398s^2 + 1\,934s}{s^3 + 4.398s^2 + 2\,137s + 4\,062}$$

灵敏度函数的 bode 图如图 7-82 所示，由图可知最大灵敏度为

$$M_s = \max(\mathrm{mag}) = 8.16\ \mathrm{dB} = 2.558\,6$$

单位闭环系统传递函数为

$$close(s) = \frac{G(s)}{1 + G(s)} = \frac{203.1s + 4\,062}{s^3 + 4.398s^2 + 2\,137s + 4\,062}$$

其闭环系统的单位阶跃响应如图 7-66 所示，由于最大灵敏度 M_s 较大，故其控制系统的控制品质较差。

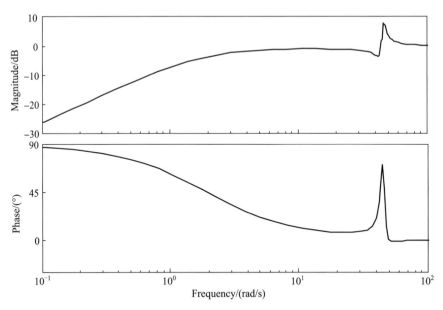

图 7-82　灵敏度函数 bode 图

7.10.5.3　bode 积分定理

从上个例子可知，飞行控制系统设计时，希望尽量降低系统的灵敏度，但是灵敏度不能任意降低，受 bode 积分约束。

下面简单地介绍 bode 积分定理。

设开环传递函数 $open(s)$ 有 N 个不稳定极点 p_1，p_2，$\cdots$，p_N，$n-N$ 个稳定极点 p_{N+1}，p_{N+2}，$\cdots$，p_{n-N}，m 个零点 z_1，z_2，$\cdots$，z_m，如下式所示

$$open(s) = k \frac{(s-z_1)(s-z_2)\cdots(s-z_m)}{(s+p_1)(s+p_2)\cdots(s+p_N)(s+p_{N+1})(s+p_{N+2})\cdots(s+p_{n-N})}$$

假设闭环系统稳定，则系统的灵敏度函数满足如下关系式

$$\int_0^\infty \ln|S(j\omega)|\,d\omega = \begin{cases} -0.5\pi\gamma + \pi\sum_{i=1}^{N}\text{Re}(p_i),\ n-m=1 \\ \pi\sum_{i=1}^{N}\text{Re}(p_i),\ n-m>1 \end{cases}$$

其中

$$\gamma = \lim_{s\to\infty} s \cdot open(s)$$

由 bode 积分定理可知：

1) 对于稳定的被控对象，当 $n-m>1$ 时，对数灵敏度对频率 $[0,+\infty]$ 的积分为 0；对于不稳定的被控对象，当 $n-m>1$ 时，对数灵敏度对频率 $[0,+\infty]$ 的积分为一个常数。

2) 当尽量压低低频段的幅值时，则在高频段自然会变大。

3) 对于不稳定的被控对象，不稳定极点越多，其值越大，则越难设计高性能的控制系统。

4) 此定理适用于单回路的灵敏度分析，对于多回路则不适合。

7.11　控制系统性能指标

从实用角度看，基于型号总体指标去评定制导武器控制系统的性能，评定制导武器控制系统的性能由型号总体战术指标规定，即目标杀伤概率、脱靶量、圆概率偏差 CEP、命中概率等。从设计角度看，评定制导武器控制系统的性能指标有稳定性指标、控制精度指标、动态品质指标、抗干扰指标以及可靠性指标。稳定性指标、控制精度指标、动态品质指标等通常归化为时域指标和频域指标。

（1）时域指标

分析闭环系统动态响应特性和稳态特性，其量化指标为上升时间、超调量、半振荡次数、调节时间、稳态精度等。其中上升时间主要用于评估控制系统的快速性及惯性；超调量和半振荡次数主要用于评估控制系统的动态特性和阻尼特性；调节时间用于综合评估控制系统响应速度和阻尼特性；稳态精度则是控制精度和抗干扰能力的一种量度。

图 7-83 为某制导武器滚动控制回路的单位阶跃响应，由此图可以看出，上升时间为 0.276 s，超调量为 4.0%，调节时间为 0.953 s，稳态误差为 0，半振荡次数为 1 次。由时域指标以及单位阶跃响应曲线可知：1）可以近似算得系统的带宽约为 1.268 1 Hz（精确值为 1.216 3 Hz）；2）控制精度为 0；3）控制系统的动态特性较好。

　　时域指标可以量化给出控制系统的性能指标，值得注意的是：在工程上，可以在控制回路的执行机构处加入延迟环节，再仿真单位阶跃响应，可考核控制系统的鲁棒性。例如，基于上述滚动控制回路在执行机构处分别加入 0 ms，50 ms 和 90 ms 的阶跃响应，如图 7-84 所示，由图可知，控制系统具有足够的稳定裕度及很强的鲁棒性。

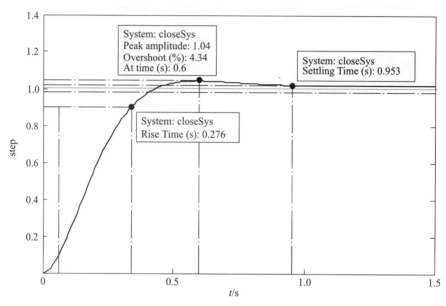

图 7-83　某控制系统阶跃响应

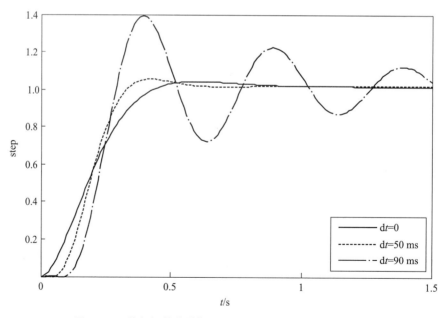

图 7-84　执行机构处增加延迟环节时控制系统的阶跃响应

（2）频域指标

系统稳定是控制系统最低的保障条件，除此之外，要求控制系统具备较大的稳定裕度（包括相位裕度、幅值裕度、延迟裕度）及较低的敏感度。从频域方面衡量一个控制系统，用"稳"、"快"、"准"去描述，具体量化指标为：

①带宽指标

控制系统的带宽也常称为通频带，其定义为：输入信号的频率从 0 开始增加，直到响应信号的幅值降至输入信号幅值的 70.7% 时为止，这段频带的宽度即为带宽 ω_b。

一般需从响应速度和抗干扰性两方面理解带宽的物理意义。响应速度：系统带宽越高，响应信号对输入信号的复现速度越快，控制精度越高。抗干扰性：在某一种意义上，控制系统带宽越高，则系统越能抑制外部干扰以及被控对象不确定性对控制系统的影响。根据经典控制系统理论，控制系统带宽越大，往往对应着各个控制系统的参数较大，也同时意味着控制系统的控制裕度相对较小。

对于单位反馈系统，也常用开环系统的截止频率 ω_c 去评估闭环系统的带宽，一般有如下经验公式

$$\omega_c < \omega_b < 2\omega_c$$

故在工程上，也常称 ω_c 为带宽。

注：上述公式成立有一个前提条件，即开环系统截止频率 ω_c 前后一定宽度的频率范围内，其幅频曲线的斜率为 -20 dB/dec。

②稳定裕度

对于飞行控制回路而言，需要在标称气动、结构、执行机构、风场等条件下确定相位裕度和幅值裕度。

值得注意的是，在某一些情况下，满足相位裕度和幅值裕度指标的飞行控制回路其真实控制裕度较小，在气动、结构和风场等极值拉偏状态下，控制品质很差，甚至失稳。

③延迟裕度

延迟裕度在某一种意义上可视为控制系统的绝对裕度，相对于相位裕度和幅值裕度，更能反映控制系统的裕度。

确定控制系统的延迟裕度一般需要综合考虑如下因素：

1）气动特性：导弹气动特性在三个方面影响被控对象的特性：a）导弹气动特性在很大程度上决定被动对象的特性，即在一定程度上决定了控制系统的控制品质，对于静稳定过大的导弹，基于经典控制理论设计的控制回路则较难获得较充裕的延迟裕度；b）气动特性随飞行状态（如飞行马赫数、攻角、侧滑角、舵偏以及角速度等）的变化是否剧烈，对于气动特性变化剧烈的导弹，对应的控制回路延迟裕度也随之大幅变化；c）导弹气动是否存在严重的耦合，对于耦合严重的导弹而言，基于经典控制理论设计的控制回路即使具有较充足延迟裕度也可能控制品质较差。

2）结构件加工精度以及组装精度：导弹结构件加工精度与组装精度在气动特性偏差与结构质量特性偏差两个方面影响实际弹体与标称被控对象之间的差别，加工精度与组装

精度越高，则相对表征被控对象的模型不确定性越小，可以设计大带宽的控制回路，相应的延迟裕度设计指标可适当减小。

3）飞行状态：综合飞行风场环境、投弹包络、目标运动特性以及采用的制导律等因素可以确定导弹的飞行状态，即确定导弹飞行马赫数、攻角、侧滑角、舵偏量、角速度等，如果飞行状态变化很大，则需要在牺牲一定控制系统快速性的代价下保证较充裕的延迟裕度。

4）控制系统带宽：控制系统带宽在很大程度上取决于设计师的水平和经验，也取决于采用的控制方法或控制回路结构等因素，通常情况下，带宽越大则意味着控制系统延迟裕度越小，在保证一定延迟裕度的基础上设计较大带宽的控制系统。

5）执行机构带宽：执行机构作为控制系统的执行者，其特性在一定程度上影响控制系统的控制品质。执行机构带宽较大，可在一定程度上降低对控制系统延迟裕度的要求。另外，在某一些情况下，执行机构在小偏差范围内其控制增益往往不够，即在小偏差情况下，由于执行机构存在非线性死区等，执行机构响应较慢，这时为了保证控制回路具有较好的控制品质，控制回路应具有较充裕的延迟裕度。

（3）抗干扰指标

与普通的控制系统一样，飞行控制系统的输入信号按特性划分为两类：1）控制输入，即制导指令；2）干扰输入，是不希望的输入，引起控制系统控制品质变差。空地导弹在飞行过程中常碰见的干扰见 7.7.3 节所述，控制回路必须具备抑制干扰输入的能力，即抗干扰性能的强弱是衡量一个控制系统控制品质优劣的重要指标。

干扰按时间变化特性可归为两类，慢变化干扰和快变化干扰。对于慢变化干扰，例如由于气动部件制造偏差或组装精度不够引起的气动力和力矩，一般情况下，要求控制给出额外的控制舵偏来平衡干扰力和力矩，在理论上不会造成控制稳定性问题。值得注意的是，大量级变化干扰可能造成控制精度下降，即控制响应与制导指令之间存在较大偏差量，可能导致制导精度下降，这时则需要设计控制回路的积分回路（或滞后校正网络）在最大程度上抑制这种慢变化干扰对控制精度的影响。对于快变化干扰，在一般情况下，对控制回路的影响不是很大，但有时候快变化干扰可能在一定程度上进入控制回路（特别是较大通频带），引起控制指令高频抖动，造成执行机构高频抖动，一方面影响控制品质，另一方面执行机构高频抖动造成弹上电能迅速消耗，故在控制系统设计时，也要求控制系统在高频段具有足够的衰减，以抑制这种快变化干扰对控制回路的影响。

（4）可靠性指标

控制系统可靠性按特性可归为两类：设计可靠性以及控制系统硬件回路可靠性。设计可靠性包括两方面的内容：1）被控对象的模型确定性，包括气动参数、结构参数等是否较精确地描述弹体的特性；2）控制回路设计是否具有很强的鲁棒性，对应着合适的控制回路结构以及控制参数设计合理。一个设计可靠性较高的控制系统，必然对应着被控对象的特性较好并且控制回路具有很强的鲁棒性。控制系统硬件回路可靠性是指搭建的硬件回路设计是否合理，硬件元件是否具有很高的可靠性，是否对某一些薄弱环节设计了备份方案。

7.12　控制系统设计方法

到目前为止，设计师大多基于经典控制理论的频率响应法进行飞行控制器设计，所设计的控制器可满足大部分设计指标。考虑到：1) 制导武器对飞行控制性能的要求越来越高；2) 数字控制的应用；3) 弹载计算机性能的提高；4) 新型控制理论的提出及成熟，出现了大量基于现代控制理论、智能控制理论设计的控制器，如极点配置法、自抗扰控制、LQR 方法、自适应控制等。

本章详细地介绍了经典控制器设计，在第 10 章将介绍自抗扰控制技术在姿控回路中的应用，在第 11 章介绍现代控制理论在姿控回路中的应用，对于其他控制系统设计方法读者可以参阅相关的文献。

7.12.1　经典控制系统设计方法介绍

（1）设计方法简介

制导武器控制系统由控制器和被控对象组成，相应地，控制系统设计大致分两步进行：1) 建立被控对象模型；2) 设计控制器。

①建立被控对象模型

在进行制导武器控制系统设计之前，首先需建立被控对象模型，通常在小扰动假设下，采用"系数冻结法"建立被控对象的线性数学模型。在此基础上根据问题需求，对其进行简化处理，使之更适合随后的控制器设计。

②设计控制器

一般情况下，为了提高制导武器控制系统的性能，大多采用多回路控制系统。

基于多回路控制系统设计一般采用"先里后外"策略：先设计控制系统内回路，在此基础上，将内回路等价于一个新被控对象，然后进行中回路设计（有的控制系统无中回路），再设计系统的外回路。控制器设计常遵循如下原则：

1) 内回路的作用：设计内回路的主要作用是在低频段和中频段改造被控对象的幅频特性和相位特性，使改造后的被控对象更适合外回路设计；另外，设计内回路可抑制被控对象的不确定性和外部干扰对控制回路的影响，一般情况下，要求内回路稳定，并具有较充足的稳定裕度。

2) 外回路的作用：通过增加串联校正，在某些频段内对内回路对象的增益和相位进行校正，即通过改变串联校正的相位曲线和幅值曲线，使整个开环系统的幅频特性和相位特性与期望的一致，使其截止频率、幅值裕度和相位裕度满足指标要求。

3) 一般情况下，内回路的带宽比外回路高许多，所以在分析内回路时可不考虑外回路的影响，单独进行设计。

　　4）内回路设计在很大程度上决定了控制系统的延迟裕度，故在延迟裕度允许的情况下，尽量设计较大增益的内回路，内回路在控制回路抗被控对象不确定性和外部干扰中起主要作用。

　　5）外回路设计基于内回路设计，针对内回路在中低频的频率特性确定合适的校正网络，在此基础上，根据带宽计算确定校正网络的参数。

　　上述控制系统设计方法属于间接方法，即设计的结果满足频域指标，而非时域指标，此方法利用了开环系统的频率特性与闭环系统的时域特性存在某种关系，即开环系统低频段频率特性表征闭环系统的稳态特性，中频段频率特性表征闭环系统的动态品质，高频段频率特性表征闭环系统的初始响应特性和对噪声的滤波特性。当然此设计方法也有一定的缺陷，其原因是时域指标与频域指标并非严格一致，经常碰见的情况：设计的系统满足频域指标，但时域指标可能不满足，这时需要继续在频域中调节内回路和外回路的控制参数，直到控制系统同时满足时域指标和频域指标为止。

　　应用频域法设计控制系统时，工程师习惯采用 nyquist 曲线和 bode 图设计控制系统，两者各有优缺点，相对而言，多数采用 bode 图。原因如下：针对被控对象增加校正网络时，nyquist 曲线不再保持原来的形状，需要重新画图，增加了设计时间（注：此缺点对于采用计算机绘制 nyquist 曲线来说可以忽略），设计不便。而采用 bode 图，由于采用线性叠加的方法，更直观显示如何在哪个频段改变 bode 图的形状，另外，如调节开环的增益，只需将幅值曲线向上或向下平移（而相位曲线保持不变），基于此点，很容易理解开环增益变化如何引起控制系统截止频率、幅值裕度、相位裕度的变化。

　　（2）校正网络简介

　　通常情况下，如不加控制系统，导弹较难满足战术指标，故需要调整控制回路增益以及在回路不同部位加入附加的校正装置以改变回路的特性，使性能满足设计指标，即所谓的校正网络。

　　校正网络基于被控对象的频率特性，通过调整校正网络的结构及参数，使整个开环系统的频率特性满足设计要求，如截止频率、幅值裕度和相位裕度，主要利用开环系统和闭环系统之间的关联特性，即在低频段（常指频段 $[0, 0.333\omega_c]$，ω_c 为开环系统的截止频率），开环回路的增益足够大，以确保较好的稳态特性要求；在中频段（常指频段 $[0.333\omega_c, 3\omega_c]$，也有文献定义为开环回路幅值为 $-15 \sim 30$ dB 的频段），其对数幅频曲线的斜率一般设计为 -20 dB/dec，并保持一定的宽度，这样以保证开环系统具有较好的相位裕度，闭环系统具备较好的动态特性；在高频段（常指频段 $[3\omega_c, \infty]$，也有文献定义为开环回路幅值低于 -15 dB 的频段），一般将对数幅频曲线的斜率设计为低于 -20 dB/dec 以抑制噪声对系统的影响。

　　按校正网络在控制回路的接入部位和连接形式，通常分串联校正、反馈校正及前馈校正等，如图 7-85 所示。另外，反馈校正（通常还需要接入串联校正）和前馈校正控制相结合的控制回路称为复合控制。串联校正、反馈校正和前馈校正在控制回路中起的作用各不相同，具体介绍见后面的章节。

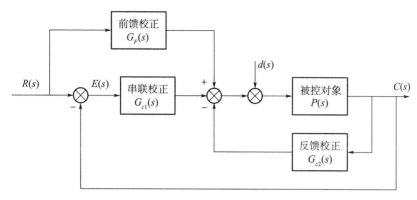

图 7 - 85　控制系统框图

7.12.2　串联校正

将校正网络 $G_{c1}(s)$ 与被控对象串联连接，即在系统偏差测量点之后接入，即为串联校正，如图 7 - 85 所示，其表达式为

$$U(s) = E(s)G_{c1}(s) = [R(s) - C(s)]G_{c1}(s)$$

常用的串联校正按相位特性分为三种，即相位超前校正、相位滞后校正和相位滞后-超前校正。

7.12.2.1　相位超前校正

相位超前校正传递函数为

$$G_{c1}(s) = \frac{1 + \alpha Ts}{1 + Ts} \quad (\alpha > 1, T > 0)$$

其零极点分布如图 7 - 86（a）所示，由图可知，通过调整 α 和 T 的大小可以得到频率区间 $\left[\dfrac{1}{\alpha T}, \dfrac{1}{T}\right]$ 的相位超前量，最大相位超前量为 $\varphi_m = \arcsin\left(\dfrac{\alpha - 1}{\alpha + 1}\right)$（在最大超前角频率 $\omega_m = \dfrac{1}{\sqrt{\alpha}\,T}$ 处），如图 7 - 87（a）所示。

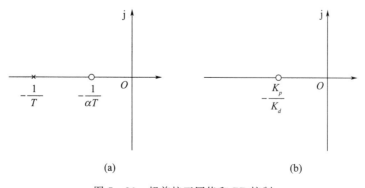

图 7 - 86　超前校正网络和 PD 控制

相位超前校正的主要功能是产生超前相位，可以用它部分补偿被控对象的"固有"部分在截止频率处的相位，以增大开环回路的相位稳定裕度，改善闭环回路的动态特性。

经典控制器比例-微分控制（简称 PD 控制，$G_c(s)=K_p+K_d s$，其中 K_p 为比例系数，K_d 为微分系数）起相位超前作用，相当于超前校正网络的极点向左趋于无穷远，即控制器的滞后作用趋于 0，其零极点分布如图 7-86（b）所示。

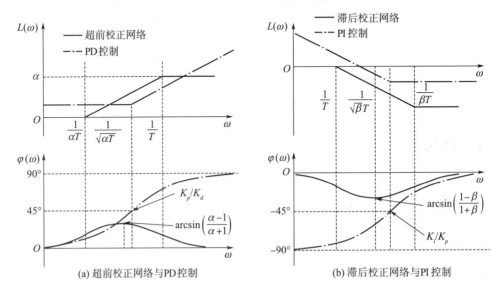

（a）超前校正网络与 PD 控制　　　　　　（b）滞后校正网络与 PI 控制

图 7-87　超前校正网络与 PD 控制 bode 图以及滞后校正网络与 PI 控制 bode 图

相位超前校正和 PD 控制的特性分析及区别：

1）相位超前校正主要对频率区间 $\left[\dfrac{1}{\alpha T},\ \dfrac{1}{T}\right]$ 的信号产生相位超前作用，对低频段 $\left[0,\ \dfrac{1}{\alpha T}\right]$ 和高频段 $\left[\dfrac{1}{\alpha T},\ \infty\right]$ 的信号影响较小，对高频段 $\left[\dfrac{1}{\alpha T},\ \infty\right]$ 的信号，有一定的幅值放大功能，即放大 α 倍。

2）PD 控制主要对整个频段的信号产生相位超前作用，其相位超前量随着频率的增加而增强，最终趋于 90°；PD 控制对低频信号的幅值放大作用较小，对高频信号的幅值放大作用较大，并随频率的增加而变强，故对于含有较强高频干扰信号慎用。

3）在工程上，对于相位超前校正，主要通过调整 α 和 T 值来调整相位超前段 $\left[\dfrac{1}{\alpha T},\ \dfrac{1}{T}\right]$ 以及最大相位超前量；而对于 PD 控制，则主要通过调整 K_p/K_d 来调整相位超前段以及相位超前量。

7.12.2.2　相位滞后校正

相位滞后校正传递函数为

$$G_{c1}(s)=\frac{1+\beta T s}{1+T s}\quad(\beta<1,\ T>0)$$

其零极点分布如图 7 - 88（a）所示。由图可见，通过调整 β 和 T 的大小可以得到频率区间 $\left[\dfrac{1}{T}, \dfrac{1}{\beta T}\right]$ 的相位滞后量，最大相位滞后量为 $\varphi_m = \arcsin\left(\dfrac{1-\beta}{1+\beta}\right)$（在相位滞后角频率 $\omega_m = \dfrac{1}{\sqrt{\beta} T}$ 处），如图 7 - 87（b）所示。

　　相位滞后校正的主要功能是利用相位滞后来调节中高频段幅值衰减特性，以牺牲开环系统截止频率为代价换取开环系统足够的相位裕度。串联相位滞后校正可保持开环系统低频段的幅值不变，即起兼顾系统稳定性和静态性能的作用。

　　经典控制器比例-积分控制（简称 PI 控制，$G_c(s) = \dfrac{K_p + K_i s}{s}$，$K_i$ 为积分系数），起相位滞后作用，即相当于滞后校正网络的极点向右移至原点，其零极点分布如图 7 - 88（b）所示。

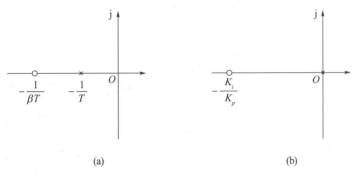

（a）　　　　　　　　　　　　　　（b）

图 7 - 88　滞后校正网络和 PI 控制

　　相位滞后校正和 PI 控制的特性分析及区别：

　　1）相位滞后校正主要对频率区间 $\left[\dfrac{1}{T}, \dfrac{1}{\beta T}\right]$ 的信号产生相位滞后，对低频段 $\left[0, \dfrac{1}{T}\right]$ 和高频段 $\left[\dfrac{1}{\beta T}, \infty\right]$ 的信号影响较小，对高频段 $\left[\dfrac{1}{\beta T}, \infty\right]$ 的信号，有一定的幅值缩小功能，即缩小 β 倍。

　　2）PI 控制主要对整个频段的信号均产生相位滞后作用，其相位滞后量随着频率增加而减小，最终趋于 0°，即主要对低频信号产生影响，对高频信号的作用较小，另外，PI 控制对高频信号在幅值上具有抑制功能，即抑制高频信号对控制的影响。

　　3）在工程上，对于相位滞后校正，主要通过调整 β 和 T 值来调整相位滞后段 $\left[\dfrac{1}{T}, \dfrac{1}{\beta T}\right]$ 以及最大滞后量；而对于 PI 控制，则主要通过调整 K_i/K_p 来调整相位滞后段及滞后量，滞后段大约为 $\left[0, \dfrac{K_i}{K_p}\right]$，滞后量主要为 $[-90°, -45°]$。

7.12.2.3　PI 控制

　　空地制导武器三通道控制回路大多采用 PI 控制，故在这一节中重点介绍 PI 控制的特性及 PI 控制器参数确定的原则。

（1）PI 控制器特性

PI 控制器的传递函数见下式，其 bode 图如图 7 - 89 所示。

$$G_c(s) = \frac{K_p s + K_i}{s} = \frac{K_i \left(\dfrac{K_p}{K_i} s + 1 \right)}{s} \tag{7-35}$$

由传递函数和 bode 图可知：控制器为一个滞后环节，其控制器的增益为 K_i，零点为 $-\dfrac{K_i}{K_p}$，极点为 0。控制器对频段 $\left[0, \dfrac{K_i}{K_p} \right]$ 的信号有明显的积分作用，对频段 $\left[\dfrac{K_i}{K_p}, \infty \right]$ 的信号无明显的积分作用，即可通过调节参数 K_p 和 K_i 的大小调节控制器的特性。

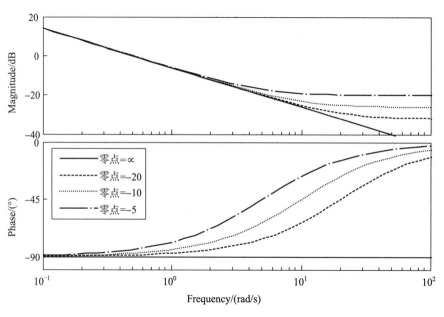

图 7 - 89　PI 控制器频率特性

（2）PI 控制器参数确定原则

在工程上，常结合被控对象的特性来确定 PI 控制器的设计策略及 PI 控制器的参数大小，主要分如下两种情况：

①被控对象为零型环节

根据经典控制理论，要求 PI 控制器在频段 $[0, \omega_c]$ 保持积分特性，即控制器以"积分控制为主，比例控制为辅"作为设计策略。此设计策略是由积分控制提供绝大部分输入指令所需的控制量。

此设计策略通过调节积分系数的大小来调节控制回路的截止频率，即积分系数为控制器增益，而比例系数一般取较小值，使控制器的零点在截止频率之后。比例系数大小的确定还要结合被控对象的零极点特性，在某一些情况下，比例系数甚至可降为 0，即 PI 控制退化为积分控制。

②被控对象为一型环节

根据经典控制理论，要求控制器在控制回路截止频率前保持比例特性（在低频段之内，控制器保持比例特性），即控制器以"积分控制为辅，比例控制为主"作为设计策略。即依靠低频段的积分控制来抑制作用于被控对象的常值干扰项或低频干扰项，而主要通过比例控制来维持输入指令所需的控制量。

"积分控制为辅，比例控制为主"设计策略通过调节比例系数的大小来调节控制回路的截止频率，即在某种意义上比例系数为控制器增益，而积分系数的大小主要依据作用于被控对象的常值干扰项和低频干扰项的大小而确定，主要用于调节截止频率前的控制器滞后特性，如果干扰项较大，其值可相应加大，如果干扰项较小，其值可相应减小，对于某一些小干扰项，甚至积分系数取零，这时 PI 控制器退化为比例控制器。

7.12.2.4 相位滞后-超前校正

超前校正的主要作用是增加中频段的相位裕度，改善系统的动态响应特性，滞后校正的主要作用是改善系统的稳态特性，滞后-超前校正则综合了这两种校正的功能，相当于一个滞后校正与一个超前校正串联，能同时改善系统的动态响应及稳态特性。

如果校正前的系统其动态性能和稳态性能都不满足性能指标，且与性能指标相差较大，则可以采用滞后-超前校正。根据控制系统的性能指标确定闭环系统的主导极点，利用滞后-超前校正网络的超前环节提供相位超前补偿，使校正后系统根轨迹通过所确定的主导极点，从而使闭环系统满足动态性能指标要求；利用滞后环节，使校正后闭环系统满足稳态性能指标要求。其设计步骤如下：

1）根据控制系统设计的性能指标，基于被控对象的特性，在根轨迹平面上确定闭环系统所期望主导极点。

2）为使闭环系统主导极点位于期望的位置，计算出滞后-超前校正网络需要的超前相位 ϕ_c。

3）基于系统稳态指标的要求及截止频率，计算滞后-超前校正网络增益。

4）设计滞后-超前校正网络。

控制器的零极点分布如图 7-90（a）所示，其传递函数为

$$G_{c1}(s) = K_c \frac{(T_1 s + 1)(T_2 s + 1)}{(\beta T_1 s + 1)(\frac{T_2}{\beta}s + 1)} = K_c \frac{\left(s + \frac{1}{T_1}\right)\left(s + \frac{1}{T_2}\right)}{\left(s + \frac{1}{\beta T_1}\right)\left(s + \frac{\beta}{T_2}\right)} \quad \beta > 1, T_1 > 0, T_2 > 0$$

其中，K_c 为校正网络增益，其符号与被控对象同号即可，主要用于调节系统的增益。

上式前半部分起滞后作用，后半部分起超前作用。基于经典控制理论，滞后环节作用于系统的低频段，故 βT_1 要选得足够大，假设 s_1 是期望主导极点之一，使得

$$\frac{\left|s_1 + \frac{1}{T_2}\right|}{\left|s_1 + \frac{1}{\beta T_1}\right|} \approx 1$$

s_1 位于校正后系统的根轨迹上，应满足幅值条件，即

$$K_c \frac{\left| s_1 + \dfrac{1}{T_1} \right| \left| s_1 + \dfrac{1}{T_2} \right|}{\left| s_1 + \dfrac{1}{\beta T_1} \right| \left| s_1 + \dfrac{\beta}{T_2} \right|} |G_k(s_1)| = 1 \qquad (7-36)$$

考虑式（7-36），可得

$$K_c \frac{\left| s_1 + \dfrac{1}{T_2} \right|}{\left| s_1 + \dfrac{\beta}{T_2} \right|} |G_k(s_1)| = 1 \qquad (7-37)$$

根据步骤2），超前环节提供超前角 ϕ_c，即

$$\frac{\phi\left(s_1 + \dfrac{1}{T_2} \right)}{\phi\left(s_1 + \dfrac{\beta}{T_2} \right)} = \phi_c \qquad (7-38)$$

由式（7-37）和式（7-38）可确定 T_2 和 β 值。

5）根据步骤4）得到的 β 值选择 T_1 值，使

$$\begin{cases} \dfrac{\left| s_1 + \dfrac{1}{T_1} \right|}{\left| s_1 + \dfrac{1}{\beta T_1} \right|} \approx 1 \\[6mm] 0° \leqslant \dfrac{\phi\left(s_1 + \dfrac{1}{T_1} \right)}{\phi\left(s_1 + \dfrac{1}{\beta T_1} \right)} \leqslant 3° \end{cases} \qquad (7-39)$$

通常情况下，滞后-超前网络滞后环节的最大时间常数 βT_1 不宜太大。

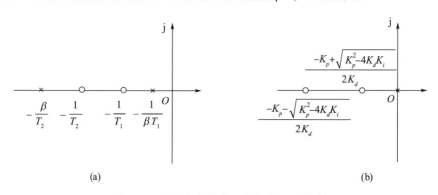

图 7-90　滞后-超前校正网络和 PID 控制

滞后-超前校正网络兼顾相位超前和滞后两种功能，能同时改善系统的动态响应及稳态特性。

经典控制器比例-积分-微分控制 ［简称 PID 控制，传递函数 $G_c(s) = K_p + \dfrac{K_i}{s} + K_d s$］

也可起滞后-超前校正网络的作用，控制器的零极点分布如图 7 - 90 （b）所示。增强积分控制即可增强相位滞后的作用，而增强微分控制则增大相位超前的功能。

7.12.2.5　PID 控制

在工程上，常采用 PID 控制器，PI 和 PD 控制器都可视为 PID 控制器的特例，故在本节重点介绍 PID 控制器以及 PID 控制器的变形形式。

（1）PID 控制器特性

PID 控制器的传递函数见下式，其控制框图如图 7 - 91 所示。

$$G_c(s) = \begin{cases} K_p + \dfrac{K_i}{s} + K_d s = \dfrac{K_d s^2 + K_p s + K_i}{s} = \dfrac{K_i \left(\dfrac{K_d}{K_i} s^2 + \dfrac{K_p}{K_i} s + 1 \right)}{s} \\[4mm] K_p \left(1 + \dfrac{1}{T_i s} + T_d s \right) \end{cases} \tag{7-40}$$

式中　　T_i——积分时间常数；

T_d——微分时间常数。

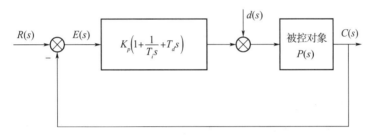

图 7 - 91　PID 控制

由传递函数可知：控制器可视为一个广义的滞后-超前校正网络（即滞后环节的极点移至 0 点，超前环节的极点向左趋于无穷远），其控制器的增益为 K_i，其极点为 0，零点为 $-\dfrac{K_p}{2K_d} \pm \dfrac{\sqrt{K_p^2 - 4K_d K_i}}{K_d}$ 或 $-\dfrac{K_p}{2K_d} \pm \mathrm{i} \dfrac{\sqrt{4K_d K_i - K_p^2}}{K_d}$，即通过调整 K_p，K_i 和 K_d（或者 K_p，T_i 和 T_d）的大小调整控制器在不同频率段的频率特性。

某 PID 控制器的频率特性如图 7 - 92 所示，经典 PID 控制器的对数幅频和相位特性大致如此，其控制器的频率特性如下：

1）控制器在低频段表现出较明显的积分特性，而在高频段表现出较明显的微分特性；

2）通常情况下，PID 控制中除了比例控制是必需的之外，其他积分控制和微分控制可根据需要适当裁剪，可以通过调节积分和微分系数来调整控制器在不同频率段的幅值和相位特性。

3）PID 控制中积分控制表现为在低频段的大增益和相位滞后 $90°$，其增益随频率呈 -20 dB/dec 减小，相位由 $-90°$ 趋于 0。当 K_i 从某值衰减至 0 的过程中，控制器在低频段的积分作用趋弱，当 $K_i = 0$ 时，PID 控制退化为 PD 控制，此时控制器无积分作用，控制器在低频段的增益为比例系数，相位滞后为 0。

4）PID 控制中微分控制表现为在高频段的增益随频率呈 20 dB/dec 增加，相位超前趋于 90°，当 K_d 从某值衰减至 0 的过程中，控制器在高频段的微分作用趋弱，PID 控制器就退化为 PI 控制器。

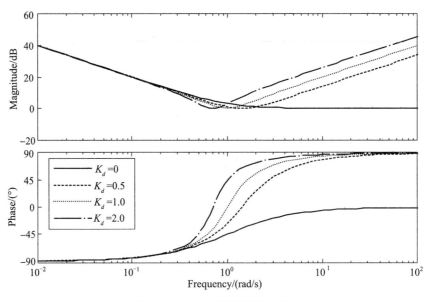

图 7 - 92　PID 控制器频率特性

（2）PID 控制器参数确定原则

一般参考书建议采用齐格勒-尼柯尔斯法来初步调整 PID 的控制参数，齐格勒-尼柯尔斯法在某种程度上属于试凑法，该方法的缺点：1）由于属于试凑法，其使用效果在较大程度上取决于控制参数初始值的确定（常取决于设计者的控制系统设计水平以及对被控对象的先验知识），而确定初始值涉及三个参数的确定，而在绝大多数情况下，确定三个参数的数量级及正负号也是一件不容易的事，更别提三个参数之间的大小关系，故在某一些初始值确定后，控制系统的单位阶跃响应发散很快，这时试凑法无从开始；2）控制系统由控制器和被控对象组成，控制器结构和参数的确定自然需要在了解被控对象的基础上，而齐格勒-尼柯尔斯法在忽略被控对象特性的基础上开展设计，其方法自然有缺陷。

PID 控制器设计应遵循如下准则：

1）基于控制系统快速性要求确定开环系统的截止频率，进而确定控制系统的低频和中频段范围。

2）分析被控对象的低频和中频的特性，其方法较多：a）可以直接分析被控对象的增益以及零极点；b）借用 bode 图分析被控对象在低频和中频段的幅值特性以及相位特性。

3）基于被控对象的中低频特性，初步确定 PID 控制器的设计策略，即确定 PID 控制中比例控制、积分控制或微分控制的比重。

4）计算被控对象在截止频率处的增益 A_p，确定控制器在截止频率的增益为 $A_g = 1/A_p$；

5）结合步骤 3）和 4）初步确定 PID 的参数。

6）在步骤 5）的基础上，运用 nyquist 或 bode 图，对 PID 的参数进行进一步调整。

（3）PID 控制器改进

当控制回路输入信号为阶跃信号时，由于控制器微分的作用，引起控制量突跳，故在工程上常用 $\dfrac{T_d s}{1 + \gamma T_d s}$（$\gamma$ 约为 0.1）代替 $T_d s$ 的作用，如图 7-93 所示，但是也会引起控制量较大的跳动，其控制器传递函数为

$$G_c(s) = K_p \left(1 + \frac{1}{T_i s} + \frac{T_d s}{1 + \gamma T_d s} \right) \qquad (7-41)$$

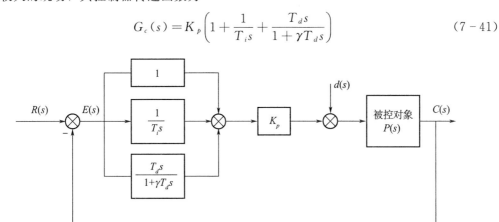

图 7-93　工程 PID 控制

在工程上针对输入信号跳变的情况，也常采用 PI-D 控制，即将微分作用安排在反馈回路中，如图 7-94 所示，假设无干扰，则

$$\begin{cases} U(s) = E(s) K_p \left(1 + \dfrac{1}{T_i s} \right) - C(s) K_p T_d s \\ C(s) = U(s) P(s) \end{cases}$$

则可得 PI-D 控制系统的闭环传递函数为

$$G_c(s) = \frac{P(s) K_p \left(1 + \dfrac{1}{T_i s} \right)}{1 + P(s) K_p \left(1 + \dfrac{1}{T_i s} + T_d s \right)}$$

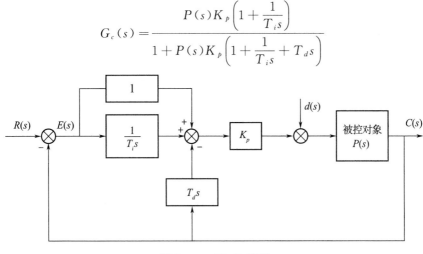

图 7-94　PI-D 控制

对于控制回路输入指令存在突变的情况，无论采用 PID 或 PI‑D 控制，控制信号都有一个跳变值，在工程上，可进一步将比例控制和微分控制都移至反馈回路，如图 7‑95 所示，假设无干扰，则

$$\begin{cases} U(s) = E(s)\dfrac{K_p}{T_i s} - C(s)K_p(1 + T_d) \\ C(s) = U(s)P(s) \end{cases}$$

则可得 I‑PD 控制系统的闭环传递函数为

$$G_c(s) = \frac{1}{T_i s}\frac{P(s)K_p}{1 + P(s)K_p\left(1 + \dfrac{1}{T_i s} + T_d s\right)}$$

由上式可知：当控制回路输入指令存在跳变时，由于控制积分的作用，控制回路不会出现跳变。

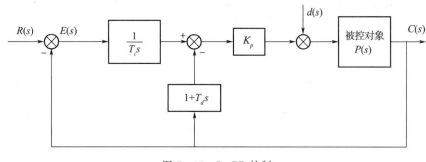

图 7‑95　I‑PD 控制

7.12.2.6　超前、滞后和滞后‑超前校正的小结

超前、滞后和滞后‑超前校正的频率特性很不一样，总结如下：

1）采用哪一类校正网络在很大程度上取决于被控对象的特性以及控制系统的设计指标。对于零型被控对象必须采用滞后校正网络或 PI 控制，以保证控制稳态精度；对于一型被控对象可采用滞后校正网络、PI 控制、比例控制、PID 控制或 PD 控制；对于二型被控对象则必须采用超前校正、PD 控制或 PID 控制，即控制器具有较强的相位超前功能。

2）相位超前校正可看作一个高通滤波器，即低频部分的信号被抑制，而高频部分的信号通过。

3）相位超前校正常用于改善控制回路的稳定裕度，相对于滞后校正，超前校正可提高开环系统的截止频率，意味着控制系统具有较高的带宽，系统响应指令较快，但同时，由于相位超前增加高频段的增益，即对噪声更加敏感，所以需视系统噪声的特性慎重设计相位超前的幅度，可优先选用超前校正而非 PD 控制。

4）相位滞后校正可看作一个低通滤波器，即低频部分的信号通过，而高频部分的信号被抑制；滞后校正在原理上使开环控制系统在低频段具有较高的增益，进而改善稳态特性，同时降低了中高频段的增益，使开环控制系统截止频率下降，而改善相位裕度。

5）相位滞后校正引入极点‑零点，可能与被控对象的零极点形成偶极子，使得系统响

应具有较严重的拖尾现象，得视控制系统对这种拖尾现象的容许程度调节控制器。

6）相位滞后校正对输入信号有积分效应，在控制作用上近似于 PI 控制，即滞后校正具有降低稳定性的倾向，在某一些情况下，可优先选择相位滞后校正而非 PI 控制。

7）当控制系统对系统的快速性以及稳定特性都有较高要求时，可优先选择滞后-超前校正或 PID 校正，利用低频段的滞后（积分效应）来提高开环系统的增益以获得较高的稳态精度，利用中频段的超前校正提高开环回路的截止频率以获得较高的系统响应快速性。

7.12.3　局部反馈校正

将校正网络 $G_{c2}(s)$ 接在系统局部反馈回路中，即为反馈校正，如图 7-85 所示，其表达式为

$$U(s) = G_{c2}(s)C(s)$$

反馈校正回路一般作为多回路系统的内回路，其主要作用：1）降低被控对象的时间常数；2）抑制被控对象模型不确定性（包括结构不确定性和参数不确定性）对控制回路的影响；3）抑制外部干扰对控制回路的影响。

（1）降低被控对象时间常数

为了表述方便，假设被控对象为一阶系统 $P(s) = \dfrac{K}{Ts+1}$，反馈校正 $G_{c2}(s) = K_c$，则被控对象经过反馈校正后传递函数 $P'(s)$ 为

$$P'(s) = \frac{\dfrac{K}{1+KK_c}}{\dfrac{T}{1+KK_c}s+1} \qquad (7-42)$$

即原被控对象时间常数 $T \to \dfrac{T}{1+KK_c}$，时间常数的减小可提高控制系统的响应速度，改善控制系统的品质，另外，$P'(s)$ 相对于 $P(s)$ 其增益也相应地由 K 降低至 $\dfrac{K}{1+KK_c}$，这需要提高串联校正的增益加以补偿。

（2）抑制对象模型不确定性

假设被控对象增益 K 增加 ΔK，即相对变化量为 ΔK，采用反馈校正后

$$P'(s) = \frac{\dfrac{K+\Delta K}{1+(K+\Delta K)K_c}}{\dfrac{T}{1+(K+\Delta K)K_c}s+1}$$

即相对变化量为 $\dfrac{\Delta K}{1+(K+\Delta K)K_c}$，反馈校正越大，越能抑制模型不确定性对控制回路的影响。

另外，当 $KK_c \gg 1$ 时，$P'(s)$ 可简化为

$$P'(s) = \frac{1}{K_c}$$

即采用局部反馈后，$P'(s)$ 只与反馈校正增益相关，与被控对象本身无关，即抑制被控对象的模型不确定性。

（3）降低外部扰动的影响

如图 7-96 所示，d 为外部扰动，无反馈校正时，d 对输出的影响为

$$C(s) = P(s)d(s) \tag{7-43}$$

采用反馈校正后，d 对输出的影响为

$$C(s) = \frac{P(s)}{1 + P(s)G_{c2}(s)} d(s) \tag{7-44}$$

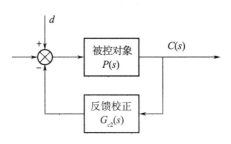

图 7-96　扰动影响

对比式（7-43）和式（7-44），可知：增加反馈校正后，扰动对输出的影响可降低为原来的 $\dfrac{1}{1 + P(s)G_{c2}(s)}$，即有效地抑制外部扰动对控制回路的影响。

综上所述，反馈校正主要用于对被控对象的特性进行改造，根据理论，反馈校正增益越大，越能减小被控对象时间常数（使控制系统的响应变快），越能抑制被控对象的模型不确定性（即放宽对被控对象标称模型建模精度的要求），越能抑制外部扰动对控制系统的影响。从这层意义上看，反馈校正增益越大越好，但是反馈校正增益的大小取决于如下两个因素：

1）校正开环系统 $P(s)G_{c2}(s)$ 的裕度和执行机构的频率特性及延迟特性：通常情况下，反馈校正增益越大，开环系统的截止频率越高，系统的延迟裕度越小，则要求执行机构能越快执行操作；

2）反馈校正增益越大，则广义被控对象的增益越小，为了满足系统的快速性要求，则要求串联校正的增益增大，导致控制系统参数（反馈校正参数和串联校正参数）都为"大值"，影响了整个系统的裕度。

反馈校正增益的确定要综合以上各种因素，其值在较大程度上还取决于控制系统的快速性以及被控对象的模型不确定性。

7.12.4　串联校正和反馈校正的区别

控制系统回路大多采用串联校正和反馈校正（图 7-97），它们具有相同的开环形式

$$sys\_open(s) = G_c(s)P(s)$$

但是串联校正和反馈校正在本质上存在很大区别，下面简单地从闭环特性和抗干扰特性两

方面说明它们之间的区别。

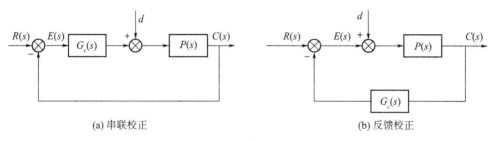

(a) 串联校正   (b) 反馈校正

图 7 - 97   串联校正和反馈校正

（1）闭环特性

虽然两者具有相同的开环传递函数，即具有相同的相位裕度、幅值裕度及截止频率，但是两者的闭环传递函数分别为

$$sys\_close\,(s)_{串联校正} = \frac{G_c(s)P(s)}{1+G_c(s)P(s)} \,,\, sys\_close\,(s)_{反馈校正} = \frac{P(s)}{1+G_c(s)P(s)}$$

即 $sys\_close\,(s)_{串联校正} = G_c(s) \times sys\_close\,(s)_{反馈校正}$，两者之间相差 $G_c(s)$。

当控制器 $G_c(s) \rightarrow 0$ 时（即当控制作用趋于无穷弱时），$sys\_close\,(s)_{串联校正} \rightarrow 0$，$sys\_close\,(s)_{反馈校正} \rightarrow P(s)$，即由于控制作用弱，串联校正的输出趋于 0，而反馈校正的输出趋于 $R(s)P(s)$，即相当于开环控制。

当控制器 $G_c(s) \rightarrow \infty$ 时（即当控制作用趋于无穷强时），$sys\_close\,(s)_{串联校正} \rightarrow 1$，$sys\_close\,(s)_{反馈校正} \rightarrow \frac{1}{G_c(s)} \rightarrow 0$，即由于控制作用强，串联校正的输出无延迟响应输入；而反馈校正的输出趋于 0。

（2）抗干扰特性

下面简单分析两者校正的抗干扰特性，串联校正和反馈校正的扰动输出分别为

$$\left.\frac{C(s)}{d(s)}\right|_{串联校正} = \left.\frac{C(s)}{d(s)}\right|_{反馈校正} = \frac{P(s)}{1+G_c(s)P(s)}$$

两者具有相同的抗干扰特性，当控制器 $G_c(s) \rightarrow 0$ 时（即当控制作用趋于无穷弱时），$\frac{C(s)}{d(s)} \rightarrow P(s)$，即由于控制作用弱，闭环系统对扰动没有抑制作用；当控制器 $G_c(s) \rightarrow \infty$ 时（即当控制作用趋于无穷强时），$\frac{C(s)}{d(s)} \rightarrow \frac{1}{G_c(s)} \rightarrow 0$，即由于控制作用强，闭环系统能很好地抑制扰动。

7.12.5 前馈校正及复合控制

工程上大多采用反馈控制，反馈控制是基于输入指令与被控变量之间的偏差量进行控制，其特点是当被控变量与输入指令出现偏差后，控制器根据偏差量生成控制指令，最后消除（或基本消除）偏差量。反馈控制本质上属于一种以"偏差量消除偏差量"被动式控

制策略。当被控对象的惯性较大时或存在高频无规则扰动时，会造成控制过程中较大动态偏差，即系统的带宽较小。为了提高控制品质，特别是增大控制系统的带宽，工程上也常采用前馈控制（也称前馈校正），前馈控制属于主动式控制策略，在很大程度上可弥补反馈控制自身的缺陷。

7.12.5.1 前馈校正

前馈校正按补偿性质分为扰动量补偿和控制量补偿，按照不变性原理进行设计。

扰动量补偿：按照扰动作用的大小进行控制，当某一扰动出现，实时测量扰动信号，据此形成控制指令，实时补偿扰动对被控变量的影响。扰动量补偿实现的前提条件：1）需要对扰动量进行实时量测；2）需要建立扰动量对输出的传递函数模型。

控制量补偿：按照输入指令的大小进行控制，当输入指令一出现，就能根据指令的大小生成控制指令，所以其控制属于主动式控制，理论上，如果补偿作用完善，可以使被控变量无偏差地跟踪输入指令。

下面简单地比较前馈控制和反馈控制之间的区别，见表 7 - 17。

表 7 - 17　反馈控制和前馈控制之间的区别

区别	反馈控制	前馈控制（控制量补偿）
被控量可测	被控量直接可测	不要求被控量可测
输入量	输入量:控制偏差 存在偏差时,控制才起作用	输入量:输入指令 根据输入指令计算控制指令,在理论上可实现系统输出的不变性
控制稳定性	闭环控制,存在控制稳定性问题	开环控制,不存在控制稳定性问题
扰动影响	可抑制扰动的影响	不能抑制扰动的影响
被控对象模型准确性	不太严格要求模型的准确性	较严格要求模型的准确性
快速性	较差	较好

7.12.5.2 复合校正

串联校正和反馈校正能满足系统校正的一般要求，但对于稳态精度与动态性能均要求较高或存在强扰动，特别是低频扰动时，仅靠这两种校正方式往往是不够的，在这种情况下，常常采用复合控制。所谓复合控制，就是在闭环反馈控制的基础上，引入前馈控制，产生与输入（给定输入或扰动输入）有关的补偿作用实行开环控制。开环控制不影响闭环系统的稳定性，因此，复合控制同时利用开、闭环控制方式，将提高稳态精度与改善动态性能，或者说使系统既具有较好的跟踪能力又具有较强的抗扰动能力，在高精度控制系统中得到了广泛的应用。

复合控制系统综合的基本思路是：对这两部分分别进行综合，根据动态性能要求综合反馈控制部分，根据稳态精度要求综合前控补偿部分，然后进行校验和修改，直至获得满意的结果。

（1）复合控制分析

典型的复合控制如图 7 - 98 所示，输出为

$$C(s) = R(s)G_f(s)G_p(s) + E(s)G_c(s)G_p(s) + d(s)G_p(s) \qquad (7-45)$$

整理可得

$$C(s) = \frac{G_c(s)G_p(s) + G_f(s)G_p(s)}{1 + G_c(s)G_p(s)} R(s) + \frac{G_p(s)}{1 + G_c(s)G_p(s)} d(s)$$

忽略干扰的影响，可得复合控制的传递函数为

$$\phi(s) = \frac{G_c(s)G_p(s) + G_f(s)G_p(s)}{1 + G_c(s)G_p(s)} \qquad (7-46)$$

令前馈控制

$$G_f(s) = \frac{1}{G_p(s)} \qquad (7-47)$$

则可得

$$\phi(s) = 1$$

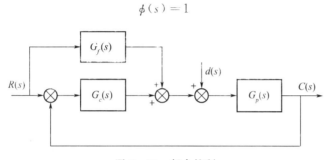

图 7 - 98　复合控制

理论上，在任何时刻，复合控制的输出能完全无误地复现输入量，具有理想的动态跟踪特性。但工程上很难实现对输入信号进行完全补偿，其原因为：1) 一般情况下，被控对象具有复杂的传递函数形式，并且分母阶数高于分子阶数，要完全补偿，则需要得到输入指令的高阶微分信号，这在工程上较难实现；2) 在工程上，采用的数学模型往往是真实对象的近似。所以工程上大多采用满足跟踪精度要求的部分补偿，而非完全补偿。

根据复合控制的传递函数［见式（7 - 46）］，得到等效开环传递函数

$$G_o(s) = \frac{G_c(s)G_p(s) + G_f(s)G_p(s)}{1 - G_f(s)G_p(s)}$$

（2）选用复合控制的原则

1) 若控制系统中被控对象的惯性和迟延较大，反馈控制达不到良好的控制效果时，可引入前馈控制。

2) 如果系统中存在着经常变动、可测而不可控的扰动时，反馈控制难以克服扰动对被调量的影响，这时可引入前馈控制以改善控制品质。

3) 被控对象模型比较确定。

（3）复合校正例子

下面以俯仰过载二回路控制为例，说明复合控制的设计过程及特性，具体见例 7 - 6。

例 7 - 6　设计某制导武器俯仰通道的复合控制。

解：

①控制对象

纵向弹体姿态的动力学方程可简化表示为

$$G_{\delta_z}^{a_y}(s) = \frac{\dfrac{K_M V}{g}(T_{1\theta}s + 1)(T_{2\theta}s + 1)}{(T_M^2 s^2 + 2T_M \xi_M s + 1)} \tag{7-48}$$

式中　a_y——法向过载；

　　　δ_z——俯仰舵偏角；

　　　V——飞行器空速；

　　　g——地球重力系数。

②控制器设计

由式（7-48）可知，控制对象为一个零型对象，在稳态飞行时，某一法向加速度对应于一定的俯仰舵，即单位舵偏对应的法向加速度为

$$a_y(t) = \lim_{s \to 0} s \frac{K_M V(T_{1\theta}s + 1)(T_{2\theta}s + 1)}{(T_M^2 s^2 + 2T_M \xi_M s + 1)} \frac{1}{s} = K_M V$$

这样，根据相应的法向加速度指令就可以得到相应的俯仰舵偏，而在控制回路加前置补偿，即可以在很大程度上，减缓反馈回路的控制压力。

复合控制的关键在于 $G_f(s)$ 的选择，在省略执行机构传递函数的条件下，可以得到前馈补偿的全补偿形式

$$\delta_z = \frac{T_M^2 \ddot{a}_y + 2T_M \xi_M \dot{a}_y + a_y}{K_M V[T_{1\theta} T_{2\theta} s^2 + (T_{1\theta} + T_{2\theta})s + 1]}$$

取某一特征点：$T_M^2 = 0.015\,7$，$2T_M \xi_M = 0.060\,4$，$T_{1\theta} T_{2\theta} = -0.001\,6$，$T_{1\theta} + T_{2\theta} = -0.004\,8$。

考虑到弹体纵向特性、控制系统实现简易程度、实际飞行中作用在弹体上的加速度的变化特性，可令

$$\begin{cases} T_{1\theta} T_{2\theta} s^2 + (T_{1\theta} + T_{2\theta})s + 1 \approx 1 \\ \ddot{a}_y \approx 0 \end{cases}$$

则可得前馈补偿的简化形式

$$\delta_z = \frac{2T_M \xi_M \dot{a}_y}{K_M V} + \frac{a_y}{K_M V}$$

从上式可以看出，需要得到 $\dot{a}_y$。通过下式（二阶跟踪微分器）可以对法向制导指令安排过渡过程，并得到其微分信号

$$\begin{cases} v_1(k+1) = v_1(k) + hv_2(k) \\ v_2(k+1) = v_2(k) + hfal(v_1(k) - v(k), v_2(k), r, h_0) \end{cases}$$

式中　$v(k)$——输入信号；

　　　$v_1(k)$——跟踪输入信号；

$v_2(k)$ ——近似为 $v(k)$ 的微分信号；

h ——积分步长；

r ——跟踪微分器的速度因子；

$fal()$ ——离散系统时间最优控制综合函数；

h_0 ——滤波因子。

r 越大，$v_1(k)$ 跟踪 $v(k)$ 越快，从而 $v_2(k)$ 越快接近于 $v(k)$ 的微分。

③仿真及分析

为了说明复合控制的效果，特将经典 PID 控制和复合控制进行对比分析。主要分单点控制和全弹道控制。

（a）单点控制

经典 PID 控制：控制器参数和弹体阻尼参数采用随飞行状态变化，为了消除稳态误差，采用较大的积分项系数，系统正弦波和方波响应如图 7 - 99 所示，闭环系统带宽低于 0.8 Hz。

复合控制：系统正弦波和方波响应如图 7 - 99 所示，闭环系统带宽高于 0.8 Hz。

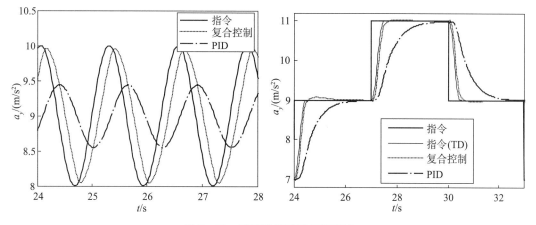

图 7 - 99 正弦波响应和方波响应

由图 7 - 99 可见，非线性复合控制在动态响应特性和稳态特性上均明显优于经典 PID 控制。复合控制能很好地跟踪指令（TD），响应速度快，超调很小。而经典 PID 控制响应慢，存在较大的延迟。

两种控制器在结构上的差别主要表现为复合控制在经典 PID 控制的基础上增加了动态前馈补偿环节。经典 PID 控制：由于弹体被控对象为一个零型环节，而且在低频段增益也比较小，所以经典 PID 控制不可避免采用很大的积分项（积分项远大于比例项），这样在很大程度上不可避免地出现图 7 - 99 所示的现象：控制系统的响应在较大程度上滞后于控制指令。而复合控制主要依靠前馈控制补偿绝大部分控制指令，而剩余的小部分才依靠前向串联的 PI 控制，这样原理上，能"实时"跟踪控制指令。

下面基于频域分析两种控制的性能，经典 PID 控制的开环 bode 图如图 7 - 100 （a）所示，其幅值裕度 $h = 24.3$ dB，相位裕度 $\gamma = 85.9°$，截止频率 $\omega_c = 2.13$ rad/s；复合控制的等效开环 bode 图如图 7 - 100（b）所示，其幅值裕度 $h = 18.5$ dB，相位裕度 $\gamma = 52.3°$，截止频率 $\omega_c = 7.52$ rad/s，由图可知，复合控制在控制的快速性方面远优于经典 PID 控制。

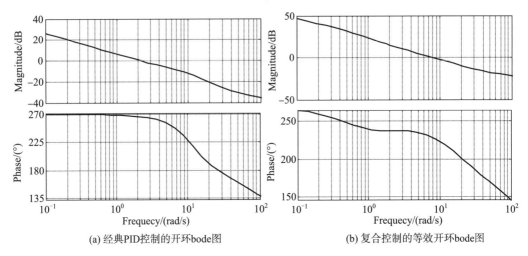

（a）经典PID控制的开环bode图　　　　　　（b）复合控制的等效开环bode图

图 7 - 100　开环 bode 图

（b）全弹道控制

1）仿真条件：投放高度为 3 km，射程为 15 km。干扰及偏差：轴质心偏差 -0.02 m，转动惯量偏差 $\Delta J_z = 0.1$，静稳定度偏差 $\Delta m_z^\alpha = 0.3$，俯仰舵效偏差 $\Delta m_z^{\delta_z} = -0.2$，阻尼动导数偏差 $\Delta m_z^{\omega_z} = -0.50$，在飞行高度区间 $[2\,000$ m，$2\,500$ m$]$ 增加常值干扰 $m_{z0} = 0.04$。风场：在海拔区间 $[2\,750$ m，$2\,850$ m$]$ 和 $[1\,500$ m，$1\,750$ m$]$ 分别增加 5.0 m/s^2 垂直向上和向下的风突变。

2）仿真结果：仿真结果如图 7 - 101、图 7 - 102 所示，其中图 7 - 101 为 PID 控制法向加速度指令和响应，图 7 - 102 为复合控制法向加速度指令和响应。

3）仿真分析及结论：经典 PID 控制是依据指令和实际之间的误差信息得到控制指令的一种控制策略，即典型反馈控制，其误差指令经过控制器、执行机构以及对象之后再反馈输出信号与输入指令形成误差信号，而这样输出信号在时间上就存在一定的延迟，属于"被动"的控制策略。复合控制结合了前馈控制和反馈控制的优点，控制的响应主要依据前馈控制，即根据输入信号，实时产生控制指令，属于"主动"的控制策略。

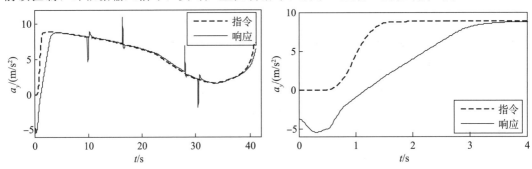

图 7 - 101　PID 控制法向加速度指令和响应

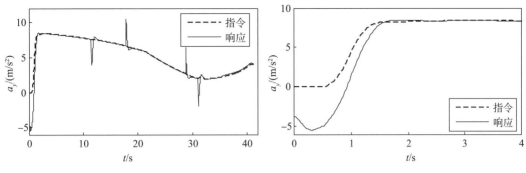

图 7 - 102　复合控制法向加速度指令和响应

④设计结论

从补偿原理来看，由于前馈补偿采用开环控制去补偿输入指令信号，在原理上并不改变反馈控制系统的特性；从抑制扰动的角度看，前馈补偿可以减轻反馈控制的负担，可对反馈控制的增益进行相应的调节以增加系统的稳定性。

7.12.6　非线性 PID 控制

经典 PID 控制为线性控制器，其控制参数为固定系数，并不能很好发挥 PID 控制的性能，特别是不能兼顾控制快速性和超调之间的矛盾。

线性控制器可视为非线性控制器的特例，相对于线性 PID 控制器，非线性 PID 控制器可在一定程度上提高控制品质，具体设计如下：

（1）比例系数 K_p 的选择

如图 7 - 103（a）所示，当误差 e 较大时，采用大增益，目的是提高系统的响应速度，当误差较小时，采用小增益，目的是减小系统的超调量，故 K_p 可表示为如下非线性函数

$$K_p = a_1 + b_1 \times |e|^2$$

式中，a_1 和 b_1 为常数。

（2）积分系数 K_i 的选择

如图 7 - 103（b）所示，当误差较大时，希望积分系数不要太大，以免控制系统的稳定性变差，导致系统出现较大的超调量。当误差较小时，采用较大积分系数，目的是减小系统的稳态误差，故 K_i 可表示为如下非线性函数或分段函数

$$K_i = a_2 - b_2 \times |e|^2$$

式中，a_2 和 b_2 为常数。

（3）微分系数 K_d 的选择

如图 7 - 103（c）所示，微分系数的大小取决于控制误差量的正负极性以及误差量的大小。以一个典型控制的阶跃响应为例［图 7 - 103（d）］解释如何确定微分系数的大小：1）当控制误差量为正时，如果这时控制误差量 e 较大，考虑到控制系统响应的快速性，这时微分系数取较小值；而随着响应 c 接近于输入指令 r，即 $e \rightarrow 0^+$ 时，这时为了减小响应的超调量，则适当增加微分的作用；2）当控制误差量为负时，随着误差量变大，则逐

渐增加微分系数，主要用于限制响应的超调量，防止响应以较大幅值振荡。

综上所述，K_d 可表示为如下非线性函数

$$K_d = a_3 b_3^{-e}$$

式中，a_3 和 b_3 为常数。

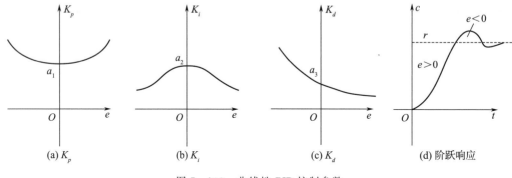

图 7 - 103　非线性 PID 控制参数

7.12.7　控制参数在线调整

在一般情况下，空地导弹投弹包络（投放高度、速度、射向角等区间）很宽，且在飞行过程中，飞行状态（主要指飞行动压、马赫数、攻角及侧滑角等）变化很大，为了获得满意的控制品质，控制器参数需要根据飞行状态实时在线调整。

由于控制回路是由被控对象和控制器所组成的闭环系统，即控制器必须针对被控对象的特性进行设计，而被控对象的特性跟导弹的质量结构特性、气动特性以及飞行动压等有关。换句话说，控制器是基于质量结构特性、气动特性以及飞行动压的变化，不同型号的空地导弹控制参数在线调整有所不同，通常归为如下三类：

（1）发动机工作引起弹体质量特性变化

对于配备发动机的空地导弹而言，其弹体质量特性随发动机工作发生改变，即弹体质心、质量以及转动惯量在飞行过程中是变化的，其一，被控对象特性随弹体质量特性的变化而变化，其二，弹体质心变化引起弹体气动特性随之变化，对于纵向气动参数而言，重要气动参数 m_z^α 和 $m_z^{\delta_z}$ 等随质心变化，故控制器参数在线调整以适应这种变化。

（2）飞行动压变化

重要的弹体动力系数与飞行动压成正比，即被控对象标称模型与飞行动压直接相关，故控制器参数的确定也与飞行动压相关，在工程上，需要分析被控对象特性随动压的变化规律，在此基础上确定控制器各个参数与动压的变化规律。

控制回路的动压精确度也在较大程度上影响控制品质。

对于配备大气测量系统的空地导弹，利用大气测量系统输出的动压和马赫数信息进行控制参数在线调整。对于具有惯性导航系统的空地导弹，一般利用惯性导航系统输出的速度以及高度信息折算成动压信息，再依据动压信息进行控制参数在线调整，但对于高空亚声速投放制导武器，此方法误差较大，分析如下：

假设大气为标准大气，某空地导弹在逆风 78 m/s 的情况下，以 $Ma = 0.7$ 在高空 10 000 m 飞行，这时，空地导弹感受的真飞行动压为

$$Q = 0.5\rho V^2 = 0.5 \times 0.412\ 7 \times (0.7 \times 299.46)^2\ \text{Pa} = 9\ 067\ \text{Pa}$$

而利用惯性导航系统计算得到的飞行动压为

$$Q = 0.5\rho V^2 = 0.5 \times 0.412\ 7 \times (0.7 \times 299.46 - 78)^2\ \text{Pa} = 3\ 575\ \text{Pa}$$

故利用惯性导航系统计算得到飞行动压误差很大，如果考虑大气密度误差以及导航系统输出的速度误差等因素，误差可能更大，严重影响控制系统的控制品质。

（3）飞行攻角或侧滑角变化

对于无尾气动布局（或者边条翼气动布局）的空地导弹，其气动参数随飞行攻角和侧滑角急剧变化，其控制回路各个参数也可以依据飞行攻角变化。在工程上可以利用状态观测器或其他工程方法在线实时解算得到飞行攻角或侧滑角，再分析被控对象标称模型随飞行攻角或侧滑角的变化规律，在此基础上确定控制器各个参数随飞行攻角或侧滑角的变化规律。

7.13　控制系统测试信号

控制系统根据输入信号的形式不同可分为恒值控制、程序控制以及随动控制（也称为跟踪系统或伺服系统）。飞行控制系统可视为随动系统，输入控制信号为事先未知的时间函数。在工程上，为了便于对系统进行分析、设计及测试，同时也为了便于对各种控制系统之间的性能进行比较，测试控制系统性能时常采用确定性信号。

对飞行控制系统进行测试一般分两个阶段，其一，单点测试，其二，全弹道测试。单点测试通常在基于某特征点设计完控制回路之后，初步检验基于此点设计控制系统的时域和频域性能。全弹道测试通常在整个控制系统设计完之后，在整个投弹包络内对控制系统全弹道进行测试。

7.13.1　单点测试

单点测试是基于某一特征点设计控制参数之后，对控制系统的性能进行测试或考核，着重考核其时域性能指标，常采用单位脉冲信号、单位阶跃信号、单位斜坡信号和正弦信号，见表 7 - 18。

表 7 - 18　典型输入信号

名称	时域表达式	复域表达式
单位脉冲函数	$\delta(t)$　$t \geqslant 0$	1
单位阶跃函数	$1(t)$　$t \geqslant 0$	$\dfrac{1}{s}$
单位斜坡函数	t　$t \geqslant 0$	$\dfrac{1}{s^2}$
正弦函数	$a\sin(\omega t)$　$t \geqslant 0$	$\dfrac{a\omega}{s^2 + \omega^2}$

下面利用傅里叶变换对上述信号的特性进行分析。

（1）单位脉冲函数

脉冲函数是控制工程理论设计和测试常用的信号，有的控制输入信号可近似看作脉冲信号。单位脉冲信号或称为 Dirac delta 函数，简称为 δ 函数（图 7 - 104）。脉冲函数 $\delta(t)$ 定义为

$$\delta(t) = \begin{cases} 0 & t \neq 0 \\ \infty & t = 0 \end{cases}$$

即在 $t \neq 0$ 时，其值为 0，$t = 0$ 时，其值为无穷大。此外单位脉冲函数满足如下关系式

$$\int_{-\infty}^{+\infty} \delta(t)\,\mathrm{d}t = 1$$

$\delta(t)$ 函数为一个广义函数，没有普通意义下的函数值，但在工程上有一个很重要的特性，即筛选特性，对于任一无穷次可微函数 $f(t)$，均使如下关系式成立

$$\int_{-\infty}^{+\infty} \delta(t)f(t)\,\mathrm{d}t = f(0)$$

利用单位阶跃函数的筛选特性，很容易得到单位阶跃函数的傅里叶变换

$$F(\omega) = F(\delta(t)) = \int_{-\infty}^{+\infty} \delta(t)\mathrm{e}^{-\mathrm{j}\omega t}\,\mathrm{d}t = \mathrm{e}^{-\mathrm{j}\omega t}\big|_{t=0} = 1$$

即单位脉冲函数 $\delta(t)$ 和常数 1 构成一个傅里叶变换对。

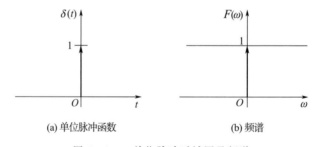

(a) 单位脉冲函数　　　　　　(b) 频谱

图 7 - 104　单位脉冲时域图及频谱

单位脉冲函数 $\delta(t)$ 的频谱为 1，即在整个频域里其频谱为 1，故常用来测试控制系统对低、中和高频段信号的响应特性。

另外，根据此特性，可以得到

$$F^{-1}(F(\omega)) = \delta(t) = \frac{1}{2\pi} \int_{-\infty}^{+\infty} \mathrm{e}^{\mathrm{j}\omega t}\,\mathrm{d}\omega$$

进一步，可得

$$\delta(t) = \frac{1}{2\pi} \int_{-\infty}^{+\infty} \cos\omega t\,\mathrm{d}\omega$$

以上两式是 δ 函数常用到的公式。

（2）单位阶跃函数

单位阶跃函数是控制系统测试中极为重要的一种信号，由于 $1(t)$，$t \geqslant 0$ 不满足绝对可积条件，即不能得到传统意义上的傅里叶变换，在工程上借用单位脉冲函数 $\delta(t)$ 的筛

选特性可得到其频谱特性。

通常先将阶跃函数看成指数函数的极限，即

$$1(t) = \lim_{\varepsilon \to 0} f_\varepsilon(t)$$

$$f_\varepsilon(t) = \begin{cases} \mathrm{e}^{-\varepsilon t} & t \geqslant 0 \\ 0 & t < 0 \end{cases}$$

根据指数函数的特性，可以求得傅里叶变换为

$$F(\omega) = F(f_\varepsilon(t)) = \int_0^{+\infty} \mathrm{e}^{-\varepsilon t} \mathrm{e}^{-\mathrm{j}\omega t} \,\mathrm{d}t = \frac{1}{\varepsilon + \mathrm{j}\omega} = \frac{\varepsilon}{\varepsilon^2 + \omega^2} - \mathrm{j}\frac{\omega}{\varepsilon^2 + \omega^2}$$

令 $\varepsilon = \dfrac{1}{\lambda}$，则 $\mathrm{Re}(F(\omega)) = \dfrac{\lambda}{1 + \lambda^2 \omega^2}$，当 $\varepsilon \to 0$，即 $\lambda \to \infty$ 时，则

$$\mathrm{Re}(F(\omega)) = \pi\delta(\omega)$$

令 $\varepsilon \to 0$，即可得到单位阶跃函数的傅里叶变换

$$F(\omega) = F(1(t)) = \pi\delta(\omega) + \mathrm{j}\frac{1}{\omega}$$

根据单位阶跃函数的傅里叶变换，很容易得到其频谱特性，如图 7 - 105 所示，其频谱特性由一个 δ 函数和连续函数组成，δ 函数为傅里叶变换的实数部分，即代表 0.5 个直流分量，连续函数为傅里叶变换的虚数部分，表示阶跃函数的傅里叶变换虚数部分随信号频率的增加而迅速衰减。因此，控制工程常用单位阶跃函数测试控制系统对低频信号的响应特性。

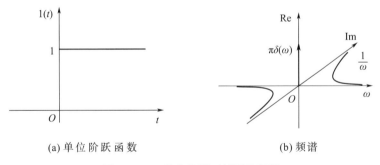

(a) 单位阶跃函数　　　　　　　　　　　(b) 频谱

图 7 - 105　单位阶跃时域图及频谱

（3）单位斜坡函数

单位斜坡函数可表示为单位阶跃函数和时间 t 的乘积（图 7 - 106），即

$$r(t) = 1(t) \cdot t = \begin{cases} t & t \geqslant 0 \\ 0 & t < 0 \end{cases}$$

其傅里叶变换为

$$F(\omega) = F(1(t) \cdot t) = \pi\mathrm{j}\dot{\delta}(\omega) + \frac{1}{\omega^2}$$

同理单位斜坡函数用于测试控制系统对低频信号的响应特性，通常用于测试开环 1 型系统（大部分姿态控制系统的开环为 1 型系统）的误差特性。

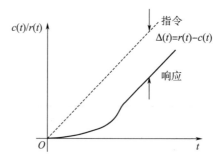

图 7 - 106　单位斜坡函数时域图

（4）正弦函数

令正弦函数为

$$f(t) = a\sin(\omega_0 t + \phi)$$

式中　a ——幅值；

　　　ϕ ——初始相位，为了简化，常令 $\phi = 0$。

正弦函数不满足函数绝对可积条件，需要借助 δ 函数得到其傅里叶变换，即

$$
\begin{aligned}
F(\omega) &= F(a\sin\omega_0 t) \\
&= \int_{-\infty}^{+\infty} a\sin\omega_0 t\, \mathrm{e}^{-\mathrm{j}\omega t}\,\mathrm{d}t \\
&= \frac{a}{2\mathrm{j}} \int_{-\infty}^{+\infty} (\mathrm{e}^{-\mathrm{j}(\omega-\omega_0)t} - \mathrm{e}^{-\mathrm{j}(\omega+\omega_0)t})\,\mathrm{d}t \\
&= \frac{a}{2\mathrm{j}} [2\pi\delta(\omega-\omega_0) - 2\pi\delta(\omega+\omega_0)] \\
&= a\pi\mathrm{j}[\delta(\omega+\omega_0) - \delta(\omega-\omega_0)]
\end{aligned}
$$

即正弦函数的傅里叶变换由两个 δ 函数组成，表示只在频率 ω_0 处有幅值，如图 7 - 107 所示，常用不同频率的正弦函数对闭环系统的频域特性进行测试。

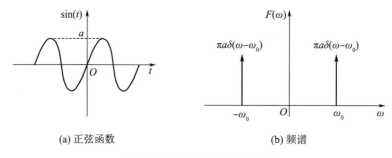

（a）正弦函数　　　　　　　　　　（b）频谱

图 7 - 107　正弦时域图及频谱

7. 13. 2　全弹道测试

当控制系统初步设计完之后，常采用数学仿真或半实物仿真试验对全弹道的控制品质进行测试，主要测试控制系统在全弹道状态下的时域特性和频域特性。

（1）时域特性测试

时域特性主要测试控制回路的稳定性、稳态误差以及动态响应特性等，常采用正弦信号和方波信号，如图 7 - 108 所示。

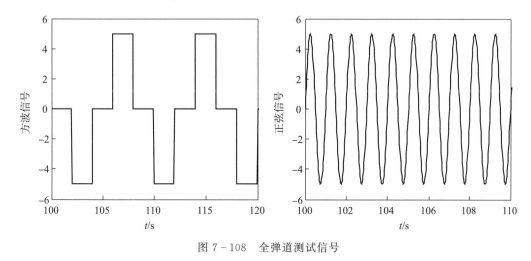

图 7 - 108　全弹道测试信号

1）方波信号主要用于测试控制回路的响应上升时间、超调量、稳态误差、调节时间、半振荡次数等，另外也可以根据响应的上升过程初步间接判断控制回路的稳定裕度等频域指标；

2）正弦信号主要用于测试控制回路的带宽，测试控制回路的频率特性，主要从幅值衰减、相位延迟、正弦波波形保持等方面测试控制回路对不同频率正弦信号的响应特性，进而判断控制回路的控制品质。

下面以某微型空地导弹滚动控制回路为例说明正弦响应特性。

例 7 - 7　仿真某微型空地导弹滚动控制回路的正弦响应特性。

仿真条件：投放高度为 3 000 m，射程 8 000 m，离轨速度为 $Ma = 0.05$。常值风场：无。切变风：在飞行高度区间 [1 250 m，1 500 m] 和 [2 250 m，2 500 m] 作用 7.0 m/s 的侧风。气动、结构、动力无拉偏，滚动阻尼动导数分别为：-50%，0 和 50%，试仿真不同滚动阻尼动导数时滚动控制回路的正弦响应特性。

解：仿真结果如图 7 - 109 所示，由此可知：

1）滚动控制回路的带宽略大于 1 Hz；

2）全弹道的控制回路带宽不随飞行状态的变化而变化，即控制回路具有较强的鲁棒性，全弹道控制参数设计合理；

3）滚动控制回路控制性能受弹体滚动阻尼参数的影响较大；

4）其响应为保持较好形式的正弦波形，说明控制回路可以近似为一个性能较好的线性系统。

（2）频域特性测试

频域特性测试主要测试控制回路的裕度指标，有两种方法，直接法和间接法。

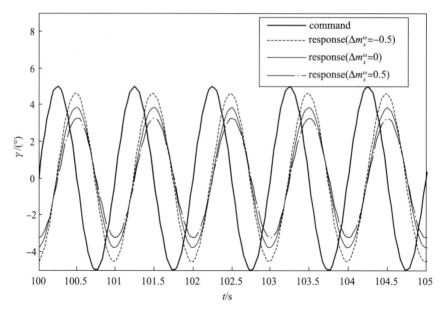

图 7 - 109　全弹道测试—时域信号

①直接法

直接法直接求取弹道上每一点的控制裕度，即得到量化的频域指标。下面以某微型空地导弹滚动控制回路为例，用直接法测试控制回路的频域特性。

例 7 - 8　用直接法测试某微型空地导弹滚动控制回路的频域特性。

仿真条件：同例 7 - 7，试用直接法仿真某微型空地导弹滚动控制回路的频域特性。

解：仿真结果如图 7 - 110 所示，由图可以看出：

1）滚动控制回路的带宽为 1 Hz，带宽受飞行状态变化的影响较小；

2）在整个飞行过程中，控制回路的相位裕度、幅值裕度、截止频率变化较小，说明控制回路的控制品质受飞行状态变化的影响较小；

3）滚动控制回路控制性能受弹体滚动阻尼参数的影响较小，即控制回路具有较强的鲁棒性；

4）控制系统延迟裕度约为 115 ms，说明控制系统具有足够的控制裕度。

②间接法

间接法是指在数值仿真试验中设置不同的舵机延迟时间，来测试控制系统的频域指标——延迟裕度。延迟裕度在某种意义上可视为控制系统的绝对裕度，比幅值裕度和相位裕度更能反映控制器的鲁棒性。

下面以某微型空地导弹滚动控制回路为例，用间接法测试控制回路的频域特性。

例 7 - 9　用间接法测试某微型空地导弹滚动控制回路的频域特性。

仿真条件：同例 7 - 7，试用间接法测试某微型空地导弹滚动控制回路的频域特性。

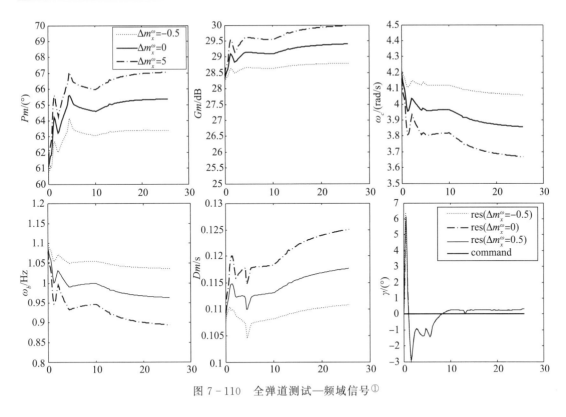

图 7 - 110 全弹道测试—频域信号①

解： 分舵机延迟 100 ms 和 115 ms 两种情况仿真六自由度弹道。

仿真结果如图 7 - 111～图 7 - 115 所示，图 7 - 111 为飞行高度、射程及飞行动压变化曲线，图 7 - 112 为舵机延迟 100 ms 时的飞行攻角、侧滑角及马赫数变化曲线，图 7 - 113 为舵机延迟 100 ms 时的滚动角速度、滚动角和滚动舵偏变化曲线，图 7 - 114 为舵机延迟 115 ms 时的飞行攻角、侧滑角及马赫数变化曲线，图 7 - 115 为舵机延迟 115 ms 时的滚动角速度、滚动角和滚动舵偏变化曲线，由图可以看出：

1）当舵机延迟 100 ms 时，滚动控制回路受扰动时（侧向切变风），飞行侧滑角、滚动角速度以及滚动舵偏发生来回振荡，但随着时间的推移，其振荡逐渐收敛，说明滚动控制回路的延迟裕度大于 100 ms；

2）当舵机延迟 115 ms 时，滚动控制回路受扰动时（侧向切变风），飞行侧滑角、滚动角速度以及滚动舵偏发生来回振荡，随着时间的推移，其振荡逐渐发散，说明滚动控制回路的延迟裕度大约为 115 ms；

3）随着飞行马赫数及动压大幅变化，滚动控制回路均具有足够的延迟裕度，证明滚动控制回路设计合理，也间接证明滚动控制回路具有很强的鲁棒性，虽然飞行状态大幅变化，但其控制特性基本保持不变。

---

① 在本书中，横坐标如无明确标识，大多默认为 t/s。

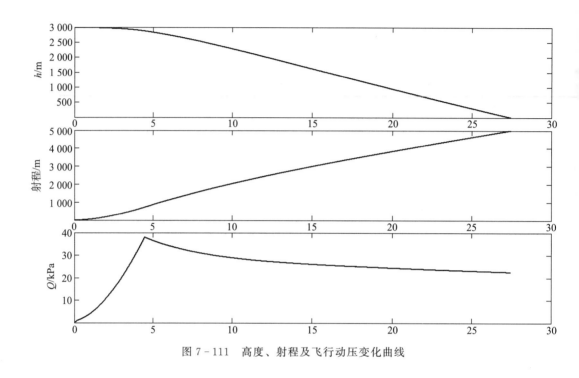

图 7 - 111　高度、射程及飞行动压变化曲线

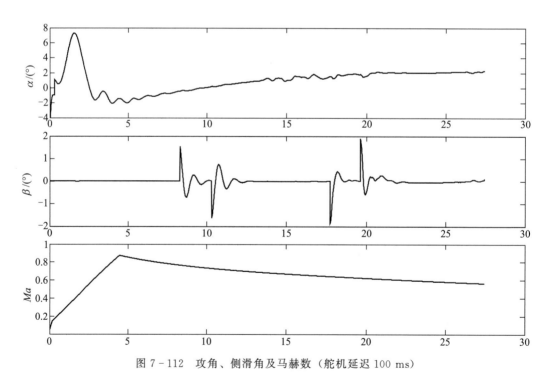

图 7 - 112　攻角、侧滑角及马赫数（舵机延迟 100 ms）

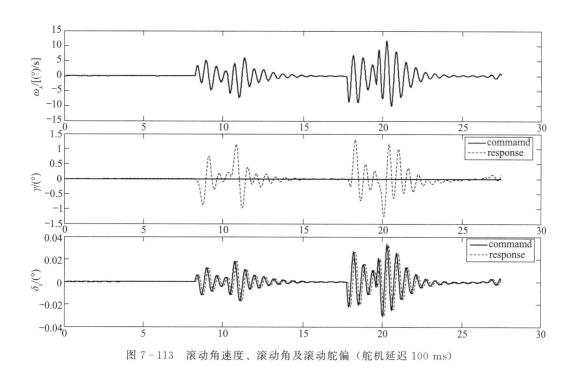

图 7 - 113　滚动角速度、滚动角及滚动舵偏（舵机延迟 100 ms）

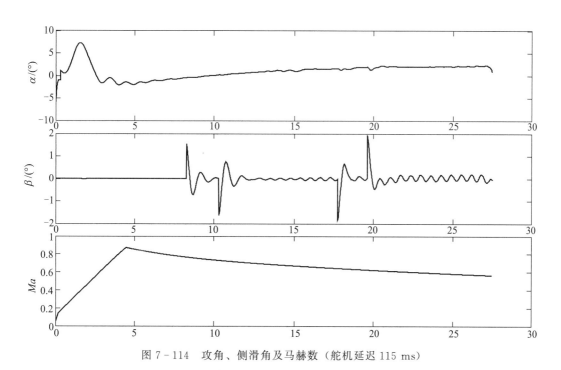

图 7 - 114　攻角、侧滑角及马赫数（舵机延迟 115 ms）

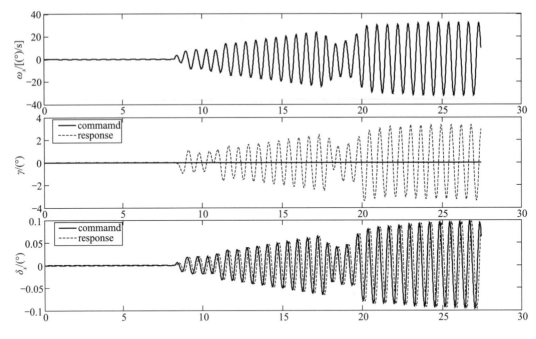

图 7 - 115　滚动角速度、滚动角及滚动舵偏（舵机延迟 115 ms）

7.14　数字式飞行控制系统

7.14.1　概述

　　20 世纪 70 年代以来，随着电子计算机和超大规模集成电路的飞速发展，研发出来的数字飞行控制系统体积越来越小，成本越来越低，精度越来越高，可靠性越来越高，已逐渐淘汰传统的模拟飞行控制器，在各种战术导弹中得到了广泛应用，成为未来飞行控制器发展的主流。

　　基于工程应用的需要，离散系统理论以及数字控制系统设计和分析等也逐渐成熟，在本节对其进行简要的介绍。

7.14.2　组成

　　数字式飞行控制系统由软件、硬件及相应的电气系统组成，软件包括硬件底层驱动程序、数据采集和处理、制导律算法、控制律算法、导航算法等，硬件包括数字式部件和模拟式部件，如图 7 - 116 所示，主要由数字计算机（如 PC、DSP 系列、ARM 系列、单片机系列）、A/D 采样、D/A 保持器、伺服机构、弹体、角速度敏感元件、质心敏感元件等组成，其中弹体、伺服机构和数模转换器、角速度敏感元件、质心敏感元件等为模拟部件，数字计算机、模数转换器为离散部件。故数字式飞行控制系统本质上是一个由模拟部件和离散部件组成的混合系统。

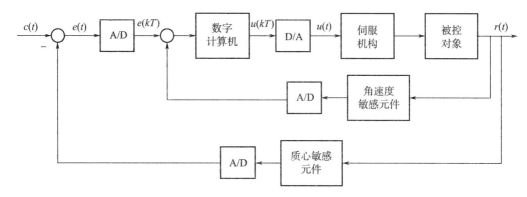

图 7-116 数字式飞行控制系统示意图

数字式飞行控制系统的功能：在数字计算机时钟的控制下，每隔一个采样周期 T，对弹体的连续信号（角运动量和线运动量）进行采集，与输入的制导量做差形成偏差信号 $e(t)$，对偏差信号进行采样，经由模拟输入通道转换成数字量送入计算机中，计算机（数字控制器）根据控制规律进行运算，求得控制量输出，由模数转换器转换成连续量来控制伺服机构，进而控制被控对象弹体，使控制回路的动态响应、快速性、稳态特性达到任务书的指标。

7.14.3　优点

相对于传统的模拟飞行控制系统，数字式飞行控制系统具有如下优点：

（1）体积小

随着超大集成电路和电子芯片的飞速发展，现在已经开发出微小型、多功能、高集成度的飞行控制系统，如某飞行控制系统的尺寸为 $\phi 50\text{mm} \times 70\text{mm}$，质量仅为 75 g，这相对于传统的模拟飞行控制系统而言是质的飞跃，也为战术导弹小型化和微型化提供了可能。

（2）程序控制

传统的模拟飞行控制系统，如果需要更改控制参数，需要调整模拟电路结构或调整模拟电路中的电阻、电容和电感等器件，更改过程复杂，可靠性较低，而数字式飞行控制系统采用更容易修改的程序控制，只需修改控制子程序的参数，因此相对于模拟控制系统灵活性更高。

（3）可靠性高，稳定性好

模拟飞行控制系统采用模拟电路，模拟电路不仅结构复杂，而且其基本器件（如电阻、电容、电感、继电器等）受外界环境和时间影响较大，抗干扰能力较弱；数字式飞行控制系统采用程序控制，弹上程序不受环境和时间影响，控制系统可靠性高，前后一致性好，抗干扰能力强。

（4）抑制噪声

模拟飞行控制系统受电源品质及模拟电路的影响，往往伴随着大量的噪声，而数字式飞行控制系统各部件间可通过数字信号传递消息，极大地抑制了噪声，提高了控制品质。

（5）精度高

模拟控制器的精度由硬件决定，同一批次的元器件可能具有不同的性能，如电阻、电容的标称值和实际测量值会有所不同，另外元器件的价格随精度不同变化很大；数字控制器的精度与计算机的控制算法和字长有关，目前大多采用 32 位 DSP，具有很高的解算精度。

（6）功能多

采用数字式飞行控制系统，通过编程可实现很多功能的控制，可采用基于现代控制理论的姿态控制或基于 ADRC 控制理论的姿态控制；模拟控制系统功能较为单一，控制性能较差。

（7）测量灵敏度高

数字式控制飞行系统由于采用数字传感器，控制回路可以敏感到微弱的信号，相较于模拟飞行控制系统，提高了测量的灵敏度，进而提高了控制品质。

数字式飞行控制系统具体如下缺点：

1）延迟裕度下降：数字式飞行控制系统每隔一个采样周期对反馈的信号进行采样，在采用周期内，反馈信号保持常值，如采样周期较大，则在较大程度上影响姿控系统的控制裕度；另外对于数字控制，在一个控制周期内，控制指令也为常值，当周期较大时，也会产生额外的相位滞后。

2）实时性：数字式飞行控制系统运行实时性取决于弹载计算机的运行速度、A/D 采样与 D/A 转换速度、控制算法的复杂程度等多种因素，这些因素决定了其采样频率上限，故要保证较好的实时性，需要提升弹载计算机的性能以及优化其控制算法等。

3）信号处理：离散系统的采样频率下限受到采样定理的限制，在输入信号频率不满足采样定理时，其得到的采样信号会产生频率混叠现象，在工程上需要保证较快的采样频率。

4）数字式飞行控制一般需要进行连续信号与数字信号之间的转换，因此系统性能受到 A/D 与 D/A 性能的影响，包括实时性、精度等。

随着弹载计算机性能的进步，采样频率及精度的提高，由采样延迟引起的控制裕度下降可以忽略，也不会出现信号频率混叠现象，目前工程上采用的弹载计算机均能满足数字式飞行控制的要求。

7.14.4　数字飞行控制设计方法简介

飞行控制系统是制导武器的"神经中枢"，在很大程度上决定了制导武器的性能，对于制导武器这类"离散和连续混合"的数字式控制系统，控制系统设计方法主要有以下三种。

（1）连续域设计方法

连续域设计按特性属于间接法，也称为模拟化设计，其设计思想是在 s 平面内完成控制系统的设计和分析。

此方法将离散域中数字控制转化为连续域中的等效连续环节，将整个回路转化为一个连续系统，基于工程上常用的频域或时域方法对控制系统进行设计，使其满足控制系统时域和频域指标，最后将控制离散化。

以某制导武器滚动通道为例，其控制回路结构如图 7 - 117 所示，其中，$G_c(s)$ 为离散控制器的连续化传递函数，k_ω 为阻尼回路反馈系数，$\dfrac{1-e^{-\tau s}}{s}$ 为零阶保持器（τ 为采样周期），$servo(s)$ 为执行机构传递函数，$body(s)$ 为弹体滚动通道传递函数，$gyro(s)$ 为陀螺传递函数。

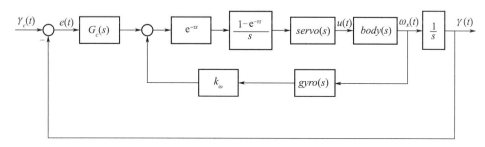

图 7 - 117　连线域设计方法

随着计算机性能的提高，大多控制系统设计师习惯采用连续域设计方法进行数字式飞行控制系统设计。由于采样频率的提高，由连续域设计方法开发的控制回路其性能与离散域设计方法开发的控制回路的性能几乎一致，可忽略由采样延迟和零阶保持器等引起的控制系统裕度下降。运用连续域设计方法设计控制回路时，还需要考虑如下几个重要因素：

1）设计前置滤波器：由于各种传感器输出的信号具有噪声，为了防止采样后发生低频混迭现象，设计的前置滤波器带宽较小，需要在控制回路上补偿相位超前。

2）需要考虑采样时间、零阶保持器和控制系统计算等产生的时延对控制回路的影响，如果采样频率较低，零阶保持器产生较大的时延，则需要在控制回路上补偿相位滞后。

3）由于零阶保持器产生阶梯不连续信号，为了改善控制回路品质，通常在执行机构前串联一个后置滤波器，对模拟信号进行平滑滤波。如果采样频率很高，也可忽略零阶保持器产生不连续信号对控制回路的影响，即不需要串联后置滤波器。

（2）离散域设计方法

离散域设计方法按特性属于直接法，将混合控制系统中连续部件（例如，各种传感器、弹体模型、执行机构等）进行离散数字化，离散化后的控制回路即可看成纯离散数字控制回路，与连续系统类似，先求得控制回路的脉冲传递函数，然后直接按离散系统理论去设计数字控制器，在设计过程中应用时域法、根轨迹法和频域法等来分析离散域内的控制回路性能。在离散域内进行设计的主要方法有极点配置算法、z 平面根轨迹法、基于 w 变换的频率法和脉冲传递函数解析设计方法等。

将连续部件离散化有很多种方法，如 z 变换法、脉冲响应不变法、带零阶保持器的 z 变换法、双线性变换法等。从各种方法的比较来看，双线性变换法是将连续系统转换为离散系统的最好方法，可以有效地保护离散化后系统的稳定性。但即使是应用双线性变换法，也会出现一些问题，因为双线性变换法会引起一定的频率畸变，在采样频率较高时，畸变的效应看不出来，然而，在采样频率较低时，畸变的效应就很明显了，它会使数字控制器与转换前的模拟控制器的频率响应出现很大差别。

以某制导武器滚动通道为例，其控制回路结构如图 7-118 所示，其中，$G_c(z)$ 为数字控制器传递函数，k_ω 为阻尼回路反馈系数，$servo(z)$ 为执行机构的离散化模型，$body(z)$ 为弹体的离散化模型，$gyro(z)$ 为陀螺的离散化模型。

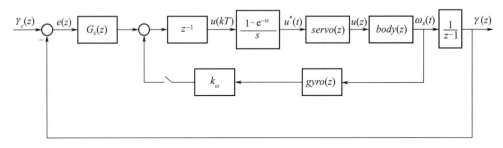

图 7-118 离散域设计方法

离散域设计方法的优点：设计控制器时已经考虑了采样时间和零阶保持器的影响，故可以在较低采样频率下取得较好的控制品质；其缺点：需要对连续部件进行离散化，而离散化不仅复杂且本身带有一定近似性，另外此方法相对传统的连续域设计方法而言较为复杂。

在工程上，当采样频率较低时，最可靠的方法就是在离散域内直接设计数字控制器，这样就可以不考虑采样周期给系统设计带来的不确定性。

（3）混合系统设计方法

采用 MATLAB 软件控制系统工具箱和 Simulink 工具，采用时域的方法直接搭建混合系统，连续部分采用 s 域的连续模型，离散部分采用 z 域离散模型，可以在时域内对控制系统的性能进行分析和设计，在执行机构前加入延迟环节可以考核控制回路的延迟裕度。

7.14.5 采样过程、信号重构、香农采样定理和采样频率

离散域设计方法涉及离散系统理论，在数字式飞行控制设计之前，先简单地介绍采样过程、信号重构、香农采样定理，然后介绍数字式飞行控制采样频率。

采样过程：连续信号 $e(t)$ 通过采样开关后，转变为脉冲序列 $e^*(kT)$ 的过程。将连续信号变化成脉冲序列的装置为采样器，即为采样开关，正常情况下，采样时间（即可视为采样开关闭合的时间）τ 远小于采样周期 T，故在数学上，采样开关输出信号 $e^*(t)$ 可视为输入连续信号 $e(t)$ 调制在理想单位脉冲序列载波上，即

$$e^*(t) = \sum_{n=0}^{\infty} e(nT)\delta(t - nT)$$

由于采样开关输出信号 $e^*(t)$ 只在离散时间节点有值，故上式也可写成

$$e^*(kT) = \sum_{n=0}^{\infty} e(nT)\delta(t - nT)$$

信号重构：将离散时间信号转换为连续信号的过程，即离散脉冲信号 $e^*(kT)$ 经保持器转换为连续信号 $e(t)$，在工程上，大多采用零阶保持器。

香农采样定理：若采样开关输入的连续信号 $e(t)$ 具有有限的带宽，信号的最大频率为 ω_b，则使 $e(t)$ 不失真地从采样信号 $e^*(kT)$ 恢复的采样频率为

$$f_s \geqslant 2\omega_b$$

香农采样定理规定的信号采样的最低频率，其实并不具备多少工程意义，基于现在弹载计算机的发展水平，其采样频率已超过绝大部分工程需求。在工程上，也提出了很多采样频率，下面列举几种常用的采样频率：

1）采样周期小于闭环系统单位阶跃响应从 10% 至 90% 所花费时间的 $1/6$；

2）采样频率大于闭环系统带宽的 30 倍；

3）采样频率与伺服机构回路带宽之比为 14 倍以上较为合适。

考虑到数字式飞行控制系统的特性：1）D/A 采样引起的相位滞后；2）弹上各种算法运行时间引起的相位滞后；3）各种滤波器引入的信号滞后（信号滞后正比于采样周期）；4）前置滤波器容易造成频率混迭效应；5）数字控制器由于采样周期的因素，使稳定裕度下降。故考虑计算机和电气系统的能力，尽可能采用较高的采样频率。

7.14.6　实时性要求

采用数字式控制，实时性是必要条件，即在一个采样周期 T 内，必须完成如下工作：

1）数据采集：数据采样，A/D 转换和数据输入的时间 $\Delta\tau$；

2）制导控制算法（包括数据异常值处理、滤波等操作，导航算法、制导时序及算法、控制时序及算法等）运算一次所花的最长时间 Δt_1；

3）控制量的输出和存储时间 Δt_2；

4）各种通信（串口和并口通信）所花的最长时间 Δt_3。

即采样周期必须满足

$$\Delta\tau + \Delta t_1 + \Delta t_2 + \Delta t_3 \leqslant T$$

工程上一般留较大的裕度，要求

$$\Delta\tau + \Delta t_1 + \Delta t_2 + \Delta t_3 \leqslant (0.4 \sim 0.6)\,T$$

7.14.7　被控对象离散化

被控对象离散化是数字化飞行控制系统设计的一个重要步骤，常见的离散化方法有"零阶保持法"、"一阶保持法"和"双线性近似法"等。下面以某制导武器滚动通道被控对象为例演示离散化方法。

令弹体滚动通道被控对象的传递函数为

$$body(s) = \frac{Y(s)}{U(s)} = \frac{K_M}{T_M s + 1}$$

某特征点：$K_M = -29.7$，$T_M = 0.255$。

由于此被控对象为一个一阶环节，可以很简单地加以离散化，得到其离散模型

$$\frac{Y(z)}{U(z)} = \frac{T_s \dfrac{K_M}{T_M} z}{\left(1 + \dfrac{T_s}{T_M}\right)z - 1} = \frac{T_s \dfrac{K_M}{T_M}}{\left(1 + \dfrac{T_s}{T_M}\right) - z^{-1}}$$

将 $K_M = -29.7$ 和 $T_M = 0.255$ 代入上式，则

$$\frac{Y(z)}{U(z)} = \frac{-0.582\ 4z}{1.02z - 1}$$

另外，MATLAB 提供的离散函数 c2d，可用于将连续系统模型转换为离散系统模型，用法如下

$$\text{sys\_d} = \text{c2d(sys\_c, Ts, method)}$$

函数中 sys_c 为连续模型，Ts 为采样周期，method 为离散化方法，不同离散化方法对应不同形式的离散模型 sys_d，主要的离散化方法有 zoh，foh，tuistin 和 prewarp 等，其中 zoh 为零阶保持法，foh 为一阶保持法，tustin 为双线性近似法，prewarp 为近似 tustin 法。针对滚动被控对象，离散化后的模型见表 7-19。

表 7-19　离散模型

连续系统	$\dfrac{-29.7}{0.255s+1}$			
离散方法	zoh	foh	tustin	prewarp
离散系统	$\dfrac{-0.576\ 7}{z - 0.980\ 6}$	$\dfrac{-0.289\ 3z - 0.287\ 4}{z - 0.980\ 6}$	$\dfrac{-0.288\ 3z - 0.288\ 3}{z - 0.980\ 6}$	$\dfrac{-0.288\ 9z - 0.288\ 9}{z - 0.980\ 6}$
离散零极点	零点：无 极点：0.980 6	零点：-0.993 4 极点：0.993 4	零点：-1.0 极点：0.980 6	零点：-1.0 极点：0.980 5

在工程上，考虑到 z 变换的特性，也常将零阶保持器和被控对象作为一个整体进行离散化，令

$$p(s) = G(s)body(s) = \frac{1 - e^{-\tau s}}{s} \frac{K_M}{T_M s + 1} = (1 - e^{-\tau s})\left[\frac{K_M}{s(T_M s + 1)}\right] = (1 - e^{-\tau s})\left(\frac{K_M}{s} - \frac{K_M}{s + \dfrac{1}{T_M}}\right)$$

对上式进行离散化，可得

$$p(z) = Z\{p(s)\} = (1 - z^{-1})\left(\frac{K_M z}{z - 1} - \frac{K_M z}{z - e^{-\frac{1}{T_M}T_s}}\right) = \frac{K_M\left(1 - e^{-\frac{1}{T_M}T_s}\right)}{z - e^{-\frac{1}{T_M}T_s}}$$

上面简述了数字式飞行控制系统的设计方法，下面以某制导武器滚动通道为例说明被控对象离散化以及数字式控制系统设计方法。

例 7-10　设计数字式滚动控制回路控制器。

被控对象同例 7-7，设计数字式滚动控制回路控制器，使控制系统单位阶跃响应的上升时间 $t_u \leqslant 0.5$ s，超调量 $\sigma \leqslant 0.1$，调节时间 $t_s \leqslant 1.5$ s，分析其与连续系统之间的区别，分析不同采样时间对控制品质的影响，并搭建连续系统、离散系统和混合系统的 Simulink 仿真图进行仿真。

解：

（1）离散化

取采样时间 $T_s = 0.005$ ，采用 zoh 方法离散化连续系统，得到离散模型为

$$body\,y(z) = \frac{-0.576\,7}{z - 0.980\,6}$$

结合零阶保持器，"零阶保持器＋弹体对象"可离散化为

$$body\,y(z) = \frac{-0.576\,7}{z - 0.980\,6}$$

（2）设计阻尼回路

利用 MATLAB 提供的根轨迹工具 rltool 设计阻尼回路，如图 7 - 119 所示，设计阻尼反馈系数 $k_\omega = -0.052\,4$，则

$$body\,y(z)\big|_{k_\omega = -0.052\,4} = \frac{-0.576\,7}{z - 0.950\,4}$$

由根轨迹图可知，只要反馈阻尼系数不是很大，阻尼回路都是稳定的。

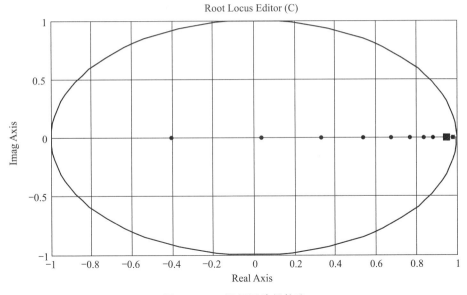

图 7 - 119　阻尼回路根轨迹

（3）设计控制器

设计阻尼回路后其广义被控对象为

$$plant(z) = \frac{0.005}{z - 1} \times body\,y(z)\bigg|_{k_\omega = -0.052\,4} = \frac{-0.576\,7}{z - 0.950\,4}\frac{0.005}{z - 1}$$

设计 PI 控制器，即

$$G_c(z) = K_p + \frac{K_i T_s z}{z - 1} = \frac{(K_p + K_i T_s)z - K_p}{z - 1}$$

运用根轨迹工具，其开环根轨迹图如图 7 - 120 所示，则可得闭环系统的零点为 0.999 5，系统的极点为 0.999 49 和 0.975 45±0.027 04i。

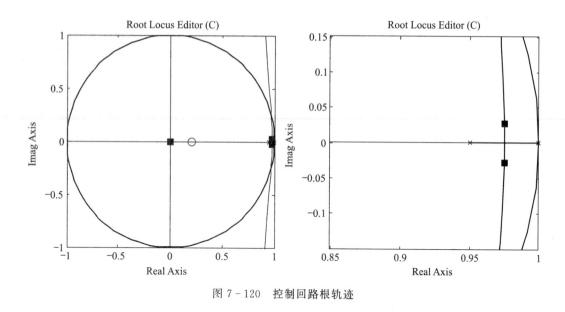

图 7 - 120　控制回路根轨迹

设计好控制系统后，其单位阶跃响应如图 7 - 121 所示，由图可知：闭环系统阶跃响应的上升时间为 0.265 s，超调量为 8.16%，调节时间为 0.95 s，即满足设计指标。

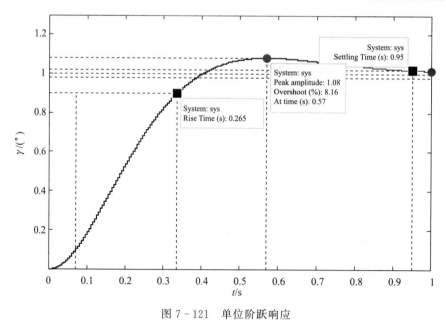

图 7 - 121　单位阶跃响应

取系统采样时间 T_s 分别为 0.005 s、0.025 s 和 0.075 s，运行数字式滚动控制回路控制器的 MATLAB 程序，可得到单位阶跃响应如图 7 - 122 所示，由图可知，采样周期 T_s 越短，离散系统的阶跃响应越接近连续系统的控制品质，当采样周期 T_s 为 0.005 s 时，离散系统由于采样时间延迟带来的影响可以忽略不计，当离散时间增至 0.075 s 时，必须考虑采样时间和零阶保持器对控制回路的影响。

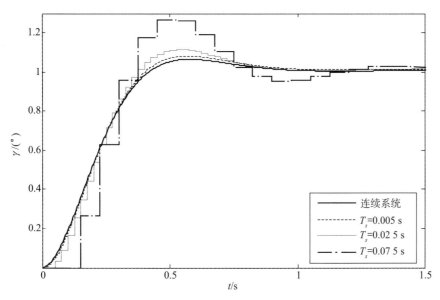

图 7 - 122 不同采样时间离散系统的单位阶跃响应

本例数字式滚动控制回路控制器的 MATLAB 程序见表 7 - 20，运行程序即可得系统的单位阶跃响应。

表 7 - 20 数字式控制回路代码

```
% ex07_13_01. m
% developed by qiong studio

Ts = 0. 005
Kp = - 27 * pi/180;
Ki = - 2. 7 * pi/180;
Kw = 3 * pi/180;

Km = - 29. 7;
Tm = 0. 255;
z = tf('z');
body = Km * (1 - exp( - 1/Tm * Ts))/(z - exp( - 1/Tm * Ts));
Gc = Ki * tf(Ts, [1 - 1], Ts) + Kp;
integ = tf(Ts, [1 - 1], Ts);
body_kw = feedback(body, - Kw);
plant = body_kw * integ;
openSys = minreal(Gc * plant);
closeSys = feedback(openSys, 1);

[num, den] = tfdata(closeSys);
t = 0. 0; 0. 005; 1;
figure('name', 'digital control of roll loop')
dstep(num, den, t)
```

　　利用 MATLAB 软件的 Simulink 也可以很简单地搭建控制回路，并进行仿真，连续系统、离散系统和混合系统的 Simulink 图分别如图 7-123～图 7-125 所示。

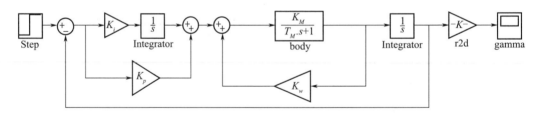

图 7-123　连续系统 Simulink 图

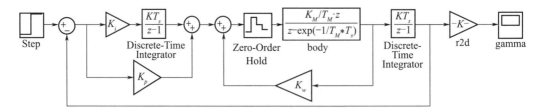

图 7-124　离散系统 Simulink 图

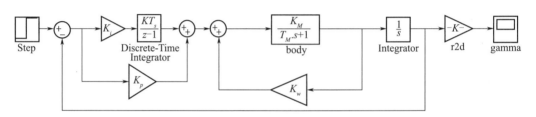

图 7-125　混合系统 Simulink 图

　　运行混合系统，通过在舵机处设置执行机构延迟时间，可仿真混合系统的延迟裕度情况，仿真结果如图 7-126 所示。

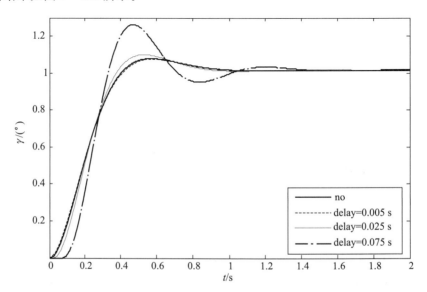

图 7-126　混合系统不同延迟时间的单位阶跃响应

7.15　噪声与数字滤波器

　　飞行控制系统与其他控制系统一样，除了输入的有用信号之外，往往也伴随着额外的信号，这种额外的信号在一定程度上影响控制的品质，按其特性分类，这种额外的信号进一步分为扰动和噪声。

　　（1）扰动的定义

　　作用在系统（或被控对象）上的外加信号，是一种控制期望之外的作用信号，可进一步划分为内部扰动和外部扰动，作用在系统上的扰动往往具有随机性，一般为可测量的或能观测的。

　　（2）噪声的定义

　　噪声是作用于系统的额外随机信号，可由系统内部产生或由测量产生，一般情况下其与有用信号伴随在一起，是一种不可避免的有害信号。

7.15.1　噪声

　　由于受各种因素的影响，实际系统或多或少存在噪声，噪声污染有用信号，当噪声很强时，会影响控制品质，故总希望从被噪声污染的信号中滤除噪声，提取有用信号。

　　噪声按作用形式分为两类：1）加法性噪声；2）乘法性噪声。绝大多数信号包含的噪声可视为加法性噪声。假设某一采集的信号序列 $x(k)$，其中包含有用信号 $s(k)$ 和噪声 $n(k)$，则加法性噪声和乘法性噪声分别表示如下

$$x(k) = s(k) + n(k)$$

$$x(k) = n(k) \times s(k)$$

　　（1）噪声类型

　　无论是加法性噪声还是乘法性噪声，都是随机信号，即 $n(k)$ 在第 k 时刻的值是随机的，噪声按其特性可分为三种：白噪声、有色噪声和脉冲噪声。

　　①白噪声

　　白噪声的定义为：含有所有频率成分且频谱随频率不变的一种噪声，在数学上可将白噪声看成一个随机序列，其均值为零，任意两个时刻不相关。

　　某白噪声如图 7-127（a）所示，其采样周期为 0.05 s，均值近似为 0。其频谱如图 7-128 所示，即在各个频段的分量相等。

　　②有色噪声

　　实际上，理想的白噪声是不存在的，某些工程上的噪声可近似看成白噪声。有色噪声的频谱不是直线，其均值也不等于 0，也不一定包含所有频段的信号。

　　某有色噪声如图 7-127（b）所示，其采样周期为 0.05 s，均值近似为 0.042 6，其频谱如图 7-129 所示。由图 7-129 可知，该噪声含有一个慢变的信号，在其他频段，其噪声幅值低于图 7-127（a）所示的白噪声。

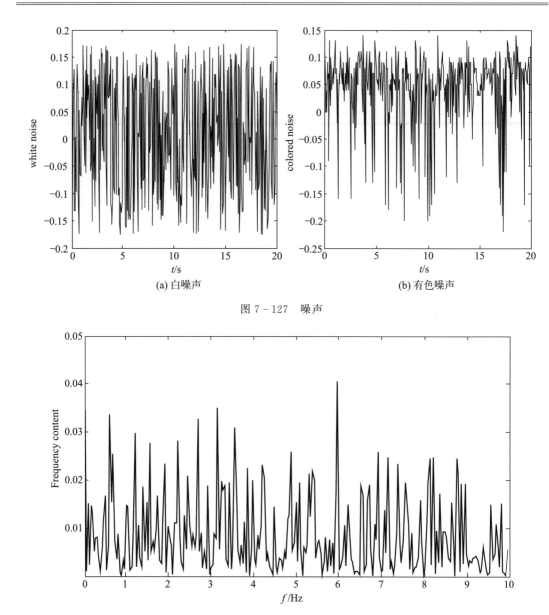

(a) 白噪声　　　　　　　　　　　(b) 有色噪声

图 7 - 127　噪声

图 7 - 128　白噪声频谱

③脉冲噪声

脉冲噪声一般指在很短时间间隔内由于某一种操作激发的尖脉冲，在工程上可看成一个极短时间内的强扰动，如图 7 - 130 所示。

在工程上碰见的噪声较为复杂，属于有色噪声。

（2）信噪比

同有用信号的定义一样，白噪声的强度在数学上也采用功率表示，在工程上取一段信号求取其功率

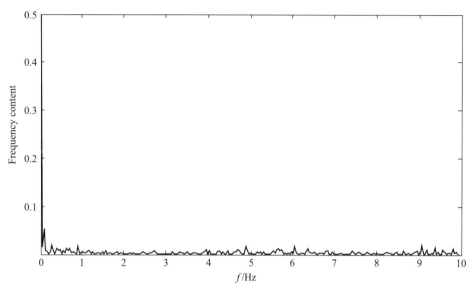

图 7 - 129　有色噪声频谱

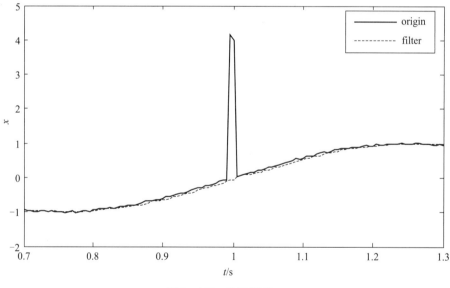

图 7 - 130　脉冲噪声

$$P_n = \frac{1}{N} \sum_{k=1}^{N} \left| n(k) \right|^2$$

假设有用信号的功率为 P_s ，则定义信号 $s(k)$ 的信噪比 SNR 为

$$SNR = 10 \times \lg\left(\frac{P_s}{P_n}\right)$$

（3）噪声影响及处理

对于制导控制系统而言，某些具有较明显白噪声特性且信噪比较高的噪声对其影响比

较弱，可以设计低通滤波器进行滤波处理，可大幅抑制这种噪声对制导控制系统的影响。对于某些具有较明显有色噪声特征的噪声，当其信噪比较低时，其对制导控制系统的影响很大，特别是对于具有较强低频特性的噪声。

理论上，基于经典控制理论设计的滤波器较难取得较明显的作用，在大多数情况下较难设计有效的基于模型的滤波器进行滤波，故这时的噪声引起制导和姿控发生较严重的抖动，在很大程度上影响制导精度，甚至导致制导控制系统发散。

在工程上，对于混有较强噪声的信号，为了降低噪声的影响，通常在分析噪声特性的基础上设计合适的滤波器对其进行滤波处理，滤波的作用是提高信号的信噪比，其缺陷是带来信号延迟。

值得注意的是：在理论上，完全滤除噪声是不可能的，只能将噪声对有用信号的影响降到可接受的范围之内。在工程上，对于数字控制器而言，大多采用数字滤波器，在设计滤波器之前，得分析信号的特性。

7.15.2　信号分析

对于离散信号（包括确定性信号和随机信号）的处理通常有多种方法，下面简单介绍离散傅里叶变换和相关函数。

（1）离散傅里叶变换

对于采样信号 $x\{n\}$，$n=1, 2, \cdots, N$，采样间隔为 Δt，其傅里叶变换为

$$X(k) = \sum_{n=1}^{N} x(n) \mathrm{e}^{-ink \times 2\pi/N}, k = 0, 1, \cdots, N-1$$

也可展开写成

$$X(k) = \sum_{n=1}^{N} x(n) \left[\cos\left(2\pi k \frac{n}{N}\right) - \mathrm{i}\sin\left(2\pi k \frac{n}{N}\right) \right], k = 0, 1, \cdots, N-1$$

其逆变换为

$$x(n) = \sum_{k=1}^{N} X(k) \mathrm{e}^{ink \times 2\pi/N}$$

则傅里叶频率和功率谱分别为

$$\omega(k) = \frac{k}{\Delta t \times N}, \ P(\omega) = |X(k)|^2$$

一般对采样信号进行离散傅里叶变换后，计算其功率谱，通过分析功率谱来理解信号的频率特性。

在进行功率谱分析信号时，需用到一个很重要的关系式，对于连续信号 $f(t)$，其傅里叶变换函数为 $F(\omega)$，则有

$$\int_0^\infty \left[f(t) \right]^2 \mathrm{d}t = \frac{1}{2\pi} \int_0^\infty |F(\omega)|^2 \mathrm{d}\omega$$

此式称为 Parseval 等式。能量密度函数 $S(\omega)$ 的表达式为

$$S(\omega) = |F(\omega)|^2$$

其决定了连续信号 $f(t)$ 随频率变化的能量分布规律。

（2）相关函数

假设 $x\{n\}$ 和 $y\{n\}$，$n=1,2,\cdots,N$ 为两个随机序列，则定义

$$r_{xy}(m)=\sum_{n=-\infty}^{+\infty} x(n)y(n+m) \qquad (7-49)$$

为 $x\{n\}$ 和 $y\{n\}$ 的互相关函数。其表示在 m 时刻的值等于将 $x\{n\}$ 保持不动而 $y\{n\}$ 左移 m 个采样周期后两个序列对应相乘再相加。

令 $x(n)=y(n)$，则式（7-49）定义的互相关函数变为自相关函数

$$r_{xx}(m)=\sum_{n=-\infty}^{+\infty} x(n)x(n+m)$$

即自相关函数反映了信号 $x\{n\}$ 和其自身延迟一定采样周期后的相似程度。

上面简述了两种随机信号数据分析方法，下面以某一随机信号为例说明两种数据分析方法的应用。

例 7 - 11　随机信号数据分析。

假设某正弦信号 $x(n)$ 被白噪声污染，正弦信号频率为 3 Hz，幅值为 1。白噪声分别为：1）方差为 1，其信噪比为 -3 dB；2）方差为 2，其信噪比为 -7 dB，试用自相关函数和傅里叶变换对信号进行分析。

解：利用 MATLAB 编程仿真，其程序代码见表 7 - 21，仿真结果如图 7 - 131～图 7 - 133 所示。

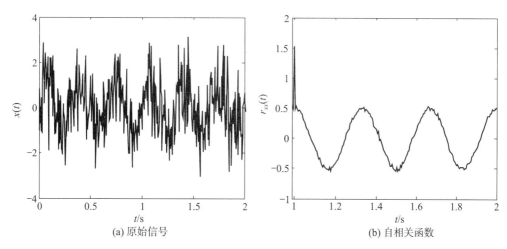

(a) 原始信号　　　　　　　　　　　　　(b) 自相关函数

图 7 - 131　原始信号和自相关函数（一）

当信噪比为 -3 dB 时，原始信号如图 7 - 131（a）所示，自相关函数如图 7 - 131（b）所示。当信噪比为 -7 dB 时，原始信号如图 7 - 132（a）所示，自相关函数如图 7 - 132（b）所示。傅里叶变换后的信号功率谱如图 7 - 133（a）所示，其局部放大图如图 7 - 133（b）图所示。由图可知：

1）当信噪比较低时（即噪声的功率大于信号的功率），从时域图中很难分辨信号中是

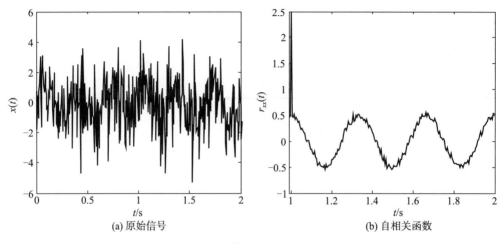

(a) 原始信号　　　　　　　　　　(b) 自相关函数

图 7 - 132　原始信号和自相关函数（二）

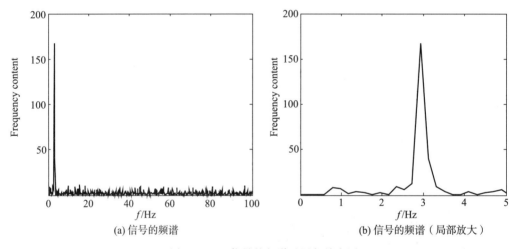

(a) 信号的频谱　　　　　　　　　　(b) 信号的频谱（局部放大）

图 7 - 133　信号的频谱及局部放大图

否包含正弦信号，而由自相关函数可知，信号中含有正弦信号，幅值为 1，频率为 3 Hz，自相关函数 $r_{xx}(0)$ 除了包含正弦信号的自相关函数值之外，还包含噪声的自相关函数值，$r_{xx}(0) = 1.52$，可得噪声的自相关函数值 $r_{xx\_white\_noise}(0) = 1.52 - 0.5 = 1.02$，此值越大，代表着噪声功率越大。

2）由离散傅里叶变换可知，被污染的信号中包含 3 Hz 的频率信号，功率谱的大小代表着有用信号的强弱，也代表着参与分析信号的长度。在具体分析时，可以依据 Parseval 等式进一步判断信号中某频段信号的相对强弱。

表 7 - 21 自相关函数和 fft 变换代码

```
% ex07_14_2.m                          ts = 0.005;
% developed by qiong studio           N = 10/ts;
                                       p = 2;
ts = 0.005;                            f = 3;
N = 15/ts;                             u = randn(1,N);
p = 2;                                 u = u * sqrt(p);
f = 3;                                 n = [0:N-1];
maxlags = 200;                         s = sin(2 * pi * f * n * ts);
u = randn(1,N);                        x = u + s;
u = u * sqrt(p);                       N = 1024
n = [0:N-1];                           X = fft(x,N);
s = sin(2 * pi * f * n * ts);          Pxx = X. * conj(X)/N;
x = u + s;                             f = 1/ts * (0:N/2)/N;
rx = xcorr(x,maxlags,'unbiased');      figure('name','fft transfer')
figure('name','noise')                 plot(f,Pxx(1:N/2 + 1))
plot(n * ts,u);                        xlabel('f(Hz)')
figure('name','x')
plot(n * ts,x)
[mm,nn] = size(rx)
figure('name','corr1')
plot(n(1:nn) * ts,rx);
```

7.15.3 滤波器简介及分类

7.15.3.1 滤波技术及滤波器简介

滤波技术是指从混有多种信号的信号源中提取出所需信号的技术。在工程上，滤波器可看成是一种选频器，采用滤波器可以在含有噪声的信号中提取出所需的信号。

从软硬件的角度看，滤波器可分为两种：模拟滤波器和数字滤波器。

（1）模拟滤波器

模拟滤波器通常是搭建硬件 RLC 网络及运算放大器对原始的物理信号进行滤波处理，根据其物理实现，可分为有源滤波和无源滤波两种，无源滤波器由 R、C 和 L 等器件构成，如图 7 - 134 所示，有源滤波器由 R、C、L 和运算放大器构成，控制工程上常采用比较简单的无源滤波器（大多采用 RC 一阶滤波器，其成本低、体积小）。

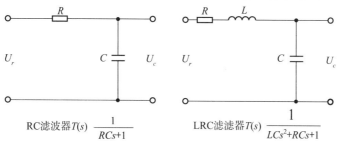

图 7 - 134 模拟滤波器

模拟滤波器频率特性 $H(\Omega)$ 的角频率 Ω 或自然频率 f 的范围为 0 到 ∞，四种理想模拟滤波器的幅频特性如图 7 - 135 所示，分别对应着低通滤波器、高通滤波器、带通滤波器和带阻滤波器。

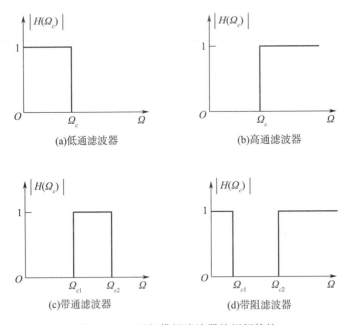

图 7 - 135　理想模拟滤波器的幅频特性

模拟滤波器需要搭建硬件网络，使用不太方便，例如：若需要修改滤波器的特性，则需要重新进行硬件设计，更换电子元器件等；另外，由于元件容易受周围环境因素的影响以及老化，硬件滤波器的特性随之发生变化。

（2）数字滤波器

数字滤波器输入输出均为数字信号，其是通过一定运算关系改变输入信号所含频率成分的相对比例或者滤除某些频率成分的一个数字模块。数字滤波器可采用计算机程序实现，也可以采用专用的硬件搭建。在信号处理领域，用数字计算机对数字信号进行处理，即按照预先编制的程序进行计算。

数字滤波器设计过程可表示为确定一个离散传递函数 $H(z)$，即对输入的离散数字信号进行处理，使输出的数字信号满足使用要求。数字滤波器设计的具体步骤为：

1）确定滤波器的性能指标（通常在频域内确定数字滤波的性能指标）；

2）寻找一满足预定性能要求的离散时间线性系统；

3）用有限精度的运算实现所设计的系统；

4）验证所设计的滤波器是否满足性能指标。

数字滤波器相对于模拟滤波器而言具有极为明显的优势：1）数字控制器早已成为控制工程的主流，而数字滤波器可以借助计算机，不需要增加硬件设备；2）数字滤波器可以克服模拟滤波器受约束于元件的困扰；3）采用不同理论及方法，可以设计性能更强的滤波器，使其滤波效果更佳。

7.15.3.2　滤波器分类

滤波器的种类很多，按不同的性质可划分为不同的滤波器。

按滤波器是否基于系统模型，可分为两大类，即经典滤波器和现代滤波器。经典滤波器是假定输入信号中的有用信号和希望去除的信号各自占有不同的频段，如果信号和噪声的频谱相互重叠，那么经典滤波器将无能为力或滤波效果较差。现代滤波器的主要研究内容是从含有噪声的时间序列中估计出信号的某些特征或信号本身，一旦信号被估计出，那么估计出的信号将比原信号具有更高的信噪比。现代滤波器主要有卡尔曼滤波器、扩展卡尔曼滤波器、无迹卡尔曼滤波器、粒子滤波器和自适应滤波器等。

按单位冲激响应的时间特性分类，滤波器可分为无限冲激响应数字滤波器（IIR）和有限冲激响应数字滤波器（FIR）。

按输入信号的特性分类，滤波器可分为模拟滤波器和数字滤波器。

按实现方法和形式分类，滤波器可分为递归型数字滤波器和非递归型数字滤波器。

按频率特性分类，滤波器可分为低通滤波器、高通滤波器、带通滤波器和带阻滤波器。

按通带滤波特性分类，滤波器可分为最大平坦型（巴特沃斯型）滤波器、等波纹型（切比雪夫型）滤波器、线性相移型（贝塞尔型）滤波器等。

7.15.4　基于脉冲噪声的数字滤波器设计

数字滤波器往往针对噪声的特性而进行设计，下面介绍针对脉冲噪声的数字滤波器。

在系统运行过程中，由于以下因素可能引起脉冲噪声：1）外部环境偶发因素引起的突变性扰动；2）由于极短时间内强外力作用于系统引起输出信号突变；3）系统内部由于某种极短时间内执行机构起动等引起信号突变等。在工程上需要滤除此脉冲干扰，可采用简单的非线性滤波法。

（1）限幅滤波法

限幅滤波法又称程序判断滤波法，限幅滤波是通过程序判断被测信号的变化幅度，从而消除信号中的脉冲噪声。

方法：根据经验和计算判断，确定两次连续采样允许的最大偏差值（假设为 A），每次检测到新值时进行判断，求得本次值与上次值之差 Δ，如果 $|\Delta| > A$，则本次值无效，放弃本次值，用上次值代替本次值。

该方法能有效克服偶然因素引起的脉冲噪声，其缺点是无法抑制那种周期性的干扰，平滑度差。

适用范围：被测量值变化比较缓慢的信号。

（2）中位值滤波法

中位值滤波是一种典型的非线性滤波器，在滤除脉冲噪声的同时可以很好地保护信号的有用信息。

方法：连续采样 N 次，N 取奇数，N 的大小取决于脉冲噪声的宽度，将 N 次采样值从小到大排列，取中间值为本次的滤波值。

针对 7.15.1 所提的脉冲噪声，取 $N=5$，其滤波后的曲线如图 7-130 中的虚线所示，由图可知，中位值滤波可以很好地滤除此脉冲噪声，不过滤波信号相对于原始信号存在一定的延迟，N 越大，则延迟越大。

该方法的优点：能有效克服偶然因素引起的脉冲噪声。

适用范围：被测量值变化比较缓慢的信号。

（3）复合滤波法

在工程上，可将中位值滤波法和限幅滤波法组成一个复合数字滤波器使用，能够获得更佳的滤波效果。在实际应用中，有时既要消除大幅度的脉冲噪声，又要做到数据平滑。因此常把前面介绍的两种以上的方法结合起来使用，形成复合滤波。

去极值平均滤波算法：先用中位值滤波算法滤除采样值中的脉冲噪声，然后把剩余的各采样值进行平均滤波。连续采样 N 个数据，剔除其最大值和最小值，再求余下 $N-2$ 个采样的平均值，N 值根据需要选取，常取 4~12。显然，该方法既能抑制随机干扰，又能滤除明显的脉冲干扰。

7.15.5　经典数字滤波器设计

7.15.5.1　滤波器结构

在工程上，数字滤波器可以用一个线性常系数差分方程来表示，即

$$y(n) = -\sum_{i=1}^{N} a_i y(n-i) + \sum_{j=0}^{M} b_j x(n-j)$$

式中　$x(n)$——输入节点；

　　　　$y(n)$——输出节点；

　　　　a_i——输出节点的加权因子；

　　　　b_j——输入节点的加权因子。

根据滤波器理论，加权因子 a_i 和 b_j 满足：$-\sum_{i=1}^{N} a_i + \sum_{j=0}^{M} b_j = 1$，以保证数字滤波器输出在幅值上尽可能保留原始信号的幅值。

7.15.5.2　滤波器设计指标

在设计数字滤波器之前，大多需要确定数字滤波器的设计指标。在不同的专业领域，对滤波器的设计指标要求可能不同，下面分数字信号处理和控制系统两大领域提出对滤波器的要求。

（1）数字信号处理

数字信号处理领域的滤波器主要在幅值特性上最大限度地通过有用信号，抑制噪声以及其他干扰信号。

理想滤波器在通带范围内的幅值为 1，而在阻带范围内的幅值为 0，但这样理想的滤

波器是不存在的，其原因是频率响应的幅值不可能存在突变。真实滤波器通常分为三个频带范围，如图 7 - 136 所示，以低通滤波器为例，在通带内幅值响应以误差 σ_1 逼近于 1，在阻带内幅值响应以误差 σ_2 逼近于 0，在过渡带内，幅值响应平滑快速地从 $1-\sigma_1$ 衰减至 σ_2，具体如下式所示

$$\begin{cases} 1-\sigma_1 \leqslant |H(e^{j\omega})| \leqslant 1 & \omega \leqslant \omega_p \\ |H(e^{j\omega})| \leqslant \sigma_2 & \omega_s \leqslant \omega \leqslant \pi \end{cases} \tag{7-50}$$

式中　ω_p，ω_s——通带截止频率和阻带截止频率；

　　　$[\omega_p, \omega_s]$——过渡带；

　　　σ_1——通带的误差容限；

　　　σ_2——阻带的误差容限。

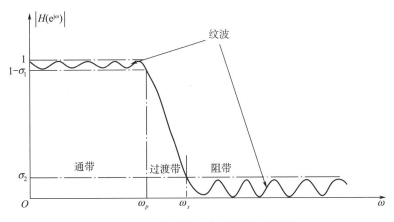

图 7 - 136　实际低通滤波器的幅频响应

设计数字滤波器时还需要注意如下几个方面：

1）数字滤波器的频响是周期性的，其重复周期是采样频率 f_s 或者数字频率 2π，且在每一周期内，幅频特性具有对称性。例如，采样频率 $f_s = 4000\,\text{Hz}$，数字低通的通带是 $0 \sim 800\ \text{Hz}$，那么它的重复周期为 4 000 Hz，由对称性可知，3 200～4 000 Hz 也是通带，由周期性可知，4 000～4 800 Hz 也是通带。

2）低通、高通、带通、带阻是针对频率 f 介于 $0 \sim 0.5 f_s$，或数字频率 ω 介于 $0 \sim \pi$ 的那一段幅频特性而言的，也就是说，数字滤波器处理的频率小于 $0.5 f_s$。

3）对于数字频率 ω，须要注意，其为真实频率与采样频率之比，是相对频率。例如，一个数字频率低通的带通是 $0 \sim 0.1\pi$，那么采样频率为 500 Hz 时指 0～25 Hz，采样频率为 2 kHz 时指 0～100 Hz，采样频率为 100 kHz 时指 0～5 kHz。

4）对于 FIR 滤波器而言，其可以得到精确的线性相位，这对某一些应用（如语音信号处理和数据传输等）很重要，而对于 IIR 滤波器而言，其不能得到精确的线性相位，但其具有更优的幅度响应特性，即优异幅度响应是以相位的非线性为代价的。

（2）控制系统

在控制系统设计领域，滤波器的主要作用：最大程度提取有用信号的同时抑制噪声及干扰，这里包含两层意思：1）在幅值特性上，尽量保证经滤波器输出的幅值与真实有用信号一致，抑制噪声及干扰；2）在相位特性上，经滤波器输出信号的相位延迟尽可能小，即要保证有用信号的实时性。

基于控制系统领域设计滤波器时，需注意：1）控制系统采用的滤波器大多为低通滤波器，其次为陷波滤波器（即带阻滤波器），高通滤波器和带通滤波器在控制系统设计领域几乎无应用；2）设计低通滤波器时，特别需考虑低通滤波器在控制系统带宽处引入相位滞后会对系统带来不稳定的影响；3）在理论上，陷波滤波器可在幅值上对某一个较窄频段的干扰信号进行滤除，但会引起该频段附近的信号相位剧烈变化，给控制系统带来不利的影响，特别是当该频段在控制系统带宽附近时，其影响很大，故陷波滤波器在实际工程中的应用也较少。

7.15.5.3　IIR 数字滤波器设计

IIR 数字滤波器的冲激响应 $h(n)$ 是无限长的，其 N 阶滤波器的输入输出关系为

$$y(n) = -\sum_{i=1}^{N} a_i y(n-i) + \sum_{j=0}^{M} b_j x(n-j) \qquad (7-51)$$

对上式进行 z 变换，可得 IIR 滤波器的传递函数为

$$H(z) = \frac{Y(z)}{X(z)} = \frac{\sum\limits_{j=0}^{M} b_j z^{-j}}{1 - \sum\limits_{i=1}^{N} a_i z^{-i}} \qquad (7-52)$$

在工程上，设计 IIR 数字滤波器一般有三种方法。

方法一：间接设计法。依据滤波器设计指标设计一个连续传函滤波器，然后基于采样频率将其离散化即可得到。离散化方法较多，可参考 7.14.7 节介绍的离散化方法，常采用脉冲响应不变法或双线性变换法。

方法二：直接设计法。直接在 z 平面设计 IIR 数字滤波器，给出闭合形式的公式，或者以所希望的滤波器响应作为依据，直接在 z 平面上通过多次选定极点和零点的位置，以逼近该响应。

方法三：利用最优化技术设计参数，在 z 平面上选定极点和零点的合适位置，在某种最优化准则意义上逼近所希望的响应。

本文着重介绍由模拟滤波器设计相应的 IIR 数字滤波器的方法。

（1）巴特沃斯滤波

巴特沃斯滤波器的特点是通频带内的频率响应曲线最大限度平坦，没有起伏，而在阻频带则逐渐下降为零，因此被称为"最平"的频率响应滤波器。它可以构成低通、高通、带通和带阻四种组态，是目前最为流行的一类滤波器，经过离散化可以作为数字巴特沃斯滤波器，较模拟滤波器具有精度高、稳定、灵活、不要求阻抗匹配等优点。

巴特沃斯低通滤波器，平方幅值响应为

$$|H(j\omega)|^2 = \frac{1}{1+(\omega/\omega_c)^{2N}}$$

式中　ω_c——通带截止频率；

　　　N——滤波器的阶数。

随着频率的增大，巴特沃斯滤波器平滑单调性逐渐降低，阶数 N 越高，响应曲线越接近矩形，并且过渡带越窄。这种滤波器的频率无论是在阻带内还是在通带内都是单调函数。

（2）切比雪夫滤波

切比雪夫滤波器分为两种：Ⅰ型和Ⅱ型。

切比雪夫Ⅰ型滤波器的平方幅值响应为

$$|H(j\omega)|^2 = \frac{1}{1+\varepsilon^2 C_N^2(\omega/\omega_c)}$$

式中　ε——小于 1 的正数，ε 主要表征的是在滤波器通带内的波动程度，ε 值越大则波动的幅度越大；

　　　ω_c——滤波器通带截止频率；

　　　N——滤波器的阶数，N 越大则幅频特性越接近于矩形，它的传递函数没有零点，所有极点都分布在椭圆上。

在通带内其具有等波纹起伏特性，在阻带内具有更大的衰减。

切比雪夫Ⅱ型滤波器的平方幅值响应为

$$|H(j\omega)|^2 = \frac{1}{1+\varepsilon^2 C_N^2(\omega/\omega_c)^{-1}}$$

此滤波器在阻带内具有等波纹起伏特性，其他变量含义大多与切比雪夫Ⅰ型滤波器相同，其特点是传递函数既有零点也有极点。

切比雪夫滤波器过渡带相对于巴特沃斯滤波器衰减更快，但是频率响应的幅频特性不如后者平坦。通过对比几种典型滤波器的幅频特性可知切比雪夫滤波器和理想滤波器响应曲线误差最小。切比雪夫Ⅰ型滤波器适用于需要快速衰减但是允许存在少许幅度波动情况的滤波应用，切比雪夫Ⅱ型适用于需要快速衰减而不允许通频带存在波动情况的滤波应用。

例 7 - 12　切比雪夫Ⅱ型滤波器设计。

设系统采样频率为 200 Hz，试设计切比雪夫Ⅱ型低通滤波器，满足指标：数字通带为 0.2π，阻带为 0.4π，通带波动为 1 dB，最小阻带分别衰减 20 dB、40 dB 以及 60 dB，并分析滤波器的特性以及滤波效果。

解：采用 MATLAB 控制系统设计工具箱，设计阻带分别衰减 20 dB、40 dB 以及 60 dB 的切比雪夫Ⅱ型滤波器见表 7 - 22。

滤波器的性能如表 7 - 22 和图 7 - 137 所示，由图可知，1）滤波器阶数越高，滤波精度越高，对滤波器带宽之外的信号以及白噪声具有越强的抑制作用；2）滤波器阶数越高，滤波器的时延越厉害。

表 7 - 22　滤波器性能

序号	A_s /dB	滤波器阶数	阻带幅值	传递函数
1	20	4	0.1	$\dfrac{0.151\,6z^4 + 0.1z^3 + 0.222\,3z^2 + 0.1z + 0.151\,6}{z^4 - 1.033z^3 + 0.926\,3z^2 - 0.231\,4z + 0.063\,96}$
2	40	6	0.01	$\dfrac{\begin{pmatrix} 0.034\,13z^6 + 0.035\,8z^5 + 0.074\,89z^4 + 0.070\,02z^3 + \\ 0.074\,89z^2 + 0.035\,8z + 0.034\,13 \end{pmatrix}}{\begin{pmatrix} z^6 - 1.992z^5 + 2.349z^4 + 1.511z^3 + \\ 0.636\,3z^2 - 0.137\,9z + 0.015\,42 \end{pmatrix}}$
3	60	8	0.001	$\dfrac{\begin{pmatrix} 0.007\,636z^8 + 0.010\,72z^7 + 0.024\,01z^6 + 0.028\,96z^5 + 0.033\,84z^4 \\ + 0.028\,96\,z^3 + 0.024\,01z^2 + 0.010\,72z + 0.007\,636 \end{pmatrix}}{\begin{pmatrix} z^8 - 2.937z^7 + 4.641z^6 - 4.503z^5 + 2.951z^4 - \\ 1.29z^3 + 0.024\,01z^2 + 0.371\,8z + 0.371\,8 \end{pmatrix}}$

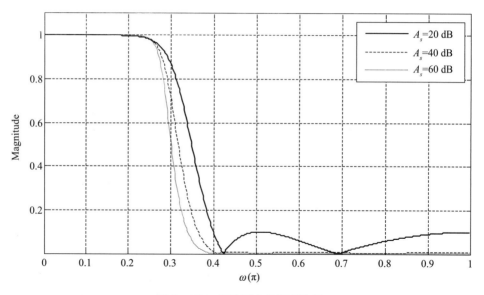

图 7 - 137　切比雪夫Ⅱ型滤波器

采用切比雪夫Ⅱ型滤波器，原始信号和滤波信号如图 7 - 138 所示，代码见表 7 - 23。

7.15.5.4　FIR 数字滤波器设计

FIR 数字滤波器的冲激响应 $h(n)$ 是有限长的，M 阶 FIR 数字滤波器可以表示为

$$y(n) = \sum_{i=0}^{M-1} h(i)x(n-i) \qquad (7-53)$$

其传递函数为

$$H(z) = \frac{Y(z)}{X(z)} = \sum_{i=0}^{M-1} h(i)z^{-i} \qquad (7-54)$$

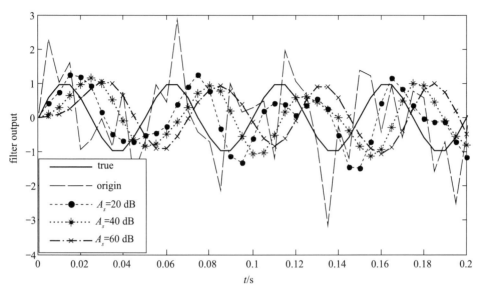

图 7 - 138　原始信号和滤波信号

表 7 - 23　切比雪夫 Ⅱ 型滤波器代码

```
%  ex07_14_5. m
%  developed by qiong studio


ts = 0. 005 ;

wp = 0. 25 * pi ;        %数字通带边缘频率
ws = 0. 4 * pi ;         %数字阻带边缘频率
rp = 1 ;                 %通带波动(dB)
as = 60 ;                %阻带衰减(dB)
[ n, wn ] = cheb2ord( wp/pi, ws/pi, rp, as) ; %确定滤波器阶数 N 和频率缩放因子 Wₙ
[ b, a ] = cheby2( n, as, ws/pi, 'low') ;
[ h, w ] = freqz( b, a, 512) ;
figure( 'name', 'filter_Mag')
plot( w/pi, abs( h) ) ; xlabel( '\omega( \pi)') ; ylabel( 'Magnitude') ;
sys_d = tf( b, a, ts) ;
sys_c = d2c( sys_d, 'tustin') ;
bd = bandwidth( sys_c) /2/pi


% - - filter test
t = 0 : ts : 0. 2 ;
s0 = sin( 0. 20 * 100 * 2 * pi * t) ;
n1 = sin( 0. 35 * 100 * 2 * pi * t) ;
n2 = sin( 0. 80 * 100 * 2 * pi * t) ;
noise = rand( 1, 61) - 0. 5
s = s0 + n1 + n2 + noise ;
```

续表

```
y = filter(b,a,s);
figure('name','filter')
plot(t,s,'r',t,y,'g',t,s0,'b'); legend('origin','filter','true')
% - - filter test
```

与 IIR 数字滤波器的设计不同，FIR 滤波器的设计与模拟滤波器的设计没有任何关联，因此，FIR 滤波器设计基于对指定幅度响应的直接逼近，并通常要求其具有线性相位响应。为了保证滤波器具有线性相位特性，M 阶滤波器系数必须满足条件：$h(n) = \pm h(M - 1 - n)$。

FIR 滤波器的设计方法主要有三种：窗函数法、频率取样法和切比雪夫等波纹逼近的最优化设计方法，在工程上大多应用窗函数法。

窗函数法比较简单，可应用窗函数公式，在技术指标要求不严格的情况下可灵活应用，下面简单介绍窗函数法。

窗函数法的设计思想：根据滤波器的性能设计指标确定一个理想的滤波器频率响应 $H_d(e^{j\omega})$，然后设计 FIR 滤波器，使得其频率响应 $H(e^{j\omega}) = \sum_{n=0}^{M-1} h(n)e^{-j\omega n}$ 逼近 $H_d(e^{j\omega})$。

最直接的方法是在时域中用 FIR 滤波器的单位脉冲响应 $h(n)$ 去逼近理想的单位脉冲响应 $h_d(n)$，由 $H_d(e^{j\omega})$ 的逆离散时间傅里叶变换 IDTFT 导出 $h_d(n)$

$$h_d(n) = \frac{1}{2\pi} \int_{-\pi}^{\pi} H_d(e^{j\omega}) e^{j\omega n} d\omega \tag{7-55}$$

由于 $H_d(e^{j\omega})$ 是矩形频率特性，故 $h_d(n)$ 一定是无限长的序列，且为非因果。而 FIR 滤波器为有限长的，故自然只能用有限长的 $h(n)$ 来逼近无限长的 $h_d(n)$，即截取 $h_d(n)$ 中最重要的一段，将无限长的 $h_d(n)$ 截取成长度为 M 的有限长序列，等效于在 $h_d(n)$ 上施加了一个长度为 M 的矩形窗口，更为一般的，可以用一个长度为 M 的窗口函数 $w(n)$ 来截取 $h_d(n)$，即

$$h(n) = w(n)h_d(n) \tag{7-56}$$

此方法即为窗函数法，窗函数的形状及长度的选择是窗函数法的关键，常用的窗函数有矩形窗、三角窗、汉宁窗、海明窗、布拉克曼窗、凯塞窗等，其性能见表 7-24，其中长度为 31 的矩形窗、三角窗、汉宁窗、海明窗的图形如图 7-139 所示，各窗函数图形随窗口长度的分布可参考现成的公式。

表 7-24 各种窗函数的性能表

窗函数	近似过渡带宽	旁瓣峰值幅值/dB	最小阻带衰减/dB
矩形窗	$4\pi/n$	13	21
三角窗	$8\pi/n$	25	25
汉宁窗	$8\pi/n$	31	44

续表

窗函数	近似过渡带宽	旁瓣峰值幅值/dB	最小阻带衰减/dB
海明窗	$8\pi/n$	41	53
布拉克曼窗	$12\pi/n$	57	74
凯塞窗	$10\pi/n$	57	80

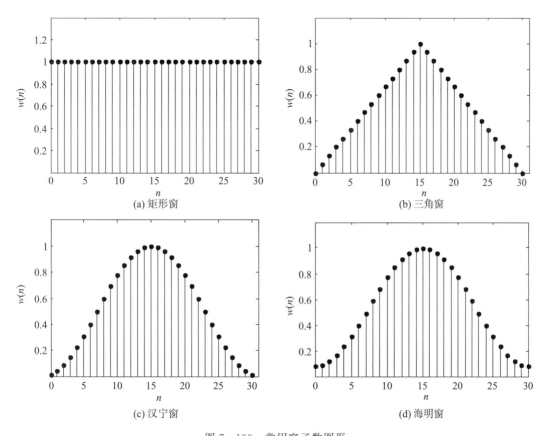

图 7 - 139　常用窗函数图形

下面以一个低通 FIR 窗函数法设计为例，具体介绍设计方法以及滤波器的特性。

例 7 - 13　窗函数法设计 FIR 低通滤波器。

设系统采样频率为 200 Hz，试用窗函数法设计 FIR 低通滤波器，满足指标：通带为 0.2π，阻带为 0.4π，通带波动为 1 dB，阻带最小衰减 40 dB，窗口为海明窗，并分析滤波器的特性以及滤波效果。

解：

1）根据题意，设计理想的频率响应函数 $H_d(\mathrm{e}^{\mathrm{j}\omega})$，如图 7 - 140 所示，即

$$H_d(\mathrm{e}^{\mathrm{j}\omega}) = \begin{cases} \mathrm{e}^{-\mathrm{j}\omega\alpha} & |\omega| \leqslant \omega_c \\ 0 & \omega_c < |\omega| \leqslant \pi \end{cases}$$

其中

$$\alpha = \frac{N-1}{2}$$

式中　N ——FIR 滤波器阶数。

滤波器阶数 N 的确定与通带和阻带频率以及所选的窗函数等相关，对于海明窗，其 N 由下式确定

$$N = ceil\left(\frac{6.6\pi}{\omega\_width}\right) + 1$$

其中

$$\omega\_width = \omega_s - \omega_p$$

式中　ω_s ——阻带频率；

　　　ω_p ——通带频率。

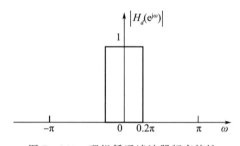

图 7 - 140　理想低通滤波器频率特性

2）计算单位理想脉冲响应。对 $H_d(\mathrm{e}^{\mathrm{j}\omega})$ 求逆离散时间傅里叶变换，即可求得单位理想脉冲响应 $h_d(n)$，即

$$\begin{aligned}
h_d(n) &= \frac{1}{2\pi}\int_{-\pi}^{\pi} H_d(\mathrm{e}^{\mathrm{j}\omega})\mathrm{e}^{\mathrm{j}\omega n}\,\mathrm{d}\omega \\
&= \frac{1}{2\pi}\int_{-\omega_c}^{\omega_c} \mathrm{e}^{\mathrm{j}\omega(n-\alpha)}\,\mathrm{d}\omega \\
&= \frac{1}{2\pi\mathrm{j}(n-\alpha)}(\mathrm{e}^{\mathrm{j}\omega_c(n-\alpha)} - \mathrm{e}^{-\mathrm{j}\omega_c(n-\alpha)}) \\
&= \frac{\sin(\omega_c(n-\alpha))}{\pi(n-\alpha)}
\end{aligned}$$

$H_d(\mathrm{e}^{\mathrm{j}\omega})$ 是阶跃矩形频域特性，所以 $h_d(n)$ 是无限长且为非因果。

3）设计实际单位脉冲响应。由于 $h_d(n)$ 是无限长且为非因果，故在工程上不能直接应用，需将其截断，利用长度为 N 的窗函数 $w(n)$ 去截断 $h_d(n)$，得到实际使用的 FIR 滤波器的单位脉冲响应 $h(n)$

$$h(n) = h_d(n) \cdot w(n)$$

不同窗函数对应的 $h(n)$ 不同，在此基础上，还应该进行加权处理，使得 $\sum\limits_{n=0}^{N-1} h(n) = 1$。在工程上，根据对最小阻带衰减和过渡带宽的要求选择合适的窗函数类型以及长度，

见表 7 – 24。

当得到 $h(n)$ 之后，一般还需求取频率响应函数 $H(e^{j\omega}) = \sum_{n=0}^{N-1} h(n) e^{j\omega n}$ 来验证滤波器的特性是否满足滤波器的通带、过渡段以及阻带的频率特性，如果不满足，则需重新设计。

由于设计的滤波器，其 $h(n) = h(N-1-n)$，故滤波器具有线性相位，线性相位特性是 FIR 很重要的特性。

4）编程实现。采用 MATLAB 控制系统设计工具箱，设计的代码见表 7 – 25。

表 7 – 25　窗函数设计 FIR 低通滤波器代码

```
% ex07_14_6. m
% developed by qiong studio

wp = 0. 25 * pi;        % 数字通带边缘频率
ws = 0. 4 * pi;         % 数字阻带边缘频率
tr_width = ws − wp;
N = ceil(6. 6 * pi/tr_width) + 1;
r = (N − 1)/2;         % 群时延

tao = (N − 1)/2;
n = 0 : 1 : N − 1;
wc = 0. 25 * pi;
hd = sin(wc * (n − tao + eps)). /(pi * (n − tao + eps));
win = (blackman(N))'; % 长度为 N 的 blackman 窗
hn = hd. * win;
hn_sum = sum(hn);
hn = hn/hn_sum;

[db,mag,pha,gfd,w] = fr(hn,1);
delta_w = 2 * pi/1000;
Rp = − (min(db(1 : 1 : wp/delta_w + 1)));

function[db,mag,pha,gfd,w] = fr(b,o)

[H,w] = freqz(b,a,1000,'whole');
H = (H(1 : 501))';
w = (w(1 : 501))';
mag = abs(H);
db = 20 * log10((mag + eps)/max(mag));
pha = angle(H);
gfd = grpdelay(b,a,w);
```

5）仿真结果及分析。所设计的滤波器及特性如图 7 – 141 所示，滤波效果如图 7 – 142 所示。由图可知，1）滤波器阶数为 34；2）带通波动为 0.03 dB，最小阻带衰减为

－54.8 dB；3）滤波器群时延为 17；4）设计的滤波器可以高效地滤除通带外信号以及白噪声。

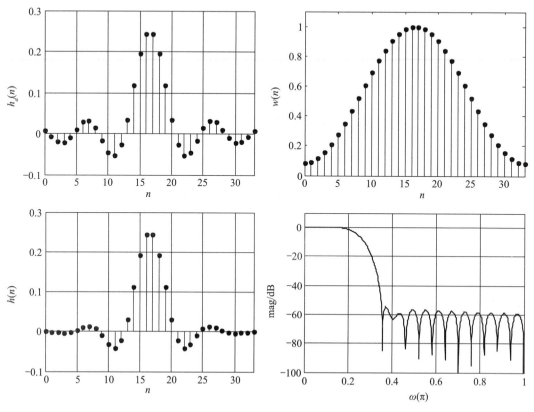

图 7 - 141　滤波器及特性

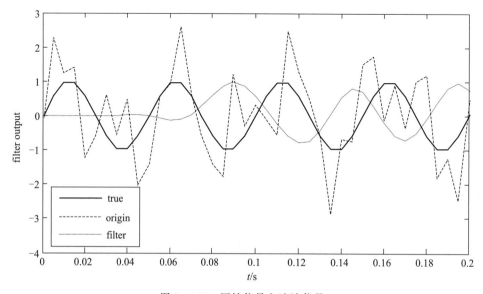

图 7 - 142　原始信号和滤波信号

7.15.5.5 经典滤波器设计举例

例 7-14 经典滤波器仿真。

某型号的试验数据如图 7-143 和图 7-144 中的实线所示，为框架导引头输出弹目视线角速度，试设计经典滤波器对其进行滤波，并分析原始信号和滤波信号的频谱特性。

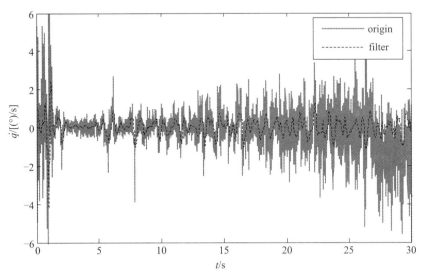

图 7-143 原始信号和滤波信号

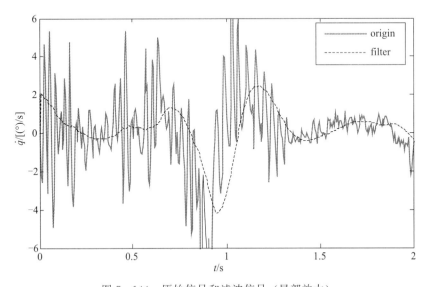

图 7-144 原始信号和滤波信号（局部放大）

解：对原始信号进行傅里叶变换，其结果如图 7-145 和图 7-146 中的实线所示，由图可知，原始信号混有较强的噪声，频率集中在 20～40 Hz，故设计一个二阶滤波器，其带宽为 10 Hz，其传递函数为

$$filter(s) = \frac{3\ 948}{s^2 + 88.84s + 3\ 948}$$

滤波器 bode 图如图 7 - 147 中的实线所示，对不同频率信号的相位延迟和幅值衰减见表 7 - 26，由图 7 - 147 可知：1）滤波器对低于滤波器带宽的信号，随着频率的增加，其延迟时间缓慢增加，而对于高频信号，随着频率的增加，其延迟时间缩短；2）对于高于带宽的信号，其幅值随着频率的增加快速衰减；3）对于控制系统而言，可允许信号经滤波器后其幅值稍微有所放大，不需要严格保证低频信号幅值完全不变通过滤波器。

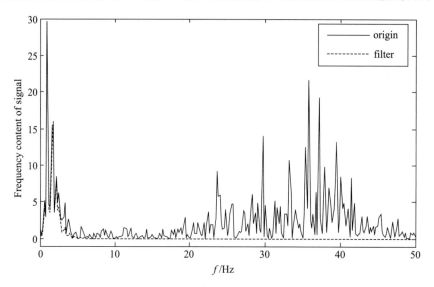

图 7 - 145　原始信号和滤波信号的频谱

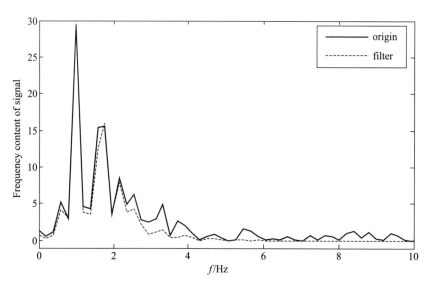

图 7 - 146　原始信号和滤波信号的频谱（局部放大）

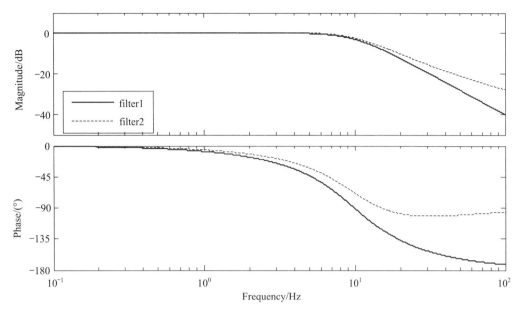

图 7 - 147　滤波器 bode 图

表 7 - 26　滤波器对不同频率信号的滤波效果

信号频率/Hz	相位延迟/(°)	延迟时间/ms	幅值衰减/dB	备注
0.5	4.05	22.50	0	
1.0	8.13	22.58	0	
2.0	16.4	22.78	0	
4.0	34	23.61	−0.11	
10	90	25.00	3	
20	137	19.03	12.3	
40	159	11.041 7	24.1	

仿真结果如图 7 - 143～图 7 - 146 所示,图 7 - 143 为原始视线角速度信号及滤波输出,图 7 - 144 所示为原始视线角速度信号及滤波输出的局部放大曲线,图 7 - 145 为原始信号和滤波信号的频谱,图 7 - 146 为原始信号和滤波信号的频谱的局部放大曲线。

结合本例仿真以及控制理论可知:

1)经典滤波器可以有效地滤除噪声中的高频部分;

2)经典滤波器可以从混有噪声的信号中提取有用信息,但当滤波器的带宽较低时,则造成滤波器输出信号相位滞后较大;

3)经典滤波器滤除原始信号中低频噪声信号的效果很差,在一定程度上保证低频有效信号的通过;

4)本例设计的滤波器对低频信号产生较大的延迟,约为 22.5 ms,如果用于带宽较大的姿控回路,则在较大程度上影响控制裕度,引起控制品质大幅下降;

5)经典滤波器在设计思想上就是平衡滤波产生的延迟和对噪声的幅值抑制两大因素,

对噪声的辅助抑制效果越好，则对应的滤波器延迟越大，反之亦然；

6) 在工程上，考虑到控制回路对某些噪声具有一定的抑制作用，对于某些对延迟较严的应用来说，可以设计带零点的高阶滤波器（其 bode 图如图 7 - 147 中的虚线所示），以使得滤波器对低频信号的延迟作用较小，而且也能对高频信号产生一定量的抑制效果，其对不同信号的延迟时间和幅值衰减效果见表 7 - 27。

表 7 - 27　滤波器对不同频率信号的滤波效果

信号频率/Hz	相位延迟/(°)	延迟时间/ms	幅值衰减/dB	备注
0.5	2.91	16.17	0	
1.0	5.84	16.22	0	
2.0	11.8	16.39	0	
4.0	34	17.29	0.000 4	
10	68.4	19.00	2.39	
20	137	13.63	10.1	
40	101	7.01	18.6	

7.15.5.6　经典滤波器设计小结

对于确定性信号，常采用经典滤波器加以解决，即先对原始信号进行频谱分析，确定信号的频谱分布，再设计具有相应频率特性的滤波器实现滤波处理，如低通、高通、带通、带阻滤波器（值得注意的是，带阻滤波器由于在带阻段频率前后期相位变化很剧烈，故对控制系统来说，要慎用）。对于随机信号，由于其频谱的不确定，经典滤波器使用效果大为降低，在工程上，可确定随机信号功率谱，在此基础上进行滤波器设计，可取得较好的滤波效果，但滤波处理信号有限，只能处理平稳随机信号，而且在进行滤波器设计时需要进行功率谱分析。

经典滤波器的优点：1) 设计简单，可以运用经典控制理论设计所需的滤波器；2) 计算量极小；3) 滤波器的稳定性可通过理论和仿真加以确认，无须担心滤波器发散。其缺点：1) 需要对原始信号的特性进行频域分析；2) 对于某些有用信号和干扰及噪声信号的频率相重叠情况，其滤波效果严重下降；3) 信号经滤波器后带来的相位延迟在一定程度上影响控制系统的裕度，如设计不当，甚至引起控制系统发散。

7.15.6　经典卡尔曼滤波器

经典滤波器是假定输入信号中的有用信号和希望去除的信号各自占有不同的频带，如果信号和噪声的频谱相互重叠，那么经典滤波器的滤波效果将降低，甚至无法使用。其原因是经典滤波器只是过去采样数据的某一种加权计算，并没有利用系统的模型进行预测。

20 世纪 60 年代卡尔曼把状态空间模型引入滤波理论，并导出了一套递推估计算法，后人称之为卡尔曼滤波理论。卡尔曼滤波是以最小均方误差为估计的最佳准则，来寻求一套递推估计的算法，其基本思想是：基于系统的一阶微分方程组建立状态空间模型，利用前一时刻的估计值和现时刻的观测值来更新对状态变量的估计，求出现时刻的估计值。

卡尔曼滤波是一种基于贝叶斯估计理论线性最小方差估计，滤波通过测量信息构造状态的后验概率分布函数得到状态的估计值，如均值、协方差等都可以从后验概率分布函数中估计出。在线性高斯状态空间模型中，利用卡尔曼滤波器可以得到后验概率分布函数的解析解。卡尔曼滤波的突出优点是：实时性好，适于处理动态的、低层次的、冗余的数据，可用于处理时变系统、非平稳信号和多维信号。缺点是：1) 要求系统噪声和量测噪声必须为统计特性已知的高斯噪声；2) 仅能处理线性系统（工程上见到的实际系统绝大多数为时变的非线性系统），对于观测度不高的系统，滤波效果较差并且容易发散。

7.15.6.1　线性连续系统近似离散化

工程上处理的对象大多为连续系统，为了便于计算机计算，常将其离散化，采用离散化模型描述对象。

假设线性连续系统的状态方程为

$$\begin{cases} \dot{\boldsymbol{X}}(t) = \boldsymbol{A}(t)\boldsymbol{X}(t) + \boldsymbol{B}(t)\boldsymbol{U}(t) \\ \boldsymbol{Z}(t) = \boldsymbol{C}(t)\boldsymbol{X}(t) \end{cases}$$

（1）状态方程离散化

令 $\dot{\boldsymbol{X}}(t) = \dfrac{1}{T}[\boldsymbol{X}((k+1)T) - \boldsymbol{X}(kT)]$，则状态方程可近似写成

$$\frac{1}{T}\{\boldsymbol{X}[(k+1)T] - \boldsymbol{X}(kT)\} = \boldsymbol{A}(kT)\boldsymbol{X}(kT) + \boldsymbol{B}(kT)\boldsymbol{U}(kT)$$

则

$$\begin{aligned} \boldsymbol{X}[(k+1)T] &= [\boldsymbol{I} + T\boldsymbol{A}(kT)]\boldsymbol{X}(kT) + T\boldsymbol{B}(kT)\boldsymbol{U}(kT) \\ &= \boldsymbol{G}(kT)\boldsymbol{X}(kT) + \boldsymbol{H}(kT)\boldsymbol{U}(kT) \end{aligned} \qquad (7-57)$$

其中

$$\boldsymbol{G}(kT) = \boldsymbol{I} + T\boldsymbol{A}(kT)$$
$$\boldsymbol{H}(kT) = T\boldsymbol{B}(kT)$$

式中　T——采样周期，当其值远小于系统的最小时间常数时，采用近似离散化方法可以保证很高的精度；当其值较大时，如果系统对精度要求很高，也可令

$$\boldsymbol{G}(kT) = \boldsymbol{I} + T\boldsymbol{A}(kT) + \frac{1}{2}T^2\boldsymbol{A}^2(kT)$$

（2）输出方程离散化

输出方程离散化较为简单，在采样点 k 时刻直接用 kT 代替时间 t 即可，即

$$\boldsymbol{Z}(kT) = \boldsymbol{C}(kT)\boldsymbol{X}(kT) \qquad (7-58)$$

7.15.6.2　离散系统卡尔曼滤波

（1）离散系统数学描述

为了便于分析，分析离散系统的卡尔曼滤波时，常采用无确定控制输入的系统作为研究对象，并且系统带有一定量的系统噪声和量测噪声，设离散化后的系统的状态方程和量

测方程用差分状态方程表示，即

$$X_k = \phi_{k,k-1} X_{k-1} + \Gamma_{k,k-1} W_{k-1} \tag{7-59}$$

$$Z_k = H_k X_k + V_k \tag{7-60}$$

式中　X_k —— k 时刻的 n 维状态量；

　　　　Z_k —— k 时刻的 m 维量测量；

　　　　W_{k-1} —— $k-1$ 时刻系统的 r 维量测噪声；

　　　　V_k —— k 时刻的 m 维量测噪声；

　　　　$\phi_{k,k-1}$, $\Gamma_{k,k-1}$, H_k —— $n \times n$ 、$n \times r$ 和 $m \times n$ 常值矩阵，分别代表 $k-1$ 到 k 时刻
　　　　　　　　　的系统一步转移矩阵、k 时刻的系统噪声矩阵、k 时刻的量
　　　　　　　　　测噪声矩阵。

卡尔曼滤波要求序列 $\{W_k\}$ 和 $\{V_k\}$ 为相互独立并满足正态分布的白噪声序列，即

$$\begin{cases} E(W_k) = 0, E(V_k) = 0 \\ \mathrm{cov}(W_k, W_j) = E(W_k W_j') = Q_k \delta_{kj} \\ \mathrm{cov}(V_k, V_j) = E(V_k V_j') = R_k \delta_{kj} \\ \mathrm{cov}(W_k, V_j) = E(W_k V_j') = 0 \end{cases}$$

式中　δ_{kj} ——Kronecker 函数，即 $\delta_{kj} = \begin{cases} 0 & k \neq j \\ 1 & k = j \end{cases}$ ；

　　　　Q_k ——系统噪声序列的方差阵；

　　　　R_k ——量测噪声序列的方差阵。

（2）离散卡尔曼滤波递推公式

离散卡尔曼滤波基于时域设计，其递推公式如下：

状态一步预测方程

$$\hat{X}_{k,k-1} = \phi_{k,k-1} \hat{X}_{k-1} \tag{7-61}$$

一步预测均方误差方程

$$P_{k,k-1} = \phi_{k,k-1} P_{k-1} \phi_{k,k-1}^{\mathrm{T}} + \Gamma_{k-1} Q_{k-1} \Gamma_{k-1}^{\mathrm{T}} \tag{7-62}$$

滤波增益方程

$$K_k = P_{k,k-1} H_k^{\mathrm{T}} (H_k P_{k,k-1} H_k^{\mathrm{T}} + R_k)^{-1} \tag{7-63}$$

状态估计方程

$$\hat{X}_k = \hat{X}_{k,k-1} + K_k (Z_k - H_k \hat{X}_{k,k-1}) \tag{7-64}$$

估计均方误差方程

$$P_k = (I - K_k H_k) P_{k,k-1} (I - K_k H_k)^{\mathrm{T}} + K_k R_k K_k^{\mathrm{T}} \tag{7-65}$$

（3）离散卡尔曼滤波递推公式说明

①状态一步预测方程

根据 $k-1$ 时刻的估计预测 k 时刻的状态量 X_k，即依据 $k-1$ 时刻前的量测值 Z_1，Z_2，…，Z_{k-1} 对 X_k 做线性最小方差估计，即

$$\hat{X}_{k,k-1} = E^* [X_k/Z_1,Z_2,\cdots,Z_{k-1}]$$

$$= E^* [(\boldsymbol{\phi}_{k,k-1}X_{k-1} + \boldsymbol{\Gamma}_{k-1}W_{k-1})/Z_1,Z_2,\cdots,Z_{k-1}]$$

$$= \boldsymbol{\phi}_{k,k-1}E^* [X_{k-1}/Z_1,Z_2,\cdots,Z_{k-1}] + \boldsymbol{\Gamma}_{k-1}E^* [W_{k-1}/Z_1,Z_2,\cdots,Z_{k-1}]$$

$$= \boldsymbol{\phi}_{k,k-1}\hat{X}_{k-1}$$

从上式看，$\hat{X}_{k,k-1}$ 是对 X_k 的一步预测估值，即假设系统噪声为零的条件下，利用 $k-1$ 时刻的最优估计值去预测是 X_k 合适的。

一步预测估值是在没有利用第 k 个量测值的情况下，对第 k 个状态做出的估计，故也只能是一个初步的估计。

②状态估计计算

式（7-64）是计算 X_k 估值 $\hat{X}_k$ 的方程。其说明如下：

用一步预测 $\hat{X}_{k,k-1}$ 代替真实状态 X_k 引起的误差为

$$\widetilde{X}_{k,k-1} = X_k - \hat{X}_{k,k-1}$$

引起的量测量估计误差为

$$\widetilde{Z}_{k,k-1} = Z_k - \hat{Z}_{k,k-1} = H_k X_k + V_k - H_k \hat{X}_{k,k-1} = H_k \widetilde{X}_{k,k-1} + V_k$$

即量测量估计误差由两部分组成：一步预测 $\hat{X}_{k,k-1}$ 的误差 $\widetilde{X}_{k,k-1}$ 和量测噪声 V_k。因为 $\widetilde{Z}_{k,k-1}$ 是在一步预测估值 $\hat{X}_{k,k-1}$ 的基础上的量测误差，具有 Z_k 的信息，故也称为新息。

式（7-64）是在一步预测 $\hat{X}_{k,k-1}$ 的基础上，对新息进行计算，得到一步预测误差 $\widetilde{X}_{k,k-1}$，修正一步预测估值 $\hat{X}_{k,k-1}$，最后得到最优估值 $\hat{X}_k$。由于能观测的只有量测值（包含量测噪声），所以需要调节滤波增益 K_k，使最优估值为一步预测 $\hat{X}_{k,k-1}$ 和新息加权值之和。

③一步预测均方误差方程

定义 $\widetilde{e}_{k,k-1} = X_k - \hat{X}_{k,k-1}$ 为 X_k 的先验估计误差，则先验估计均方误差阵 $P_{k,k-1}$ 为

$$P_{k,k-1} = E(\widetilde{e}_{k,k-1}\widetilde{e}_{k,k-1}^{\mathrm{T}})$$

$$= E([\boldsymbol{\phi}_{k,k-1}X_{k-1} + \boldsymbol{\Gamma}_{k-1}W_{k-1} - \boldsymbol{\phi}_{k,k-1}\hat{X}_{k-1}][\boldsymbol{\phi}_{k,k-1}X_{k-1} + \boldsymbol{\Gamma}_{k-1}W_{k-1} - \boldsymbol{\phi}_{k,k-1}\hat{X}_{k-1}]^{\mathrm{T}})$$

$$= E([\boldsymbol{\phi}_{k,k-1}(X_{k-1} - \hat{X}_{k-1}) + \boldsymbol{\Gamma}_{k-1}W_{k-1}][\boldsymbol{\phi}_{k,k-1}(X_{k-1} - \hat{X}_{k-1}) + \boldsymbol{\Gamma}_{k-1}W_{k-1}]^{\mathrm{T}})$$

$$(7-66)$$

由于 $k-1$ 时刻系统噪声只影响 k 时刻的真实状态量 X_k 和 $\hat{X}_k$，所以上式可改写成

$$P_{k,k-1} = E([\boldsymbol{\phi}_{k,k-1}(X_{k-1} - \hat{X}_{k-1})][\boldsymbol{\phi}_{k,k-1}(X_{k-1} - \hat{X}_{k-1})]^{\mathrm{T}}) + E([\boldsymbol{\Gamma}_{k-1}W_{k-1}][\boldsymbol{\Gamma}_{k-1}W_{k-1}]^{\mathrm{T}})$$

$$= \boldsymbol{\phi}_{k,k-1}E[(X_{k-1} - \hat{X}_{k-1})(X_{k-1} - \hat{X}_{k-1})^{\mathrm{T}}]\boldsymbol{\phi}_{k,k-1}^{\mathrm{T}} + \boldsymbol{\Gamma}_{k-1}\mathrm{cov}(W_{k-1},W_{k-1}^{\mathrm{T}})\boldsymbol{\Gamma}_{k-1}^{\mathrm{T}}$$

$$= \boldsymbol{\phi}_{k,k-1}P_{k-1}\boldsymbol{\phi}_{k,k-1}^{\mathrm{T}} + \boldsymbol{\Gamma}_{k-1}Q_{k-1}\boldsymbol{\Gamma}_{k-1}^{\mathrm{T}}$$

即一步预测均方误差由上一步估值均方误差 P_{k-1} 和系统噪声组成。

④估计均方误差方程

定义 $\widetilde{e}_k = X_k - \hat{X}_k$ 为 X_k 的后验估计误差，则

$$P_k = \text{cov}(\widetilde{e}_k) = \text{cov}(X_k - \hat{X}_k)$$

将式（7-64）代入上式，可得

$$P_k = \text{cov}[X_k - \hat{X}_{k,k-1} - K_k(Z_k - H_k\hat{X}_{k,k-1})]$$
$$= \text{cov}[X_k - \hat{X}_{k,k-1} - K_k(H_kX_k + V_k - H_k\hat{X}_{k,k-1})]$$
$$= \text{cov}[(I - K_kH_k)(X_k - \hat{X}_{k,k-1}) - K_kV_k]$$

由于量测噪声 V_k 与 X_k、$\hat{X}_{k,k-1}$ 等项不相关，所以

$$P_k = \text{cov}[(I - K_kH_k)(X_k - \hat{X}_{k,k-1})] - K_k\text{cov}(V_k)K_k^T$$
$$= (I - K_kH_k)P_{k,k-1}(I - K_kH_k)^T - K_k\text{cov}(V_k)K_k^T \qquad (7-67)$$
$$= (I - K_kH_k)P_{k,k-1}(I - K_kH_k)^T - K_kR_kK_k^T$$

即估值均方误差 P_k 由一步预测均方误差 $P_{k,k-1}$ 和量测噪声组成，如不计量测噪声的影响，则 P_k 比 $P_{k,k-1}$ 小，P_k 表征滤波器的效果，其对角线上的元素即为状态量估值的误差方差。

⑤滤波增益方程

增益 K_k 选取的原则是使估计的均方误差阵 P_k 最小。

假设增益由 $K_k \to K_k + \Delta K$，则均方误差阵相应由 $P_k \to P_k + \Delta P$，即

$$P_k + \Delta P = [I - (K_k + \Delta K)H_k]P_{k,k-1}[I - (K_k + \Delta K)H_k]^T + (K_k + \Delta K)R_k(K_k + \Delta K)^T$$
$$= (I - K_kH_k)P_{k,k-1}(I - K_kH_k)^T + K_kR_kK_k^T + \Delta K[(R_k + H_kP_{k,k-1}H_k^T)K_k^T - H_kP_{k,k-1}] +$$
$$[K_k(R_k + H_kP_{k,k-1}H_k^T) - P_{k,k-1}H_k^T]\Delta K^T + \Delta K(H_kR_kH_k^T + R_k)\Delta K^T$$

令 ΔK 中线性部分为 0，即

$$K_k(R_k + H_kP_{k,k-1}H_k^T) - P_{k,k-1}H_k^T = 0$$

则

$$K_k = \frac{P_{k,k-1}H_k^T}{R_k + H_kP_{k,k-1}H_k^T}$$

从上式可以看出，滤波增益 K_k 与系统噪声（体现在一步预测均方误差 $P_{k,k-1}$ 中）和量测噪声（体现在 R_k 中）有关。其取值范围为 $K_k \in [0, H^{-1}]$。

1）当 R_k 趋于零时，即当量测噪声为 0 时，有 $\lim\limits_{R_k \to 0} K_k = H_k^{-1}$，则

$$\hat{X}_k = \hat{X}_{k,k-1} + H_k^{-1}(Z_k - H_k\hat{X}_{k,k-1}) = H_k^{-1}Z_k$$

系统表现为完全取量测值作为状态的后验估计值，而系统的先验状态估计完全被抛弃。

2）当 $P_{k,k-1}$ 趋于零时，即 $Q_k = 0$（系统噪声为 0），则 $\lim\limits_{P_{k,k-1} \to 0} K_k = 0$，即

$$\hat{X}_k = \hat{X}_{k,k-1}$$

此时系统完全抛弃量测值，取先验估计值。

由以上分析可知，K_k 相当于一个动态的调节器，其权值决定先验估值和新息在估计值

中的比重，当 K_k 趋于零时，卡尔曼估值完全取决于先验估值，随着 $K_k \to H_k^{-1}$，估值越来越取决于量测值，当 $K_k = H_k^{-1}$ 时，估值即为量测值。

（4）离散卡尔曼滤波说明

卡尔曼滤波是基于时域的递推数字滤波器，包含两个递推部分，即时间更新方程和量测更新方程。时间更新方程负责向前推算当前状态向量和误差协方差估计的值，为下一个时间状态构成先验估计，包括状态一步预测方程［如式（7-61）］和一步预测均方误差方程［如式（7-62）］；测量更新方程负责将先验估计和新的测量变量结合构成校正后的后验估计，包括滤波增益方程［如式（7-63）］、状态估计方程［如式（7-64）］和估值均方误差方程［如式（7-65）］。

卡尔曼滤波是在一步预报估计的基础上修正预报误差，是一种最小线性方差估计。可实时对状态量进行迭代估计，其迭代步骤如图 7-148 所示，具体说明如下：

1）计算状态一步预测估计 $\hat{X}_{k,k-1}$；

2）根据第 $k-1$ 步的估计均方误差以及系统噪声 Q，根据式（7-62）计算一步预测均方误差 $P_{k,k-1}$；

3）根据一步预测均方误差 $P_{k,k-1}$ 以及量测噪声 R_k，根据式（7-63）计算滤波增益 K_k；

4）根据状态一步预测估计 $\hat{X}_{k,k-1}$、量测值 Z_k 以及滤波增益 K_k，依据式（7-64）更新第 k 时刻的状态估计值；

5）依据式（7-65）更新第 k 时刻的状态估计均方误差。

步骤 1）～5）构成了一个迭代循环。

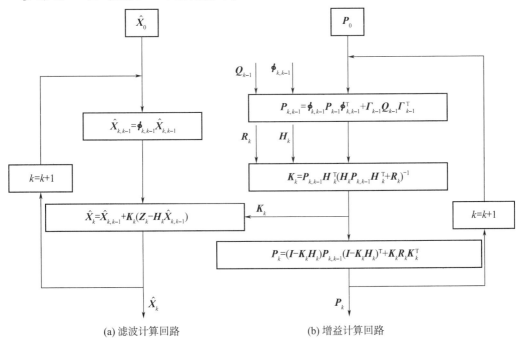

图 7-148　卡尔曼滤波

卡尔曼滤波的优点：1）卡尔曼滤波采用物理意义较为直观的时域状态空间形式；2）仅需要前后两步的数据，数据存储量较小；3）使用比较简单的递推算法，便于在计算机上实现；4）不仅适用于平稳过程，还可以推广到非平稳随机过程的情况。其缺点在于：1）卡尔曼滤波是基于数学模型的一种滤波器，需要建立系统的线性递推模型并实时计算，对于高阶的系统，其计算量较大；2）卡尔曼滤波假设系统状态噪声和量测噪声为高斯白噪声，但实际上各种噪声往往为有色噪声；3）卡尔曼滤波适用于线性系统，对于强非线性系统，当周期较大时，往往很难取得很好的滤波效果。

7.15.6.3　仿真例子

例 7 – 15　卡尔曼滤波仿真。

某型号的试验数据如图 7 – 149 中的实线所示，为框架导引头输出弹目视线角速度，试设计卡尔曼滤波对其进行滤波，并分析原始信号和滤波信号的频谱特性。

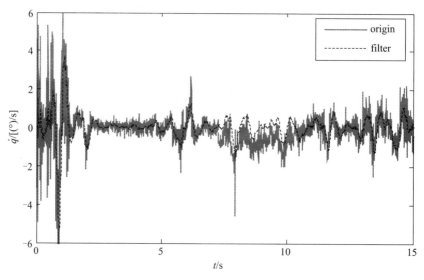

图 7 – 149　原始信号和滤波信号

解： 仿真程序见附录 4。

仿真结果：如图 7 – 149～图 7 – 152 所示，图 7 – 149 为原始视线角速度信号及卡尔曼滤波器输出，图 7 – 150 为原始视线角速度信号及卡尔曼滤波器输出的局部放大曲线，图 7 – 151 为原始信号和滤波信号的频谱，图 7 – 152 为原始信号和滤波信号的频谱的局部放大曲线。

仿真分析及结论：

1）可通过调节卡尔曼滤波器 $\boldsymbol{Q}$ 阵和 $\boldsymbol{R}$ 阵的大小调节滤波器的滤波效果；

2）卡尔曼滤波器可以从有噪声的视线角速度中提取较好品质的视线角速度信息，但相位有一定的滞后；

3）卡尔曼滤波器可以很高效地滤除原始信号中的中高频噪声信号，相当于一个低通滤波器；

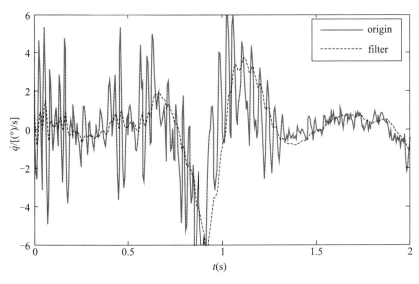

图 7 - 150　原始信号和滤波信号（局部放大）

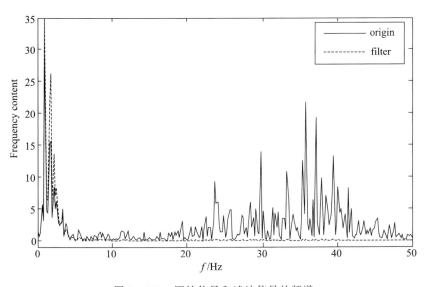

图 7 - 151　原始信号和滤波信号的频谱

4）卡尔曼滤波器滤除原始信号中低频噪声信号的效果较差；

5）由于滤波器的作用，滤波信号在低频段的幅值有所放大。

7.15.7　扩展卡尔曼滤波器

在工程上碰到的实际系统，总存在不同程度的非线性，其状态方程或量测方程为非线性，线性卡尔曼滤波器有时候很难取得较好的滤波效果，故需开发非线性滤波器。非线性滤波按实现的方案不同大致分为两类：

1）将非线性方程线性化，用线性方程逼近原方程；

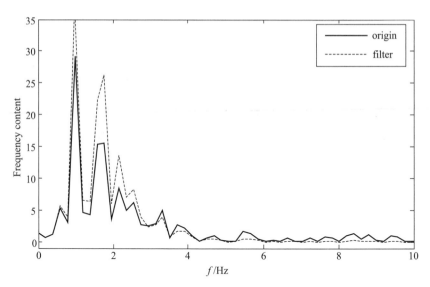

图 7 - 152　原始信号和滤波信号的频谱（局部放大）

2）用采样方法近似非线性函数的分布。

对第一类非线性滤波，使用最广的就是扩展卡尔曼滤波（Extended Kalman Filter，EKF），其设计思想是将非线性系统进行泰勒展开，只保留一阶项，从而将非线性系统转换为线性系统。扩展卡尔曼滤波在各种非线性滤波技术中是一种最简单的算法，适用于高斯噪声环境、弱非线性、小采样周期的系统。

第二类非线性滤波为基于采样方法的非线性滤波，按特性不同分为随机性采样方法和确定性采样方法两种。

（1）基于随机性采样方法非线性滤波器

其典型的设计方法为粒子滤波（Particles Filter，PF），利用一系列带权值的空间随机采样的粒子来逼近后验概率密度函数，是一种基于蒙特卡洛的贝叶斯估计方法，独立于系统模型，其精度不受线性化误差以及高斯噪声的影响，适用于线性系统以及非线性系统，也适用于非高斯噪声统计特性的噪声，并且可以得到高精度的滤波效果（取决于粒子的数量以及其组合策略）。粒子滤波的缺点：1）当系统维数较高时，要得到高精度滤波，需要产生大量的粒子，导致计算量较大，较难满足计算实时性要求；2）粒子经过迭代后会产生退化问题。随着弹载计算机计算能力的几何增长和算法的优化，粒子滤波已成为非线性滤波的一个重要研究方向，特别是对于研究非高斯噪声的强非线性系统的滤波问题，也产生了许多改进的粒子滤波。

（2）基于确定性采样方法非线性滤波器

鉴于对高斯分布的近似比对非线性函数的近似要简单得多，Julier 等人在 20 世纪 90 年代提出了无迹卡尔曼滤波（Unscented Kalman Filtering，UKF），UKF 仍然遵循卡尔曼滤波的框架结构和流程，只是对一步预测方程使用无迹变换（Unscented Transformation，UT）来处理均值和协方差的非线性传递，UT 通过选取一组能够表征随机变量统计特性且权值不同的 Sigma 点来捕获系统的相关统计参量。UKF 方法直接使用系统的非线性模型，不像 EKF 方法那样需要对非线性系统线性化，但具有和 EKF 方法相同的算法结构。对于线性系统，UKF 和 EKF 具有同样的估计性能，但对于非线性系统，UKF 方法则可以得到更好的估计。

7.15.7.1　算法实现

离散随机非线性系统可表示为

$$\begin{cases} \boldsymbol{X}(k+1) = \boldsymbol{f}(\boldsymbol{X}(k), \boldsymbol{U}(k), \boldsymbol{W}(k)) \\ \boldsymbol{Z}(k+1) = \boldsymbol{h}(\boldsymbol{X}(k), \boldsymbol{U}(k), \boldsymbol{V}(k)) \end{cases}$$

式中　$\boldsymbol{X}(k+1)$ ——状态量；

　　　$\boldsymbol{U}(k)$ ——控制量；

　　　$\boldsymbol{W}(k)$ ——系统噪声；

　　　$\boldsymbol{V}(k)$ ——量测噪声。

假设 $\boldsymbol{W}(k)$、$\boldsymbol{V}(k)$ 都为高斯白噪声，且互不相关。

在实际系统中，噪声大多为加法噪声，上式可改写为

$$\begin{cases} \boldsymbol{X}(k+1) = \boldsymbol{f}(\boldsymbol{X}(k), \boldsymbol{U}(k,k)) + \boldsymbol{\Gamma}(k)\boldsymbol{W}(k) \\ \boldsymbol{Z}(k+1) = \boldsymbol{h}(\boldsymbol{X}(k+1), \boldsymbol{U}(k+1,k+1)) + \boldsymbol{V}(k+1) \end{cases}$$

为了书写方便，也常写成

$$\begin{cases} \boldsymbol{X}_{k+1} = \boldsymbol{f}(\boldsymbol{X}_k, \boldsymbol{U}_{k,k}) + \boldsymbol{\Gamma}_k \boldsymbol{W}_k \\ \boldsymbol{Z}_{k+1} = \boldsymbol{h}(\boldsymbol{X}_{k+1}, \boldsymbol{U}_{k+1,k+1}) + \boldsymbol{V}_{k+1} \end{cases} \tag{7-68}$$

当控制作用项 $\boldsymbol{U}_k = \boldsymbol{0}$，假设系统噪声和量测噪声恒等于 0 时，系统（7-68）的解称为"标称轨迹"。

系统的最优估值状态方程和量测方程为

$$\begin{cases} \hat{\boldsymbol{X}}_{k+1} = \boldsymbol{f}(\hat{\boldsymbol{X}}_k, k) \\ \hat{\boldsymbol{Z}}_{k+1} = \boldsymbol{h}(\hat{\boldsymbol{X}}_{k+1}, k+1) \end{cases} \tag{7-69}$$

式中　$\hat{\boldsymbol{X}}_{k+1}$ ——$k+1$ 时刻的状态预测值，其既是时间 k 的非线性函数，也是最优估值 $\hat{\boldsymbol{X}}_k$ 的非线性函数；

　　　$\hat{\boldsymbol{Z}}_{k+1}$ ——$k+1$ 时刻的输出值。

方程组（7-69）的解为非线性模型的预测解，又称为最优估计解。

令系统标称状态与最优估值之间的偏差为

$$\begin{cases} \delta \boldsymbol{X}_{k+1} = \boldsymbol{X}_{k+1} - \hat{\boldsymbol{X}}_{k+1} \\ \delta \boldsymbol{Z}_{k|1} = \boldsymbol{Z}_{k|1} - \hat{\boldsymbol{Z}}_{k|1} \end{cases}$$

将状态方程和量测方程在估值附近进行一阶泰勒级数展开，则有

$$\begin{cases} \boldsymbol{X}_{k+1} = \boldsymbol{f}(\hat{\boldsymbol{X}}_k, k) + \dfrac{\partial \boldsymbol{f}(\boldsymbol{X}_k, k)}{\partial \boldsymbol{X}_k^{\mathrm{T}}}\bigg|_{\boldsymbol{X}_k = \hat{\boldsymbol{x}}_k} \delta \boldsymbol{X}_k + \boldsymbol{\Gamma}_k \boldsymbol{W}_k \\[4mm] \boldsymbol{Z}_{k+1} = \boldsymbol{h}(\hat{\boldsymbol{X}}_{k+1}, k+1) + \dfrac{\partial \boldsymbol{h}(\boldsymbol{X}_{k+1}, k+1)}{\partial \boldsymbol{X}_{k+1}^{\mathrm{T}}}\bigg|_{\boldsymbol{X}_{k+1} = \hat{\boldsymbol{x}}_{k+1}} \delta \boldsymbol{X}_{k+1} + \boldsymbol{V}_{k+1} \end{cases} \tag{7-70}$$

进而可得

$$\begin{cases} \delta \boldsymbol{X}_{k+1} = \dfrac{\partial \boldsymbol{f}(\boldsymbol{X}_k, k)}{\partial \boldsymbol{X}_k^{\mathrm{T}}}\bigg|_{\boldsymbol{X}_k = \hat{\boldsymbol{x}}_k} \delta \boldsymbol{X}_k + \boldsymbol{\Gamma}_k \boldsymbol{W}_k \\[4mm] \delta \boldsymbol{Z}_{k+1} = \dfrac{\partial \boldsymbol{h}(\boldsymbol{X}_{k+1}, k+1)}{\partial \boldsymbol{X}_{k+1}^{\mathrm{T}}}\bigg|_{\boldsymbol{X}_{k+1} = \hat{\boldsymbol{x}}_{k+1}} \delta \boldsymbol{X}_{k+1} + \boldsymbol{V}_{k+1} \end{cases} \tag{7-71}$$

式中　$\dfrac{\partial \boldsymbol{f}(\boldsymbol{X}_k, k)}{\partial \boldsymbol{X}_k^{\mathrm{T}}}$，$\dfrac{\partial \boldsymbol{h}(\boldsymbol{X}_{k+1}, k+1)}{\partial \boldsymbol{X}_{k+1}^{\mathrm{T}}}$——状态方程和量测方程对状态量的偏导数，常记

$$\boldsymbol{\Phi}_{k+1,k} = \dfrac{\partial \boldsymbol{f}(\boldsymbol{X}_k, k)}{\partial \boldsymbol{X}_k^{\mathrm{T}}}，\ \boldsymbol{H}_{k+1} = \dfrac{\partial \boldsymbol{h}(\boldsymbol{X}_{k+1}, k+1)}{\partial \boldsymbol{X}_{k+1}^{\mathrm{T}}}$$

则式（7-71）可写成标准线性差分方程

$$\begin{cases} \delta \boldsymbol{X}_{k+1} = \boldsymbol{\Phi}_{k+1,k} \delta \boldsymbol{X}_k + \boldsymbol{\Gamma}_k \boldsymbol{W}_k \\[2mm] \delta \boldsymbol{Z}_{k+1} = \boldsymbol{H}_{k+1} \delta \boldsymbol{X}_{k+1} + \boldsymbol{V}_{k+1} \end{cases} \tag{7-72}$$

式（7-72）即为非线性系统误差状态的线性方程，在此基础上，依照上一节内容即可进行卡尔曼滤波递推计算。

$$\begin{cases} \delta \hat{\boldsymbol{X}}_{k+1|k} = \boldsymbol{\Phi}_{k+1,k} \delta \hat{\boldsymbol{X}}_k \\[2mm] \delta \hat{\boldsymbol{X}}_{k+1} = \delta \hat{\boldsymbol{X}}_{k+1|k} + \boldsymbol{K}_{k+1}(\delta \boldsymbol{Z}_{k+1} - \boldsymbol{H}_{k+1}\delta \hat{\boldsymbol{X}}_{k+1|k}) \\[2mm] \boldsymbol{K}_{k+1} = \boldsymbol{P}_{k+1|k}\boldsymbol{H}_{k+1}^{\mathrm{T}}(\boldsymbol{H}_{k+1}\boldsymbol{P}_{k+1|k}\boldsymbol{H}_{k+1}^{\mathrm{T}} + \boldsymbol{R}_{k+1})^{-1} \\[2mm] \boldsymbol{P}_{k+1|k} = \boldsymbol{\Phi}_{k+1,k}\boldsymbol{P}_k\boldsymbol{\Phi}_{k+1,k}^{\mathrm{T}} + \boldsymbol{\Gamma}_k \boldsymbol{Q}_k \boldsymbol{\Gamma}_k^{\mathrm{T}} \\[2mm] \boldsymbol{P}_{k+1} = (\boldsymbol{I} - \boldsymbol{K}_{k+1}\boldsymbol{H}_{k+1})\boldsymbol{P}_{k+1}(\boldsymbol{I} - \boldsymbol{K}_{k+1}\boldsymbol{H}_{k+1})^{\mathrm{T}} + \boldsymbol{K}_{k+1}\boldsymbol{R}_{k+1}\boldsymbol{K}_{k+1}^{\mathrm{T}} \end{cases}$$

由于每次递推计算下一时刻的状态最优估计值和标称状态值时，其初始值均采用状态最优估计的初始值，所以，初始时刻的状态偏差最优估计恒等于零，即 $\delta \boldsymbol{X}_{k+1} = \boldsymbol{0}$，因此，预测值也等于零，对应的扩展卡尔曼滤波方程为

$$\begin{cases} \hat{\boldsymbol{X}}_{k+1|k} = \boldsymbol{f}(\hat{\boldsymbol{X}}_k, k) + \boldsymbol{\Gamma}_k \boldsymbol{W}_k \\[2mm] \hat{\boldsymbol{X}}_{k+1} = \hat{\boldsymbol{X}}_{k+1|k} + \boldsymbol{K}_{k+1}(\boldsymbol{Z}_{k+1} - \boldsymbol{H}_{k+1}\hat{\boldsymbol{X}}_{k+1|k}) \\[2mm] \boldsymbol{K}_{k+1} = \boldsymbol{P}_{k+1|k}\boldsymbol{H}_{k+1}^{\mathrm{T}}(\boldsymbol{H}_{k+1}\boldsymbol{P}_{k+1|k}\boldsymbol{H}_{k+1}^{\mathrm{T}} + \boldsymbol{R}_{k+1})^{-1} \\[2mm] \boldsymbol{P}_{k+1|k} = \boldsymbol{\Phi}_{k+1,k}\boldsymbol{P}_k\boldsymbol{\Phi}_{k+1,k}^{\mathrm{T}} + \boldsymbol{\Gamma}_k \boldsymbol{Q}_k \boldsymbol{\Gamma}_k^{\mathrm{T}} \\[2mm] \boldsymbol{P}_{k+1} = (\boldsymbol{I} - \boldsymbol{K}_{k+1}\boldsymbol{H}_{k+1})\boldsymbol{P}_{k+1}(\boldsymbol{I} - \boldsymbol{K}_{k+1}\boldsymbol{H}_{k+1})^{\mathrm{T}} + \boldsymbol{K}_{k+1}\boldsymbol{R}_{k+1}\boldsymbol{K}_{k+1}^{\mathrm{T}} \end{cases}$$

7.15.7.2　缺点及适用范围

EKF 忽略了非线性函数泰勒展开的高阶项，保留了一阶项，是非线性函数在局部线性化的结果，当系统为较强非线性时，将导致较大估计误差。只有当系统的状态方程和观

测方程都接近线性且连续时，EKF 滤波才具有较好的效果。

　　EKF 滤波结果的好坏还与状态噪声和观测噪声的统计特性有关，在 EKF 的递推滤波过程中，状态噪声和观测噪声的协方差矩阵保持不变，如果这两个噪声协方差矩阵估计得不够准确，则容易产生累积误差，滤波器滤波效果变差，甚至发散。EKF 的另外一个缺点是初始状态不容易确定，如果假设的初始状态和初始协方差误差较大，也容易导致滤波器发散。另外 EKF 在采样周期较大时，也较容易发散。

7.15.8　无迹卡尔曼滤波器

　　经典卡尔曼滤波器适用于线性系统，工程上见到的系统严格意义上都具有非线性特性。EKF 是将非线性系统在状态变量的一步预测处进行泰勒展开，然后取一阶项作为线性化近似，省略高阶项，故只能达到一阶的精度，适用于估计非线性较弱的系统，估计误差会随着被估计对象非线性的增强而逐渐放大。对于强非线性系统的滤波设计，Julier 和 Uhlmann 等提出了 UKF，该算法以无迹变换为基础，采用线性卡尔曼滤波框架，具体采用形式为确定性采样，即直接使用系统的非线性模型，利用确定性采样的方法来逼近非线性的状态分布。不像 EKF 方法那样需要对非线性系统线性化，UKF 是对非线性函数的概率密度函数进行近似，其计算精度至少能达到二阶泰勒展开的精度，且具有和 EKF 方法相同的算法结构。对于线性系统，UKF 和 EKF 具有同样的估计效果，但对于强非线性系统，UKF 方法则可以取得性能更佳的估计效果。UKF 算法的特点如下：

　　1）对非线性函数的概率密度分布进行近似，而不是对非线性函数进行近似；

　　2）非线性分布统计量的计算精度至少达到二阶泰勒展开的精度，对于采用特殊的采样策略，如高斯分布四阶采样和偏度采样等可达到更高阶精度；

　　3）不需要求导计算雅可比（Jacobian）矩阵；

　　4）可处理非加性噪声情况以及离散系统，扩展了应用范围；

　　5）计算量与 EKF 滤波同阶次；

　　6）由于采用确定性采样策略，而非粒子滤波方法的随机采样，避免了粒子衰退问题。

7.15.8.1　无迹变换

　　无迹变换基于随机变量的先验知识，其主要设计思想为：用固定数量的参数去近似一个高斯分布比近似任意的非线性函数或变换更容易。其原理为：采用具有确定性的点集 S（又称为 Sigma Point，Sigma 点），使这些点的均值 $\overline{X}$ 和协方差 P_{xx} 等于原状态分布的均值和协方差，然后将非线性变换应用于每个 Sigma 点，得到非线性变换后的点集 $\{Y_i\}$，再对点集 $\{Y_i\}$ 进行加权处理，其后计算变换后的统计特性，如图 7 - 153 所示。这种方法把系统当作"黑盒"来处理，因而不依赖于具体的非线性数学模型，故也不必计算雅可比矩阵。

　　假设 n 维随机状态量 X 的均值为 $\overline{X}$，协方差为 P_{xx}。

　　（1）生成 Sigma 点集

　　不同采样策略生成的 Sigma 点集有所不同，如采用对称采样策略，UT 方法生成以 $\overline{X}$

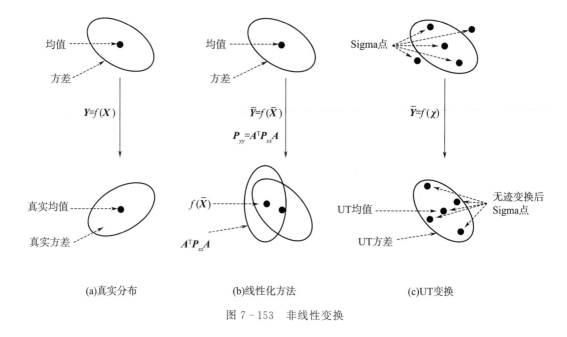

图 7-153　非线性变换

为对称点的 $2n+1$ 个 Sigma 点，其计算公式如下

$$\boldsymbol{\chi}_i = \begin{cases} \overline{\boldsymbol{X}} & i=0 \\ \overline{\boldsymbol{X}} + \left(\sqrt{(n+\lambda)}\ \sqrt{\boldsymbol{P}_{xx}}\right)_i & i=1,\cdots,n \\ \overline{\boldsymbol{X}} - \left(\sqrt{(n+\lambda)}\ \sqrt{\boldsymbol{P}_{xx}}\right)_i & i=n+1,\cdots,2n \end{cases}$$

其中，比例因子 λ 的表达式为

$$\lambda = \alpha^2(n+\kappa) - n$$

常量 α 决定了 Sigma 点在均值 $\overline{\boldsymbol{X}}$ 附近的分布，通常取一个很小的正数（例如，$10^{-4} \leqslant \alpha \leqslant 1$）。常量 κ 为另一个比例因子，通常设置为 0 或 $3-n$，参数估计时取 $3-n$，状态估计时取 0。

（2）对 Sigma 点集进行非线性变换

对生成的 Sigma 点集 $\{\boldsymbol{\chi}_i\}$ 进行非线性变换，得到变换后 Sigma 点集 $\{\boldsymbol{Y}_i\}$，即

$$\boldsymbol{Y}_i = f(\boldsymbol{\chi}_i) \quad i=0,\cdots,2n$$

（3）计算变换后 Sigma 点集的权值

Sigma 点集的权值计算如下

$$\begin{cases} \omega_m^{(0)} = \dfrac{\lambda}{n+\lambda} \\[2mm] \omega_c^{(0)} = \dfrac{\lambda}{n+\lambda} + (1-\alpha^2+\beta) \\[2mm] \omega_c^{(i)} = \omega_m^{(i)} = \dfrac{1}{2(n+\lambda)} \quad i=1,\cdots,2n \end{cases}$$

式中　下标 m ——均值的加权值；

下标 c ——方差的权值；

β ——状态分布参数，对于高斯分布，取 $\beta = 2$，对于单变量状态量，则取 $\beta = 0$。

（4）计算变换后 Sigma 点集的统计量

计算变换后 Sigma 点集的均值和协方差

$$\overline{\boldsymbol{Y}} = \sum_{i=0}^{2n} \omega_m^{(i)} \boldsymbol{Y}_i$$

$$\boldsymbol{P}_{yy} = \sum_{i=0}^{2n} \omega_c^{(i)} (\boldsymbol{Y}_i - \overline{\boldsymbol{Y}})(\boldsymbol{Y}_i - \overline{\boldsymbol{Y}})^{\mathrm{T}}$$

7.15.8.2　算法实现

离散随机非线性系统的表达式为

$$\begin{cases} \boldsymbol{X}_{k+1} = \boldsymbol{f}(\boldsymbol{X}_k, \boldsymbol{U}_k, \boldsymbol{W}_k) \\ \boldsymbol{Z}_k = \boldsymbol{h}(\boldsymbol{X}_k, \boldsymbol{U}_k, \boldsymbol{V}_k) \end{cases} \tag{7-73}$$

根据噪声特性，非线性系统分为加性噪声和乘性噪声，对于控制作用确定的加性非线性系统表示为

$$\begin{cases} \boldsymbol{X}_{k+1} = \boldsymbol{f}(\boldsymbol{X}_k) + \boldsymbol{W}_k \\ \boldsymbol{Z}_k = \boldsymbol{h}(\boldsymbol{X}_k) + \boldsymbol{V}_k \end{cases} \text{或} \begin{cases} \boldsymbol{X}_{k+1} = \boldsymbol{f}(\boldsymbol{X}_k) + \boldsymbol{\Gamma}_k \boldsymbol{W}_k \\ \boldsymbol{Z}_k = \boldsymbol{h}(\boldsymbol{X}_k) + \boldsymbol{V}_k \end{cases} \tag{7-74}$$

已知初始条件为

$$\hat{\boldsymbol{X}}_0 = E(\overline{\boldsymbol{X}}_0)$$

$$\boldsymbol{P}_0 = E\left[(\boldsymbol{X}_0 - \hat{\boldsymbol{X}}_0)(\boldsymbol{X}_0 - \hat{\boldsymbol{X}}_0)^{\mathrm{T}}\right]^{\mathrm{T}}$$

（1）创建 Sigma 点

依据 $k-1$ 时刻的估计值，创建 $2n+1$ 个 Sigma 点集

$$\begin{cases} \boldsymbol{\chi}_{k-1} = \begin{bmatrix} \hat{\boldsymbol{X}}_{k-1} & \hat{\boldsymbol{X}}_{k-1} + \gamma \sqrt{\boldsymbol{P}_{k-1}} & \hat{\boldsymbol{X}}_{k-1} - \gamma \sqrt{\boldsymbol{P}_{k-1}} \end{bmatrix} \\ \gamma = \sqrt{n+\lambda} \end{cases}$$

（2）Sigma 一步预测

基于 $2n+1$ 个 Sigma 点和状态方程计算一步预测

$$\boldsymbol{\chi}_{k|k-1}^* = \boldsymbol{f}(\boldsymbol{\chi}_{k-1}, \boldsymbol{U}_{k-1})$$

（3）状态量一步预测及协方差矩阵

按下式计算系统状态量的一步预测及协方差矩阵

$$\hat{\boldsymbol{X}}_{k|k-1} = \sum_{i=0}^{2n} \omega_m^{(i)} \boldsymbol{\chi}_{i,k|k-1}^*$$

$$\boldsymbol{P}_{k,k-1} = \sum_{i=0}^{2n} \omega_c^{(i)} (\hat{\boldsymbol{X}}_{k|k-1} - \boldsymbol{\chi}_{k|k-1}^*)(\hat{\boldsymbol{X}}_{k|k-1} - \boldsymbol{\chi}_{k|k-1}^*)^{\mathrm{T}} + \boldsymbol{Q}$$

（4）计算一步预测值，再进行无迹变换，产生新的 Sigma 点集

$$\boldsymbol{\chi}_{k|k-1} = \begin{bmatrix} \boldsymbol{\chi}_{0\,k|k-1}^* & \boldsymbol{\chi}_{0\,k|k-1}^* + \gamma \sqrt{\boldsymbol{R}^w} & \boldsymbol{\chi}_{0\,k|k-1}^* - \gamma \sqrt{\boldsymbol{R}^w} \end{bmatrix}$$

（5）计算一步预测的观测量

$$\boldsymbol{Z}_{k,k-1} = \boldsymbol{H}(\boldsymbol{\chi}_{k,k-1})$$

（6）计算观测量的统计参数

$$\begin{cases} \hat{\boldsymbol{Z}}_{k,k-1} = \sum_{i=0}^{2n} \omega_m^{(i)} \boldsymbol{Z}_{k,k-1} \\ \boldsymbol{P}_{zz} = \sum_{i=0}^{2n} \omega_c^{(i)} (\boldsymbol{Z}_{k,k-1}^{(i)} - \hat{\boldsymbol{Z}}_{k,k-1}) (\boldsymbol{Z}_{k,k-1}^{(i)} - \hat{\boldsymbol{Z}}_{k,k-1})^{\mathrm{T}} + \boldsymbol{R} \\ \boldsymbol{P}_{xz} = \sum_{i=0}^{2n} \omega_c^{(i)} (\hat{\boldsymbol{X}}_{k,k-1} - \boldsymbol{\chi}_{k,k-1}^{*}) (\boldsymbol{Z}_{k,k-1}^{(i)} - \hat{\boldsymbol{Z}}_{k,k-1})^{\mathrm{T}} \end{cases}$$

（7）计算增益

根据下式计算增益因子

$$\boldsymbol{K}_k = \boldsymbol{P}_{xz} \boldsymbol{P}_{zz}^{-1}$$

（8）状态量和协方差更新

按下式更改第 k 时刻的状态量和估计协方差

$$\begin{cases} \hat{\boldsymbol{X}}_k = \hat{\boldsymbol{X}}_{k,k-1} + \boldsymbol{K}_k (\boldsymbol{Z}_k - \boldsymbol{Z}_{k,k-1}) \\ \boldsymbol{P}_k = \boldsymbol{P}_{k,k-1} - \boldsymbol{K}_k \boldsymbol{P}_{zz} \boldsymbol{K}_k^{\mathrm{T}} \end{cases}$$

迭代步骤（1）～（8）便可运行无迹卡尔曼滤波。

附录 1 舵控回路的 MATLAB 程序

```
% ex07_04_02.m
% developed by qiong studio


integ = tf(1,[1 0])
Cm = 0.02;
La = 0.003;
Ra = 1;
J = 0.00002;
f = 0;% 3.2e-5;

Ce = 0.02;
Kpwm = 28/400;
i = 1/320;

p1 = tf(Cm,[La Ra]);
p2 = tf(1,[J f]);
plant = feedback(p1 * p2, Ce) * i * integ;
```

```
Kp = 8300;
Kd = 8300/21.37;
Ki = 8300 * 1;
Gc = tf([Kd Kp Ki],[1 0]);

open = Gc * Kpwm * plant;
close = feedback(open,1);
bd = bandwidth(close)/(2 * pi)
figure('name','open - loop bode')
w = 0.01:0.01:1000;
bode(open,w);

figure('name','close - loop bode')
bode(close,w)

figure('name','step')
t = 0.00:0.001:0.25;
step(close,t)
```

附录 2　GPS TLEs 轨道参数

截至 2020 年 6 月 25 日，在轨的 GPS 卫星为 31 颗（其中第三代 GPS 卫星 2 颗），其以 TLEs 格式描述的 GPS 卫星轨道参数如以下所示。

GPS BIIR−2(PRN 13)
1 24876U 97035A   20179.41085610   .00000099   00000−0   00000−0 0   9993
2 24876   55.4587 183.7648 0039743   59.2013 301.2117   2.00564910168216

GPS BIIR−3(PRN 11)
1 25933U 99055A   20179.24933866 −.00000076   00000−0   00000−0 0   9994
2 25933   52.3111 29.5840 0158342 114.9369 70.0243   2.00558087151830

GPS BIIR−4(PRN 20)
1 26360U 00025A   20179.95177668 −.00000007   00000−0   00000−0 0   9990
2 26360   53.5360 108.7351 0051405 155.3877 214.4143   2.00565371147546

GPS BIIR−5(PRN 28)
1 26407U 00040A   20179.50270056 −.00000047   00000−0   00000+0 0   9998
2 26407   55.9878 301.7765 0186084 279.3345 88.6436   2.00564738146205

GPS BIIR−6(PRN 14)

1 26605U 00071A   20179.86105177 .00000101 00000－0 00000－0 0 9993
2 26605   55.0348 181.0428 0117455 250.8600 291.8380 2.00564833143813

GPS BIIR－8(PRN 16)

1 27663U 03005A   20180.05854280 －.00000052 00000－0 00000＋0 0 9992
2 27663   56.0431 301.5417 0113303 35.5034 136.1102 2.00551021127579

GPS BIIR－9(PRN 21)

1 27704U 03010A   20179.91429487 －.00000072 00000－0 00000－0 0 9997
2 27704   54.6320 52.5706 0240668 284.4476 85.8481 2.00394861126385

GPS BIIR－10(PRN 22)

1 28129U 03058A   20179.10182441 .00000006 00000－0 00000－0 0 9994
2 28129   53.3461 111.4838 0072065 294.5656 64.6764 2.00548219121041

GPS BIIR－11(PRN 19)

1 28190U 04009A   20179.34794406 －.00000061 00000－0 00000＋0 0 9996
2 28190   56.2735   2.3668 0092140 94.7456 79.9881 2.00562020119231

GPS BIIR－13(PRN 02)

1 28474U 04045A   20180.46692924 －.00000074 00000－0 00000＋0 0 9992
2 28474   54.9774 52.4315 0199371 267.2283 273.1395 2.00557571114708

GPS BIIRM－1(PRN 17)

1 28874U 05038A   20179.32526831 －.00000060 00000－0 00000－0 0 9991
2 28874   56.3758 359.7560 0134396 266.0156 272.8019 2.00558805108092

GPS BIIRM－2(PRN 31)

1 29486U 06042A   20179.68243855 .00000031 00000－0 00000－0 0 9995
2 29486   54.8582 237.9708 0094922   6.3451 352.2912 2.00571878100681

GPS BIIRM－3(PRN 12)

1 29601U 06052A   20179.63286739 －.00000047 00000－0 00000＋0 0 9995
2 29601   56.0307 300.4783 0078072 65.9820 294.8458 2.00564207 99723

GPS BIIRM－4(PRN 15)

1 32260U 07047A   20178.93870502 .00000089 00000－0 00000－0 0 9990
2 32260   53.1921 170.3971 0122034 50.0919 310.9739 2.00559293 93100

GPS BIIRM－5(PRN 29)

1 32384U 07062A   20178.00721513 －.00000059 00000－0 00000＋0 0 9996
2 32384   56.4715   0.4840 0013608 118.3865 61.1527 2.00576650 91807

GPS BIIRM－6(PRN 07)

1 32711U 08012A   20179.35756578 .00000032 00000－0 00000＋0 0 9994
2 32711   54.6052 237.0848 0141765 223.9975 134.9415 2.00565141 90012

GPS BIIRM－8(PRN 05)

1 35752U 09043A　　20179.54535810　.00000010　00000-0　00000+0 0　9998

2 35752　54.5988 114.6297 0058037　44.9561 123.2215　2.00561807 79602

GPS BIIF－1(PRN 25)

1 36585U 10022A　　20179.16715859 -.00000042　00000-0　00000-0 0　9990

2 36585　55.3048 296.5249 0089375　53.0042 307.4042　2.00551847 73841

GPS BIIF－2(PRN 01)

1 37753U 11036A　　20179.30639060 -.00000065　00000-0　00000+0 0　9993

2 37753　56.1816　56.8860 0098247　44.6157 142.3594　2.00559880 65527

GPS BIIF－3(PRN 24)

1 38833U 12053A　　20177.54385949　.00000042　00000-0　00000-0 0　9996

2 38833　53.6480 232.9962 0095723　37.1373 323.6051　2.00565944 55775

GPS BIIF－4(PRN 27)

1 39166U 13023A　　20178.89751040 -.00000059　00000-0　00000-0 0　9991

2 39166　56.0381 356.4164 0081924　31.5368 328.9714　2.00564791 52138

GPS BIIF－5(PRN 30)

1 39533U 14008A　　20179.39868353　.00000029　00000-0　00000+0 0　9990

2 39533　53.7632 238.3557 0047876 199.8546 160.0339　2.00568329 46498

GPS BIIF－6(PRN 06)

1 39741U 14026A　　20179.17912230 -.00000064　00000-0　00000+0 0　9991

2 39741　56.1558　56.4185 0020419 296.3328　63.5132　2.00576619 44772

GPS BIIF－7(PRN 09)

1 40105U 14045A　　20179.26844052　.00000096　00000-0　00000-0 0　9999

2 40105　54.5931 175.5571 0013009 104.9929 255.1601　2.00559401 42368

GPS BIIF－8(PRN 03)

1 40294U 14068A　　20180.13006898　.00000010　00000-0　00000+0 0　9994

2 40294　55.3492 116.4571 0027937　38.4016 321.7822　2.00573470 41462

GPS BIIF－9(PRN 26)

1 40534U 15013A　　20179.27379701 -.00000043　00000-0　00000-0 0　9999

2 40534　54.2198 294.4658 0047107　10.1154 349.9995　2.00567479 38083

GPS BIIF－10(PRN 08)

1 40730U 15033A　　20178.93499903　.00000060　00000-0　00000-0 0　9993

2 40730　55.5546 355.5822 0053759 354.0500　5.9044　2.00562527 36260

GPS BIIF－11(PRN 10)

1 41019U 15062A　　20178.98605907　.00000018　00000-0　00000-0 0　9990

2 41019　55.3456 116.3300 0057737 210.9804 148.6657　2.00564198 34089

GPS BIIF－12(PRN 32)

1 41328U 16007A　20179.07927696　.00000095　00000－0　00000＋0 0　9990

2 41328　54.8285 176.0532 0042119 223.0471 136.6322　2.00556870 32148

GPS BIII－1(PRN 04)

1 43873U 18109A　20179.53811668　.00000099　00000－0　00000－0 0　9999

2 43873　55.0093 178.3056 0009102 222.5573　1.9427　2.00564035 11377

GPS BIII－2(PRN 18)

1 44506U 19056A　20178.60952115　－.00000062　00000－0　00000－0 0　9996

2 44506　55.2411　57.8754 0005603 167.6810　10.9343　2.00558126　6317

附录 3　控制系统 C 语言编写格式约定

1　主题内容与适用范围

1.1　主题内容

本约定规定了 C 语言编写空地制导武器控制系统程序时的基本格式要求及约定，分推荐和强制两种类型，推荐类型为参照执行的约定（推荐类型的约定用中括号 ［ ］ 括起来，具体见 3.2.2 节内容），强制类型为必须强制执行的约定。

1.2　适用范围

本约定适用于编写空地制导武器控制系统程序。

2　引用文件及资料

1）GJB 437 军用软件开发规范；

2）QJ 2950 — 97 C 语言编写格式约定；

3）QJ 2547 — 93 FORTRAN 语言编程格式约定；

4）软件编程规范总则（华为公司）。

3　定义

3.1　术语

3.1.1　注释

1）用"／＊"和"＊／"括起来的字符块视为注释；

2）在"／／"之后的字符视为注释。

注：优先采用第一种注释。

3.1.2　标识符

用于命名宏、常量、变量、数据类型及函数等的字符串，可由字母、数字和下画线组成，以下画线或字母开头。

3.1.3　描述体

用于完成一个特定注释要求的一个注释行或连续几个注释行。根据不同的注释对象，描述体分为函数描述体、语句描述体和文件描述体三种。

3.2　符号

3.2.1　缩格指示符

←→缩格指示符指示该行相对于上一行向右缩格（指示符在实际的程序代码中并不出现），箭头左端与上行对应格对齐，箭头右端指示本行开始位置。

3.2.2　[×××××] 可选择符号

表示方括号内的内容是视具体情况而定的，为推荐项，非强制项，但数组元素除外。

4　格式约定

4.1　基本约定

1）程序编写应符合 C 语言标准、GJB 437 和本编写格式约定要求；

2）[一个程序函数模块总行限制在 200 之内（不包括注释行）]；

3）[一个文件的程序总行限制在 1 000 之内（不包括注释行）]；

4）描述体使用约定：文件的第一部分为文件描述体；函数结构的第一部分为函数描述体；对于从字面上理解困难或有歧义的宏、变量、表达式应编写语句描述体。

4.2　文件结构约定

4.2.1　头文件结构约定

头文件由如下五部分内容组成：

1）头文件的文件描述体；

2）预处理块；

3）[结构体声明]；

4）[全局变量和常量定义及初始化]；

5）[函数声明]。

假设头文件名称为 guidance_control.h，头文件的结构参见示例 1。

1）预处理块强制包括 ifndef/define/endif 结构产生预处理块；

2）用 #include <filename.h> 格式来引用标准库的头文件；

3）用 #include "filename.h" 格式来引用非标准库的头文件；

4）头文件中变量存放"声明"的同时进行"定义"；

5）头文件中函数只存放"声明"，而不进行"定义"。

示例 1　头文件的结构

```
/ * * * * * * * * * * * * * * * * * * * * * * * * * * * * * * * * * * * * *
Copyright：单位－部门
File name：guidance_control.h
Description：
Version：
Author：
```

```
Date: 最新修改和完成日期
History:
Remark:
* * * * * * * * * * * * * * * * * * * * * * * * * * * * * * * * * */

# ifndef guidance_control_h
# define guidance_control_h

# include <math. h>    // 引用标准库的头文件
...
# include "myheader. h"    // 引用非标准库的头文件

typedef struct{

float           para1;
float           para2;
...

} * PSTRUCT1, STRUCT1;

# define PI 3. 14159265358979323
...

# defineSIGN(x) (((x)<0)? -1:1)
...

int    gPara1 = 0;                    // 全局变量
...
const int PARA1 = 0;                  // 常量

void func1(…);                        // 全局函数声明
void func2(…);                        // 全局函数声明

# endif // guidance_control_h
```

4.2.2 定义文件的结构

定义文件有三部分内容：

1）定义文件的文件描述体；

2）对一些头文件的引用；

3）程序的实现体（包括数据和代码）。

假设定义文件的名称为 guidance_control. c，定义文件的结构参见示例 2。

示例 2　定义文件的结构

```
//文件描述体(此处省略)
 # include "guidance_control. h"        // 引用头文件
…

void func1(…)                // 函数 1 的实现体
{
…
}


void func2(…)                // 函数 2 的实现体
{
…
}
```

4.3　注释约定

注释通常用于：

1）文件描述体说明；

2）函数接口说明；

3）重要的代码行或段落提示。

注释约定如下：

1）注释量不得少于代码量的 20%，注释率按如下方法计算

$$注释率 = \frac{注释行}{代码行(不含空白行 + 注释行)} \times 100\%$$

2）注释的位置应与被描述的代码相邻，可以放在代码的上方或右方，不可放在下方；

3）注释应考虑程序易读性及排版因素，可使用中文或英文，对于能用英文简练、准确表达意思的，优先采用英文；

4）避免在一行代码或表达式的中间插入注释；

5）程序块的注释采用"/ * … * /"，行注释采用"//…"；

6）不对变量名能自释其意的变量进行注释；

7）全局变量一般采用行注释，对其 [功能]、[取值范围]、那些函数或过程使用进行说明；

8）尽量避免在注释中使用缩写，特别是不常用的缩写；

9）[在程序块的结束行右方加注释标记，表明某程序块的结束]，参见示例 3；

示例 3

```
if (…)
{
    …
    while (…)
    {
        …
```

```
} // end of while(…)

    …

} // end of if(…)
```

10）将注释与其上面的代码语句隔一行或隔两行，参见示例 4；

示例 4

```
/* 程序块注释 1 */
程序 1;


/* 程序块注释 2 */
程序 2;
```

11）在函数定义前面加一个恰当的函数描述体，描述函数的功能、输入参数、输出参数、返回值、[编写和修改日期]、[修改记录]、[备注] 和 [全局变量] 等，参见示例 5；

示例 5　函数说明

```
/* * * * * * * * * * * * * * * * * * * * * * * * * * * * * * * * * *
Func name:
Description:
Input para:
Out para:
Global var:
Return:
Date:
History:
Remark:
* * * * * * * * * * * * * * * * * * * * * * * * * * * * * * * * * */
void func(float x, float y, float z)
{
    …
}
```

4.4　命名约定

4.4.1　通用约定

1）[命名尽量避免"匈牙利"法]；

2）标识符采用英文单词或其组合来命名，切忌使用中文拼音或英文和中文组合来命名；

3）标识符均由字母、数字或下画线组成；

4）标识符应具有实际含义，尽量采用全称，其长度不得超过 32 个字符。

4.4.2　宏定义和常量

1）以字母、数字和下画线组合；

2）以全大写字母书写；

3）以名词或名词组合表示；

4）用具有物理意义的标识（宏定义或常量）来表示不易理解的数字，例如 const double R2D＝57.29577951308232。

4.4.3　变量

1）变量名以字母、数字和下画线组合；

2）变量名尽可能避免后缀以数字结尾，例如，tmp1，tmp2，tmp3，…；

3）全局变量以"g"前缀，其后每个单词的第一个字母大写，例如 int gRollState＝0；

4）静态变量以"s"前缀，其后每个单词的第一个字母大写；例如 static float sTimeOpen＝0.0；

5）局部变量以小写字母开始，但带下标意义的变量以大写字母开始，例如 double lon＝0.0；float Kp＝0.0；float ve＝0.0；

6）某些特殊缩写的变量尽量以原缩写的形式命名，例如 GPS，IMU；

7）禁止以关键字命名变量；

8）[禁止取单个字符的变量名，特别是小写字母 l 和大写字母 O]；例如 int i＝0，l＝1，O＝0。

4.4.4　变量缩写及前缀、后缀规定

鼓励使用变量缩写、前缀和后缀定义变量。

4.4.4.1　变量缩写

说明：较短的单词可通过去掉"元音"形成缩写；较长的单词可取单词的前几个字母形成缩写；temp 可缩写为 tmp，flag 可缩写为 flg；statistic 可缩写为 stat；message 可缩写为 msg。

控制系统常用的变量缩写见表 1。

表 1　常见的变量缩写

序号	变量	物理意义（单位）	序号	变量	物理意义（单位）
1	time	时间（sec）	14	wx	滚动角速率（rad/s）
2	lon	经度（rad）	15	wy	偏航角速率（rad/s）
3	lat	纬度（rad）	16	wz	俯仰角速率（rad/s）
4	alt	高度（m）	17	vel	速度（m/s）
5	ve	东向速度（m/s）	18	Q	动压（Pa）
6	vn	北向速度（m/s）	19	Cbn	导航系往体系的转换矩阵
7	vu	天向速度（m/s）	20	Ky	法向导引系数
8	ax	轴向加速度（m/s² 2）	21	Kz	侧向导引系数
9	ay	法向加速度（m/s² 2）	22	Kp	比例系数

续表

10	az	侧向加速度(m/s^2)	23	Ki	积分系数
11	roll	滚动角(rad)	24	Kw	阻尼系数
12	yaw	偏航角(rad)	25	u	控制量
13	pitch	俯仰角(rad)	26	err	误差或偏差

4.4.4.2　前缀

1) Max、Min：代表限幅，如：MaxU 代表最大控制量；

2) g：代表全局变量，如：gSimuMode//0：wing closed；1：wing open；

3) s：代表静态变量。

4.4.4.3　后缀

（1）_ c 代表指令

例如：ay _ c 代表法向加速度指令；

（2）_ last 代表上一时刻

例如：u _ last 代表上一时刻的控制量。

4.4.5　结构体定义

结构体以名词或名词缩写命名，并以大写字母书写；成员变量以名词或名词缩写命名，并以小写字母书写，但某些名词缩写除外。[较为常用的结构体定义如下]：

（1）目标点参数

```
typedef struct{
    double   lon;              //经度(rad)
    double   lat;              //纬度(rad)
    float    alt;              //高度(m)
} * PAIM, AIM;
```

（2）舵机

```
typedef struct{
    float r1;                  //舵偏 1(deg)
    float r2;                  //舵偏 2(deg)
    float r3;                  //舵偏 3(deg)
    float r4;                  //舵偏 4(deg)
} * PRUDDER, RUDDER;
```

（3）惯性测量单元

```
typedef struct{
    float          ax;             //x 轴线加速度(m/s^2)
    float          ay;             //y 轴线加速度(m/s^2)
```

```
    float               az;              //z 轴线加速度(m/s^2)
    float               wx;              //x 轴线角速度(rad/s)
    float               wy;              //y 轴线角速度(rad/s)
    float               wz;              //z 轴线角速度(rad/s)
    unsigned short count;                //  帧计数
} * PIMU, IMU;
```

（4）自对准

```
typedef struct{
    double              lon;             //起飞点经度
    double              lat;             //起飞点纬度
    float               alt;             //起飞点高度
    float               ve;              //东向速度(m/s)
    float               vn;              //北向速度(m/s)
    float               vu;              //天向速度(m/s)
    float               pitch;           //俯仰角(rad)
    float               roll;            //滚动角(rad)
    float               yaw;             //航向角(rad)
} * PSELFAIM,  SELFAIM;
```

（5）GPS 接收机

```
typedef struct{
    unsigned char       visible_star;    //可见星数
    double              sec;             //秒信息
    double              lon;             //经度(rad)
    double              lat;             //纬度(rad)
    float               alt;             //高度(m)
    float               ve;              //东速(m/s)
    float               vn;              //北速(m/s)
    float               vu;              //天速(m/s)
    float               pdop;            //pdop 值
    unsigned short      NaviMode;        //卫星状态
} * PGPS, GPS;
```

（6）组合导航输出

```
typedef struct {                         //地理坐标系
    double              lon;             //经度
    double              lat;             //纬度
```

```
    float            alt;                    //高度
    float            ve;                     //东向速度
    float            vn;                     //北向速度
    float            vu;                     //天向速度
    float            pitch;                  //俯仰角
    float            roll;                   //滚动角
    float            yaw;                    //方位角
} * PNAVI, NAVI;
```

4.4.6 函数

1）函数名以字母、数字和下画线组合；

2）函数名建议以小写字母开始（特殊以大写字母缩写名词除外），可以以"名词＋名词"，"动词＋名词"或"动词"命名，词与词之间使用下画线连接；

3）函数名禁止与变量名、宏、常量同名；

4）类似功能的函数，可以以"类似功能名词＋后缀"命名，例如 control _ law （…），control _ roll （…），control _ yaw （…）；

5）[较为常用的函数接口定义如下]：

（a）制导和控制

```
void guidance_control(unsigned char    plane_type,
                      unsigned char    missile_type,
                      unsigned char    flag_release,
                      long             counter,
                      AIM              aim,
                      IMU              imu,
                      GPS              gps,
                      ATMOS            atmos,
                      Seeker           seeker,
                      NAVI             navi,
                      unsigned char *  pFlag_rudder_open,
                      unsigned char *  pFlag_wing_open,
                      unsigned char *  pFlag_engine_fire,
                      SeekerCommand *  pSeeker_cmd,
                      RUDDER *         pRudder_cmd,
                      CONTROL_TEL *    pControl_tel);
```

（b）导航

```
void navigation(unsigned char    flag_release,          //脱插分离标志
```

```
unsigned char      nav_mode,              //导航模式
unsigned char      flag_initial,          //导航初始化
SELFAIM            self_aim,              //自对准初始参数
IMU                imu,                   //惯性器件参数
float              imu_err[ ]             //惯性器件偏差
GPS                Gps,                   //GPS 信息
unsigned char      flag_PpsArrived,       //收到 GPS 秒脉冲标志
unsigned char      flag_data_received,    //收到 GPS 数据标志
NAVI*              pNav);                 //导航输出
```

（c）舵控

```
void rudder_control(float demand_angle[ ],float rudder_err[ ]);
```

（d）火控

```
void fire_control(PLOAD_PARA    pPara,              //电池激活及投弹条件判据
                  IMU           imu,               //IMU 信息
                  NAVI          nav,               //导航结果
                  AIM           aim,               //目标点信息
                  ATMOS         atmos,             // 大气测量系统数据
                  unsigned char * pFlag_power_on,   //满足电池激活条件标志
                  unsigned char * pFlag_shoot );    //满足投弹条件标志
```

4.5　程序板式

4.5.1　空行

1）空 0 行：逻辑上密切相关的语句之间不加空行；

2）空 1 行：相对独立的程序块之间；

3）空 2 行：a）函数体定义之间；b）相对独立的重要程序块之间；c）变量定义之后，参见示例 6。

示例 6　函数说明

```
float func( ··· )
{
    变量定义模块;
    空行
    空行
    检查函数参数输入和非参数输入的有效性模块;
    空行
    空行
    程序块
    空行
    重要程序块
    空行
```

```
        空行
        重要程序块
        …
}
```

4.5.2 代码行

1)［一行代码只做一件事情，如只定义一个变量，或只写一条语句］；

2)［如果函数体内变量众多，建议在同一行声明同一类意义的变量，但一行变量个数不得超过 6 个，例如：

```
            float   Ve＝0.0，    Vn＝0.0，    Vu＝0.0］；
```

3)［if、for、while、do 等语句自占一行，执行语句不得紧跟其后。不论执行语句有多少都要加 {}］；

4) 尽可能在定义变量的同时初始化该变量（就近原则）。

4.5.3 代码行内的空格

1) 关键字之后要留空格，但 if、for、while、do 等关键字之后除外；

2) 函数名之后不要留空格，紧跟左括号 "（"；

3) '（' 向后紧跟，'）'、'，'、'；' 向前紧跟，紧跟处不留空格；

4) '，' 之后要留空格，如 Func (x, y, z)，如果 '；' 不是一行的结束符号，其后要留空格，如 for (initialization; condition; update)；

5) 函数声明和定义，输入参数和输出参数之间空两格，例如：

void func （float inputPara1, float inputPara2，   float outputPara1，…）

6) 赋值操作符 "＝" 之后留空格；

7) 关系操作符、算术操作符、逻辑操作符、位操作符，如 "＜" "＜＝" "＝＝" "＞" "＞＝" "＋" "－" "＊" "／" "％" "＆＆" "｜｜" "＆" "｜" "^" "＜＜" "＞＞" 等二元操作符的前后不留空格；

8) 一元操作符如 "！" "～" "＋＋" "－－" "＆"（地址运算符）等前后不加空格；

9) 三元操作符周围要有空格；

10) 像 "［］" "" "." "－＞" 这类操作符前后不加空格。

4.5.4 对齐和缩进

1) 程序的分界符 '{' 和 '}' 应独占一行并且位于同一列，同时与引用它们的语句左对齐；

2) {} 之内的代码块在 '{' 右边 4 数格处左对齐，参见示例 7。

示例 7

```
void func( int x)
{
←─←─←─program code
}
if （condition）
```

```
{
←←←←program code
}
else
{
←←←←program code
}
for（initialization；condition；update）
{
←←←←program code
}
while（condition）
{
←←←←program code
}
```

4.5.5　长行拆分

代码行一行不能超过 120 个字符。

4.5.6　修饰符的位置

修饰符 * 和 & 应该靠近变量名。

5　编程规则和建议

5.1　常量

1）在程序运行中始终保持不变的量，都应该定义成常量；

2）代码中禁止直接使用具有某种意义的数字，而用宏（C 语言支持）或常量（c＋＋支持）替代，例如：

```
#definePI 3.14159265358979323
#define D2R 0.01745329251994
#define R2D 57.29577951308232
const float STEP = 0.005;
const float SREF = 0.0990;
```

3）对于具有物理意义的数字，在命名时尽量使其名字能充分自注释；如果名字不能自注释，在声明时必须加注释，说明物理意义，例如：

```
#define R0 6371137.000                    //earth radius
```

4）禁止对常数值做逻辑非的运算。

5.2　变量

5.2.1　变量声明及初始化

1）变量必须使用类型声明；

2）禁止函数参数只有类型，没有标识符；

3）［字符型变量必须明确定义是有符号还是无符号］；

4）将 extern，static 和 register 存储类别写在函数模块的头部；

5）［禁止局部变量与全局变量同名］；

6）［禁止形参或实参与全局变量同名］。

5.2.2　变量赋值

1）对结构体赋值尽量采用 memcpy 语句，例如：

memcpy（目标结构体地址，源结构体地址，sizeof（结构体））；

2）禁止在非赋值表达式中出现赋值操作符；

3）禁止给无符号变量赋负值；

4）尽量避免给变量赋的值与变量的类型不一致；

5）禁止变量赋值超出所定义的范围；

6）［如果整型变量数值超过 32767，应声明变量为 long int 而非 int］；

7）禁止对有符号类型使用位运算。

5.2.3　数组和结构体

1）数组的初始化必须完整；

2）数组的边界必须确定；

3）结构体的初始化必须完整。

5.2.4　指针

1）［禁止使用动态分配内存］；

2）［free（p）之后，必须将 p＝NULL］；

3）［禁止指针的指针超过两级，例如 int ＊ ＊ ＊ p；］。

5.2.5　禁止项

1）禁止 static 变量在所在的文件中不被调用；

2）［禁止在表达式中使用 BOOL 变量］；

3）［禁止使用寄存器变量］；

4）［禁止 volatile 变量］。

5.3　宏定义

1）用宏定义表达式时，要使用完备的括号，例如：

＃defineSIGN(x)　　　　(((x)＜0)?　－1:1)

＃define AREA_RECT(a, b)　((a) ＊ (b))

2）禁止宏定义中包含关键字。

5.4　表达式

5.4.1　复合表达式

1）［禁止使用复杂的复合表达式］；

2）在一条表达式中禁止对某一变量的值做多次修改，例如 y＝(x＋＋) ＊ (x＋＋)；

3）在表达式中用括号使子表达式的运算顺序清晰。

5.4.2　分支控制

5.4.2.1 if 语句

　　1）［在 if else 分支语句中，执行语句需用 ｛｝ 括起来］；

　　2）在 if 嵌套语句中，执行语句需用 ｛｝ 括起来；

　　3）［if 语句尽量加上 else］；

　　4）在 if else if 分支语句必须有 else 分支；

　　5）禁止条件判断的 else 分支无执行语句，如：

else；

else｛｝

else｛；｝

　　6）整型变量与某值 a 比较，使用 if（a == value）或 if（a! = value）；

　　7）浮点变量与某值 a 比较，使用如下代码：

if（（x＞ = a－EPSION）&& （x＜ = a＋EPSION））　　//EPSION 为定义的精度值；

或 if（fabs（x－a）＜EPSION））

5.4.2.2　switch 语句

　　1）禁止 switch 语句无 default 分支；

　　2）禁止 case 语句后无 break；

　　3）禁止 case 语句后无执行语句。

5.4.3　循环控制

　　1）［for（循环变量赋初值；循环条件；循环变量操作）中的三要数不能缺省］；

　　2）循环体需用 ｛｝ 括起来；

　　3）禁止使用不合适的循环变量类型；

　　4）在多重循环中，将最忙的循环放在最里层；

　　5）循环变量必须声明为局部变量；

　　6）注意循环变量是否上溢、下溢，参见示例 8。

示例 8

```
unsigned char size；
while(size－－＞ = 0)
{
    int a = 10；
}
```

5.4.4　指针操作

　　1）禁止将参数指针赋值为函数指针，参见示例 9。

示例 9

```
int    * func1( int  * p)
{
    int a =  10;
    int  * p1 = &a;
    p =  p1;
    return p1;
}
```

2）禁止对指针变量使用强制类型转换赋值，void * 类型除外；

3）禁止对两个指针进行"−"运算；

4）禁止使用指针的逻辑比较；

5）禁止在使用指针之前没有对其赋值。

5.4.5　禁止项

1）［禁止使用复杂的复合表达式］；

2）禁止同一个表达式中调用多个相关函数；

3）在一条表达式中禁止对某一变量的值做多次修改，例如 y＝（x＋＋）*（x＋＋）；

4）在表达式中用括号使子表达式的运算顺序清晰；

5）［禁止使用"＋＝""−＝""/＝"" * ＝""％＝"等复合操作符］；

6）［禁止使用空语句］；

7）［禁止使用不起作用的语句］；

8）［禁止使用 go to 语句］；

9）禁止在 if（表达式）和 for（表达式）后使用分号，参见示例 10。

示例 10

```
if(x>y);
    x =  y;

for( ii = 0;  ii< = 10;  ii + + );
    x =  y;
```

10）［禁止使用逗号表达式］；

11）［禁止条件表达式］。

5.4.6　数据类型转换

1）［数据类型转换分为隐形数据类型转换和显式数据类型转换，建议采用数据类型转换运算符进行显式数据类型转换］；

2）［尽量不使用没有必要的数据类型转换］；

3）［禁止对 const 定义的常量进行数据类型转换］；

4）［进行数据类型强制转换时，需注意其数据类型的意义、转换后的取值等问题］，参见示例 11。

示例 11

```
char var1;
unsigned short var2;
var1 = -1;
var2 = var1;
```

5.5 函数

5.5.1 形参和实参

1）［禁止函数中参数表为空］；

2）［对于输入参数在函数体执行过程中保持不变的情况，建议在形参和实参变量类型说明前增加 const 关键字］，例如：

```
void func(const float inputPara1,   float outputPara1, … );
```

3）禁止实参和形参类型不一致；

4）禁止实参和形参个数不一致；

5）禁止实参多个相关联的表达式；

6）对于输入形参和实参采用值传递；

7）对于既是输入又是输出的形参和实参，输出形参和实参采用指针传递。

5.5.2 返回值

1）对于只返回一个变量，采用 return 语句返回，对于返回 2 个或 2 个以上变量，采用指针变量反馈；

2）不要省略返回值的类型；

3）对于不带返回值的函数，应用 void 定义函数为"空类型"；

4）［函数必须有返回语句］；

5）函数返回值类型必须一致；

6）有返回值的函数中 return 必须带有返回值；

7）禁止 void 类型函数 return 带回返回值；

8）禁止返回指向"栈内存"的指针或引用，参见示例 12。

示例 12

```
int  * func(void)
{
    int a= 10;
    int * p = &a;
    return p;
}
```

5.5.3 其他

1）［一个函数仅完成一件功能，禁止设计多用途、面面俱到的函数］；

2) ［对于带返回值的函数，在调用时最好使用其返回值］；

3) ［检查函数参数输入和非参数输入的合法性］；

4) ［函数参数合法性检查由调用者负责］；

5) 避免函数中不必要的语句，以防止程序中的垃圾代码；

6) 避免使用老的参数表的定义形式，参见示例 13。

示例 13

```
void func(p1,p2)
int p1;
int p2;
{
    ...
}
```

附录 4　卡尔曼滤波 MATLAB 程序代码

```
function kalman_qdot
% ex07_14_7.m
% edit by qiong studio

r2d = 180/pi;

loadseeker.dat;
[m n] = size(seeker); % 1:time; 2:高低角角速度; 3:方位角角速度

F = [0,1;0,0];    % 系统矩阵
H = [1,0];        % 量测矩阵
G = [0 0;0 1];
delta_qdot = 0.02;
delta_qdotdot = 0.001
P = [delta_qdot^2,0;0,delta_qdotdot^2];
Q = [0 0;0 delta_qdotdot^2];
R = 0.005 * delta_qdotdot^2;

ts = 0.005;
[Phi,GQGk] = discretize(F,G,Q,ts);
```

```
X(1,1) = seeker(1,3);

X(2,1) = 0;

for i = 1:m

    Z = seeker(i,3) * 1.28;

    [X,P] = KalmanFilter(X,Z,P,Phi,H,GQGk,R);

    t_x_z(i,:) = [ts * (i-1)X(1)X(2)Z];

    cov_P(i,:) = [ts * (i-1)sqrt(P(1,1))sqrt(P(2,2))];

end
```

```
fs = 8;

w = 12.0; h = 7.0;

figure('name','q','unit','cent','pos',[10,10,w,h]);

plot(t_x_z(:,1),t_x_z(:,4),'k',t_x_z(:,1),t_x_z(:,2),'r'); xlabel('t(s)','fontsize',fs);

ylabel('q(\circ/s)','fontsize',fs); legend('origin','filter'); set(gca,'fontsize',fs)
```

```
function [Phi,GQGk] = discretize(F,G,Q,ts)
```
%连续系统叛离状态和噪声离散化

```
Phi = expm(ts * F);

M = G * Q * G';

GQGk = M * ts;

for i = 2:10

    M = F * M + (F * M)';

    GQGk = GQGk + M * ts^i/factorial(i);

End
```

```
function [Xkk,Pkk] = KalmanFilter(Xk_1k_1,Zk,Pk_1k_1,Phikk_1,Hk,Qk_1,Rk)
```
% − −**系统方程** $X(k) = Phi(k,k-1)X(k-1) + Gamma(k-1)W(k-1)$

% − −**量测方程** $Z(k) = H(x)X(k) + V(k)$

```
Xkk_1 = Phikk_1 * Xk_1k_1;

Pkk_1 = Phikk_1 * Pk_1k_1 * Phikk_1' + Qk_1';
```

$Kk = Pkk\_1 * Hk' * inv(Hk * Pkk\_1 * Hk' + Rk);$

$Xkk = Xkk\_1 + Kk * (Zk - Hk * Xkk\_1);$

$Pkk = (eye(size(Pkk\_1)) - Kk * Hk) * Pkk\_1;$

参 考 文 献

［1］ 宋建梅，曹宇．捷联寻的制导弹药的新型卡尔曼滤波器设计［J］．北京理工大学学报，2005，25（11）：975－980.

［2］ 刘铮．UKF算法及其改进算法的研究［D］．长沙：中南大学，2009.

［3］ UHRMEISTER B. Kalman Filters for a Missile with Radar and/or Imaging Sensor［J］．Journal of Guidance，Control and Dynamic，1994，17（6）：1339－1344.

［4］ LIN C F. Optimal Design of Integrated Missile Guidance and Control［R］．AIAA-98-5519，1998.

［5］ 潘泉，杨峰，叶亮，等．一类非线性滤波器：UKF综述［J］．控制与决策，2005，20（5）：481－489.

［6］ 袁亦方．全捷联制导弹药制导控制技术研究［D］．北京：北京理工大学，2015.

［7］ 李璟璟．捷联成像导引头视线角速度估计方法研究［D］．哈尔滨：哈尔滨工业大学，2008.

第8章 纵向控制回路设计

8.1 引言

众所周知，制导武器在惯性空间中的运动是很复杂的，为了简化研究，将制导武器在惯性空间的运动分解为在铅垂面内的纵向运动和在水平面内的侧向运动。在一定假设条件下，侧向运动可进一步分解为航向运动和滚动运动，其中航向运动在各方面的运动特性类似于纵向运动，两者之间的不同在于：1）纵向运动除了受气动力和发动机推力之外，还受地球重力的影响；2）航向运动和滚动运动为相互耦合的运动，即航向运动受滚动运动影响。

本章重点介绍纵向运动的控制回路设计问题，航向运动的控制回路设计类似于纵向控制回路，故不单独介绍，但需注意的是：对于某些面对称制导武器，航向控制回路设计必须考虑横航向之间的强耦合作用对其的影响。

导弹纵向控制回路，也称俯仰通道控制回路，主要使命是对弹体的俯仰角、法向加速度、飞行高度、弹道倾角等状态量施加控制，使其在铅垂面内按预定弹道（方案弹道或导引弹道）飞行，纵向控制回路设计的任务为：

1）设计阻尼回路，在保证较充足延迟裕度的情况下适当增加纵向控制回路的阻尼；

2）设计增稳回路，基于气动静稳定性和飞行状态将被控对象的恢复项调整至一个合理的范围内，减轻其后外回路设计的难度；

3）设计外回路，对弹体俯仰角、法向加速度、高度、弹道倾角施加控制，使其跟踪输入指令，即控制弹体的质心按输入指令给出的弹道进行飞行。

典型的纵向控制回路为一个多回路控制系统，其框图如图8-1所示，最里面为舵控回路，即执行机构的闭环控制回路，由舵机控制器、执行机构和反馈装置（用于舵机的常见反馈装置有电位计、测速机等，电位计测量的是舵机转轴转动的角位置信号，而测速机测量的是舵机转轴转动的角速度信号）等构成。往外为阻尼回路，由角速度陀螺、舵控回路和弹体构成，主要用于改善被控对象的阻尼特性，部分起改善被控对象稳定特性的作用。再往外为增稳回路，主要用于改善被控对象的稳定性，理论上，其反馈信号可以有多种形式，俯仰角（由角速度陀螺积分得到或由惯性导航解算得到）、攻角（由攻角量测设备测量得到或由角速度至攻角的传递函数计算得到）、角速度的滞后网络输出、弹体加速度（由加速度计测量得到）等反馈都可以起到增稳的作用。最外面的回路为质心回路，输入为制导指令（即俯仰角、飞行高度、法向加速度、弹道倾角等），输出为弹体的响应（即俯仰角、飞行高度、法向加速度、弹道倾角等），通过设计串联校正装置，使闭环控制系统的控制品质满足控制系统性能指标（稳定性、快速性和稳态性）。

　　值得注意的是，上述控制回路框图中并不是每个回路都不可缺少，理论上，对于静不稳定导弹，通常需要增稳回路；对于具有较合适静稳定度的导弹，可省略增稳回路（阻尼回路可起一部分增稳作用）；对于静稳定度很大的导弹，甚至可以通过正反馈降低被控对象稳定度，以改善控制回路的控制品质。故控制回路结构的确定需综合考虑导弹气动静稳定度以及飞行状态等因素。

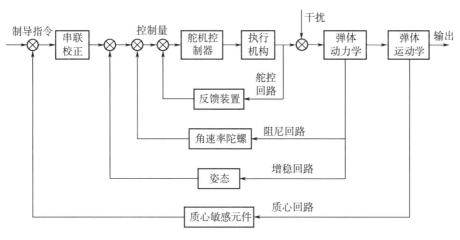

图 8-1　纵向控制回路框图

　　控制回路设计的主要任务就是在分析被控对象特性的基础上，设计阻尼回路、增稳回路以及外回路——质心回路，使设计的多回路闭环控制系统满足设计指标。

8.2　阻尼回路设计和增稳回路设计

　　通常情况下，对于空地制导武器，由于受限于俯仰舵尺寸（对于"十"字舵面制导武器，这点尤其突出），导弹动态特性是严重欠阻尼的（特别是对于具有较大静稳定度且在高空低速飞行的导弹），其阻尼系数值一般在 0.1 左右或更小（某空地导弹在高空低速投放的全弹道自然阻尼曲线如图 8-2 所示）。弹体受扰动后表现为：弹体来回振荡，需要较长时间趋于稳定；影响控制品质，甚至稳定性，故需在纵向控制回路中引入角速度信息，经阻尼回路产生与角速度方向相反的控制力矩，用于增加被控对象的阻尼，以改善导弹在飞行过程中的阻尼特性，同时也可以部分改善弹体的气动静稳定特性。

　　按传统空地导弹总体设计和气动设计的思想，弹体大多具有较合适的气动静稳定特性，但也有可能存在气动静稳定度过大或小的问题，这就需要通过设计增稳回路来调整导弹的静稳定特性。

　　大多飞行控制回路较少设计增稳回路或认为增稳回路仅用于静不稳定控制，其实这观点是错误的。从经典控制理论角度看，增稳回路用于调节被控对象的自振荡频率或时间常数，为了提高控制品质，需要将被控对象的自振荡频率调整至较合理的范围内，而弹体的自振荡频率跟弹体静稳定度和飞行动压等因素相关，故增稳回路应该基于弹体静稳定度和

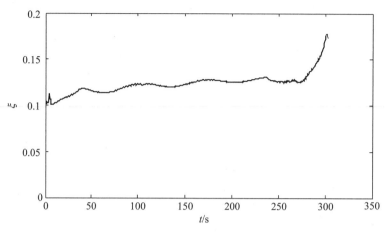

图 8 - 2　阻尼系数随时间变化曲线

飞行动压两个因素进行调整。

（1）弹体静稳定度

通常情况下导弹在飞行过程中具有较合适的气动静稳定特性，但也有可能由于如下因素存在弹体静稳定度过大或过小，这就需要通过设计增稳回路来调整气动静稳定特性。

1）对于弹体尾部安装固体发动机的导弹而言，在发动机工作过程中不可避免引起轴向质心大幅前移，进而引起导弹静稳定度大幅增加。

2）对于升力面为边条翼气动布局的导弹而言，基于气动理论，全弹气动焦点随飞行状态（飞行马赫数、攻角、侧滑角）或舵偏变化大幅变化，某边条翼气动布局导弹的静稳定度随攻角变化，如图 8 - 3 所示。值得提醒的是：此气动布局导弹在舵面面积较小或舵面离边条翼较近时，其全弹气动焦点随飞行状态变化更为剧烈。

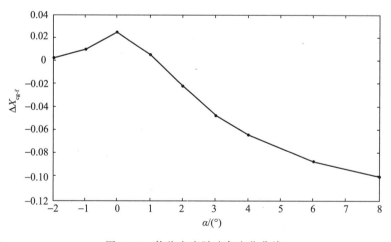

图 8 - 3　静稳定度随攻角变化曲线

3）对于飞行速度变化幅度较大的导弹，气动设计如满足低速飞行时的静稳定度要求，则会导致在超声速飞行状态下由于全弹焦点大幅后移引起静稳定度过大。

　　4）气动设计不合理或受结构布局限制等情况均可能引起全弹气动焦点随飞行状态大幅变化、静稳定度过大或过小等。

　　（2）飞行动压

　　当导弹在低空以超声速飞行时，飞行动压很大，即使弹体的气动静稳定度较合适，也会导致被控对象的自振荡频率过高。基于经典控制理论，为了保证阻尼回路具有较充裕的延迟裕度，阻尼回路只能取较小阻尼反馈系数，即阻尼回路的阻尼偏小（阻尼反馈系数可能低于 0.5，某一些情况下甚至低于 0.4），经阻尼反馈后的弹体自振荡频率还是过高，导致外回路设计难度增加，这时增加增稳回路，可大幅改善被控对象的动态响应特性，大幅提高受扰动后控制回路的控制品质。

8.2.1　阻尼回路和增稳回路工作原理

　　阻尼回路主要是利用速率陀螺测量得到的弹体绕侧轴 Oz_1 的角速度 ω_z，经比例系数（即阻尼反馈系数）放大后反馈至舵控回路的输入端，产生附加的舵偏，即可产生与 ω_z 方向相反的控制力矩，其力矩性质同弹体阻尼力矩，起阻碍弹体转动的作用，可称为控制阻尼（区别于弹体的气动阻尼）。

　　增稳回路主要是利用飞行攻角信息，当弹体存在飞行攻角时，经比例系数（即增稳反馈系数）放大后反馈至舵控回路的输入端，也可产生附加的舵偏。此舵偏产生使攻角往零攻角运动的控制力矩，起增加弹体静稳定度的作用。另外，除了反馈飞行攻角外，反馈弹体的俯仰角、法向加速度等也可起调整弹体静稳定度的作用。

　　下面介绍纵向控制回路控制阻尼和增稳的原理，根据第 2 章内容，纵向弹体动态特性方程可表示为

$$\begin{cases} \dfrac{\mathrm{d}\Delta\omega_z}{\mathrm{d}t} = a_{22}\omega_z + a_{24}\Delta\alpha + a_{25}\Delta\delta_z \\ \dfrac{\mathrm{d}\Delta\alpha}{\mathrm{d}t} = \Delta\omega_z - a_{34}\Delta\alpha - a_{35}\Delta\delta_z \end{cases}$$

令：$x_1 = \Delta\omega_z$，$x_2 = \Delta\alpha$，$x = [x_1 \quad x_2]^{\mathrm{T}}$，$u = \Delta\delta_z$，$\boldsymbol{A} = \begin{bmatrix} a_{22} & a_{24} \\ 1 & -a_{34} \end{bmatrix}$，$\boldsymbol{B} = \begin{bmatrix} a_{25} \\ -a_{35} \end{bmatrix}$，$\boldsymbol{C} = [1 \quad 0]$，则上述动态特性方程可写成如下状态空间的形式

$$\begin{cases} \dot{\boldsymbol{x}} = \boldsymbol{A}\boldsymbol{x} + \boldsymbol{B}u \\ \boldsymbol{y} = \boldsymbol{C}\boldsymbol{x} \end{cases}$$

则弹体特征方程为

$$|s\boldsymbol{I} - \boldsymbol{A}| = \begin{vmatrix} s - a_{22} & -a_{24} \\ -1 & s + a_{34} \end{vmatrix} = s^2 + (a_{34} - a_{22})s - a_{22}a_{34} - a_{24} = 0$$

通过状态反馈 $u = -\boldsymbol{K}\boldsymbol{x}$，其中 $\boldsymbol{K} = \lceil K_\omega \quad K_\alpha \rceil$（$K_\omega$ 为阻尼反馈系数，K_α 为增稳反馈系数），则特征矩阵为

$$\boldsymbol{A} - \boldsymbol{B}\boldsymbol{K} = \begin{bmatrix} a_{22} - a_{25}K_\omega & a_{24} - a_{25}K_\alpha \\ 1 + a_{35}K_\omega & -a_{34} + a_{35}K_\alpha \end{bmatrix}$$

状态反馈后，特征方程为

$$|s\boldsymbol{I} - (\boldsymbol{A} - \boldsymbol{B}\boldsymbol{K})| = \begin{vmatrix} s - a_{22} + a_{25}K_{\omega} & -a_{24} + a_{25}K_{\alpha} \\ -1 - a_{35}K_{\omega} & s + a_{34} - a_{35}K_{\alpha} \end{vmatrix}$$

$$= s^2 + (a_{34} - a_{22} - a_{35}K_{\alpha} + a_{25}K_{\omega})s - a_{22}a_{34} - a_{24} +$$

$$a_{22}a_{35}K_{\alpha} + a_{25}a_{34}K_{\omega} + a_{25}K_{\alpha} - a_{24}a_{35}K_{\omega} = 0$$

由上式可知，将攻角和角速度反馈至执行机构的输入端，即可改变状态反馈后弹体（以下简称为广义弹体，以示区别原弹体）的特征根，从现代控制理论的角度看，通过选择不同阻尼反馈系数和增稳反馈系数，可将广义弹体的特征根配置至期望的位置。

引入状态反馈后，被控对象的阻尼项和恢复项相应发生变化。

阻尼项变化为

$$a_{34} - a_{22} \Rightarrow a_{34} - a_{22} - a_{35}K_{\alpha} + a_{25}K_{\omega} \tag{8-1}$$

恢复项变化为

$$-a_{22}a_{34} - a_{24} \Rightarrow -a_{22}a_{34} - a_{24} + a_{22}a_{35}K_{\alpha} + a_{25}a_{34}K_{\omega} + a_{25}K_{\alpha} - a_{24}a_{35}K_{\omega}$$

$$\tag{8-2}$$

由于 $a_{35} \ll a_{25}$，即阻尼项主要通过阻尼反馈改变；而恢复项则由角速度反馈和攻角反馈一起提供。

引入阻尼回路和增稳回路的优点为：

1）增加广义被控对象的阻尼，减小广义被控对象的时间常数，提高广义被控对象对输入指令响应的快速性，并改善广义被控对象受扰动后的动态响应特性。

2）可调节广义被控对象的恢复项，将广义被控对象的特征根配置至理想的位置，大幅改善广义被控对象的频率和时域特性，可减轻外回路设计难度，提高控制回路的控制品质。

3）增加阻尼回路和增稳回路在很大程度上可抑制弹体的模型不确定性（气动偏差、结构偏差、大气扰动和测量误差等）对控制回路的影响。

引入阻尼回路和增稳回路的缺点为：

1）由于引入阻尼，弹体的增益会相应地减小，则串联校正网络的增益需要相应地增加。

2）如阻尼回路和增稳回路设计不当，即内回路的时域和频域特性变差，将大幅影响外回路的控制品质，在恶劣条件下，控制回路甚至会发散。

8.2.2　被控对象选择

根据第 2 章内容，俯仰通道被控对象可表示为二阶和四阶模型，分别如下

$$G_{\delta_z}^{\omega_z}(s)_{2\_order} = \frac{\Delta\omega_z(s)}{\Delta\delta_z(s)} = \frac{K_M(T_1 s + 1)}{T_M^2 s^2 + 2T_M \zeta_M s + 1} \tag{8-3}$$

$$G_{\delta_z}^{\omega_z}(s)_{4\_order} = \frac{\Delta\omega_z(s)}{\Delta\delta_z(s)} = \frac{B_1 s^3 + B_2 s^2 + B_3 s}{\det(s\boldsymbol{I} - \boldsymbol{A})} \tag{8-4}$$

一般情况下，选用二阶模型（短周期模型）进行控制回路设计，其原因如下：

1）进行纵向控制回路设计时，仅需考虑导弹姿态的变化，而忽略长周期模态变量 ΔV 和 $\Delta \theta$ 对弹体姿态的影响，其原因是 ΔV 和 $\Delta \theta$ 属于长周期模态变量，其随时间变化较慢，并且 ΔV 和 $\Delta \theta$ 对弹体姿态的影响较小，所以通常情况下可忽略不计。

2）根据经典控制理论，四阶模型考虑 ΔV 和 $\Delta \theta$ 对导弹姿态的影响，是在二阶模型的基础上引入小零点和极点，其对导弹姿态的影响很慢，远低于控制回路的响应时间，在控制参与过程中，控制的作用远大于 ΔV 和 $\Delta \theta$ 对姿态的影响。

3）空地导弹大多采用基于气动力模式的控制方式，对状态量 ΔV 的控制属于间接控制，根据被控对象可控性分析，基于俯仰舵控制对 ΔV 的可控性较差。

8.2.3　阻尼回路设计指标

阻尼回路设计指标包括频域指标（幅值裕度、相位裕度、延迟裕度和截止频率等）、闭环等效阻尼指标和时域指标（半振荡次数等）等，具体如下：

1）幅值裕度：$Gm \geqslant 8.0$ dB；

2）相位裕度：$Pm \geqslant 45°$；

3）延迟裕度：$Dm \geqslant 70$ ms；

4）截止频率：一般取外回路截止频率的 2～3 倍以上；

5）闭环等效阻尼：$\xi_{dx} \geqslant 0.4$；

6）半振荡次数（对单位舵偏的响应）：$N \leqslant 2$ 次。

设计指标简要说明如下：

1）对于自振频率较为合适的被控对象，其阻尼回路的幅值裕度、相位裕度和延迟裕度均容易满足，但对于自振频率很高的被控对象，较难满足延迟裕度指标。通常情况下要求阻尼回路的延迟裕度大于 70 ms，如延迟裕度低于 70 ms，当被控对象存在较大模型不确定性时或被控对象随飞行攻角、马赫数及舵偏角变化而剧烈变化时，会导致控制回路响应振荡，特别是当执行机构响应延迟较大时，控制回路响应振荡加剧。

2）对于静稳定度较小的导弹，可适当增加闭环等效阻尼，即可取较大的阻尼反馈系数，其原因在于：其一，静稳定度较小弹体对应的阻尼回路具有较充足的延迟裕度，可允许较大的阻尼反馈系数；其二，对于静稳定度较小的弹体，增加闭环等效阻尼则在较大程度上增加广义弹体的静稳定度，如式（8-2）所示，由 $-a_{22}a_{34}-a_{24}$ 增加至 $-a_{22}a_{34}-a_{24}+a_{25}a_{34}K_{\omega}-a_{24}a_{35}K_{\omega}$；其三，抑制被控对象模型的不确定性，静稳定度较小的导弹相对于静稳定度较大的导弹而言，相同弹体气动焦点变化（如气动焦点变化为 0.02）引起的被控对象模型不确定性较大，采用较大阻尼反馈系数，则可在较大程度上抑制各种偏差引起的被控对象模型不确定性对控制回路的影响。

3）闭环等效阻尼：静稳定度很大的导弹以较大动压飞行时，为了使阻尼回路具有较充裕的延迟裕度，闭环等效阻尼可放宽至 0.4。

4）半振荡次数：半振荡次数可以衡量控制回路的控制品质，半振荡次数较小则代表控制回路具有较好的控制品质及较强的鲁棒性。等效阻尼比较小的阻尼回路在受到单位舵偏的作用或外界扰动时，均表现出较为剧烈的振荡，其收敛较慢，半振荡次数可达 2 次。

8.2.4　确定阻尼反馈系数

阻尼回路和增稳回路作为纵向通道控制系统的内回路，其频带比外回路宽得多，同时又比舵控回路的频带窄得多，这个特点决定了可以单独对阻尼回路和增稳回路进行设计。

阻尼回路控制框图如图 8-4 所示，其中 $u(s)$ 为前向通路的控制输入，ω_z 为阻尼回路输出，d 为干扰量，AIZ 为自适应系数（主要根据飞行状态而自适应调整大小，旨在保证全弹道条件下具有较好的阻尼特性），$Rudder(s)$ 为执行机构传递函数，$Gyro(s)$ 为角速度陀螺传递函数。由于执行机构和速率陀螺带宽远大于阻尼回路带宽，故在设计阻尼回路时，假设执行机构和速率陀螺为理想模型，即 $Rudder(s)=1$，$Gyro(s)=1$，另外，基于某一特征点设计阻尼回路时，为了简化设计，也假设 $AIZ=1$。

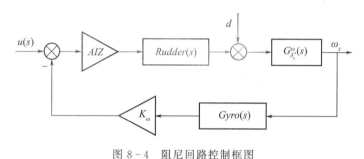

图 8-4　阻尼回路控制框图

（1）阻尼回路开环特性

阻尼回路的开环传递函数为

$$open(s)=\frac{K_\omega K_M(T_1 s+1)}{T_M^2 s^2+2T_M\zeta_M s+1}$$

由上式可知，阻尼反馈系数 K_ω 越大，则开环阻尼回路的截止频率越高，阻尼回路的延迟裕度越小。

（2）阻尼回路闭环特性

经阻尼反馈后的闭环传递函数如式（8-5）所示

$$close(s)=\frac{\dfrac{K_M}{1+K_M K_\omega}(T_1 s+1)}{\dfrac{T_M^2}{1+K_M K_\omega}s^2+\dfrac{2T_M\zeta_M+K_M K_\omega T_1}{1+K_M K_\omega}s+1}=\frac{\overline{K}_M(T_1 s+1)}{\overline{T}_M^2 s^2+2\overline{T}_M\overline{\zeta}_M s+1} \quad (8-5)$$

式中，$\overline{\zeta}_M=\dfrac{\zeta_M+\dfrac{K_M K_\omega T_1}{2T_M}}{\sqrt{1+K_M K_\omega}}$，$\overline{K}_M=\dfrac{K_M}{1+K_M K_\omega}$，$\overline{T}_M=\dfrac{T_M}{\sqrt{1+K_M K_\omega}}$。

即接入阻尼反馈后，弹体传递函数增益由 K_M 减小至 $\overline{K}_M$，弹体时间常数由 T_M 减小至 $\overline{T}_M$，弹体阻尼由 ζ_M 增加至 $\overline{\zeta}_M$，$\overline{\zeta}_M$ 为阻尼回路的等效阻尼。

对于静稳定度比较大的弹体，则 $K_M K_\omega \ll 1$，可得 $\overline{K}_M \approx K_M$，$\overline{T}_M \approx T_M$，则等效

阻尼

$$\overline{\zeta}_M \approx \zeta_M + \frac{K_M K_\omega T_1}{2 T_M} \tag{8-6}$$

即经阻尼反馈后，等效阻尼大幅增加。

在确定阻尼回路等效阻尼的情况下，可依据式（8-7）解算得到阻尼反馈系数

$$K_\omega = \frac{2 T_M (\overline{\zeta}_M - \zeta_M)}{K_M T_1} \tag{8-7}$$

即阻尼反馈系数与 $\overline{\zeta}_M$、ζ_M、T_M、K_M 和 T_1 相关。

（3）阻尼回路抗干扰特性

弹体在无控制阻尼和有控制阻尼的情况下，对外部干扰的响应如式（8-8）所示

$$\begin{cases} \omega_z(s) = G_{\delta_z}^{\omega_z}(s) d(s) \\ \omega_z(s) = G_{\delta_z\_damp}^{\omega_z}(s) d(s) = \dfrac{G_{\delta_z}^{\omega_z}(s)}{1 + K_\omega G_{\delta_z}^{\omega_z}(s)} d(s) \end{cases} \tag{8-8}$$

由上式可知，增加阻尼反馈可在较大程度上抑制外部干扰对输出的影响，阻尼反馈系数越大，其抑制外部干扰的能力越强。理论上，当阻尼反馈系数大至一定程度，则外部干扰对弹体的影响与被控对象本身无关，只与阻尼反馈系数的大小相关。

例 8-1　设计阻尼回路。

某一制导武器，在 5 500 m 高度，以 $Ma = 0.746\,4$（速度 $V = 237.345$ m/s）飞行；弹体结构参数：质量 $m = 700.0$kg，转动惯量 $J_z = 500$ kg/m^2。气动参数：$m_z^\alpha = -0.045$，$m_z^{\delta_z} = -0.073\,3$，$m_z^{\omega_z} = -3.206\,2$，$C_y^\alpha = 1.245\,4$，$C_y^{\delta_z} = 0.133\,6$，（气动参考面积 $S_{ref} = 0.10$ m^2，参考长度 $L_{ref} = 3.50$ m），试设计阻尼回路，使阻尼回路的等效阻尼 $\overline{\zeta}_M \approx 0.75$。

解： 依据飞行状态、结构参数和气动参数，可计算解得弹体动力系数

$a_{24} = -35.457\,5$，$a_{25} = -57.75$，$a_{34} = 0.843\,8$，$a_{35} = 0.090\,5$，$a_{22} = -0.65$

根据式（2-97），计算得到

$$T_M = 0.166\,7\text{s}，\xi_1 = 0.154，T_1 = 1.268，K_M = -1.264\,3$$

将 $\overline{\zeta}_M = 0.75$ 和 $T_M = 0.1667$s，$\xi_1 = 0.154$，$T_1 = 1.268$，$K_M = -1.264\,3$ 代入式（8-7），计算得到阻尼反馈系数

$$K_\omega = -0.123\,9$$

阻尼回路的根轨迹和开环 bode 图如图 8-5 和图 8-6 所示，图 8-5 阻尼回路中的舵机模型为理想模型，图 8-6 则为真实舵机（假设舵机传递函数为 $Rudder(s) = \dfrac{1}{0.015\,92s + 1}$，带宽为 10 Hz）；对于单位舵偏，弹体和广义弹体的角速度响应如图 8-7 所示，弹体加速度响应如图 8-8 所示。由图可知：

1）弹体传递函数的主导极点由 -0.924 ± 5.93i 变化至 -4.5 ± 4.63，阻尼值由 0.154 增至 0.697。

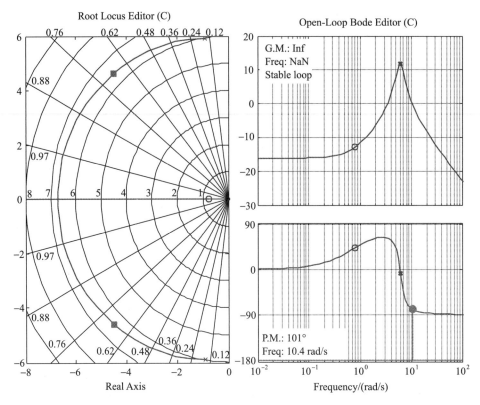

图 8 - 5　根轨迹和开环 bode 图（理想舵机模型）

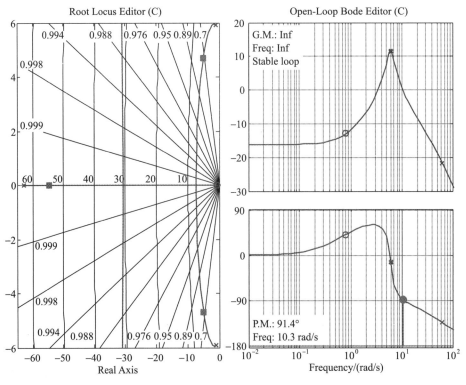

图 8 - 6　根轨迹和开环 bode 图（真实舵机）

2）广义弹体对单位舵偏的响应品质明显优于无阻尼弹体，半振荡次数为 1 次，但弹体响应幅值有所减小，其增益由 $-1.264\,3$ 减小至 $-1.093\,1$。

3）舵机为理想模型时，阻尼回路截止频率 $\omega_c = 10.4$ rad/s，相位裕度 $Pm = 101°$，延迟裕度 $Dm = 169.5$ ms，阻尼回路具有足够的稳定裕度；

4）舵机取真实舵机传递函数时，主导极点移至 -5.08 ± 4.71，阻尼值增至 0.733，阻尼回路截止频率减至 $\omega_c = 10.3$ rad/s，相位裕度变化至 $Pm = 91.4°$，延迟裕度减小至 $Dm = 154.9$ ms，总体上与舵机为理想模型时阻尼回路的特性相当，故设计阻尼回路时，可忽略舵机模型的影响，但需要考虑接入舵机后产生的延迟对控制回路的影响。

值得注意的是：对于空地导弹飞行末端，当飞行速度较大和弹体静稳定度较大并存时，阻尼回路的截止频率可能过高，控制裕度可能因此不够引起控制回路振荡，故对于高速飞行的导弹而言，需将导弹的气动静稳定度限制在一定的范围之内，另外还需配备低延迟响应的执行机构。

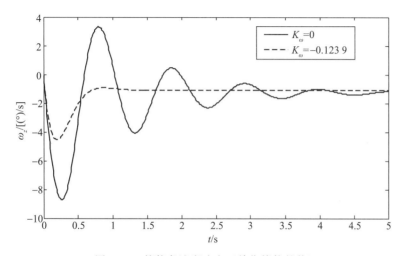

图 8-7　俯仰角速度响应（单位俯仰舵偏）

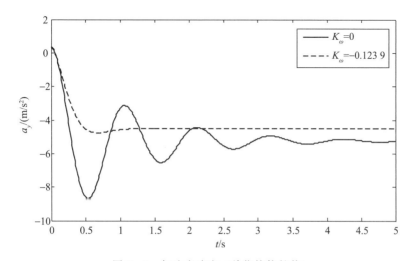

图 8-8　加速度响应（单位俯仰舵偏）

8.2.5　阻尼回路设计原则及限制因素

阻尼回路设计主要就是确定阻尼反馈系数 K_ω，根据经典反馈控制理论，K_ω 越大越能抑制被控对象的模型不确定性和扰动对控制回路的影响，但通常情况下，其值不能太大，需要综合考虑真实执行机构的实际带宽和响应延迟特性、飞行动压、弹体的结构质量特性以及气动静稳定度等。

阻尼回路设计需要着重考虑闭环等效阻尼和延迟裕度这两个设计指标，确定 K_ω 的上下限需要考虑如下因素：

下限：K_ω 越小，控制阻尼作用越弱，抑制模型不确定性和扰动对控制回路影响的能力越弱。为了保证控制品质，需要保证阻尼回路的等效阻尼不小于 0.4，当等效阻尼过低时，导弹在飞行过程中受到扰动时，弹体姿态则会来回振荡。

上限：K_ω 越大，控制阻尼作用越强，抑制模型不确定性和扰动对控制回路影响的能力越强，阻尼回路的延迟裕度越小。以例 8-1 为例，如图 8-9 所示，当阻尼反馈系数由 $K_\omega = -0.123\ 9$ 增加至 $K_\omega = -0.247\ 8$ 时，其截止频率由 $\omega_c = 10.4\ \mathrm{rad/s}$ 增至 $16.4\ \mathrm{rad/s}$，相位裕度由 $Pm = 101°$ 减至 $Pm = 94.7°$，延迟裕度由 $Dm = 169\ \mathrm{ms}$ 减至 $101\ \mathrm{ms}$，所以需要限制阻尼反馈系数的上限。

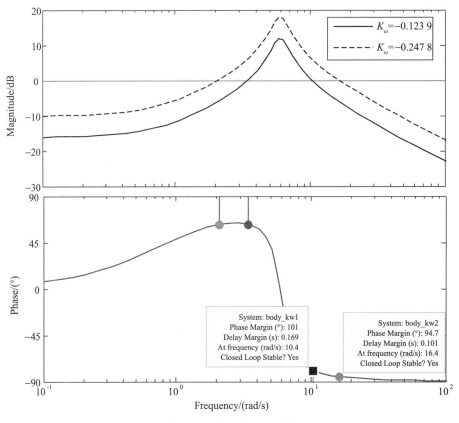

图 8-9　阻尼开环 bode 图

需要强调的是：

1）闭环等效阻尼的大小并没有一个严格意义上比较好的确定值，闭环等效阻尼值为 0.4～1.5 时，都可能对应较好的控制品质。

2）确定阻尼反馈系数 K_ω 需综合考虑气动稳定度和飞行动压等。对于静稳定度较大的导弹，当飞行动压较大时，其 K_ω 可以相应地取小值，闭环等效阻尼甚至可低至 0.4；对于静稳定度较小的弹体，K_ω 可以相应地取大值，其闭环等效阻尼可超过 1.0，甚至在较大程度上大于 1.5。

3）阻尼反馈系数 K_ω 在较大程度上取决于阻尼回路的延迟裕度，在延迟裕度满足设计指标的情况下，可适当取较大值。

4）从经典控制的角度看，对于某一些低空高速飞行制导武器而言，要获得较好的阻尼特性，不仅需要合理地设计阻尼回路，还需要导弹具有较合理的气动静稳定特性。

为了使读者更好地理解上述说明，以某一个微小型空地导弹为例，说明闭环等效阻尼对控制品质的影响，读者可对照例子完成相应的理论分析。

例 8 - 2　阻尼回路设计。

某微小型空地导弹在 2 000 m 高度以 $Ma=0.7$（速度 $V=232.77\,\text{m/s}$）飞行。弹体结构参数：质量 $m=15.0\ \text{kg}$，转动惯量 $J_z=1.85\ \text{kg/m}^2$。气动参数：在攻角为 0～2° 时，其 $m_z^\alpha=-0.002$，$m_z^{\delta_z}=-0.05$，$m_z^{\omega_z}=-1.669\,6$，$C_y^\alpha=0.25$，$C_y^{\delta_z}=0.125$；在攻角为 4°～6° 时，其 $m_z^\alpha=-0.032$，$m_z^{\delta_z}=-0.05$，$m_z^{\omega_z}=-1.669\,6$，$C_y^\alpha=0.35$，$C_y^{\delta_z}=0.125$（气动参考面积 $S_{ref}=0.009\ \text{m}^2$，参考长度 $L_{ref}=1.30\ \text{m}$），试针对两个攻角区间的弹体进行阻尼回路设计，并对其性能进行分析。

解：依据飞行状态、结构参数和气动参数，可计算解得弹体动力系数分别为

$$\begin{cases} \text{para1：}a_{22}=-1.608,\ a_{24}=-19.76,\ a_{25}=-494.02,\ a_{34}=1.007,\ a_{35}=0.503 \\ \text{para2：}a_{22}=-1.608,\ a_{24}=-316.17,\ a_{25}=-494.02,\ a_{34}=1.41,\ a_{35}=0.503 \end{cases}$$

依据动力系数，根据式（2-97），计算得到

$$\begin{cases} G_{\delta_z}^{\omega_z}(s)\big|_{\text{para1}}=\dfrac{-23.11s-22.8}{0.046\,77\,s^2+0.122\,3s+1} \\[3mm] G_{\delta_z}^{\omega_z}(s)\big|_{\text{para2}}=\dfrac{-1.551s-1.687}{0.003\,1s^2+0.009\,5s+1} \end{cases}$$

分别取阻尼反馈系数 $K_{\omega 1}=0.031\,4$ 和 $K_{\omega 2}=0.024\,4$，则相应的闭环阻尼回路传递函数分别为

$$\begin{cases} G_{\delta_z}^{\omega_z}(s)\big|_{\text{para1}}(K_\omega=0.031\,4)=\dfrac{-23.11s-22.8}{0.046\,77s^2+0.847\,6s+1.716} \\[3mm] G_{\delta_z}^{\omega_z}(s)\big|_{\text{para2}}(K_\omega=0.024\,4)=\dfrac{-1.551s-1.687}{0.003\,1s^2+0.047\,33s+1.041} \end{cases}$$

则攻角为 0～2° 时的弹体，其阻尼由 0.283 变化至 1.496 0，攻角为 4°～6° 时的弹体，其阻尼由 0.084 6 变化至 0.416 6。

在阻尼回路的基础上，设计外回路，其结果如下：

攻角为 0～2°时，对应的控制回路指标：$\omega_b = 0.653\,3$ Hz，$Gm = 23.4$ dB，$Pm = 60.9°$，$\omega_c = 2.75$ rad/s，$Dm = 80.9$ms，半振荡次数：1 次，单位阶跃响应如图 8 - 10 中实线所示。

攻角为 4°～6°时，对应的控制回路指标：$\omega_b = 0.5131$ Hz，$Gm = 12.9$ dB，$Pm = 82.2°$，$\omega_c = 2.74$ rad/s，$Dm = 63.5$ ms，半振荡次数：0 次，单位阶跃响应如图 8 - 10 中虚线所示。

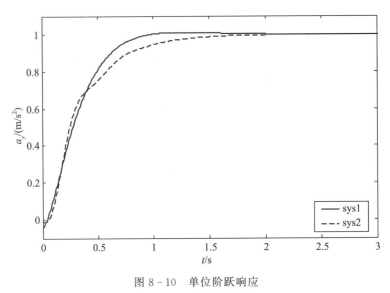

图 8 - 10　单位阶跃响应

由以上控制系统时域和频域性能指标可知，闭环等效阻尼为 0.4～1.5 时均对应着较好的控制品质，闭环等效阻尼如低于 0.4，则控制品质可能较差，鲁棒性较低，在工程上需着重分析。

8.2.6　全弹道阻尼回路设计

一般情况下，采用固定阻尼反馈系数，较难满足在全飞行空域范围的阻尼回路设计指标，原因为：1) 在全飞行空域范围，飞行高度和动压变化很大；2) 飞行马赫数和攻角变化也很大。这些因素决定了整个空域范围内，其弹体阻尼系数 ζ_M、时间常数 T_M 以及气动力时间系数 T_1 变化很大，进行阻尼回路设计时，通常不在线实时计算 ζ_M、T_M 及 T_1，即不能实时地根据式（8 - 7）计算阻尼反馈系数。

如图 8 - 4 所示，一般基于某特征点，调试确定阻尼反馈系数 K_ω，在飞行弹道中 K_ω 保持不变，通过在线调整自适应系数 AIZ 使全弹道的阻尼回路满足设计指标。调整自适应系数 AIZ 的方法主要是基于导弹的结构质量特性、气动特性、飞行动压等参数，设计不同动压点对应阻尼回路的反馈阻尼系数，在此基础上，通过曲线拟合或插值方法得到全弹道条件下 AIZ 随飞行动压或其他状态量的变化规律。

依据此方法，得到某一投弹弹道的飞行动压和自适应系数的变化曲线如图 8 - 11 所示，弹体自然阻尼和广义弹体的阻尼如图 8 - 12 所示。由图可知，采用在线调整自适应系数可在全弹道条件下将等效阻尼调节至合适范围之内。

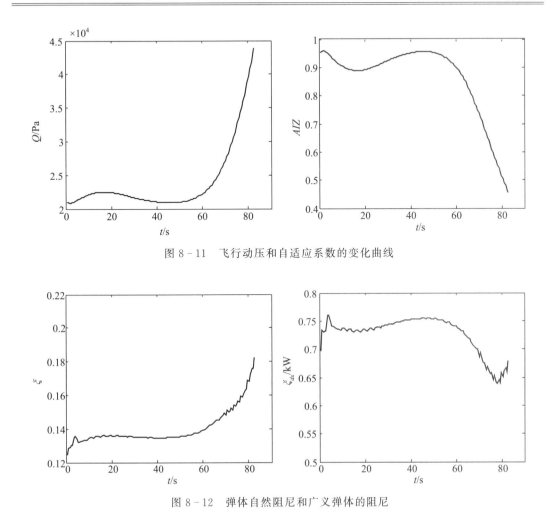

图 8 - 11　飞行动压和自适应系数的变化曲线

图 8 - 12　弹体自然阻尼和广义弹体的阻尼

8.2.7　增稳回路设计

增稳回路的作用主要是将广义被控对象的恢复项调整至合理值，如果原弹体的恢复项合适，则可不需要增稳回路，故增稳回路对控制回路来说并不是必需的。

增稳回路大多用于下列情况：

1）静稳定度偏小导弹：对于静稳定度较小弹体、临界静稳定弹体和静不稳定弹体，其增稳回路主要用于增加弹体的恢复项。

2）静稳定度过大导弹：增稳回路主要作用是将静稳定度过大弹体的恢复项调整至合理的范围，以提高控制品质。

3）飞行动压特别大导弹：对于飞行动压特别大的导弹，即使气动静稳定度不是很大，其恢复项也很大，增加阻尼回路只能小幅调整被控对象的恢复项，需要增加增稳回路将广义被控对象的恢复项调整至合理的值。

增稳回路设计的具体内容见第 10 章。

8.3　外回路设计

纵向控制回路的外回路根据输入的制导指令，可分为姿态角控制回路、过载控制回路、高度控制回路以及弹道倾角控制回路等，下面分别进行介绍。

8.3.1　姿态角控制回路设计

纵向姿态角控制回路为二回路姿态角控制结构，内环为角速度反馈的阻尼回路，外环为姿态角反馈的控制回路。

8.3.1.1　二回路姿态角控制特点

二回路姿态角控制的特点如下：

1）绕弹体侧轴的转动惯量相对于绕纵轴的转动惯量，其值较大，即弹体"惯性"较大，影响姿控回路带宽的提高。通常情况下，纵向控制回路的带宽相对于滚动回路的带宽，其值较低。

2）对于较低带宽的纵向控制回路，对执行机构（舵机）的快速性要求相对较低。

3）一般情况下，弹体纵向的气动阻尼比较小，控制回路的阻尼主要由控制阻尼提供，故阻尼回路的反馈系数较大，以抑制被控对象模型不确定性以及外部扰动对控制回路的影响。

4）对于打击固定目标，制导指令变化较慢，可以依据制导回路和姿控回路带宽之间的关系，确定姿控回路带宽。

5）广义被控对象为一型环节，故要求控制器为零型或一型环节，如采用 PI 控制，则需要采用"比例控制为主，积分控制为辅"的控制策略。

8.3.1.2　设计指标

某一型号的二回路姿态角控制回路设计指标包括时域指标和频域指标（幅值裕度、相位裕度、延迟裕度、截止频率和带宽等）等，具体如下：

（1）时域指标

1）调节时间：$t_s \leqslant 4.0$ s；

2）超调量：$\sigma \leqslant 10\%$；

3）半振荡次数：$N \leqslant 1$；

4）稳态误差：0。

（2）频域指标

1）幅值裕度：$Gm \geqslant 8.0$ dB；

2）相位裕度：$40° \leqslant Pm \leqslant 80°$；

3）延迟裕度：$Dm \geqslant 70$ ms；

4）截止频率：大约为 4.0 rad/s；

5）带宽：$\omega_b \geqslant 0.5$ Hz。

设计指标简要说明：

1）对于纵向二回路姿态角控制来说，由于被控对象零点和极点较为接近，故单位阶跃响应不会单调平滑上升，故其调节时间和半振荡次数指标可能稍差，但不代表控制系统的鲁棒性较差。

2）相位裕度如低于 40°，则在飞行过程中受干扰时，控制回路会产生较剧烈振荡、收敛慢的现象；相位裕度如高于 80°，则对应的响应相对于指令延迟较大，出现"截止频率较高，而控制带宽较低"的怪现象。

3）为了较快速响应姿态角制导指令，截止频率大约为 4.0 rad/s，为了弱化三个控制通道之间的气动耦合，要求截止频率不超过 6.0 rad/s。

8.3.1.3　控制回路方案设计

（1）控制回路介绍

对于静稳定度较合适的弹体，在飞行动压不是特别大的情况下，采用二回路姿态角控制可以获得满意的控制品质。俯仰通道二回路姿态角控制回路框图如图 8 - 13 所示，其中 ϑ_c 为制导系统解算得到的指令俯仰角，d 为干扰量，ϑ 为导航系统解算得到的实际俯仰角；K_i、K_p 和 K_ω 分别为控制回路的积分控制系数、比例系数和阻尼反馈系数；AIZ 为自适应系数；MaxErr 为控制偏差限幅，Err 为限幅后的控制偏差，MaxU_I_step 为单步积分控制限幅，MaxU_I 为积分控制限幅，U_I 为积分控制限幅的输出，MaxU_PI 为比例和积分控制总限幅，U_PI 为比例和积分控制总限幅的输出；$Rudder(s)$ 为执行机构传递函数，$G^{\omega_z}_{\delta_z}(s)$ 为俯仰舵至弹体绕侧轴角速度的传递函数，$Gyro(s)$ 为角速度陀螺传递函数。

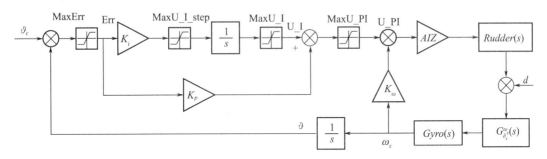

图 8 - 13　姿态角控制回路框图

（2）限幅处理

为了提高控制回路的控制品质以及防止控制回路发散，控制回路常常引入各种限幅，例如控制偏差限幅、单步积分控制限幅、积分控制限幅、比例和积分控制总限幅、阻尼回路限幅、单步舵偏角限幅等。每个限幅的作用有所不同，下面简单介绍几个主要的限幅：

1）控制偏差限幅。输入指令跳变或反馈值大幅度变化而引起的控制指令舵偏出现大幅变化，考虑到执行机构的响应快速性以及延迟特性，会引起控制响应振荡，导致控制品质变差。为此，在工程上常常引入控制偏差限幅，此限幅可抑制在控制回路输入端的状态量突变引起的控制品质下降，此外，此限幅还可以防止制导指令或反馈值出现异常值时导致控制回路工作异常。

2）单步积分控制限幅。单步积分控制限幅主要用于调节积分控制的速度。

3）积分控制限幅。积分控制限幅用于调节积分控制的控制量，防止因积分控制量太大引起的飞行状态量过大，导致飞行品质降低。

4）比例和积分控制总限幅。比例和积分控制总限幅为前向串联控制器的限幅，可依据弹体气动特性、结构特性、飞行弹道特性等因素确定，放宽此限幅，则意味着弹体可能以"大攻角＋大俯仰舵偏"飞行。

5）阻尼回路限幅。对于投弹瞬间，受到投弹干扰力矩以及弹机分离气动干扰力矩的作用，弹体角速度可能出现剧烈变化，这时增加阻尼回路限幅，可改善控制品质。

6）单步舵偏角限幅。考虑舵控回路的响应延迟特性，需对单步舵偏角进行限幅，如图 8 - 14 所示，U 为舵偏量，MaxU_step 为单步舵偏角限幅，U_last 为上一步舵偏量。

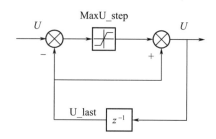

图 8 - 14　单步舵偏角限幅

假设最大舵偏角速度为 A（实验室实测值），考虑到舵机响应的滞后性及信号传输的滞后，一般情况下单步舵偏角限幅为

$$\text{MaxU\_step} = (0.8 \sim 0.9) \times A \times \text{step}$$

单步舵偏角限幅在某一些情况下可较大程度改善控制回路的控制品质，例如当导弹投弹后，弹体受到各个干扰的影响，这时候姿控给出的舵偏角指令可能急剧变化，如对舵偏指令角不做限幅处理，会使在其后一段时间内，真实响应和舵偏角指令存在较大的偏差，导致控制品质下降（表现为弹体姿态来回振荡）。

另外，在工程上单步舵偏角限幅还可以应用于如下情况：某些情况下，中末制导采用两种姿态控制，直接切换时，带来控制舵偏跳变而引起弹体姿态突变，这时通过单步舵偏角限幅可以大幅减缓此现象。

（3）控制回路设计

为了方便控制回路分析，在初步设计控制回路时，常忽略各种限幅的影响，并假设自适应系数 $AIZ=1$，在执行机构和速度陀螺响应无延迟的情况下，控制回路可简化为"控制器＋广义被控对象"串联的单位反馈闭环控制系统，如图 8 - 15 所示，其中广义被控对象（区别于被控对象）$P(s)$ 为除控制器之外的其他前向通路上传递函数之积，对于本例，可表示如下

$$P(s) = G_{\delta_z}^{\omega_z}(K_\omega) \frac{1}{s} = \frac{\overline{K}_M(T_1 s + 1)}{s(\overline{T}_M^2 s^2 + 2\overline{T}_M \zeta_M s + 1)} \tag{8-9}$$

即广义被控对象为一个一型环节,根据经典控制理论,为了满足控制系统稳态精度设计指标,则要求系统为一型或一型以上,即要求控制器为零型或零型以上环节,可采用 PI 控制器或滞后校正网络。

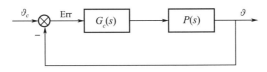

图 8 - 15　俯仰姿态角控制回路简图

以 PI 控制器为例,可表示如下

$$G_c(s) = \frac{K_p s + K_i}{s} \qquad (8-10)$$

即系统开环

$$open(s) = G_c(s)P(s) = \frac{K_p s + K_i}{s} \frac{\overline{K}_M(T_1 s + 1)}{s(\overline{T}_M^2 s^2 + 2\overline{T}_M \overline{\zeta}_M s + 1)} \qquad (8-11)$$

闭环控制系统

$$close(s) = \frac{\overline{K}_M(K_p s + K_i)(T_1 s + 1)}{s^2(\overline{T}_M^2 s^2 + 2\overline{T}_M \overline{\zeta}_M s + 1) + \overline{K}_M(K_p s + K_i)(T_1 s + 1)} \qquad (8-12)$$

其阶跃响应的稳态值

$$y(\infty) = \lim_{s \to 0} s \times close(s) \times \frac{1}{s} = \frac{\overline{K}_M K_i}{\overline{K}_M K_i} = 1$$

系统开环和闭环的特性与控制器参数的大小相关,而闭环控制系统的稳态特性与控制器参数的大小无关。

(4)控制回路抗干扰特性分析

下面分析干扰对姿态角控制回路的影响,如图 8 - 13 所示,其中的主要干扰量为:

1)弹体俯仰力矩偏差,具体表现为真实俯仰力矩与控制标称模型之间的偏差量。

2)弹体纵向结构质心偏差引起的俯仰气动力矩。

3)执行机构偏差〔包括执行机构的控制误差(零位偏差和线性度)以及执行机构相对弹体的安装偏差等〕引起的俯仰气动力矩。

4)突变风引起的干扰。

为了简化分析,可假设执行机构 $Rudder(s) = 1$,自适应系数为 $AIZ = 1$, $Gyro(s) = 1$,假设控制回路各种限幅不起作用,根据控制系统为线性的条件,分析干扰对控制输出的影响时,可假设输入指令 $\vartheta_c = 0$,则姿态角控制回路框图(图 8 - 13)可简化为图 8 - 16。图中 $\dfrac{\overline{K}_M(T_1 s + 1)}{\overline{T}_M^2 s^2 + 2\overline{T}_M \overline{\zeta}_M s + 1}$ 为被控对象增加俯仰反馈阻尼后的等效弹体〔见式(8 - 5)〕。

由图 8 - 16 可知,干扰量 $d(s)$ 对输出的传递函数为

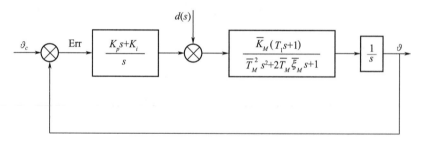

图 8-16　姿态角控制回路简图

$$G_d^{\vartheta}(s) = \frac{\dfrac{\overline{K}_M(T_1 s + 1)}{\overline{T}_M^2 s^2 + 2\overline{T}_M \zeta_M s + 1} \dfrac{1}{s}}{1 + \dfrac{\overline{K}_M(T_1 s + 1)}{\overline{T}_M^2 s^2 + 2\overline{T}_M \zeta_M s + 1} \cdot \dfrac{1}{s} \cdot \dfrac{K_p s + K_i}{s}}$$

$$= \frac{\overline{K}_M(T_1 s + 1)s}{(\overline{T}_M^2 s^2 + 2\overline{T}_M \zeta_M s + 1)s^2 + \overline{K}_M(T_1 s + 1)(K_p s + K_i)}$$

当干扰量为常值时，即 $d(s) = a/s$（其中 a 为干扰的等效值），则输出为

$$\lim_{t \to \infty} \vartheta(t) = \lim_{s \to 0} s G_d^{\vartheta}(s) d(s)$$

$$= \lim_{s \to 0} s \frac{\overline{K}_M(T_1 s + 1)s}{(\overline{T}_M^2 s^2 + 2\overline{T}_M \zeta_M s + 1)s^2 + \overline{K}_M(T_1 s + 1)(K_p s + K_i)} \frac{a}{s}$$

$$= 0$$

采用 PI 控制，在稳态时，由于积分的作用，干扰对控制稳态精度无影响；当采用 P 控制时，$\lim\limits_{t \to \infty} \vartheta(t) = \dfrac{a}{K_p}$，则存在控制稳态误差，其值与被控对象的值无关，但是与干扰量大小和控制比例系数 K_p 有关，比例系数可在很大程度上抑制干扰对控制稳态精度的影响。

当干扰力矩为一阶斜坡力矩时，即 $d(s) = a/s^2$，则输出为

$$\lim_{t \to \infty} \vartheta(t) = \lim_{s \to 0} s G_d^{\vartheta}(s) d(s)$$

$$= \lim_{s \to 0} s \frac{\overline{K}_M(T_1 s + 1)s}{(\overline{T}_M^2 s^2 + 2\overline{T}_M \zeta_M s + 1)s^2 + \overline{K}_M(T_1 s + 1)(K_p s + K_i)} \frac{a}{s^2}$$

$$= \frac{a}{K_i}$$

采用 PI 控制，在稳态时，$\lim\limits_{t \to \infty} \vartheta(t) = \dfrac{a}{K_i}$，即存在常值控制稳态误差，其值与被控对象的值无关，但是与干扰量大小和控制积分系数 K_i 有关，积分系数可在很大程度上抑制干扰对控制稳态精度的影响；当采用 P 控制时，则 $\lim\limits_{t \to \infty} \vartheta(t) = \infty$，即干扰力矩为一阶斜坡力矩时，仅依靠比例控制，控制回路则发散。

8.3.1.4　设计例子

下面以例 8 - 3 来说明控制回路设计的过程。

例 8 - 3　设计二回路姿态角控制回路。

某一制导武器在 5 500 m 高度以 $Ma = 0.746\ 4$（速度 $V = 237.345$ m/s）飞行；弹体结构参数同例 8 - 1；弹体气动参数：$m_z^\alpha = -0.024\ 9$，$m_z^{\delta_z} = -0.073\ 3$，$m_z^{\omega_z} = -3.206\ 2$，$C_y^\alpha = 1.245\ 4$，$C_y^{\delta_z} = 0.133\ 6$（气动参考面积 $S_{ref} = 0.10$ m²，参考长度 $L_{ref} = 3.50$ m）。试设计阻尼回路和二回路姿态角控制回路，使二回路姿态角控制回路的性能满足 8.3.1.2 节所提的指标，并分析控制回路的性能。

解：

（1）控制回路设计

依据飞行状态、弹体结构参数和气动参数，可解得弹体动力系数

$a_{24} = -19.646\ 1$，$a_{25} = -57.75$，$a_{34} = 0.843\ 8$，$a_{35} = 0.090\ 5$，$a_{22} = -0.65$

依据动力系数，根据式（2 - 97），计算得到

$$T_M = 0.222\ 5，\xi_1 = 0.188\ 1，T_1 = 1.229\ 7，K_M = -2.325\ 1$$

为了使二回路姿控回路具有较好的控制品质，要求等效阻尼 $\bar{\xi}_M \geqslant 0.75$，这里取 $\bar{\xi}_M = 0.90$ 代入式（8 - 7），即可得阻尼反馈系数

$$K_\omega = -0.1108$$

弹体和阻尼弹体传递函数见下式所示

$$
\begin{cases}
G_{\delta_z}^{\omega_z}(s) = \dfrac{-57.7385(s + 0.8132)}{s^2 + 1.69s + 20.19} \\[3mm]
G_{\delta_z}^{\omega_z}(s)\big|_{K_\omega = -0.110\ 8} = \dfrac{-57.738\ 5(s + 0.813\ 2)}{s^2 + 8.089s + 25.4}
\end{cases}
$$

其 bode 图如图 8 - 17 所示，由传递函数和 bode 图，可知：

1）通过调节阻尼反馈系数，可以改善弹体的阻尼特性和稳定度特性。

2）增大阻尼反馈系数，可使阻尼项增大，同时恢复项伴随着小幅增大，弹体增益则相应地有所减小。

3）增大阻尼反馈系数，则改善弹体在中频段（定义为开环截止频率附近的一段频率）的幅值特性和相位特性，在较大程度上，可抑制被控对象不确定性（参数不确定性）带来的控制裕度急剧变化。

4）根据经典控制理论，如果被控对象模型较为精确，阻尼反馈系数可适当取较小值；对于被控对象模型存在较大不确定性（对于本例，表现为结构偏差、气动偏差、飞行动压偏差等），阻尼反馈系数可适当取较大值。

增加阻尼回路后，广义被控对象为

$$P(s) = \frac{-57.74s - 46.96}{s^3 + 8.084s^2 + 25.37s} = \frac{-57.7385(s + 0.8132)}{s(s^2 + 8.084s + 25.37)}$$

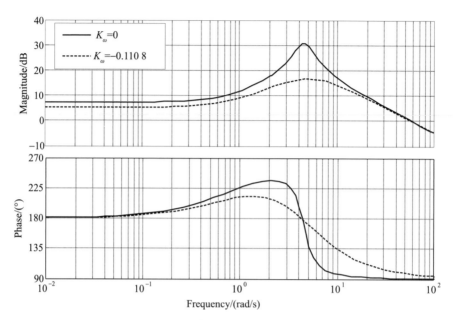

图 8 - 17　弹体和阻尼弹体的 bode 图

其为一个一型环节，其 bode 图如图 8 - 18 所示，其频率幅值特性大致分为三段：1）$[0, 0.813\,2]$ rad/s，大致为 -20 dB/dec；2）$[0.813\,2, 5.036\,9]$ rad/s，大致为 0 dB/dec；3）$[5.036\,9, +\infty]$ rad/s，大致为 -40 dB/dec。

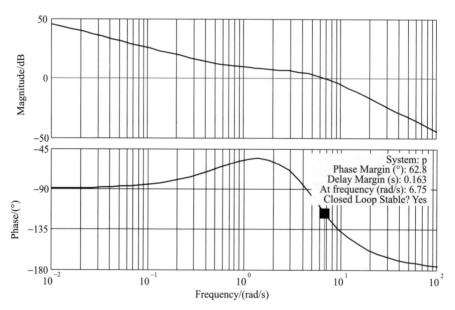

图 8 - 18　广义被控对象的 bode 图

由此频率幅值曲线可知，取控制器 $G_c(s) = -1$，也可使系统稳定，开环相位裕度、幅值裕度和截止频率满足指标要求，但由于受中频段前后幅值特性（$[0.813\,2, 5.036\,9]$ rad/s，大致为 0 dB/dec）的影响，闭环控制系统的动态控制品质不佳，故需要设计校正网络以改善控制回路的控制品质。

由于广义被控对象为一个一型环节，可以增加一个 PI 控制或滞后校正网络，主要用于改变开环系统截止频率附近的幅值特性和相位特性，根据 7.12 节内容，PI 控制为滞后校正网络的一个特例，下面设计滞后校正网络，以改善开环系统的频率特性。

利用 MATLAB 控制工具箱命令 rltool，可以很简单地调试得到控制器传递函数为

$$G_c(s) = \frac{-3.8(0.5s+1)}{(3.3s+1)}$$

为了简化设计，假设执行机构为理想模型，则开环系统根轨迹图如图 8-19（a）所示，开环 bode 图如图 8-19（b）所示。

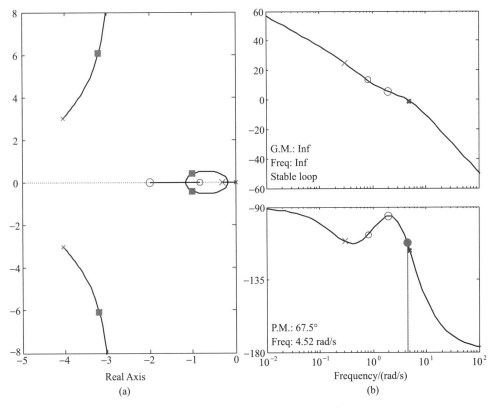

图 8-19　基于 rltool 调试的开环系统

（2）控制回路性能分析

从图 8-19 可以看出，在执行机构为理想模型的情况下，控制回路截止频率为 4.52 rad/s，截止频率处的对数频率斜率近似为 -20 dB/dec，幅值裕度为无穷大，相位裕度为 67.5°。

下面分时域和频域对控制回路的性能进行分析，假设执行机构模型为 $rudder(s) = \dfrac{1}{0.015\,92s+1}$（带宽为 10 Hz）。

①系统开环特性分析

系统开环传递函数为

$$open(s) = \frac{2\ 088.151(s+2)(s+0.813\ 2)}{s(s+55.51)(s+0.303)(s^2+8.993s+28.71)}$$

开环零点：-2，$-0.813\ 2$；

开环极点：0，-55.51，-0.303，$-4.496\ 5 \pm 2.914i$；

系统开环 bode 图如图 8-20 所示，由开环零极点和 bode 图可以看出：

1）系统的截止频率为 4.53rad/s，幅值裕度为 20.7dB，相位裕度为 $66.5°$，由对比执行机构为理想模型和真实舵机 $\left[rudder(s) = \dfrac{1}{0.015\ 92s+1} \right]$ 两种情况可知，两者在中低频的频率特性几乎一致，当执行机构为真实舵机时，中高频段的频率特性有所影响，即可知两者的动态响应特性和稳态特性相差很小，只在初始响应阶段存在微量的差别。这一点也说明：当执行机构的带宽远高于控制回路的带宽时，其对控制回路的影响较小，可忽略不计。

2）开环系统为一个最小相位系统，且为一个一型单位反馈控制系统，对阶跃响应的稳态误差为 0。

3）在截止频率处的斜率为 -20 dB/dec。

4）控制器的零点为 -2，极点为 -0.33，即控制器对频率 $[0.33, 2]\ \text{rad/s}$ 内的信号具有较强的积分作用，由于截止频率前的极点（0 和 -0.303）和零点（-2 和 $-0.813\ 2$）个数都为 2，即幅频曲线以非 -20 dB/dec 穿过 0 dB 线。另外，在截止频率附近频段（即中频段）存在较多零极点，其对控制回路都存在影响，故可知控制回路的动态特性不会太理想。

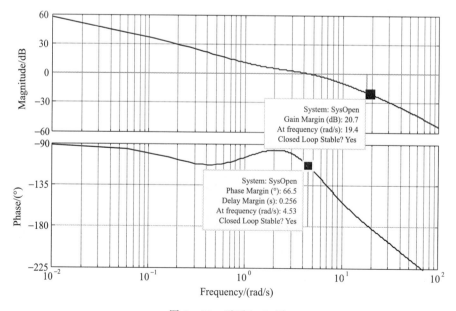

图 8-20　开环 bode 图

②时间延迟裕度

对图 8-13 所示姿态角控制回路按第 7 章介绍的方法进行等价变换，在忽略陀螺和自适应系数等情况下，变换后的姿态角控制回路如图 8-21 所示，即变换为一个非单位反馈的单回路控制系统，前向回路传递函数为

$$G(s) = \frac{G_c(s)Rudder(s)G_{\delta_z}^{\omega_z}(s)}{s}$$

反馈回路传递函数为

$$H(s) = 1 + \frac{sK_\omega}{G_c(s)}$$

即开环回路传递函数为

$$open(s) = G(s)H(s) = \frac{G_c(s)Rudder(s)G_{\delta_z}^{\omega_z}(s)}{s}\left[1 + \frac{sK_\omega}{G_c(s)}\right]$$

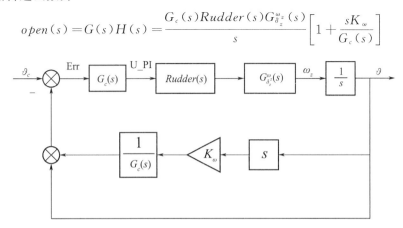

图 8-21　等价变换后姿态角控制回路框图

在执行机构处断开的开环 bode 图如图 8-22 所示，由图可知，控制回路的延迟裕度为 113 ms，延迟裕度在某种意义上代表控制系统的绝对稳定裕度，由此可知该控制回路具有足够的裕度，具有很强的鲁棒性。

③单位阶跃响应和正弦指令响应

单位阶跃响应如图 8-23 所示，由图可知：

1）上升时间为 0.389 s，调节时间为 3.61 s，超调量为 4.3%，半振荡次数为 1，满足时域设计指标。

2）由开环 bode 图低频段的幅值特性可知，闭环控制系统单位阶跃响应的稳态误差为 0。

3）由于弹体零点（-0.813 2）的作用，单位阶跃响应在初始阶段响应较快；在响应快速超过目标值时，响应有一定量的回调，其后响应继续上升，形成超调量，在控制的作用下，响应慢慢趋于目标值，出现响应爬行的现象。这是由于靠近虚轴两个零点（-0.813 2和-2）和其附近的共轭极点之间相互作用导致的，决定了阶跃响应的特性，即开环中频段的幅值特性决定了单位阶跃响应的动态特性。

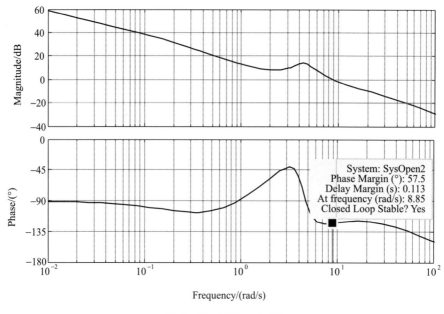

图 8 - 22　开环 bode 图

4）此控制回路是比较典型的无明显主导极点的例子，最左边的共轭极点为控制回路的"伪主导极点"，很明显受其右边零点和极点的影响。

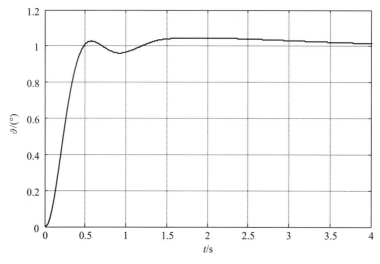

图 8 - 23　单位阶跃响应

正弦响应输入指令：$\vartheta_c = 1.0° \times \sin(1.252\ 9 \times 2\pi \times t)$，即幅值为 $1.0°$，频率为 $1.252\ 9\ \text{Hz}$，输出正弦响应如图 8 - 24 所示。由图可知，纵向控制回路的带宽约为 $1.252\ 9\ \text{Hz}$，控制品质较佳。

（3）控制回路设计结论

对于二回路姿态角控制，基于滞后校正网络或经典 PI 控制，均可保证足够的控制裕

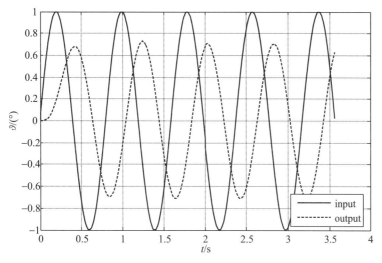

图 8 - 24　正弦响应

度，但由于被控对象本身的特性，单位阶跃响应的动态特性稍差，调节时间较长。在实际飞行时，输出可以很好地响应控制指令。

8.3.2　过载控制回路设计

通常情况下，制导系统解算得到的制导指令为加速度指令或过载指令，本节主要介绍加速度控制回路（或称过载控制回路），根据过载控制回路的特点，控制回路有两种结构：二回路过载控制和三回路过载控制，其中三回路过载控制将在第 12 章介绍，本节介绍二回路过载控制。

8.3.2.1　二回路过载控制回路特点

二回路过载控制回路为伺服控制回路，要求响应能快速跟踪制导指令，二回路过载控制回路的特点如下：

1）一般情况下，绕弹体侧轴转动惯量比绕纵轴转动惯量大一个量级或一个量级以上，控制回路设计的带宽较窄。

2）对于具有较大静稳定度的空地导弹，可设计较低带宽的控制回路，对执行机构（舵机）的快速性要求相对较低。

3）被控对象为一个非最小相位环节（对于常规气动布局导弹而言），在单位阶跃响应时存在初始响应下拉现象，在一定程度上限制了二回路过载控制回路带宽的提高。

4）导弹自身气动阻尼比较小，主要依靠控制阻尼回路提供控制阻尼。

5）广义被控对象为零型环节，故要求控制器为一型或一型以上环节，可采用"积分控制为主，比例控制为辅"的控制策略。

6）对于攻击固定目标，一般制导指令带宽较小，根据制导回路和控制系统带宽的关系，确定控制回路带宽。

8.3.2.2　设计指标

考虑到纵向控制回路被控对象的特性、制导回路带宽与姿控回路带宽之间的匹配特性、打击固定目标或慢速移动目标等因素，确定某一型号的二回路过载控制回路的设计指标包括时域指标（半振荡次数等）、闭环等效阻尼指标和频域指标（幅值裕度、相位裕度、延迟裕度和截止频率等）等，具体如下：

（1）时域指标

1）调节时间：$t_s < 2.0$ s；

2）超调量：$\sigma \leqslant 10\%$；

3）半振荡次数：$N \leqslant 1$；

4）稳态精度：为了提高打击精度，要求将控制回路稳态误差限制在一定的范围内。

（2）闭环等效阻尼指标

等效阻尼：$\xi_{dx} \approx 0.70$。

（3）频域指标

1）幅值裕度：$Gm \geqslant 8$ dB；

2）相位裕度：$40° \leqslant Pm \leqslant 80°$；

3）延迟裕度：$Dm \geqslant 70$ ms；

4）截止频率：为了快速响应纵向制导指令，要求纵向控制回路截止频率大约为 2.0 rad/s，为了弱化三个控制通道之间的气动耦合，要求截止频率不超过 4.0 rad/s；

5）带宽：$\omega_b \geqslant 0.5$ Hz。

设计指标简要说明：

1）等效阻尼设计值 $\xi_{dx} \approx 0.70$，在实际设计过程中，需要考虑到导弹飞行的动压、弹体静稳定性等，等效阻尼 ξ_{dx} 在区间 $[0.4, 1.5]$ 都可能对应较好的控制品质。

2）幅值裕度应该大于 8 dB，低于 8 dB 的控制回路其控制品质可能较差，在存在较大模型不确定性的情况下，受干扰后控制回路响应会振荡。

3）相位裕度如低于 40°，则在飞行过程受干扰后，控制回路响应会出现剧烈振荡、收敛慢的现象；相位裕度如高于 80°，则控制回路响应相对于指令延迟较大，系统带宽较低。

4）对于静稳定度较大的弹体，在转动惯量较小并且飞行动压较大的情况下，弹体的气动自振频率过高，延迟裕度较难到达 70 ms。

5）为了快速响应法向制导指令，截止频率大约为 2.0 rad/s；为了弱化三个控制通道之间的气动耦合，要求纵向控制回路截止频率不超过 4.0 rad/s。

6）带宽指标取决于多方面设计因素，对于打击地面静止目标，只要制导回路设计合理，控制带宽则可以适当降低，甚至可低于 0.25 Hz；对于打击移动目标，控制带宽取决于如下因素：a）移动目标的机动能力；b）导引头信号输出延迟特性以及信号更新频率；c）所采用制导回路的特性；d）导弹的气动静稳定特性及飞行动压；e）执行机构的带宽及延迟特性等。一般情况下，为了降低制导回路和姿控回路之间的耦合关系，提高制导精度，通常要求带宽大于 0.4 Hz。

8.3.2.3　控制回路方案设计

（1）控制回路介绍

对于气动静稳定度较合适的导弹，采用二回路过载控制即可获得满意的控制品质。俯仰通道二回路过载控制的控制回路如图 8 - 25 所示，内回路为阻尼回路，外回路为质心回路，其中 a_c 为制导回路解算的指令加速度，a 为加速度计测量得到的弹体实际加速度；$G_{\omega_z}^{\dot\theta}(s)$ 为弹体绕侧轴角速度至弹道倾角角速度的传递函数，$\dot\theta$ 和 V 分别是弹道倾角角速度和飞行速度。其他变量同 8.3.1.1 介绍的二回路姿态角控制回路。

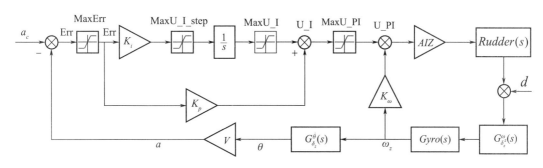

图 8 - 25　过载控制回路框图

（2）控制回路设计

除去各种限幅后，控制回路设计主要涉及三个控制参数的调整，即阻尼反馈系数 K_ω、比例系数 K_p 和积分系数 K_i。通常控制回路设计需要反复试凑，需要一定控制工程设计经验，本文根据过载控制回路的特点，在设计阻尼回路之后，提出一种快速确定积分系数 K_i 及比例系数 K_p 的方法。

在忽略各种限幅的作用，并假设自适应系数 $AIZ=1$，执行机构和速率陀螺为理想模型的情况下，控制回路可简化为"控制器＋广义被控对象"串联的单位反馈闭环控制系统，如图 8 - 26 所示，其中广义被控对象 $P(s)$ 为除控制器之外的其他前向通路上传递函数之积，本例可表示如下

$$P(s)=G_{\delta_z}^{\omega_z}(K_\omega)G_{\omega_z}^{\dot\theta}V=\frac{\overline{K}_M(T_{1\theta}s+1)(T_{2\theta}s+1)}{\overline{T}_M^2s^2+2\overline{T}_M\overline{\zeta}_Ms+1}V \tag{8-13}$$

即广义被控对象为一个零型环节。根据设计指标，为了使闭环控制回路的稳态精度为 0，要求开环系统为一型或一型以上系统，即要求控制器为一型或一型以上环节，为了使控制回路具有较好的控制品质，采用 PI 控制或滞后校正网络。

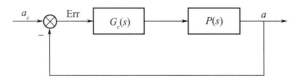

图 8 - 26　过载控制回路简图

本例广义被控对象为零型环节，为了满足闭环控制的稳态精度指标要求，按第 7 章介绍的 PI 控制参数选取原则，采用"积分控制为主，比例控制为辅"的控制策略，积分控制主要用于调节控制回路的增益，比例控制主要用于调节控制回路的中高频段的频率特性，在时域上，主要调节初始响应的特性。

采用 PI 控制器，系统开环传递函数为

$$open(s) = G_c(s)P(s) = \frac{K_p s + K_i}{s} \frac{\overline{K}_M(T_{1\theta}s + 1)(T_{2\theta}s + 1)}{\overline{T}_M^2 s^2 + 2\overline{T}_M \overline{\zeta}_M s + 1} V \qquad (8-14)$$

即系统开环为一个一型控制环节，通过调节 K_p 和 K_i 来改善其频率特性，K_i 主要用于调节系统的截止频率，K_p 主要用于调节中高频的频率特性，可以根据 K_i/K_p 处于 $[1/\omega_c, 1/\overline{T}_M]$ 之间确定其值。

闭环控制系统的传递函数为

$$close(s) = \frac{(K_p s + K_i)\overline{K}_M(T_{1\theta}s + 1)(T_{2\theta}s + 1)V}{s(\overline{T}_M^2 s^2 + 2\overline{T}_M \overline{\zeta}_M s + 1) + (K_p s + K_i)\overline{K}_M(T_{1\theta}s + 1)(T_{2\theta}s + 1)V}$$

$$(8-15)$$

其单位阶跃响应的稳态值 $y(\infty) = \lim\limits_{s \to 0} s \times close(s) \times \dfrac{1}{s} = 1$，即闭环控制系统的阶跃响应稳态值与比例系数和积分系数的大小无关。

下面介绍一种基于开环系统截止频率快速确定控制器参数的方法，称为基于截止频率的控制回路设计方法。

（3）基于截止频率的控制回路设计方法

对于本例，具体步骤如下：

1）根据控制系统带宽指标，确定开环截止频率为 ω_c。

2）将 $s = j\omega_c$ 代入开环传递函数 [式（8-14）]，即可得

$$|open(s)|_{s=j\omega_c} = |G_c(s)|_{s=j\omega_c} |P(s)|_{s=j\omega_c} = 1$$

式中，｜｜表示对传递函数取幅值，由上式可得

$$|G_c(s)|_{s=j\omega_c} = \frac{1}{|P(s)|_{s=j\omega_c}|}$$

3）根据 $P(s)$ 的频率特性，确定 PI 控制器属于"积分控制为主，比例控制为辅"的控制策略，还是"积分控制为辅，比例控制为主"的控制策略。对于本例来说，由于广义被控对象为零型环节，故确定控制器控制策略为"积分控制为主，比例控制为辅"。

4）确定积分系数。确定"积分控制为主，比例控制为辅"控制策略之后，可知控制器的增益主要为积分系数，积分系数的大小可由下式确定

$$K_i = \frac{1}{|P(s)|_{s=j\omega_c}|}$$

积分系数的符号可根据广义被控对象的增益符号确定，即与广义被控对象增益的符号取同号即可。

5）确定比例系数。可根据如下两种方法初步确定比例系数：a）确定比例系数为积分

系数的小量即可，例如取比例系数为积分系数的十分之一；b) 依据下式确定比例系数和积分系数之间的关系

$$K_p \leqslant \frac{K_i}{3\omega_c}$$

比例系数的具体大小可在上述取值的基础上进行调试，对于弹体静稳定较大的情况，其值甚至可以降低为 0。

基于截止频率的控制回路设计方法可以快速设计出较高品质的控制回路，不仅适用于本例，也适用于将在第 9 章介绍的滚动控制回路。根据控制理论，只要被控对象的零极点在中频段处相隔一定距离，即可采用此方法。

此控制回路设计方法具有如下优点：

1) 可以避免传统控制回路设计方法中采用的"试凑"方法；

2) 所设计的控制回路要严格满足截止频率的要求，即满足控制回路快速性设计指标；

3) 按照经典控制系统设计经验，所设计的控制回路在低频、中频和高频段具有较好的频率特性，具有足够的控制裕度，对应的时域特性也较好。

（4）控制回路抗干扰特性分析

过载控制回路抗干扰特性分析类似于姿态角控制回路抗干扰特性分析，受篇幅限制，简述如下。

过载控制回路框图（图 8-25）可简化为如图 8-27 所示。

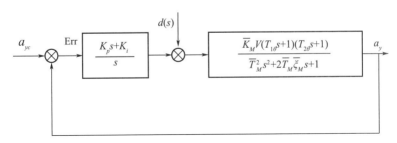

图 8-27　过载控制回路简图

图中 $\dfrac{\overline{K}_M V(T_{1\theta}s+1)(T_{2\theta}s+1)}{\overline{T}_M^2 s^2 + 2\overline{T}_M \zeta_M s + 1}$ 为被控对象增加俯仰反馈阻尼后的俯仰舵至法向加

速度的等效弹体传递函数，为了简化分析，可将 $\dfrac{\overline{K}_M V(T_{1\theta}s+1)(T_{2\theta}s+1)}{\overline{T}_M^2 s^2 + 2\overline{T}_M \zeta_M s + 1}$ 简化为

$\dfrac{\overline{K}_M V}{\overline{T}_M^2 s^2 + 2\overline{T}_M \zeta_M s + 1}$（在 $T_{1\theta}$ 和 $T_{2\theta}$ 为小值的情况下，不影响分析结论）。

由图 8-27 可知，干扰量 $d(s)$ 对输出的传递函数为

$$G_d^{a_y}(s) = \cfrac{\cfrac{\overline{K}_M V}{\overline{T}_M^2 s^2 + 2\overline{T}_M \overline{\zeta}_M s + 1}}{1 + \cfrac{\overline{K}_M V}{\overline{T}_M^2 s^2 + 2\overline{T}_M \overline{\zeta}_M s + 1} \cdot \cfrac{K_p s + K_i}{s}}$$

$$= \cfrac{\overline{K}_M V s}{(\overline{T}_M^2 s^2 + 2\overline{T}_M \overline{\zeta}_M s + 1)s + \overline{K}_M V(K_p s + K_i)}$$

当干扰量为常值时，即 $d(s) = a/s$（其中 a 为干扰的等效值），则输出为

$$\lim_{t \to \infty} a_y(t) = \lim_{s \to 0} s G_d^{a_y}(s) d(s) = \lim_{s \to 0} s \frac{\overline{K}_M V s}{(\overline{T}_M^2 s^2 + 2\overline{T}_M \overline{\zeta}_M s + 1)s + \overline{K}_M V(K_p s + K_i)} \frac{a}{s} = 0$$

采用 PI 控制，在稳态时，由于积分的作用，干扰对控制稳态精度无影响；当采用 P
控制时，$\lim\limits_{t \to \infty} a_y(t) = \cfrac{\overline{K}_M V}{1 + \overline{K}_M V K_p}$，则存在控制稳态误差，其值与被控对象、阻尼反馈系数
和比例系数 K_p 有关，K_p 可在很大程度上抑制干扰对控制稳态精度的影响，K_p 越大，则可
在更大程度上抑制干扰量对控制稳态精度的影响，当 K_p 大至一定程度时（$K_p \gg 1/\overline{K}_M V$），稳态误差约等于 $1/K_p$。

当干扰力矩为一阶斜坡力矩时，即 $d(s) = a/s^2$，则输出为

$$\lim_{t \to \infty} a_y(t) = \lim_{s \to 0} s G_d^{a_y}(s) d(s) = \lim_{s \to 0} s \frac{\overline{K}_M V s}{(\overline{T}_M^2 s^2 + 2\overline{T}_M \overline{\zeta}_M s + 1)s + \overline{K}_M V(K_p s + K_i)} \frac{a}{s^2} = \frac{a}{K_i}$$

采用 PI 控制，在稳态时，$\lim\limits_{t \to \infty} a_y(t) = \cfrac{a}{K_i}$，即存在常值控制稳态误差，其值与被控对
象的值无关，但是与干扰量大小和控制积分系数 K_i 有关，积分系数可在很大程度上抑制
干扰对控制稳态精度的影响；当采用 P 控制时，则 $\lim\limits_{t \to \infty} a_y(t) = \infty$，即干扰力矩为一阶斜
波力矩时，仅依靠比例控制，控制则发散。

8.3.2.4　设计例子

下面以例 8-4 说明控制回路设计的过程。

例 8-4　设计二回路过载控制回路。

某一制导武器其飞行高度、速度以及气动和结构参数同例 8-2，试设计二回路过载控
制回路，满足 8.3.2.2 节所提的指标要求，并分析二回路过载控制回路的性能。

解：

（1）控制回路设计

阻尼回路设计同例 8-1，取阻尼反馈系数为 -0.123 9，这时弹体传递函数和阻尼闭
环传递函数为

$$\begin{cases} G_{\delta_z}^{\omega_z}(s) = \cfrac{-1.603s - 1.264}{0.027\ 77s^2 + 0.051\ 33s + 1} \\[3mm] G_{\delta_z}^{\omega_z}(s)\big|_{K_\omega = -0.123\ 9} = \cfrac{-1.603s - 1.264}{0.027\ 77s^2 + 0.25s + 1.157} \end{cases}$$

根据式 (8-13)，求得广义被控对象为

$$P(s) = \frac{21.483\ 5(s-21.93)(s+22.93)}{s^2+9s+41.65}$$

根据控制系统性能指标，设计系统开环截止频率为 $\omega_c = 2.0\ \text{rad/s}$，将截止频率代入式 (8-13) 或直接由 $P(s)$ 的 bode 图（图 8-28）可得广义被控对象在截止频率处的幅值

$$\left| P(s) \right|_{s=j\omega_c} = 48.32\ \text{dB}$$

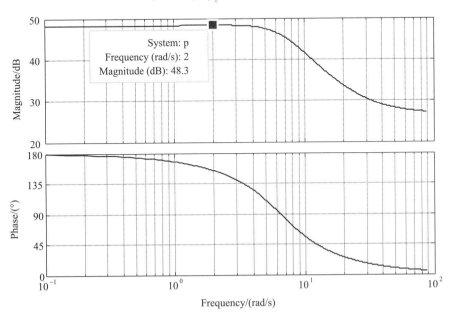

图 8-28　$P(s)$ 的 bode 图

即可得控制器在 ω_c 处的幅值增益为 $-48.32\ \text{dB}$，$\left| \dfrac{K_i}{s} \right|_{s=2} = -48.32\ \text{dB} = 0.003\ 85$，即可得

$$\left| K_i \right| = 0.007\ 7$$

K_i 主要用于调节系统开环低频段的增益，K_p 则主要用于配置控制器的零点，可取较小的值，$K_p = 0.055\ 6K_i$，由于被控对象增益为负，即可取控制器传递函数

$$G_c(s) = \frac{-0.000\ 426s - 0.007\ 7}{s}$$

确定控制器后，开环传递函数为

$$open(s) = \frac{-0.009\ 146(s-21.93)(s+22.93)(s+18)}{s(s^2+9s+41.65)}$$

系统开环控制回路的 bode 图如图 8-29 所示，由图可知：

1) 控制系统稳定，稳态误差为 0。

2) 控制系统的幅值裕度为 17.47 dB，相位裕度为 70.4°，截止频率为 2.01 rad/s，截止频率处的幅值斜率为 $-20\ \text{dB/dec}$，截止频率远离其前后两个交接频率，满足工程上

"错开原理"。

3）控制系统具有较好的动态响应特性，具有较好的高频滤波特性。

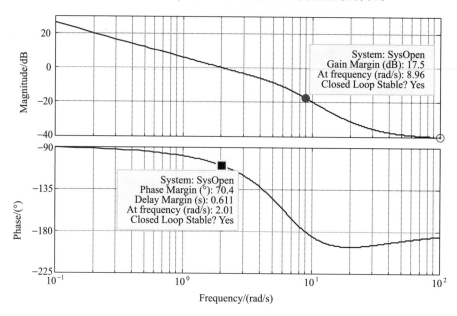

图 8 - 29　系统开环 bode 图

（2）控制回路性能分析

假设真实执行机构的传递函数为 $rudder(s)=\dfrac{1}{0.015\,92s+1}$（对应的带宽为 10 Hz），下面分时域和频域对控制回路的性能进行分析。

①系统开环特性分析

系统开环传递函数为

$$open(s)=\frac{-0.574\,47(s-21.93)(s+22.93)(s+18)}{s(s+54.51)(s^2+10.15s+47.99)}$$

开环零点：21.93，-22.93，-18；

开环极点：0，-54.51，-5.075±4.715\,3i。

开环根轨迹图如图 8 - 30 所示，由图可知：

1）控制回路为一个非最小相位系统，为一型系统。

2）在虚轴右半平面存在一个正零点 21.93（此零点由弹体本身的特性决定），其值离虚轴较远，对控制回路的影响相对较小，影响控制系统阶跃响应的初始速度。另外，由于此正零点的存在，也在一定程度上限制控制回路带宽的提高。

3）负零点-22.93 是由弹体本身的特性引起的，对控制回路的影响较小。

4）零点-18.0 是由控制器产生（$-K_i/K_p=-18$），增大比例项 K_p，可使控制器产生的零点右移，可改善控制回路的动态特性，但同时使其右边的极点右移，$K_p=-0.000\,426$ 和 $K_p=-0.000\,852$ 时对应的单位阶跃响应如图 8 - 34 所示，很明显，由于控制器零点右移，使闭环极点右移，导致阶跃响应在接近稳态值时出现缓慢上升趋势。

5）极点 0 是由积分控制引入的，直接影响控制回路在低频段和中频段的特性。

6）极点－54.51 是由舵机引入的，由于其远离虚轴，影响较小，故可以忽略。

7）极点－5.075±4.715 3i 是由阻尼反馈后的弹体主导极点，其特性影响控制回路的控制品质。

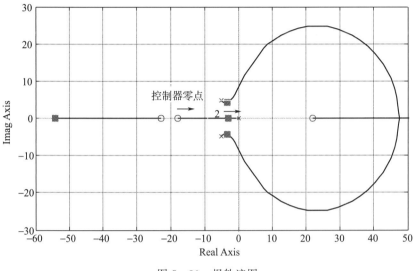

图 8 - 30　根轨迹图

②时间延迟裕度

对图 8 - 25 所示过载控制回路按第 7 章介绍的方法进行等价变换，在假设陀螺为理想环节和自适应系数为 1 等情况下，变换后的等价过载控制回路如图 8 - 31 所示，即变换为一个非单位反馈的单回路控制系统，前向回路传递函数为

$$G(s) = VG_c(s)Rudder(s)G_{\delta_z}^{\omega_z}(s)G_{\omega_z}^{\dot{\vartheta}}(s)$$

反馈回路传递函数为

$$H(s) = 1 + \frac{K_\omega}{VG_c(s)}$$

即开环回路传递函数为

$$open(s) = G(s)H(s) = VG_c(s)Rudder(s)G_{\delta_z}^{\omega_z}(s)G_{\omega_z}^{\dot{\vartheta}}(s)\left(1 + \frac{K_\omega}{VG_c(s)}\right)$$

在执行机构处断开的开环 bode 图如图 8 - 32 所示，由图可知，控制回路的延迟裕度为 161 ms，延迟裕度在某种意义上代表控制系统的绝对稳定裕度，由此可知该控制回路具有足够的裕度，具有很强的鲁棒性。

③闭环控制回路分析

闭环控制回路的 bode 图如图 8 - 33 所示，由图可知：

1）闭环控制系统的带宽为 0.562 7 Hz。

2）低频段的幅值为 1，即可知控制系统的阶跃响应无超调。

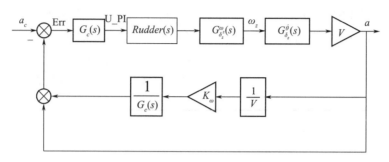

图 8 - 31　变换后的等价过载控制回路框图

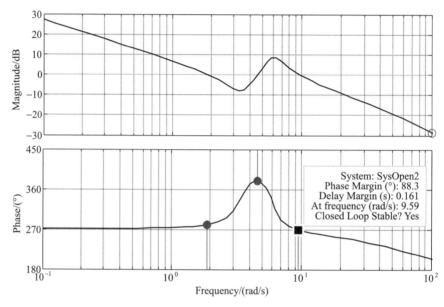

图 8 - 32　等价开环 bode 图

3）在中频段，幅值和相位曲线变化平滑而且单调，可间接说明控制回路的时域性能，即单位阶跃响应动态特性较好，正弦指令响应保持了较好的线性特性（即输入指令和响应均保持很好的正弦波形）。

4）在输入频率为 0.562 7 Hz（即对应着闭环回路的带宽）时，闭环回路的相位延迟接近于$-90°$，代表着闭环回路对输入制导指令的响应存在较大的延迟。

5）高频段具有较好的衰减特性，可以抑制高频噪声对控制回路的影响。

④单位阶跃响应和正弦指令响应

单位阶跃响应如图 8 - 34 所示，由图可知：

1）由于系统开环为一型系统，所以单位阶跃响应的稳态误差为 0。

2）上升时间为 0.623 s，调节时间为 1.12 s，无超调量。

3）由于被控对象为非最小相位环节，单位阶跃响应初期存在较轻的下拉现象，在一定程度上影响控制回路响应的快速性。

4）半振荡次数为 0 次。

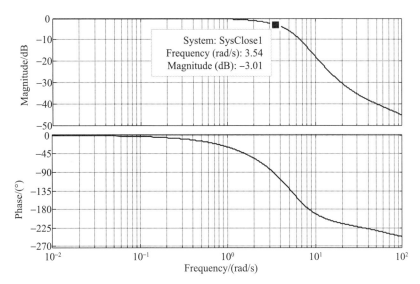

图 8 - 33　闭环控制回路的 bode 图

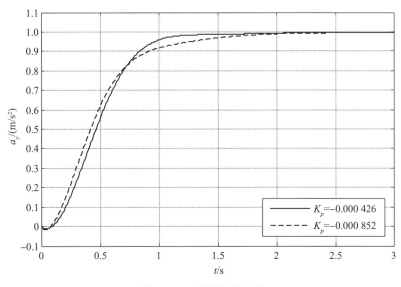

图 8 - 34　单位阶跃响应

正弦响应：输入指令 $a_y = 1.0 \times \sin(0.562\,7 \times 2\pi \times t)$，即幅值为 $1.0\ \mathrm{m/s^2}$，频率为 $0.562\,7\ \mathrm{Hz}$，输出如图 8 - 35 所示。由图可知，纵向控制回路的带宽约为 $0.562\,7\,\mathrm{Hz}$，具有很好的控制品质。

（3）软件调试

利用空地制导武器控制系统–辅助设计软件（该软件操作说明见第 14 章内容），在上述计算参数的基础上，可以微调控制参数，得到优化的控制参数，软件调试如图 8 - 36 所示。

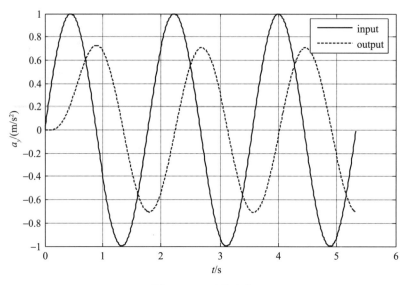

图 8 - 35　正弦响应

（4）控制回路设计结论

对于静稳定弹体而言，采用二回路过载控制，可保证控制回路具有足够的控制裕度和较好的控制品质，并具有很强的鲁棒性。

（本例 MATLAB 控制系统调试代码见本章附录。）

8.3.3　高度控制回路设计

对于某些空射巡航导弹，其大部分飞行弹道为巡航段，见第 3 章内容，即需要设计一个强鲁棒性的高度控制回路，以保证导弹巡航飞行的可靠性。高度控制回路按控制回路的结构特性可分为二回路控制或三回路控制两种，对于三回路控制，内环为角速度反馈的阻尼回路，中环为俯仰角反馈（也可以为攻角或法向加速度反馈）的增稳回路，外环为高度反馈的控制回路。

8.3.3.1　高度控制回路特点

高度控制回路为伺服控制回路，要求响应能快速跟踪制导指令并具有很高的控制精度，其特点如下：

1）对于空射巡航导弹，为了提高突防效果，常选择离地面或海面 5～8 m 的高度飞行，在弹道末段，甚至低至距离海平面 2.5～3 m 的高度飞行，这就要求具有很高的控制精度。

2）自身气动阻尼比较小，需要设计较大阻尼反馈系数，以保证控制品质。

3）高度控制回路前向通路具有非最小相位环节，这在一定程度上限制了控制回路带宽的提高。

4）高度控制回路前向通路具有两个积分因子，故要求前向串联的控制器以具有较强的相位超前功能为主。

5）为了保证在干扰情况下控制回路的稳态误差，需要在控制回路中引入积分控制。

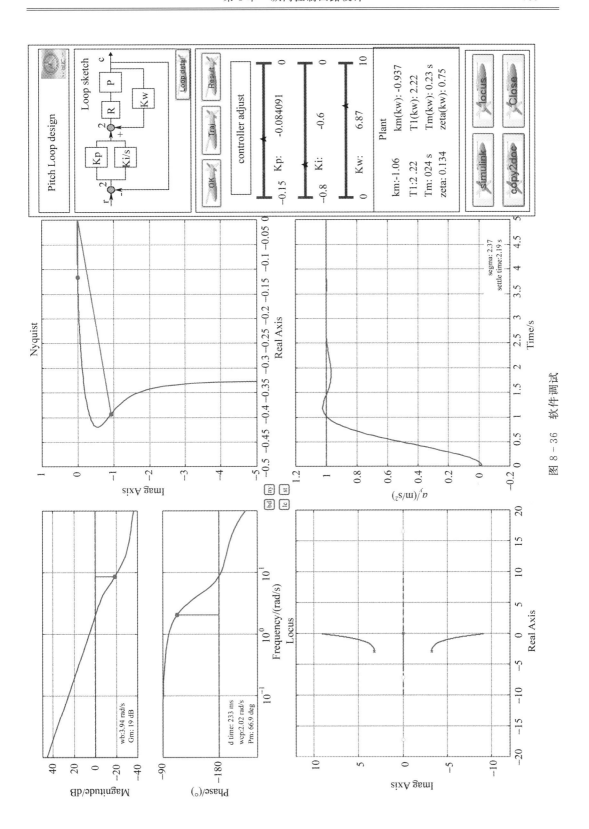

图 8 - 36　软件调试

8.3.3.2　设计指标

某一型号的高度控制回路设计指标包括时域指标和频域指标等，具体如下：

（1）时域指标

1）调节时间：$t_s \leqslant 4.0$ s；

2）超调量：$\sigma \leqslant 10\%$；

3）半振荡次数：$N < 1$；

4）稳态误差：0。

（2）频域指标

1）幅值裕度：$Gm \geqslant 8.0$ dB；

2）相位裕度：$40° \leqslant Pm \leqslant 80°$；

3）延迟裕度：$Dm \geqslant 80$ ms；

4）截止频率：为了快速响应法向制导指令，纵向控制回路截止频率大约为 2.0 rad/s，为了弱化三个控制通道之间的气动耦合，要求截止频率不超过 4.0 rad/s；

5）带宽：$\omega_b \geqslant 0.4$Hz。

设计指标简要说明：与过载控制回路和姿态角控制回路相比，高度控制回路对超调量、稳态误差和半振荡次数的要求更高，对带宽和截止频率的要求稍低。

8.3.3.3　控制回路方案设计

（1）控制回路介绍

对于绝大部分空地导弹，采用三回路高度控制回路可以获得足够满意的控制品质。三回路高度控制回路的控制框图如图 8-37 所示，其中 H_c 为制导系统解算得到的指令高度，H 为导航系统解算输出的实际高度，θ、$\dot{\theta}$ 和 $\dot{H}$ 分别为弹道倾角、弹道倾角角速度和高度变化率；K_i、K_p、K_d 和 K_ω 分别为控制回路的积分系数、比例系数、微分系数和阻尼反馈系数；AIZ 为自适应系数；MaxErr 为控制偏差限幅，Err 为限幅前后的控制偏差，MaxU_I_step 为单步积分控制限幅，MaxU_I 为积分控制限幅，U_I 为积分控制限幅的输出，MaxU_PID 为比例、积分和微分控制总限幅，U_PID 为比例、积分和微分控制总限幅的输出；$Rudder(s)$ 为执行机构传递函数，d 为干扰量，$G^{\omega_z}_{\delta_z}(s)$ 为俯仰舵至弹体绕侧轴角速度的传递函数，$Gyro(s)$ 为角速度陀螺传递函数，$G^{\dot{\theta}}_{\omega_z}(s)$ 为弹体绕侧轴角速度至弹道倾角角速度的传递函数。

（2）限幅处理

为了提高控制回路的性能并防止失控，控制回路常常引入各种限幅，例如控制偏差限幅、单步积分限幅、积分限幅、比例积分控制限幅和阻尼回路限幅等。对各个限幅的处理可参考 8.3.1.3 节相关内容。

（3）阻尼回路和增稳回路设计

由于阻尼回路和增稳回路的截止频率比舵机和角速度陀螺带宽低一个数量级，所以在进行初步阻尼回路和增稳回路设计时，可假设舵机和角速度陀螺传递函数为 1。另外，由

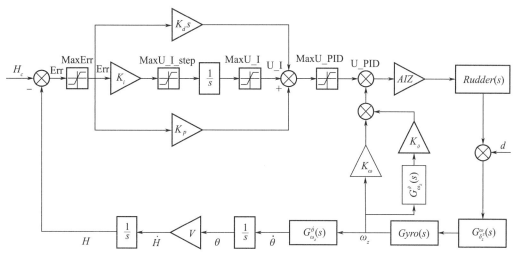

图 8-37　高度控制回路的控制框图

于弹体的姿态变化在较大程度上快于弹道倾角的变化，故在分析阻尼回路和增稳回路时，可以暂时不考虑高度控制回路外回路对其的影响，其控制回路结构可简化为如图 8-38 所示，其开环传递函数为

$$open_{K_\omega + K_\vartheta}(s) = \frac{K_M(T_1 s + 1)(K_\omega s + K_\vartheta)}{s(T_M^2 s^2 + 2T_M \zeta_M s + 1)} = \frac{K_M K_\vartheta (T_1 s + 1)(\frac{K_\omega}{K_\vartheta} s + 1)}{s(T_M^2 s^2 + 2T_M \zeta_M s + 1)}$$

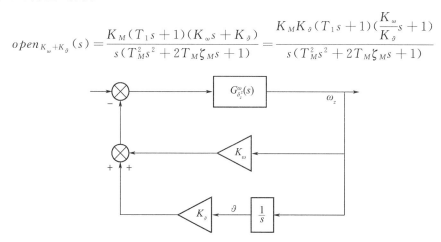

图 8-38　阻尼回路和增稳回路框图

即开环回路由放大环节、两个一阶微分环节、一个振荡环节以及一个积分环节构成，对于确定的弹体，需要确定角速度反馈系数和角度反馈系数，在初步设计回路时，可大致根据其开环 bode 图或根轨迹增益确定两个系数的大小，然后结合外控制回路再进一步细调系数，下面以开环 bode 图为例简单地说明两个系数的取值。

对于纵向静稳定较大的弹体，其典型的阻尼回路和增稳回路的 bode 图如图 8-39 所示，其 K_ϑ 主要用于调节幅值曲线的大小，以调节开环系统的截止频率 ω_c（ω_c 一般可取为外回路截止频率的 2~4 倍），如 ω_c 太大，由延迟裕度公式 $Dm = \dfrac{\gamma}{\omega_c}$，可知内回路的延迟裕度较小，导致在模型存在较大不确定性的情况下，控制品质较差；如 ω_c 太小，则截止频率处的幅值频率不以 $-20\ \mathrm{dB/dec}$ 的斜率穿过 0 分贝线，造成控制品质较差，内回路不能很好地抑制弹体模型的不确定性。控制器引入的零点大小关系到开环中频段的幅值曲线走势，在很大程度上影响控制回路的性能，如果零点 $\dfrac{K_\vartheta}{K_\omega} < \dfrac{1}{T_1}$，则能保证弹体较大的相位裕度，但是会使中频段的幅值曲线变大，导致截止频率过大，系统延迟裕度则下降，控制品质变差；如果零点满足 $\dfrac{1}{T_1} < \dfrac{K_\vartheta}{K_\omega} < \dfrac{1}{T_M}$，不仅能保证弹体较大的相位裕度，还能保证幅值曲线以 $-20\ \mathrm{dB/dec}$ 的斜率穿越零分贝线，系统具有较好的特性，能抑制弹体较大的弹体模型的不确定性；如果零点 $\dfrac{K_\vartheta}{K_\omega} > \dfrac{1}{T_M}$，则开环幅频特性可能以 $-40\mathrm{dB/dec}$ 的斜率穿越零分贝线，即使系统稳定，其内回路的动态特性较差，不能很好地抑制模型的不确定性或外界扰动的影响。

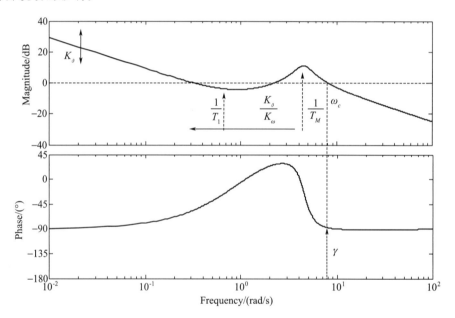

图 8 - 39　典型阻尼回路和增稳回路的 bode 图

　　闭环传递函数为

$$close_{K_\omega + K_\vartheta}(s) = \frac{sK_M(T_1 s + 1)}{T_M^2 s^3 + (2T_M \zeta_M + K_M T_1 K_\omega)s^2 + (1 + K_M T_1 K_\vartheta + K_M K_\omega)s + K_M K_\vartheta}$$

由于反馈回路中引入角速度的积分信息，故闭环传递函数含有一个微分环节。

　　（4）外回路设计

　　在忽略各种限幅的作用，并假设自适应系数 $AIZ = 1$，执行机构和速率陀螺传递函数为 1 的情况下，控制回路可简化为"控制器+广义被控对象"串联的单位反馈闭环控制系统，如图 8-40 所示，其中广义被控对象（区别于被控对象）$P(s)$ 为除控制器之外的其他前向通路上传递函数之积，可表示为

$$P(s) = close_{K_\omega + K_\vartheta}(s) \frac{V}{s^2} G_{\omega_z}^{\dot\vartheta}(s) \qquad (8-16)$$

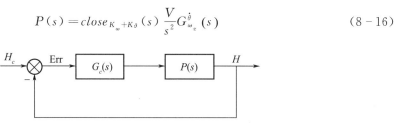

图 8-40 高度控制回路简图

即广义被控对象为一个一型环节，要满足控制系统稳态精度设计指标，要求开环系统为一型或一型以上系统，即要求控制器为零型或零型以上环节，可采用超前校正网络、滞后超前校正网络或 PID 控制器。对于高度控制回路，由于其广义被控对象的特性，控制以"相位超前"为主，以 PID 控制器为例，可表示为

$$G_c(s) = \frac{K_d s^2 + K_p s + K_i}{s} \qquad (8-17)$$

即开环系统

$$open(s) = G_c(s)P(s)$$

$$= \frac{K_d s^2 + K_p s + K_i}{s} close_{K_\omega + K_\vartheta}(s) G_{\omega_z}^{\dot\vartheta}(s)$$

$$= \frac{K_d s^2 + K_p s + K_i}{s^2} \frac{K_M V(T_{1\theta} s + 1)(T_{2\theta} s + 1)}{T_M^2 s^3 + (2T_M \zeta_M + K_M T_1 K_\omega)s^2 + (1 + K_M T_1 K_\vartheta + K_M K_\omega)s + K_M K_\vartheta}$$

$$\qquad (8-18)$$

开环系统为一个二型环节，而且广义被控对象也包含一个小极点，故开环系统在中低频段等效为一个三型系统，这要求控制器必须具有较强的相位超前功能。

闭环控制系统为

$$close(s) = \frac{open(s)}{1 + open(s)}$$

$$= \frac{K_d s^2 + K_p s + K_i}{s} close_{K_\omega + K_\vartheta}(s) G_{\omega_z}^{\dot\vartheta}(s)$$

$$= \frac{K_d s^2 + K_p s + K_i}{s^2} \frac{K_M V(T_{1\theta} s + 1)(T_{2\theta} s + 1)}{T_M^2 s^3 + (2T_M \zeta_M + K_M T_1 K_\omega)s^2 + (1 + K_M T_1 K_\vartheta + K_M K_\omega)s + K_M K_\vartheta}$$

$$= \frac{num(s)}{den(s)}$$

$$\qquad (8-19)$$

$$num(s) = K_M V K_\vartheta s^4 + K_M V(K_\vartheta(T_{1\theta} + T_{2\theta}) + K_p T_{1\theta} T_{2\theta})s^3 +$$

$$K_M V(K_\vartheta + K_p(T_{1\theta} + T_{2\theta}) + K_i T_{1\theta} T_{2\theta})s^2 + K_M V(K_p + K_i(T_{1\theta} + T_{2\theta}))s + K_M V K_i$$

$$den(s) = T_M^2 s^5 + (2T_M \zeta_M + K_M T_1 K_\omega + K_M V K_\omega)s^4 +$$

$$(1 + K_M T_1 K_\vartheta + K_M K_\omega + K_M V(K_\vartheta(T_{1\theta} + T_{2\theta}) + K_p T_{1\theta} T_{2\theta}))s^3 +$$

$$K_M V(K_M K_\vartheta + K_\vartheta + K_p(T_{1\theta} + T_{2\theta}) + K_i T_{1\theta} T_{2\theta})s^2 + K_M V(K_p + K_i(T_{1\theta} + T_{2\theta}))s + K_M V K_i$$

其单位阶跃响应 $y(\infty) = \lim_{s \to 0} s \times close(s) \times \dfrac{1}{s} = \dfrac{\overline{K}_M K_i V}{\overline{K}_M K_i V} = 1$。

8.3.3.4 设计例子

下面以例 8-5 说明高度控制回路设计的过程。

例 8-5 设计高度控制回路。

某一制导武器的结构和气动参数同例 8-1，飞行高度和速度也同例 8-1。试设计高度控制回路，使高度控制回路的性能满足 8.3.3.2 节的指标，并分析控制回路的性能。

解：

（1）控制回路设计

由弹体飞行高度、结构参数和气动参数，可得弹体传递函数为

$$G_{\delta_z}^{\omega}(s) = \frac{-57.738\,5(s + 0.813\,2)}{s^2 + 1.69s + 20.19}$$

令内回路反馈传递函数为

$$G_{inner}(s) = \frac{K_\omega s + K_\vartheta}{s} = \frac{-0.1s - 0.125}{s}$$

其内回路的开环 bode 图如图 8-41 所示，由图可见内回路的截止频率为 8.12 rad/s，延迟裕度为 0.198 s。

内回路闭环的传递函数为

$$close_{K_\omega + K_\vartheta}(s) = \frac{-57.738\,5s(s + 0.813\,2)}{(s + 0.190\,7)(s^2 + 7.274s + 30.77)}$$

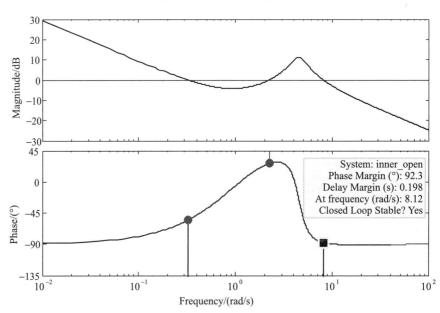

图 8-41 内回路开环 bode 图

相对于原阻尼回路而言，由于增加了增稳回路，相当于在低频段增加了微分环节，使

得弹体在低频段的相位提前，中频段的相位有小幅提高，高频段的相位则保持不变，其综合作用可改善被控对象在中低频段的频率特性，提高系统的控制相位裕度，改善控制回路的动态特性响应。

设计内回路后，则广义被控对象为

$$P(s) = close_{K_\omega + K_\vartheta}(s) \frac{V}{s^2} G_{\omega_z}^{\dot{\vartheta}}(s)$$

$$= \frac{21.48s^2 + 18.2s - 11\ 140}{s^4 + 7.465s^3 + 32.16s^2 + 5.869s}$$

$$= \frac{21.483\ 5(s + 23.2)(s - 22.36)}{s(s + 0.190\ 7)(s^2 + 7.274s + 30.77)}$$

这是一个一型环节，由于分母还包含一个小极点，在低中频可近似于一个二型环节，如图 8-42 所示，导致在中频段相位接近于-180°，故控制器在低频段具有相位超前功能，可以采用相位超前校正或相位滞后-超前校正或 PID 控制器。

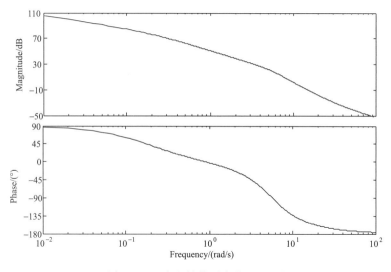

图 8-42　广义被控对象的 bode 图

本文采用 PID 控制器，考虑到被控对象的特性，PID 控制器的设计思想是：为了使 PID 控制器在低频段具有较大的相位超前功能，取 $K_d = 5.0K_p$，由于被控对象的积分特性，故增益主要以 K_p 控制为主，积分主要用于消除控制稳态误差，在这儿可取小值或为 0。经调试控制器各参数为：$K_p = -0.001\ 091$，$K_i = -0.000\ 043\ 64$，$K_d = -0.005\ 455$，即 PID 控制器为

$$G_c(s) = \frac{-0.005\ 455s^2 - 0.001\ 091s - 0.000\ 043\ 64}{s}$$

$$= \frac{-0.005\ 454\ 6\ (s + 0.144\ 7)(s + 0.055\ 28)}{s}$$

由控制器的传递函数可知，在中频段和高频段，控制器可等价于一个微分环节，即可大幅补偿被控对象在中频段的相位滞后。

（2）控制回路性能分析

下面分时域和频域对控制回路的性能进行分析。由于高度控制回路带宽较低，而执行机构带宽较高，故进行初步控制回路设计时，为了简化分析，忽略执行机构对控制回路的影响。

①系统开环特性分析

系统开环传递函数为

$$open(s) = \frac{-0.117\,18(s+23.2)(s-22.36)(s+0.144\,7)(s+0.055\,28)}{s^2(s+0.190\,7)(s^2+7.274s+30.77)}$$

开环零点：-23.2，22.36，$-0.144\,7$，$-0.055\,28$；

开环极点：0，0，$-0.190\,7$，-0.303，$-3.637\,0\pm4.188\,3i$。

系统开环 bode 图如图 8 - 43 所示，由开环零极点和 bode 图可以看出：

1）系统的截止频率为 2.01 rad/s，在截止频率处的斜率为 -20 dB/dec，幅值裕度为 10.7 dB，相位裕度为 $60.9°$，即控制系统具有较为充足的控制裕度。

2）开环系统为一个非最小相位系统，且为一个二型的控制系统，对阶跃响应的稳态误差为 0。

3）零点 -23.2 和 22.36 为被控对象本身的零点，控制回路设计不能改变此零点，此零点在频域上的响应为中高频率段的响应特性，在时域上，影响单位阶跃响应的初始特性。

4）零点 $-0.144\,7$ 和 $-0.055\,28$ 以及极点 0 为由控制器设计而引入控制回路的，从经典控制理论的角度看，对于本例，其 PID 的零点 $-0.144\,7$ 和 $-0.055\,28$ 必须远小于 -0.667（即 $-0.333\times\omega_c$）。

5）极点 $-0.190\,7$ 是因设计内环的阻尼回路和增稳回路而引入的。

6）极点 $-3.637\,0\pm4.188\,3i$ 是因设计内环的阻尼回路和增稳回路而引入的。

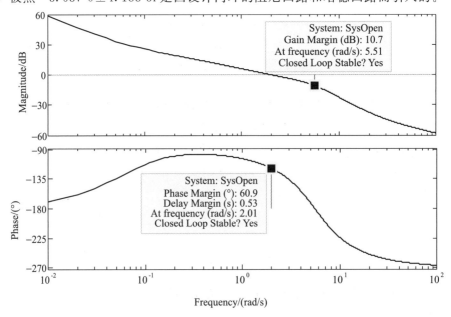

图 8 - 43　开环 bode 图

②时间延迟裕度

按照第 7 章求延迟裕度的方法，得到在执行机构处断开的等价开环 bode 图如图 8 - 44 所示，由图可知，控制回路的延迟裕度为 222 ms，控制回路具有足够的裕度。

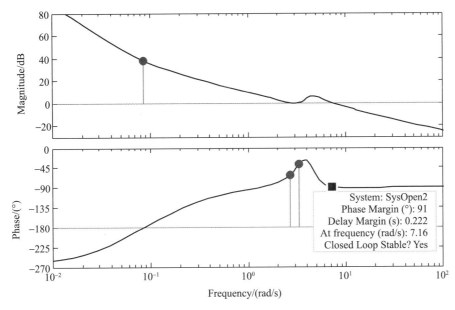

图 8 - 44　等价开环 bode 图

③单位阶跃响应和正弦指令响应

单位阶跃响应如图 8 - 45 所示，由图可知：

1）上升时间为 0.57 s，调节时间为 1.59 s，超调量为 9.00%，半振荡次数为 1，满足时域设计指标。

2）由开环 bode 图低频段的幅值特性可知，闭环控制系统阶跃响应的稳态误差为 0。

3）本系统为一个非最小相位系统，单位阶跃响应初期存在较轻的下拉现象，在一定程度上影响控制回路响应的快速性。

正弦响应输入指令：$H_c = 1.0 \times \sin(0.685\,6 \times 2\pi \times t)$，即幅值为 1.0 m，频率为 0.685 6 Hz，输出如图 8 - 46 所示。由图可知，纵向控制回路的带宽约为 0.685 6 Hz，控制品质较佳。

（3）控制回路设计结论

无论采用三回路高度控制还是二回路高度控制，基于经典 PID 控制或滞后-超前校正均可保证足够的控制裕度和较好的控制品质。

8.3.4　弹道倾角控制回路设计

对于某些空射巡航导弹，其飞行弹道在不同段采用不同的弹道，例如在中制导段采用基于弹道倾角的方案弹道，在末制导段采用基于追踪法或基于积分比例导引的弹道，这些弹道都可以直接以弹道倾角作为制导量。即需要设计一个强鲁棒性的以弹道倾角作为输入

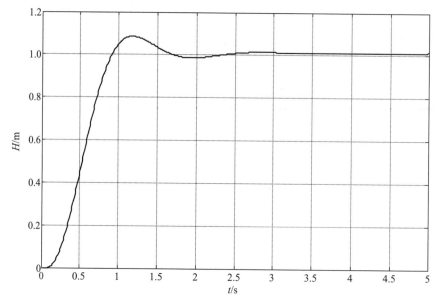

图 8-45 单位阶跃响应

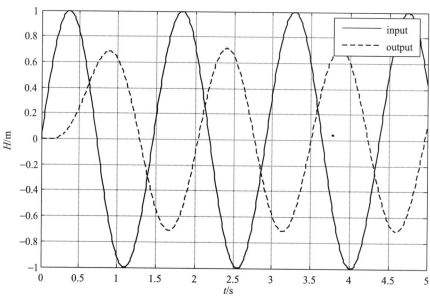

图 8-46 正弦响应

制导量的纵向控制回路。

弹道倾角控制回路按控制回路的结构特性可分为二回路控制或三回路控制，对于三回路控制，内环为角速度反馈的阻尼回路，中环为俯仰角反馈（也可以为攻角或法向加速度反馈）的增稳回路，外环为弹道倾角反馈的控制回路。

8.3.4.1　设计指标

某一型号的弹道倾角控制回路设计指标包括时域指标和频域指标等，具体如下：

（1）时域指标

1）调节时间：$t_s \leqslant 2.0 \, \text{s}$；

2）超调量：$\sigma \leqslant 10\%$；

3）半振荡次数：$N < 1$；

4）稳态误差：0。

（2）频域指标

1）幅值裕度：$h \geqslant 8.0 \, \text{dB}$；

2）相位裕度：$40° \leqslant r \leqslant 80°$；

3）延迟裕度：$Dm \geqslant 80 \, \text{ms}$；

4）截止频率：为了快速响应制导指令，纵向控制回路截止频率大约为 2.0 rad/s，为了弱化三个控制通道之间的气动耦合，要求截止频率不超过 4.0 rad/s；

5）带宽：$\omega_b \geqslant 0.5 \, \text{Hz}$。

8.3.4.2　控制回路方案设计

（1）控制回路介绍

对于弹体纵向静稳定度较合适的空地导弹，采用二回路弹道倾角控制回路可以获得足够满意的控制品质。二回路弹道倾角控制回路的控制框图如图 8-47 所示，其中 θ_c 为制导系统解算得到的指令弹道倾角，θ 为导航系统解算输出的弹道倾角；其他变量同 8.3.1.3 介绍姿态角控制回路。

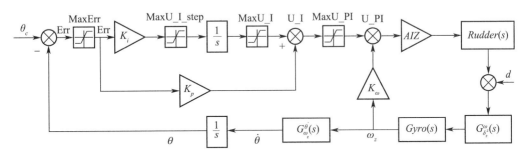

图 8-47　弹道倾角控制回路框图

（2）限幅处理

为了提高控制回路的性能以及防止控制发散，控制回路也常常引入了各种限幅，例如控制偏差限幅、单步积分限幅、积分限幅、比例积分控制限幅和阻尼控制回路限幅等。对各个限幅的处理可参考 8.3.1.3 节相关内容。

（3）阻尼回路设计

阻尼回路设计可参见 8.2 节相关内容。

（4）外回路设计

忽略各种限幅、自适应系数和执行机构对控制回路影响的情况下，控制回路可简化为"控制器＋广义被控对象"串联的单位反馈闭环控制系统，如图 8 - 48 所示，其中广义被控对象（区别于被控对象）$P(s)$ 为除控制器之外的其他前向通路上传递函数之积，可表示为

$$P(s) = close_{K_\omega}(s)G_{\omega_z}^{\dot{\theta}}(s)\frac{1}{s} \tag{8-20}$$

式中　　$close_{K_\omega}(s)$——闭环阻尼回路传递函数。

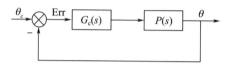

图 8 - 48　弹道倾角控制回路简图

广义被控对象为一个一型环节，要满足控制系统稳态精度设计指标，要求开环系统为一型或一型以上系统，即要求控制器为零型或零型以上环节，可采用滞后校正网络或 PI 控制器。

对于弹道倾角控制回路，为了使控制回路具有较好的裕度特性，采用 PI 控制器，按第 7 章介绍的 PI 控制参数选取原则，采用"比例控制为主，积分控制为辅"的控制策略，其中，比例控制主要用于调节控制回路的带宽，积分控制用于消除稳态误差，控制器可表示为

$$G_c(s) = \frac{K_p s + K_i}{s} \tag{8-21}$$

即开环系统

$$
\begin{aligned}
open(s) &= G_c(s)P(s) \\
&= \frac{K_p s + K_i}{s} close_{K_\omega}(s)G_{\omega_z}^{\dot{\theta}}(s)\frac{1}{s} \\
&= \frac{K_p s + K_i}{s}\frac{K_M(T_{1\theta}s + 1)(T_{2\theta}s + 1)}{T_M^2 s^2 + (2T_M\zeta_M + K_M T_1 K_\omega)s + 1 + K_M K_\omega}\frac{1}{s}
\end{aligned} \tag{8-22}
$$

开环系统为一个二型环节，即信号经过前向通路和反馈通路后产生较大的相位延迟，所以控制器必须具有较强的相位超前功能。

闭环控制系统

$$
\begin{aligned}
close(s) &= \frac{open(s)}{1 + open(s)} \\
&= \frac{K_M K_p T_{1\theta} T_{2\theta}s^3 + (K_M K_i T_{1\theta} T_{2\theta} + K_M K_p(T_{1\theta} + T_{2\theta}))s^2 + \cdots}{T_M^2 s^4 + (2T_M\zeta_M + K_M T_1 K_\omega + K_M K_p T_{1\theta} T_{2\theta})s^3 + (1 + K_M K_\omega + K_M K_i T_{1\theta} T_{2\theta} + \cdots} \\
&\quad \frac{(K_M K_p + K_M K_i(T_{1\theta} + T_{2\theta}))s + K_M K_i}{+ K_M K_p(T_{1\theta} + T_{2\theta}))s^2 (K_M K_p + K_M K_i(T_{1\theta} + T_{2\theta}))s + K_M K_i}
\end{aligned}
$$

$$\tag{8-23}$$

其单位阶跃响应 $y(\infty) = \lim\limits_{s \to 0} s \times close(s) \times \dfrac{1}{s} = \dfrac{K_M K_i}{K_M K_i} = 1$。

（5）控制回路抗干扰特性分析

弹道倾角控制回路抗干扰特性分析类似于姿态角控制回路抗干扰特性分析，由于篇幅的限制，简述如下。

弹道倾角控制回路框图（图 8-47）可简化为图 8-49。

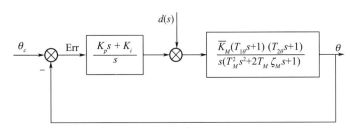

图 8-49　弹道倾角控制回路框图

图中 $\dfrac{\overline{K}_M (T_{1\theta} s + 1)(T_{2\theta} s + 1)}{s(\overline{T}_M^2 s^2 + 2\overline{T}_M \overline{\zeta}_M s + 1)}$ 为被控对象增加阻尼反馈后的俯仰舵至弹道倾角的等效传递函数，在分析控制回路抗干扰时为了简化分析，可忽略被控对象的两个大零点，可将 $\dfrac{\overline{K}_M (T_{1\theta} s + 1)(T_{2\theta} s + 1)}{s(\overline{T}_M^2 s^2 + 2\overline{T}_M \overline{\zeta}_M s + 1)}$ 简化为 $\dfrac{\overline{K}_M}{s(\overline{T}_M^2 s^2 + 2\overline{T}_M \overline{\zeta}_M s + 1)}$，不影响分析结论。

由图 8-49 可知，干扰量 $d(s)$ 对输出的传递函数为

$$
G_d^\theta(s) = \cfrac{\dfrac{\overline{K}_M}{s(\overline{T}_M^2 s^2 + 2\overline{T}_M \overline{\zeta}_M s + 1)}}{1 + \dfrac{\overline{K}_M}{s(\overline{T}_M^2 s^2 + 2\overline{T}_M \overline{\zeta}_M s + 1)} \cdot \dfrac{K_p s + K_i}{s}}
$$

$$
= \dfrac{\overline{K}_M s}{(\overline{T}_M^2 s^2 + 2\overline{T}_M \overline{\zeta}_M s + 1)s^2 + \overline{K}_M (K_p s + K_i)}
$$

当干扰量为常值时，即 $d(s) = a/s$（其中 a 为干扰的等效值），则输出为

$$
\lim\limits_{t \to \infty} \theta(t) = \lim\limits_{s \to 0} s G_d^\theta(s) d(s) = \lim\limits_{s \to 0} s \dfrac{\overline{K}_M s}{(\overline{T}_M^2 s^2 + 2\overline{T}_M \overline{\zeta}_M s + 1)s^2 + \overline{K}_M (K_p s + K_i)} \dfrac{a}{s} = 0
$$

采用 PI 控制，当稳态时，由于积分的作用，干扰对控制稳态精度无影响；当采用 P 控制时，$\lim\limits_{t \to \infty} \theta(t) = \dfrac{a}{K_p}$，则存在控制稳态误差，其值与被控对象、阻尼反馈系数无关，与比例系数和干扰大小有关，比例系数越大，则可在更大程度上抑制干扰对控制稳态精度的影响。

当干扰力矩为一阶斜坡力矩时，即 $d(s) = a/s^2$，则输出为

$$
\lim\limits_{t \to \infty} \theta(t) = \lim\limits_{s \to 0} s G_d^\theta(s) d(s) = \lim\limits_{s \to 0} s \dfrac{\overline{K}_M s}{(\overline{T}_M^2 s^2 + 2\overline{T}_M \overline{\zeta}_M s + 1)s^2 + \overline{K}_M (K_p s + K_i)} \dfrac{a}{s^2} = \dfrac{a}{K_i}
$$

采用 PI 控制，当稳态时，$\lim_{t\to\infty}\theta(t)=\dfrac{a}{K_i}$，即存在常值控制稳态误差，其值与被控对象的值无关，与干扰量大小和控制积分系数 K_i 有关，积分系数可在很大程度上抑制干扰对控制稳态精度的影响；当采用 P 控制时，则 $\lim_{t\to\infty}\theta(t)=\infty$，即干扰力矩为一阶斜坡力矩时，仅依靠比例控制，控制则发散。

8.3.4.3　设计例子

下面以例 8 - 6 说明弹道倾角控制回路设计的过程。

例 8 - 6　设计弹道倾角控制回路。

某微小型制导武器在 3 000 m 高度以 $Ma=0.6$ 飞行，弹体结构参数：质量 $m=18.0$ kg，转动惯量 $J_z=2.35$ kg/m^2。气动参数：$m_z^\alpha=-0.035$，$m_z^{\delta_z}=-0.065$，$m_z^{\omega_z}=-2.105$，$C_y^\alpha=0.45$，$C_y^{\delta_z}=0.075$，（气动参考面积 $S_{ref}=0.009\,5$ m^2，参考长度 $L_{ref}=1.35$ m）。试设计阻尼回路，使阻尼回路的等效阻尼 $\overline{\zeta}_M\approx0.60$；试设计弹道倾角控制回路，使弹道倾角控制回路的性能满足 8.3.4.1 节所提的指标要求，并分析控制回路的性能。

解：

（1）内回路设计

由弹体飞行高度、结构参数和气动参数，可得弹体传递函数

$$G_{\delta_z}^{\omega_z}(s)=\frac{-1.842s-2.043}{0.005\,671s^2+0.103\,2s+1.1}=\frac{-324.867\,9(s+1.109)}{s^2+2.361s+176.3}$$

根据阻尼回路的等效阻尼 $\overline{\zeta}_M\doteq0.6$，可得

$$K_\omega=-0.044\,1$$

当 $K_\omega=-0.044\,1$ 时，内回路的开环 bode 图如图 8 - 50 所示，由图可见内回路的截止频率为 22.1 rad/s，延迟裕度为 0.076 3 s。

内回路闭环的传递函数为

$$G_{\delta_z}^{\omega_z}(s)\big|_{K_\omega=-0.044\,1}=\frac{-1.842s-2.043}{0.005\,671s^2+0.094\,59s+1.09}=\frac{-324.867\,9(s+1.109)}{s^2+16.68s+192.2}$$

内回路的等效阻尼为

$$\overline{\zeta}_M\approx0.601\,6$$

相对于原被控对象而言，由于增加了阻尼回路，被控对象的恢复力矩有小幅增加，阻尼特性大为改善，表现为在中频段的幅值和相位曲线随频率变化趋于平滑。频率特性改善后的阻尼被控对象有利于其后的外回路设计，有利于设计出具有较好控制品质和强鲁棒性的控制回路，可以抑制被控对象的模型不确定性或外干扰对控制回路的影响。

（2）外回路设计

设计内回路后，则广义被控对象为

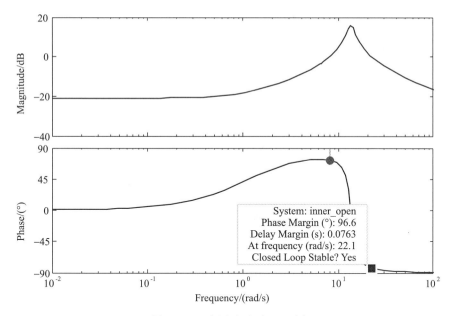

图 8-50　内回路开环 bode 图

$$P(s) = close_{K_\omega}(s)G_{\omega_z}^{\dot{\theta}}(s)\frac{1}{s}$$

$$= \frac{0.203s^2 + 0.232s - 360.2}{s^3 + 16.68s^2 + 192.2s}$$

$$= \frac{0.203(s + 42.7)(s - 41.55)}{s(s^2 + 16.68s + 192.2)}$$

即为一个一型环节的非最小相位系统，考虑到设计指标以及控制回路的结构特点，采用"比例控制为主，积分控制为辅"的控制策略。可理解为：基于被控对象的积分特性，比例控制主要用于调整控制回路的增益，积分控制主要用于消除控制稳态误差，即外回路设计主要以比例控制为主，积分控制可取较小值甚至为 0。在初步设计控制回路时，积分控制系统取 $K_i = 0.05K_p$，具体 K_i 的取值还得根据被控对象的特性进行微调，以得到更佳的控制品质。

假设控制系统截止频率为 $\omega_c = 2.5 \text{ rad/s}$，将 $\omega_c = 2.5 \text{ rad/s}$ 代入式（8-20）或直接由 $P(s)$ 的 bode 图（图 8-51）得到 $P(s)$ 在 $\omega_c = 2.5 \text{ rad/s}$ 的幅值

$$A(\omega_c = 2.5 \text{ rad/s}) = -2.4 \text{ dB}$$

即可得控制器在截止频率 $\omega_c = 2.5 \text{ rad/s}$ 处的幅值增益为 2.4 dB，由于被控对象增益为负值，故可得比例控制系数为

$$K_p = -1.318\ 1$$

K_i 主要用于消除控制静差，根据弹体的内部干扰力矩和外部风干扰等因素，初步设计外回路时，可取较小的值，暂取为比例系数的 0.05 倍，即

$$K_i = -0.065\ 9$$

则控制器传递函数

$$G_c(s) = \frac{-1.318\,s - 0.065\,9}{s}$$

由控制器传递函数可知，在中频段和高频段，控制器的作用近似为比例控制，在低频段（$[0, K_i/K_p]$）控制器具有积分作用。

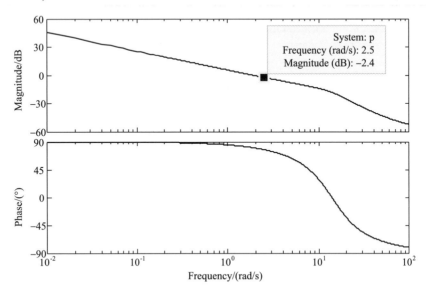

图 8-51　广义被控对象的 bode 图

（3）控制回路性能分析

下面分时域和频域对控制回路的性能进行分析，由于弹道倾角控制回路带宽较低，而执行机构带宽较高，故进行初步控制回路设计时，为了简化分析，可忽略执行机构对控制回路的影响。

①系统开环特性分析

系统开环传递函数为

$$open(s) = \frac{-0.267\,56(s + 42.7)(s - 41.55)(s + 0.05)}{s^2(s^2 + 16.68s + 192.2)}$$

开环零点：-42.7，41.55，-0.05；

开环极点：0，0，$-8.340\,0 \pm 11.074\,5i$；

系统开环根轨迹和 bode 图如图 8-52 所示，由开环零极点根轨迹和 bode 图可知：

1）系统截止频率为 2.5 rad/s，幅值裕度为 15.6 dB，相位裕度为 76.1°。

2）在截止频率处前后较长的一段频率范围内，幅值斜率为 -20 dB/dec，即可保证控制回路具有较充裕的裕度，并确保控制回路具有较佳的动态响应特性。

3）系统为一个非最小相位系统，但其正零点离虚轴较远，只在一定的程度上影响控制回路阶跃响应的初始段响应特性。

4）控制回路为一个二型控制系统，对阶跃响应的稳态误差为 0。

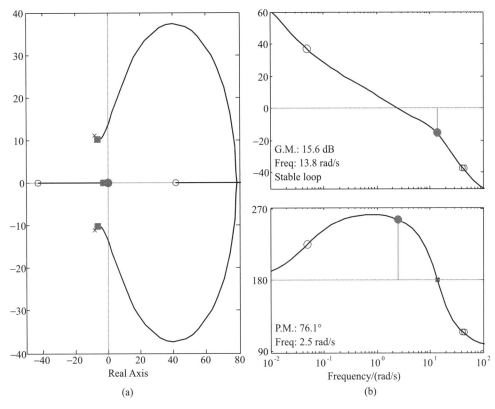

图 8 - 52　根轨迹图和 bode 图

5）零点 -0.05 由控制器 $-K_i/K_p = -0.05$ 产生，由于该零点的存在，其左边产生了一个极点 -0.051，如图 8 - 53（a）所示，此零点和极点形成偶极子，由于零点更靠近虚轴，故形成一个超调爬行现象。增大积分项 K_i，可使控制器产生的零点左移，但使其右边的极点同时左移，例如零点为 -0.1 时，极点为 $-0.104\,4$，如图 8 - 53 右图所示，这样也形成了偶极子，这时单位阶跃响应的超调爬行现象更为严重。将积分项减为 0，则消除了偶极子，单位阶跃响应则不存在爬行现象，具体如图 8 - 55 所示。

6）从经典控制的角度，此开环系统虽然为二型控制系统，但其具有一个很小的零点，此零点和极点 0 在相平面接近，即也可将此开环系统视为一个一型系统（即积分系数为 0）。另外，此开环传递函数与积分系数为 0 传递函数对比：两者在低频段存在一定差别，故影响单位阶跃响应的稳态特性，而两者在中高频段的频率特性几乎相同，即单位阶跃响应的初始段和动态响应特性相同。

7）虽然积分系数为 0 时对应单位阶跃响应无超调爬行现象，但是受到外部扰动时，还需要积分的作用将稳态误差控制在很小的范围内，即对于此控制回路，积分控制还是必需的。

②时间延迟裕度

按照第 7 章求延迟裕度的方法，得到在执行机构处断开的开环 bode 图，如图 8 - 54 所示，由图可知，控制回路的延迟裕度为 80.3 ms，具有足够的裕度。

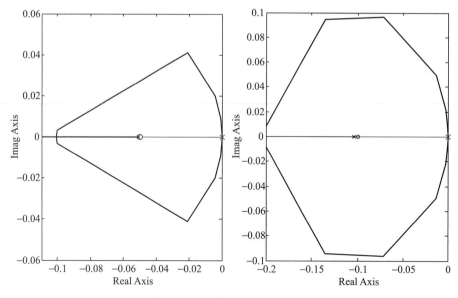

图 8 - 53　根轨迹图（局部放大）

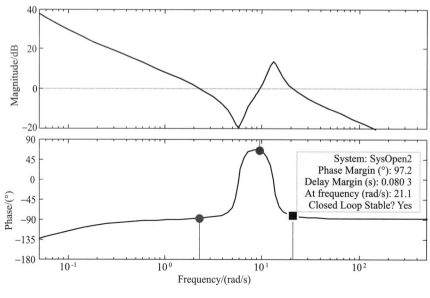

图 8 - 54　开环 bode 图

③单位阶跃响应和正弦指令响应

单位阶跃响应如图 8 - 55 所示，由图可知：

1）上升时间为 0.631 s，调节时间为 1.12 s，超调量为 1.84%，半振荡次数为 0，满足时域设计指标。

2）由低频段的幅值特性可知，闭环控制系统阶跃响应的稳态误差为 0。

3）由于受被控对象正零点（零点为 41.55）的作用，在单位阶跃响应的初始段存在下拉现象。此正零点较大，远离虚轴，对控制回路响应快速性的影响可忽略。

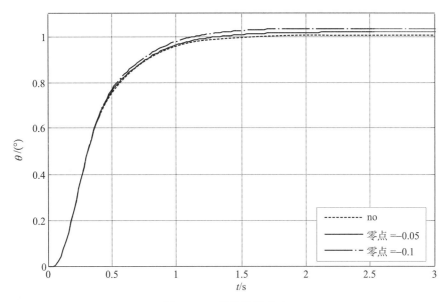

图 8 - 55　单位阶跃响应

正弦响应输入指令：$\theta_c = 1.0 \times \sin(0.5498 \times 2\pi \times t)$，即幅值为 $1.0°$，频率为 $0.549\ 8\ \mathrm{Hz}$，输出如图 8 - 56 所示。由图可知，纵向控制回路的带宽约为 $0.549\ 8\ \mathrm{Hz}$，控制品质较佳。

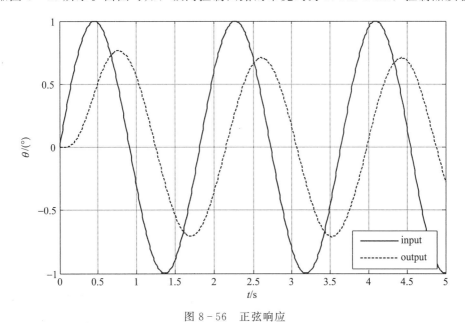

图 8 - 56　正弦响应

（4）控制回路设计结论

理论分析和仿真试验均表明：

1）弹道倾角控制回路在控制回路结构上类似于姿态角控制回路，即在前向通道上增加一个弹体绕侧轴角速度至弹道倾角角速度的传递函数环节，相对于姿态角控制回路，弹道倾角控制回路在内回路可以增加增稳回路，鲁棒性更强。

2）无论采用三回路弹道倾角控制回路还是二回路弹道倾角控制回路，基于经典 PI 控制或滞后校正网络，均可保证控制回路具有较充裕的控制裕度和较好的控制品质。

8.4　影响纵向控制回路裕度的因素

8.2 节介绍的阻尼回路设计和 8.3 节介绍的外回路设计都是基于某一特定的特征点进行设计的，其性能自然满足阻尼回路和姿态控制回路的性能指标。但由于存在结构偏差、气动偏差和由风场引起的飞行动压偏差（对于不装备大气测量系统的空地制导武器，通常基于地速计算得到飞行动压，其与真实动压可能存在较大的偏差量）等因素，实际弹体与控制系统设计基于特征点的标称模型存在较大的偏差，自然会导致阻尼回路和外回路的控制性能变化。本节主要分析这些因素可在多大程度上影响控制回路的性能。

影响纵向控制回路性能的因素有：1）结构偏差：质心偏差和转动惯量偏差 ΔJ_z；2）气动偏差：阻尼动导数偏差 $\Delta m_z^{\omega_z}$、稳定性偏差 Δm_z^{α}、舵效偏差 $\Delta m_z^{\delta_z}$、攻角升力系数偏差 ΔC_y^{δ}，舵偏升力系数偏差 $\Delta C_y^{\delta_z}$；3）大气偏差和风场偏差：大气和风场偏差主要引起弹体所受的动压与标准大气时存在差别，假设动压相差 Δq。

各个偏差主要影响控制回路中被控对象的特性（其传递函数见下式），下面简单分析 ΔJ_z、Δq、$\Delta m_z^{\omega_z}$、Δm_z^{α}、$\Delta m_z^{\delta_z}$、ΔC_y^{α} 和 $\Delta C_y^{\delta_z}$ 对阻尼回路和控制回路的影响。

根据俯仰被控对象

$$G_{\delta_z}^{\omega_z}(s) = \frac{K_M(T_1 s + 1)}{T_M^2 s^2 + 2T_M \zeta_M s + 1}$$

$$\begin{cases} K_M = \dfrac{-a_{25}a_{34} + a_{35}a_{24}}{a_{22}a_{34} + a_{24}} \\[2mm] T_M = \dfrac{1}{\sqrt{-a_{24} - a_{22}a_{34}}} \\[2mm] \zeta_M = \dfrac{-a_{22} - a'_{24} + a_{34}}{2\sqrt{-a_{24} - a_{22}a_{34}}} \\[2mm] T_1 = \dfrac{a_{25}}{a_{25}a_{34} - a_{35}a_{24}} \end{cases}$$

（1）J_z 变化

J_z 如果增加，则 T_M 增加，K_M 不变，这会导致：1）阻尼回路截止频率 ω_c 减小，相位裕度增加，延迟裕度增加；2）姿态控制回路截止频率 ω_c 几乎不变，相位裕度小幅减少，幅值裕度降低，延迟裕度增加，闭环带宽小幅增加。

（2）q 变化

q 如果增加，则 T_M 减小，K_M 增加，这会导致：1）阻尼回路截止频率 ω_c 增加，相位裕度减小，延迟裕度增加；2）姿态控制回路截止频率 ω_c 增加，相位裕度小幅降低，幅值裕度增加，延迟裕度减小，闭环带宽增加。

（3）$m_z^{\omega_z}$ 变化

$m_z^{\omega_z}$ 如果增加，则 T_m 小幅减小，ζ_M 增加，K_m 也略微降低，这会导致：1）阻尼回路截止频率 ω_c 小幅降低，相位裕度增加，延迟裕度增加；2）姿态控制回路截止频率 ω_c 降低，相位裕度小幅降低，幅值裕度小幅增加，延迟裕度小幅增加，闭环带宽小幅降低。

（4）m_z^{α} 变化

m_z^{α} 如果增加，则 T_m 减小，ζ_M 增加，K_m 也减少，这会导致：1）阻尼回路截止频率 ω_c 增加，相位裕度小幅增加，延迟裕度小幅减少；2）姿态控制回路截止频率 ω_c 减少，相位裕度增加，幅值裕度小幅增加，延迟裕度降低，带宽大幅降低。

（5）$m_z^{\delta_z}$ 变化

$\Delta m_z^{\delta_z}$ 如果增加，则 T_M 不变，K_M 大幅增加，这会导致：1）阻尼回路截止频率 ω_c 增加，相位裕度减小，延迟裕度增加；2）姿态控制回路截止频率 ω_c 增加，相位裕度降低，延迟裕度减小。

（6）C_y^{α} 变化

ΔC_y^{α} 对阻尼回路和姿态回路影响较小。

（7）$C_y^{\delta_z}$ 变化

$\Delta C_y^{\delta_z}$ 对阻尼回路和姿态回路影响较小。

由上述分析可知，J_z 负偏差，$m_z^{\omega_z}$ 负偏差，q 正偏差，$m_z^{\delta_z}$ 正偏差，m_z^{α} 正偏差都引起阻尼回路截止频率 ω_c 增加，相位裕度减小，延迟裕度减小；引起姿态控制回路的截止频率增加，相位裕度减小，延迟裕度减小，反之亦成立。

下面以某一大型面对称空地导弹为例，仿真说明转动惯量偏差、动压偏差、气动偏差对阻尼回路和控制回路的影响，具体见例 8-7。

例 8-7　动压、结构及气动偏差对纵向控制回路的影响

某一空射巡航导弹，在 10 m 高度以 $Ma=0.697\,6$（速度 $V=237.352$ m/s）保持平飞；弹体结构参数：质量 $m=700.0$ kg，转动惯量 $J_z=500.0$ kg/m^2。弹体气动参数：$m_z^{\alpha}=-0.05$，$m_z^{\delta_z}=-0.073\,3$，$m_z^{\omega_z}=-3.206\,2$，$C_y^{\alpha}=1.245\,4$，$C_y^{\delta_z}=0.133\,6$，（气动参考面积 $S_{ref}=0.10$ m^2，参考长度 $L_{ref}=3.50$ m）。试在此状态下分析结构、动压及气动偏差对纵向控制回路的影响。

解： 采用本章介绍的设计方法，令系统截止频率 $\omega_c=3$ rad/s，设计的控制器为

$$\begin{cases} K_{\omega}=0.1 \\ K_p=-0.000\,375\,7 \\ K_i=-0.007\,702 \end{cases}$$

转动惯量减小 -10%（记为 $\Delta J_z=-0.1$）、飞行动压增大 30%（记为 $\Delta q=0.3$）、阻尼动导数减小 -50%（记为 $\Delta m_z^{\omega_z}=-0.5$）、舵效增加 30%（记为 $\Delta m_z^{\delta_z}=0.3$）、气动稳定性增加 30%（记为 $\Delta m_z^{\alpha}=0.3$）、攻角升力增加 10%（记为 $\Delta C_y^{\alpha}=0.1$）、舵偏升力增加 10%（记为 $\Delta C_y^{\delta_z}=0.1$），综合正拉偏 1（$\Delta J_z=-0.1$，$\Delta q=0.3$，$\Delta m_z^{\omega_z}=-0.5$，$\Delta m_z^{\alpha}=$

-0.3，$\Delta C_y^\alpha = 0.1$，$\Delta C_z^{\delta_z} = 0.1$，$\Delta m_z^{\delta_z} = 0.3$）、综合正拉偏2（$\Delta J_z = -0.1$，$\Delta q = 0.3$，$\Delta m_z^{\omega_z} = -0.5$，$\Delta m_z^\alpha = 0.3$，$\Delta C_y^\alpha = 0.1$，$\Delta C_y^{\delta_z} = 0.1$，$\Delta m_z^{\delta_z} = 0.3$）以及综合负拉偏（$\Delta J_z = 0.1$，$\Delta q = -0.3$，$\Delta m_z^{\omega_z} = 1.0$，$\Delta m_z^\alpha = 0.3$，$\Delta C_y^\alpha = -0.1$，$\Delta C_y^{\delta_z} = -0.1$，$\Delta m_z^{\delta_z} = -0.3$）的阻尼回路和控制回路的性能指标见表 8-1，基准状态、综合负拉偏和综合正拉偏的阻尼回路和控制回路的开环 bode 图如图 8-57 和图 8-58 所示，基准状态、综合负拉偏和综合正拉偏的控制回路的单位阶跃响应如图 8-59 所示。

表 8-1 结构、气动和动压等偏差对控制回路的影响

	阻尼回路			控制回路				
	r /(°)	ω_c /(rad/s)	Dm /s	r /(°)	h /dB	ω_c /(rad/s)	Dm /s	ω_b /Hz
基准	103.40	14.52	0.124	69.77	19.30	3.03	0.128	0.846
$\Delta J_z = -0.1$	102.95	15.75	0.114	70.49	21.24	3.01	0.117	0.799
$\Delta q = 0.3$	103.05	17.75	0.101	67.92	23.43	3.65	0.103	0.998
$\Delta m_z^{\omega_z} = -0.5$	100.16	14.60	0.120	70.2	18.63	3.09	0.122	0.877
$\Delta m_z^{\delta_z} = 0.3$	99.66	16.98	0.102	61.94	22.77	3.58	0.105	1.003
$\Delta m_z^\alpha = 0.3$	105.11	15.47	0.119	78.12	21.07	2.41	0.121	0.511
$\Delta C_y^\alpha = 0.1$	103.67	14.49	0.125	68.21	19.00	3.29	0.129	0.953
$\Delta C_y^{\delta_z} = 0.1$	103.44	14.52	0.124	69.83	19.11	3.01	0.129	0.843
综合正拉偏1	95.63	22.02	0.076	49.51	33.86	5.16	0.076	1.377
综合正拉偏2	98.10	24.08	0.071	69.82	33.86	3.93	0.071	0.985
综合负拉偏	125.26	9.58	0.228	85.15	18.09	1.09	0.265	0.190

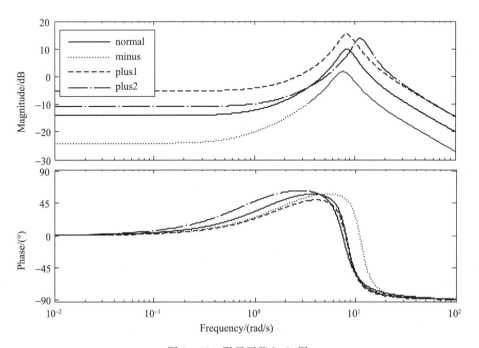

图 8-57 阻尼回路 bode 图

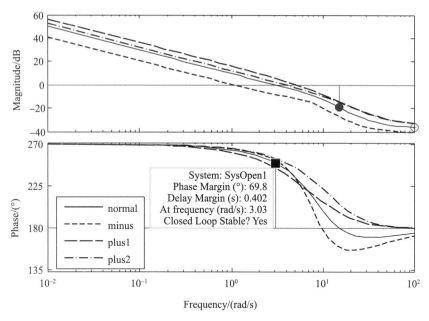

图 8 - 58　控制回路 bode 图

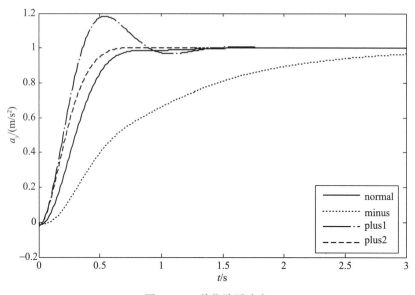

图 8 - 59　单位阶跃响应

由仿真可知：

1）对于大多数空地导弹，由于在纵向控制回路中，弹体自身气动阻尼所占比例较小，而主要依靠设计控制阻尼回路提供阻尼，故阻尼动导数拉偏对阻尼回路和控制回路的影响相对较小。

2）转动惯量 J_z 对阻尼回路和控制回路的影响相对较小，根据现在的制造工艺水平，转动惯量偏差量 ΔJ_z 较小，故在控制系统设计过程中可以不予重点考虑。

3）弹体攻角升力系数 C_y^α、升降舵升力系数 $C_y^{\delta_z}$ 等参数偏差对俯仰阻尼回路和控制回路的影响较小；根据气动理论以及实际经验，ΔC_y^α 和 $\Delta C_y^{\delta_z}$ 相对于气动力矩系数而言，其偏差量相对较小。

4）动压 q，俯仰稳定性 m_z^α，俯仰舵效 $m_z^{\delta_z}$ 等偏差对俯仰阻尼回路和控制回路的影响较大。

5）单项拉偏时，在小幅的范围内改变阻尼回路和控制回路的特性，相对于控制回路，阻尼回路的变化量相对较大，这也验证了经典控制理论：阻尼反馈回路的阻尼反馈系数越大，越能抑制被控对象的不确定性，即鲁棒性越强。

6）综合拉偏则在很大程度上改变阻尼回路和控制回路的特性，综合正拉偏对应的阻尼回路截止频率大幅提升，相应的延迟裕度大幅降低，控制回路相位裕度大幅降低，截止频率大幅增加，延迟裕度大幅下降（即对应最小的延迟裕度），闭环带宽大幅提高；综合负拉偏对应的阻尼回路截止频率大幅降低，相位裕度大幅增加，相应的延迟裕度急剧增大，控制回路相位裕度大幅增加，截止频率急剧降低，延迟裕度大幅增加，闭环带宽急剧下降。

7）控制系统的最终确定必须考虑到综合正拉偏情况下的延迟裕度，需留有足够的裕度，以抵抗各种偏差和环境扰动带来的对控制回路的不利影响。

附录　例 8-3 MATLAB 源代码

```
% ex08_03_1. m
% developed by qiong studio


clear all ;
clc


Lref = 3. 5 ;
Sref = 0. 10 ;
Mass = 700 ;
Jz = 500 ;
rudder = tf( 1 ,[ 0. 01592  1 ])
r2d = 180/pi ;
d2r = pi/180 ;


Vel = 0. 7464 * 318 ;
density = 0. 6975 ;
Q = 0. 5 * density * Vel^2
```

```
mz2alpha = - 0. 045 * r2d;
mz2deltaz = - 0. 0733 * r2d;
mz2wz = - 3. 2062;
cy2alpha = 1. 2454 * r2d;
cy2deltaz = 0. 1336 * r2d;


a24 = mz2alpha * Q * Sref * Lref/Jz;
a25 = mz2deltaz * Q * Sref * Lref/Jz;
a22 = mz2wz * Q * Sref * Lref/Jz * Lref/(Vel);
a24t = a24/100;
a34 = cy2alpha *  Q * Sref/(Mass * Vel);
a35 = cy2deltaz *  Q * Sref/(Mass * Vel);


t1dott2 = a35/(a25 * a34 - a35 * a24);
t1addt2 = - a35 * (a22 + a24t)/(a25 * a34 - a35 * a24);
Km = ( - a25 * a34 + a35 * a24)/(a22 * a34 + a24);
T1 = ( - a35 * a24t + a25)/(a25 * a34 - a35 * a24);
if a24< = - a22 * a34   % body stable
    Tm = 1/( - a24 - a22 * a34)^0. 5;
    Zeta = 0. 5 * ( - a22 - a24t + a34) * Tm
    body = tf([Km * T1 Km],[Tm^2 2 * Tm * Zeta 1]);
else                % body unstable
    Tm = - 1/(a24 + a22 * a34)^0. 5;
    Zeta = - 0. 5 * ( - a22 - a24t + a34) * Tm
    body = tf([Km * T1 Km],[ - Tm^2 2 * Tm * Zeta 1]);
end
W_pitchDot2pathangleDot = tf([t1dott2 t1addt2 1],[T1 1]);


zeta_kw = 0. 75
kw = 2 * Tm * (zeta_kw - Zeta)/(Km * T1)
body_kw = feedback(body,kw)
p = minreal(body_kw * W_pitchDot2pathangleDot * Vel);


figure('name','p')
plant = p
bode(p,0. 1:0. 05:100)
```

```
wc = 2. 00;
[re,im] = nyquist(plant,wc);
amp = (re^2 + im^2)^0. 5;
amp_db = 20 * log10(amp);

Ki = 1/amp * wc;
Kp = Ki/18;
Gc = tf( - [Kp Ki],[1 0]);

% rudder = 1
body_kw = feedback(body * rudder,kw)
p = minreal(body_kw * W_pitchDot2pathangleDot * Vel);
figure('name','open loop')
SysOpen = p * Gc;
bode(SysOpen,0. 1:0. 05:100)

[Gm,Pm,Wcg,Wcp] = margin(SysOpen);
GmdB = 20 * log10(Gm);

figure('name','close loop')
SysClose1 = SysOpen/(1 + SysOpen);
bd1 = bandwidth(SysClose1)/(2 * pi)
bode(SysClose1,0. 01:0. 01:100);

figure('name','step')
step(SysClose1,0:0. 01:3)

t = 0:0. 01:3/bd1;
u = sin(bd1 * 2 * pi * t);
y = lsim(SysClose1,u,t);
figure('name','sin')
plot(t,u,t,y)

%    method two: in order to get time delay margin of system
body0 = Gc * body * rudder * W_pitchDot2pathangleDot * Vel;
f1 = kw/(Gc * W_pitchDot2pathangleDot * Vel);
```

```
f3 = 1;

f = f1 + f3;

SysOpen2 = minreal(body0 * f);


figure('name','open loop2')

bode(SysOpen2);

[Gm,Pm,Wcg,Wcp] = margin(SysOpen2);

delayMargin = Pm * d2r/Wcp

%    method two: in order to get time delay margin of system
```

参 考 文 献

［1］ 张有济 . 战术导弹飞行力学设计［M］. 北京：中国宇航出版社，1998.

［2］ 李新国，方群 . 有翼导弹飞行动力学［M］. 西安：西北工业大学出版社，2005.

［3］ 钱杏芳，林瑞雄，赵亚男 . 导弹飞行力学［M］. 北京：北京理工大学出版社，2000.

［4］ 顾诵芬 . 现代飞机飞行动力学与控制［M］. 上海：上海交通大学出版社，2014.

第9章 滚动控制回路设计

9.1 引言

对于单通道控制回路的导弹（导弹绕其纵轴以 $10\sim25$ Hz 频率自旋转，用一对舵面和一个舵机来控制导弹飞行，控制系统简单，并且可以达到较高的控制精度和控制效率），滚动通道通过绕弹体纵轴自转而实现姿态稳定；对于二通道控制回路的导弹，则要求滚动角位置稳定或滚动角速度稳定，角度稳定一般通过安装在弹体尾部气动安定面外沿后缘高速旋转的陀螺（主要由壳体、转子、转轴和舵轴等组成，为一个二自由度陀螺）实现稳定，不需要对其进行控制，即当弹体出现滚动时，陀螺由于高速旋转的转子而产生进动效应，进而带动陀螺偏转，产生与弹体滚动相反的力矩，驱使弹体滚动恢复至原先的状态，气动陀螺工作示意图如图 9-1 所示；对于三通道控制回路的导弹，则需要对滚动角位置进行精确的控制。

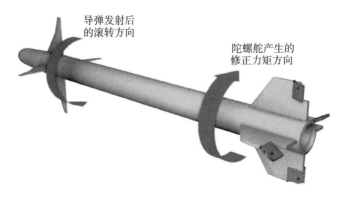

图 9-1 气动陀螺工作示意图

对于装配角速度陀螺的导弹，滚动控制回路可采用二回路姿态角控制，内回路是角速度反馈的阻尼回路，外回路则采用角位置反馈的角度控制回路；对于没有装配速率陀螺的导弹，滚动控制回路为基于角位置反馈的单回路控制，根据经典控制理论，其控制品质较差，在工程上，也可采用数字微分器计算得到角速度信息，在此基础上采用二回路姿态控制。

大多数战术空地制导武器采用三通道控制，弹上大多配备角速度陀螺，滚动控制回路采用二回路姿态角控制。

9.2 控制回路特点

滚动控制回路是由被控对象和控制器组成的闭环系统，为一个伺服控制回路，其特点如下：

1）对于绝大多数空地制导武器，绕弹体纵轴转动惯量相对于绕侧向轴转动惯量和绕法向轴转动惯量，其值较小，被控对象增益较大，在控制裕度较充足的条件下，可设计较大带宽的控制回路。在另一方面，根据经典控制理论，相对于偏航和俯仰控制回路而言，由于滚动控制回路可设计为较大带宽，故其对执行机构的快速性提出较高的要求。

2）由于滚动控制回路被控对象属于一型环节（输入为滚动舵偏角，输出为滚动角），根据经典控制理论，当采用 PI 控制时，为了保证控制回路具有较充足的控制裕度，应采用"比例控制为主，积分控制为辅"的控制策略。

3）根据经典控制理论，滚动通道被控对象为临界稳定，即当受到扰动时会出现控制偏差（即滚动角偏离指令），这时导弹自身并无气动恢复力矩来消除此干扰，需要偏转滚动舵偏才能消除控制偏差。当控制偏差消除后，并不需要额外滚动舵偏，此特点决定了导弹在平稳飞行过程中，特别对于小展弦比弹翼的导弹，由于弹体常值滚动干扰力矩较小，滚动舵偏接近于零。

4）受弹翼加工精度和安装精度等因素的影响，导弹可能存在较大的常值滚动干扰力矩 m_{x0}，此特点对于具有大展弦比弹翼的空地制导武器表现尤其严重。虽然干扰力矩不影响控制回路的稳定，但导致控制品质下降，表现为滚动响应在较长时间内跟不上滚动指令。此干扰力矩表现为常值力矩或缓慢变化力矩，根据经典控制理论，可由积分控制去抑制其对控制回路的影响。在工程上，需根据干扰的特性而设计高品质的积分控制，可采用分段积分控制或非线性积分控制等控制策略。在导弹飞行平稳过程中，当滚动角处于稳定不变时，积分控制给出的滚动舵偏量产生的控制力矩等效于干扰力矩。

5）对于大展弦比弹翼（尤其是带后掠角的弹翼）空地导弹或无尾式气动布局空地导弹，存在较大的斜吹力矩 $m_x^\beta \beta$，即滚动控制回路和偏航控制回路之间存在较严重的气动耦合作用，如采用经典控制，需要提高积分控制在控制器中的作用，但其控制品质一般或较差。采用基于现代控制理论的控制方法，即基于横侧向状态空间微分方程实现控制回路解耦设计，则可以提高横侧向控制回路的控制品质。

6）对于弹翼展弦比较小的微小型轴对称空地导弹（弹体细长比较大的导弹尤其突出），其绕弹体纵轴转动惯量很小，即弹体被控对象的时间常数相对很小。设计滚动控制回路时，导致阻尼回路的反馈系数只能取较小值（否则导致阻尼回路的延迟裕度很小），增加阻尼回路后其被控对象增益仍然较大，则控制回路中前向串联的控制器增益相应地只能取较小值。其控制回路设计的结果是，控制回路的阻尼反馈系数和控制器增益都只能取较小值，即基于经典控制理论的滚动控制回路很难取得较好的控制品质，表现为"怪异"的控制现象：在滚动小扰动的影响下，响应在较长时间内脱离指令值，而这时滚动舵偏又很小。

7）基于 6）的理论分析，针对微小型轴对称空地导弹滚动控制回路被控对象的特性，采用基于经典控制理论的设计方法很难取得较好的控制品质，而基于现代控制理论、智能控制理论的控制方法或基于 ADRC 的控制方法则可能获得较好的控制品质。

8）对于弹翼展弦比较大的轴对称空地导弹或面对称空地导弹，采用基于经典控制理论设计的滚动控制回路在理论上可取得较好的控制品质。

9）对于典型纵向静稳定度较大的弹体，考虑如下因素：a）滚动控制回路的带宽高于其他两个控制回路的带宽；b）偏航和俯仰通道弹体自身具有较大的稳定性，受到扰动时会产生恢复力矩，而滚动通道为中立稳定，受扰动后，弹体并无恢复力矩，故对于"十"字舵或"X"字舵的导弹，优先考虑滚动舵的分配。

10）在整个投弹包络和飞行包络内，弹体的动力系数变化剧烈，变化范围可能超过 10 倍，甚至可达 100 倍，例如高空低速投放的空地导弹或悬停发射的空地导弹，这需要在控制回路中引入增益自适应系数。

9.3　设计指标

为了提高偏航和纵向控制回路的控制品质，减小三通道控制回路之间的耦合，一般要求滚动控制回路在保持稳定的前提下，尽快消除弹体结构偏差、气动偏差以及外界干扰等因素造成的滚动角偏差，对滚动控制回路的设计要求为"快"、"稳"和"准"。

某一型号的滚动控制回路设计指标包括时域指标和频域指标，具体如下：

（1）时域指标

1）调节时间：$t_s \leqslant 1.0$ s；

2）超调量：$\sigma \leqslant 10\%$；

3）半振荡次数：$N \leqslant 1$；

4）稳态误差：0。

（2）频域指标

1）幅值裕度：$h \geqslant 8.0$ dB；

2）相位裕度：$40° \leqslant r \leqslant 80°$；

3）延迟裕度：$Dm \geqslant 70$ ms；

4）截止频率：$\omega_c \geqslant 4.0$ rad/s；

5）带宽：$\omega_b \geqslant 0.9$ Hz。

设计指标简要说明：

1）为了改善控制动态品质和更好地消除三个控制通道间的气动耦合和惯性耦合，应尽量降低滚动控制回路的稳态误差。另外，为了改善导引头的工作环境，也应尽量将稳态误差限制在一定范围之内。

2）相位裕度如低于 40°，在飞行过程受干扰后，控制回路响应会出现振荡剧烈、收敛慢的现象；相位裕度如高于 $80°$，则控制回路的响应相对于指令延迟较大，出现"截止频率较高，控制带宽较低"的怪现象。

3）截止频率：为了弱化三个控制通道之间的气动耦合，要求滚动控制回路截止频率大于俯仰或偏航控制回路的 $2\sim4$ 倍。

4）值得注意的是，即使设计的控制回路满足幅值裕度、相位裕度以及截止频率等，即具有很好的频域特性以及时域响应特性，但在某一些情况下，控制回路受扰动后的控制品质较差。

9.4　阻尼回路设计

一般情况下，空地导弹的滚动阻尼偏小（弹翼为小展弦比的空地导弹尤其如此），受扰动之后，会出现较大滚动角速度，影响控制品质，特别在高空低速飞行时表现尤为突出，故需要在滚动控制回路中引入内回路——滚动阻尼回路，以增加控制阻尼（实际上引入阻尼回路主要用于降低被控对象的时间常数和增益，以使被控对象的响应快速性得到提高，而非增加被控对象的阻尼）。从控制理论的角度，增加阻尼回路可抑制被控对象的模型不确定性、外界干扰等对姿控回路的不利影响。

引入滚动阻尼回路的优点为：

1）增加控制回路的稳定裕度。

2）降低被控对象的时间常数，提高控制回路对输入指令响应的快速性。

3）抑制被控对象的模型不确定性（由结构质量特性、气动等存在偏差，飞行动压测量存在偏差等因素引起）对控制回路控制品质的不利影响。

4）抑制外部扰动对控制回路控制品质的不利影响。

5）对于面对称制导武器，增加荷兰滚模态阻尼，部分改善弹体横侧向运动特性，提高横侧向控制回路的控制品质。

引入滚动阻尼回路的缺点为：

1）由于引入滚动阻尼，被控对象的增益会相应地减小，需要相应地增加控制器的增益。

2）对于面对称制导武器，引入滚动阻尼时通常伴随产生一个额外的交叉偏航力矩，即阻尼滚动舵偏产生阻尼控制力矩 $\Delta m_x(K_\omega) = m_x^{\delta_x} K_\omega \omega_x$（式中 K_ω 为滚动阻尼反馈系数），同时产生交叉偏航力矩 $\Delta m_y(K_\omega) = m_y^{\delta_x} K_\omega \omega_x$；

3）滚动阻尼反馈系数较大时，则降低滚动控制回路的稳定裕度，特别是延迟裕度将减小，引起控制品质降低，弹体姿态振荡剧烈。

9.4.1　被控对象选择

根据第 2 章内容，滚动控制回路的被控对象可表示为一阶或四阶模型，分别如下

$$G_{\delta_x}^{\omega_x}(s)_{1\_order} = \frac{\Delta\omega_x(s)}{\Delta\delta_x(s)} = \frac{b_{17}}{s - b_{11}} = \frac{\dfrac{b_{17}}{-b_{11}}}{\dfrac{1}{-b_{11}}s + 1} = \frac{K_M}{T_M s + 1} \qquad (9-1)$$

$$G_{\delta_x}^{\omega_x}(s)_{4\_order} = \frac{-b_{17}(s^3 + A_1 s^2 + A_2 s + A_3)}{s^4 + P_1 s^3 + P_2 s^2 + P_3 s + P_4} \qquad (9-2)$$

式中变量的定义参见第 2 章相关内容。

　　一般情况下，面对称制导武器选用一阶或四阶模型，轴对称制导武器选用一阶模型。这儿需要说明的是，如果采用四阶模型，由于四阶模型的滚动螺旋模态可能存在不稳定小根，这时基于经典控制理论的设计方法很难将此不稳定的小根移至虚轴的左半平面。根据开环 bode 图，通过调整阻尼反馈系数可将阻尼回路的截止频率、幅值裕度、相位裕度、中频段的幅值曲线和相位曲线调节至较理想的值或曲线，但是由于在低频段的相位曲线会穿过 $-180°$ 线，导致阻尼回路为不稳定，即基于经典控制理论的设计方法设计的控制回路为带小不稳定极点，其单位阶跃响应如图 9-2 所示。但是实际基于经典控制理论设计的控制回路经六自由度仿真验证往往是稳定的，其原因是：六自由度仿真时，滚动通道和偏航通道都施加控制，在某一种意义上，滚动控制回路设计基于的被控对象不再是原弹体被控对象，而是施加偏航控制后的被控对象，由于偏航控制的作用，已经从物理上消除了侧向螺旋模态，即能保证滚动控制回路的稳定。

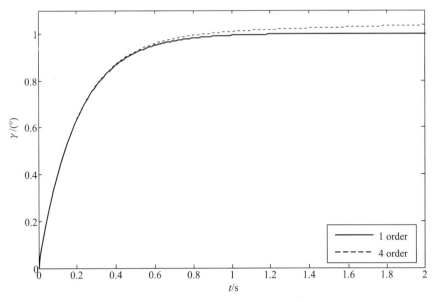

图 9-2　无不稳定极点和带小不稳定极点的单位阶跃响应

9.4.2　确定阻尼反馈系数

　　滚动阻尼回路的控制框图如图 9-3 所示，K_ω 为阻尼反馈系数，AIX 为自适应系数，$Rudder(s)$ 为执行机构传递函数，$Gyro(s)$ 为角速度陀螺传递函数，d 为干扰量。

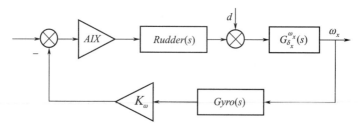

图 9-3　滚动阻尼回路的控制框图

对于滚动姿态控制回路而言，执行机构和角速率陀螺的带宽远大于滚动阻尼回路带宽，故进行初步阻尼回路设计时，常忽略执行机构和角速率陀螺对阻尼回路的影响。加入滚动反馈阻尼后，可将被控对象视为一个新的弹体（为了叙述方便，以下简称阻尼弹体或广义弹体以示区别），其传递函数为

$$G_{\delta_x^x}^{\omega_x}(s)\big|_{K_\omega} = \frac{\dfrac{K_M}{1+K_M K_\omega}}{\dfrac{T_M}{1+K_M K_\omega}s+1} = \frac{\overline{K}_M}{\overline{T}_M s+1} \tag{9-3}$$

即弹体增益由 K_M 减小至 $\overline{K}_M = \dfrac{K_M}{1+K_M K_\omega}$，时间常数由 T_M 减小为 $\overline{T}_M = \dfrac{T_M}{1+K_M K_\omega}$。阻尼反馈系数越大，则阻尼弹体的增益越小，时间常数也越小，其响应速度越快。

增加阻尼回路后，弹体对外部干扰的响应由原来的 $G_{\delta_x^x}^{\omega_x}(s)d(s)$ 变化至 $G_{\delta_x^x}^{\omega_x}(s)\big|_{K_\omega}d(s)$，即可知增加阻尼回路后，可显著抑制干扰的影响，其抑制作用随着反馈系数的增大而增强。

对于滚动控制回路，其阻尼反馈系数的大小通常情况下与控制外回路的快速性有关，假设外回路的截止频率为 ω_c，则要求阻尼弹体的时间常数 $\overline{T}_M$ 为

$$\overline{T}_M \leqslant \frac{1}{(2.5 \sim 3)\omega_c}$$

即可简单地求解得到

$$K_\omega \leqslant \frac{(2.5 \sim 3)\omega_c T_M - 1}{K_M}$$

例 9-1　确定阻尼反馈系数。

某一面对称空地导弹的横侧向动力系数为

$$b_{11}=-5.863, b_{12}=-4.099, b_{14}=-132.061, b_{15}=23.996, b_{17}=-72.99,$$
$$b_{21}=0.0503, b_{22}=-1.066, b_{24}=-50.5, b_{24}'=0, b_{25}=-87.82,$$
$$b_{31}=-1.006, b_{34}=0.144, b_{35}=0.089, b_{36}=0.043, b_{33}=0.0036;$$

控制外回路的截止频率为 $\omega_c=5.3\,\text{rad/s}$，试确定阻尼反馈系数。

解：将动力系数代入式（9-1），可得弹体传递函数为

$$G_{\delta_x^x}^{\omega_x}(s) = \frac{-12.4493}{0.1706s+1}$$

由 $\omega_c = 5.3 \text{ rad/s}$，可得 $\overline{T}_M = 0.062\ 9\ \text{s}$，由 $\overline{T}_M = \dfrac{T_M}{1 + K_M K_\omega}$ 可得

$$K_\omega \approx -0.14$$

代入式（9 - 3），可得阻尼弹体传递函数为

$$G_{\delta_x}^{\omega_x}(s)\big|_{K_\omega} = \frac{-4.538\ 7}{0.062\ 2s + 1}$$

下面从时域和频域两方面进一步分析阻尼回路的特性。

阻尼回路开环 bode 图如图 9 - 4 所示，截止频率 $\omega_c = 8.37 \text{ rad/s}$，相位裕度 $Pm = 125°$，延迟裕度 $Dm = 261 \text{ ms}$；根轨迹如图 9 - 5 所示，主导极点由 -5.88 变化至 -16.09，随着阻尼反馈系数的增加，极点往实轴负方向移动，即快速性变强。对单位舵偏的响应曲线如图 9 - 6～图 9 - 7 所示，图 9 - 6 左图为阻尼弹体和原弹体对单位滚动舵偏的滚动角响应，图 9 - 6 右图为阻尼弹体和原弹体对单位滚动舵偏的滚动角速度响应，图 9 - 7 为阻尼弹体在单位滚动舵偏的响应下，弹体自身气动阻尼和反馈阻尼对弹体角加速度的贡献大小，由图可知：

1）阻尼反馈系数越大，截止频率越高，相位裕度越小，延迟裕度越小。

2）弹体在单位滚动舵偏的作用下达到稳态后，阻尼弹体的角速度小于无阻尼回路弹体的角速度，即弹体增益变小。

3）引入阻尼回路后，阻尼弹体的时间常数变小，角速度响应速度变快，阻尼反馈系数越大，角速度响应越快。

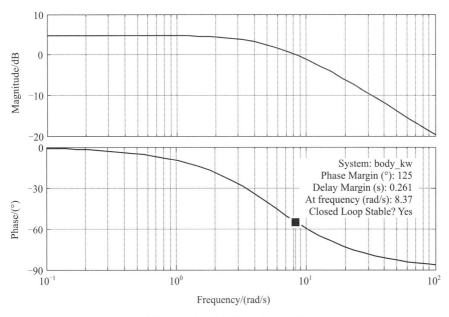

图 9 - 4　阻尼回路开环 bode 图

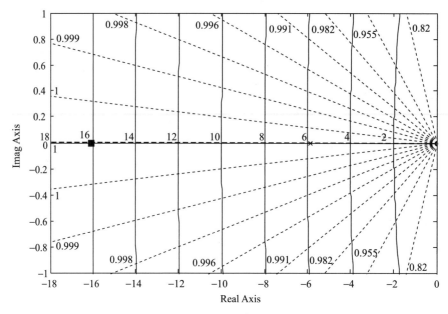

图 9 - 5　根轨迹

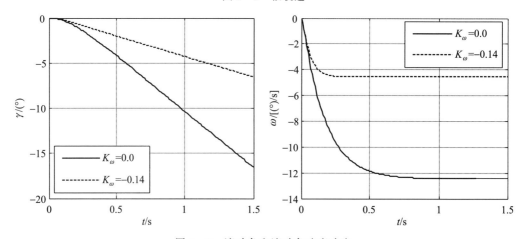

图 9 - 6　滚动角和滚动角速度响应

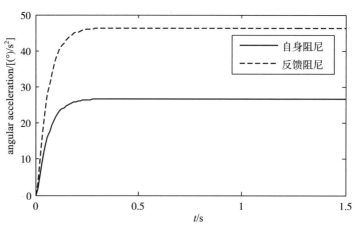

图 9 - 7　阻尼弹体自身气动阻尼和反馈阻尼的作用

4）对于轴对称制导武器，由于 $b_{11} \ll K_\omega b_{17}$，滚动阻尼主要由控制阻尼产生，弹体自身气动阻尼可忽略；对于面对称制导武器，b_{11} 和 $K_\omega b_{17}$ 大小相当，弹体自身气动阻尼在整个阻尼中也占一部分，不可忽略。

9.4.3　一阶和四阶弹体模型之间的区别

增加滚动阻尼回路不仅对滚动模态产生影响，还对荷兰滚模态和螺旋模态产生影响，下面以某一款面对称空地制导武器（弹体动力系数见例 9-1）为例，分析阻尼回路对弹体横侧向运动模态的影响。

四阶弹体模型的阻尼回路根轨迹随 K_ω 变化如图 9-8（a）所示，荷兰滚模态如图 9-8（b）所示，螺旋模态如图 9-8（c）所示。由图可知：

1）随着 K_ω 变大，主导极点（滚动模态根）向左移动，即弹体响应速度变快；荷兰滚模态的影响变弱，螺旋模态不稳定根的影响变弱。

2）当 K_ω 趋于很大值，弹体滚动角速度响应更快，荷兰滚模态的影响趋于零［即图 9-8（b）的极点趋于零点，形成偶极子］，螺旋模态的影响趋于零［即图 9-8（c）的极点趋于零点，形成偶极子］。

3）无论 K_ω 取何值，螺旋模态都可能存在小正根，即滚动阻尼回路为不稳定。在工程上，由于其不稳定极点和零点形成偶极子，导致滚动控制回路以极慢的速度发散，设计阻尼回路时，可忽略不计。

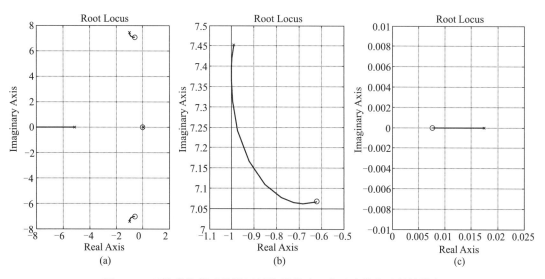

图 9-8　四阶弹体模型的阻尼回路根轨迹、荷兰滚模态及螺旋模态

当 $K_\omega = 0 \rightarrow -0.14 \rightarrow -0.42$ 时，弹体的传递函数从式（9-4）变化为式（9-5），再变化至式（9-6）。当 $K_\omega = -0.14$ 时，一阶模型和四阶模型的阻尼回路开环 bode 图如图 9-9 所示，阻尼回路的开环特性如表 9-1 所示。

$$G_{\delta_x}^{\omega_x}(s)\big|_{K_\omega=0} = \frac{-72.99(s-0.007\,66)(s^2+1.24s+50.01)}{(s+5.28)(s-0.017\,1)(s^2+1.83s+57.1)} \tag{9-4}$$

$$G_{\delta_x^\omega}^\omega(s)\big|_{K_\omega=-0.14} = \frac{-72.99(s-0.007\,66)(s^2+1.24s+50.01)}{(s+15.57)(s-0.011\,1)(s^2+1.754s+52.16)} \tag{9-5}$$

$$G_{\delta_x^\omega}^\omega(s)\big|_{K_\omega=-0.42} = \frac{-72.99(s-0.007\,66)(s^2+1.24s+50.01)}{(s+36.27)(s-0.009\,2)(s^2+1.49s+50.58)} \tag{9-6}$$

表 9 - 1　阻尼回路的开环特性

模型	截止频率/(rad/s)	相位裕度/(°)	延迟裕度/ms	闭环稳定性
一阶	8.37	125	0.261	稳定
四阶	9.98	127	0.222	不稳定

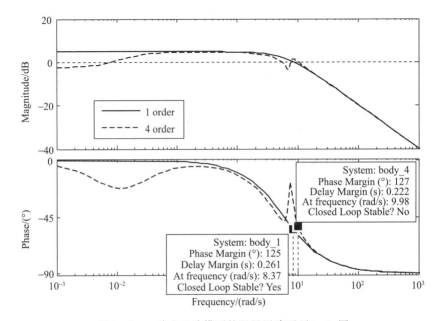

图 9 - 9　一阶和四阶模型的阻尼回路开环 bode 图

从图 9 - 9 和表 9 - 1 可以看出，四阶模型由于受荷兰滚模态的影响，截止频率有一定量的提高，但弹体对单位舵偏的响应速度大致相等，如图 9 - 10 所示，可将四阶模型对单位舵偏的响应视为在一阶模型的基础上叠加荷兰滚模态和螺旋模态的影响。

螺旋模态的影响：基于四阶模型的阻尼回路由于受螺旋模态的影响，表现为不稳定，如图 9 - 8 和式（9 - 4）～式（9 - 6）所示，由于其极点跟零点之间的距离随着 K_ω 变大而减小，即在开环 bode 图的低频段存在差异，影响响应的稳态特性，属于"慢"发散，设计阻尼回路时可以不考虑。

荷兰滚模态的影响：荷兰滚模态在较大程度上影响滚动控制回路的特性，随着 K_ω 变大，荷兰滚模态极点会向零点移动，最终形成偶极子，当 K_ω 越大，荷兰滚模态极点与零点越近，荷兰滚模态的影响越弱，如图 9 - 11 所示，即反馈阻尼越大，增益越小，随之荷兰滚模态对滚动控制回路的影响越小。

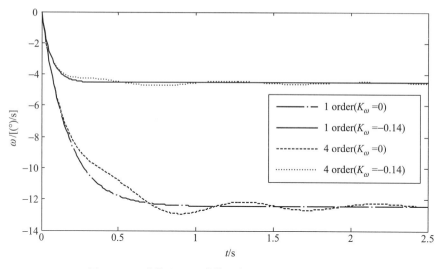

图 9 - 10　弹体和阻尼弹体的角速度对滚动舵的响应

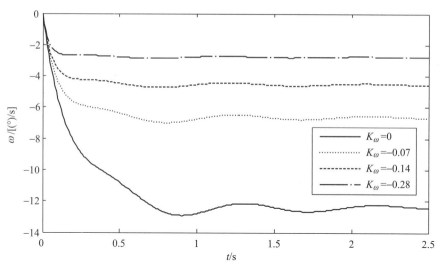

图 9 - 11　阻尼反馈系数对荷兰滚模态的影响

9.4.4　设计原则与限制因素

根据反馈控制理论，K_ω 越大越能抑制被控对象的不确定性和外部扰动对控制品质的影响，其设计原则是在控制裕度允许的情况下，K_ω 尽可能取比较大的值。

K_ω 的下限取决于滚动控制回路的带宽，设控制回路的截止频率为 ω_c，则

$$K_\omega \leqslant \frac{(2.5 \sim 3)\,\omega_c T_M}{K_M}\,\frac{1}{}$$

K_ω 的上限取决于阻尼回路的控制裕度，K_ω 越大，则阻尼回路的截止频率越大，相位裕度越小，延迟裕度越小。影响 K_ω 上限取值的另一个因素是考虑到执行机构、角速率陀

螺等延迟环节的特性。根据控制理论，可将阻尼开环回路中的执行机构和角速率陀螺的延迟总和看成阻尼回路的总延迟，如果此延迟较小，则 K_ω 可适当调大，反之则适当减小，另外，当被控对象的模型参数不确性较小时，K_ω 上可适当增大。

9.5　快速姿态控制回路设计

9.5.1　滚动控制回路简介

滚动控制回路的控制框图如图 9 - 12 所示，为二回路控制结构，内回路为角速度反馈的阻尼回路，阻尼反馈系数为 K_ω；外回路为角度反馈的姿态控制回路，采用 PI 控制器或滞后校正网络。

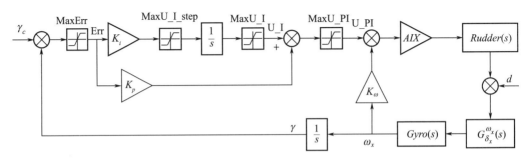

图 9 - 12　滚动控制回路的控制框图

图中 γ_c 为制导系统解算得到的指令滚动角，γ 为导航系统输出的滚动角；K_i 为积分控制系数，K_p 为比例控制系数；MaxErr 为控制偏差限幅，Err 为限幅后的控制偏差，MaxU_I_step 为单步积分控制限幅，MaxU_I 为积分控制限幅，U_I 为积分控制限幅的输出，MaxU_PI 为比例和积分控制总限幅，U_PI 为比例和积分控制总限幅的输出；$Rudder(s)$ 为执行机构传递函数，$G_{\delta_x}^{\omega_x}(s)$ 为弹体传递函数，$Gyro(s)$ 为角速度陀螺传递函数，AIX 为自适应系数。

9.5.2　控制器设计

滚动控制回路为二回路控制结构，基于经典控制理论，其中内回路（阻尼回路）为"快"回路，外回路为"慢"回路。由于内外回路的频率特性相差较大，在设计控制器时，常在忽略外回路的情况下，先设计内回路，并将其视为一个广义上的被控对象，即将二回路控制转化为单回路控制，在此基础上再设计外回路的控制器。

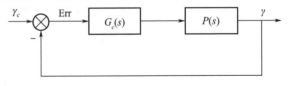

图 9 - 13　滚动控制回路简图

　　在忽略各种限幅的作用，并假设自适应系数 $AIX=1$，执行机构和角速率陀螺传递函数为 1 的情况下，控制回路可简化为"控制器＋广义被控对象"的单位反馈系统，如图 9-13 所示，其中广义被控对象 $P(s)$ 可表示为

$$P(s) = G_{\delta_x}^{\omega_x}(s)\big|_{K_\omega} \times \frac{1}{s} = \frac{\dfrac{K_M}{1+K_M K_\omega}}{\dfrac{T_M}{1+K_M K_\omega}s+1}\frac{1}{s} = \frac{\overline{K}_M}{\overline{T}_M s+1}\frac{1}{s} \qquad (9-7)$$

　　由上式可知广义被控对象为一个一型环节，为了满足稳态误差要求，要求开环系统为一型或一型以上，即要求控制器为零型或零型以上环节。为了使控制回路具有较充裕的控制裕度以及较好的控制品质，控制器需采用 PI 控制或滞后校正网络。以采用 PI 控制为例，根据第 7 章介绍的方法，采用"比例控制为主，积分控制为辅"的控制策略，其中比例控制主要用于调节控制回路的带宽，积分控制用于消除稳态误差，控制器可表示如下

$$G_c(s) = \frac{K_p s+K_i}{s} \qquad (9-8)$$

则开环系统为

$$open(s) = \frac{\overline{K}_M(K_p s+K_i)}{s^2(\overline{T}_M s+1)} \qquad (9-9)$$

闭环系统为

$$close(s) = \frac{\overline{K}_M(K_p s+K_i)}{s^2(\overline{T}_M s+1)+\overline{K}_M(K_p s+K_i)} \qquad (9-10)$$

其单位阶跃响应为

$$y(\infty) = \lim_{s \to 0} s \times close(s) \times \frac{1}{s} = 1$$

　　由式（9-9）和式（9-10）可知：1）开环系统和闭环系统的特性与比例系数和积分系数的大小有关，而闭环系统的稳定特性则与比例系数和积分系数的大小无关；2）开环系统为二型系统，要求控制器必须采用"比例控制为主，积分控制为辅"的控制策略，以使开环系统在中频段具有足够的控制相位裕度。

9.5.3　控制回路抗干扰特性分析

　　下面分析干扰对滚动控制回路的影响，如图 9-12 所示，其中的主要干扰为：

　　1）弹体滚动力矩干扰，具体表现为斜吹力矩、弹体常值滚动力矩等；

　　2）由弹体侧向结构质心偏差引起的滚动气动力矩；

　　3）由偏航角速度引起的滚动气动力矩，即 $m_x^{\omega_y}\omega_y$；

　　4）由滚动舵偏偏差［包括执行机构的控制误差（零位偏差和线性度）以及执行机构相对弹体的安装偏差等］引起的滚动气动力矩。

　　为了简化分析，可假设执行机构 $Rudder(s)=1$，角速率陀螺 $Gyro(s)=1$，自适应系数 $AIX=1$，假设控制回路各种限幅不起作用，根据控制回路为线性的条件，分析干扰对

控制回路输出的影响时，可假设输入指令 $\gamma_c = 0$，则滚动控制回路框图（图 9-12）可简化为图 9-14。

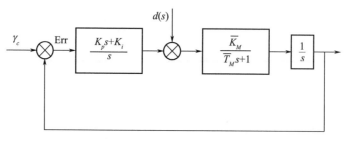

图 9-14　滚动控制回路简图

图中 $\dfrac{\overline{K}_M}{T_M s + 1}$ 为被控对象增加阻尼回路后的等效弹体［见式（9-3）］。

由图可知，干扰量 $d(s)$ 对输出的传递函数为

$$G_d^\gamma(s) = \frac{\dfrac{\overline{K}_M}{T_M s + 1} \cdot \dfrac{1}{s}}{1 + \dfrac{\overline{K}_M}{T_M s + 1} \cdot \dfrac{1}{s} \cdot \dfrac{K_p s + K_i}{s}} = \frac{\overline{K}_M s}{(T_M s + 1)s^2 + \overline{K}_M(K_p s + K_i)}$$

当干扰量为常值时，即 $d(s) = a/s$（其中 a 为干扰的等效值），则输出为

$$\lim_{t \to \infty} \gamma(t) = \lim_{s \to 0} s G_d^\gamma(s) d(s) = \lim_{s \to 0} s \frac{\overline{K}_M s}{(T_M s + 1)s^2 + \overline{K}_M(K_p s + K_i)} \frac{a}{s} = 0$$

如采用 PI 控制，当稳态时，由于积分的作用，干扰对控制回路的稳态误差无影响；如采用 P 控制，$\lim\limits_{t \to \infty} \gamma(t) = \dfrac{a}{K_p}$，即存在控制稳态误差，其值与被控对象的值无关，但是与干扰量大小和控制比例系数 K_p 有关，比例系数可在很大程度上抑制干扰对控制回路稳态误差的影响。

当干扰量为一阶斜坡时，即 $d(s) = a/s^2$，则输出为

$$\lim_{t \to \infty} \gamma(t) = \lim_{s \to 0} s G_d^\gamma(s) d(s) = \lim_{s \to 0} s \frac{\overline{K}_M s}{(T_M s + 1)s^2 + \overline{K}_M(K_p s + K_i)} \frac{a}{s^2} = \frac{a}{K_i}$$

如采用 PI 控制，当稳态时，$\lim\limits_{t \to \infty} \gamma(t) = \dfrac{a}{K_i}$，即存在常值稳态误差，其值与被控对象的值无关，但是与干扰量大小和控制积分系数 K_i 有关，积分系数可在很大程度上抑制干扰对控制稳态误差的影响；如采用 P 控制，则 $\lim\limits_{t \to \infty} \gamma(t) = \infty$，即干扰量为一阶斜坡时，仅依靠比例控制，控制系统则发散。

9.5.4　控制回路设计的例子

下面以举例的方式来说明滚动控制回路的设计过程，详见例 9-2。

例 9-2　控制器设计。

　　某面对称制导武器：动力系数、阻尼反馈系数同例 9 - 1，试设计合适的前向串联控制器，使得外回路的截止频率为 $\omega_c = 4\ \mathrm{rad/s}$，其他指标满足 9.3 节所提的性能指标，并分析控制回路的性能。

　　解：

　　（1）控制器设计

　　取阻尼反馈系数 $K_\omega = -0.14$，可得

$$G_{\delta_x^x}^{\omega_x}(s)\big|_{K_\omega = -0.14} = \frac{-12.45}{0.170\ 6s + 2.743}$$

则广义被控对象为

$$P(s) = G_{\delta_x^x}^{\omega_x}(s)\big|_{K_\omega = -0.14} \times \frac{1}{s} = \frac{-12.45}{(0.170\ 6s + 2.743)\,s}$$

$P(s)$ 的 bode 图如图 9 - 15 所示。

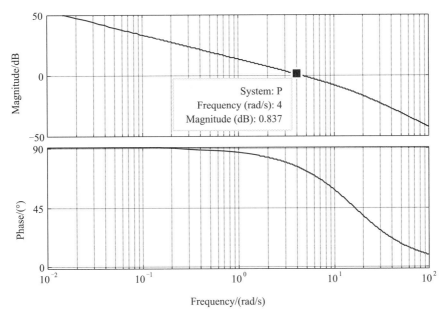

图 9 - 15　$P(s)$ 的 bode 图

　　将截止频率 $\omega_c = 4\ \mathrm{rad/s}$ 代入式（9 - 7）或直接由 $P(s)$ 的 bode 图得到 $P(s)$ 在 $\omega_c = 4\ \mathrm{rad/s}$ 的幅值

$$|P(s)|_{s=4\ \mathrm{rad/s}} = 0.837\ \mathrm{dB}$$

即可得控制器在截止频率 $\omega_c = 4\ \mathrm{rad/s}$ 处的幅值增益为 $-0.837\ \mathrm{dB}$，即得

$$|K_p| = -0.837\ \mathrm{dB} = 0.908\ 1$$

K_p 的正负号与广义被控对象的增益同号，即

$$K_p = -0.908\ 1$$

　　K_i 主要用于消除控制静差，主要依据弹体的内部干扰力矩和外部风干扰等因素，初步设计控制回路时，可取较小的值，这儿暂取为比例系数的十分之一，即

$$K_i = -0.090\ 81$$

这里的 K_i 取值上限取决于控制回路的截止频率，假设截止频率为 ω_c，则 K_i 取值上限为

$$K_i \leqslant 0.333\omega_c \times K_p$$

则控制器传递函数

$$G_c(s) = \frac{-0.908\ 1s - 0.090\ 81}{s}$$

代入式（9-9），可得系统开环 bode 图如图 9-16 所示。

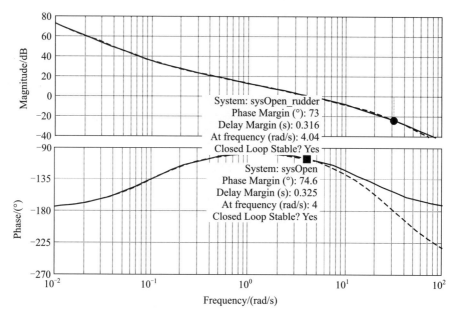

图 9-16　系统开环 bode

（2）控制回路性能分析

下面分时域和频域对控制回路的性能进行分析。

①系统开环特性分析

在假设执行机构为理想的条件下，即 $Rudder(s)=1$，开环控制回路的传递函数为

$$open(s) = \frac{11.31s + 1.131}{0.170\ 6s^3 + 2.743s^2} = \frac{66.286\ 4(s + 0.1)}{s^2(s + 16.08)}$$

开环零点：-0.1；

开环极点：0，0，-16.08。

系统开环 bode 图如图 9-16 所示，由开环零极点和 bode 图可以看出：

1）系统为一个最小相位系统，且为一个二型的控制系统，其单位阶跃响应的稳态误差为 0。

2）开环控制回路的截止频率 $\omega_c = 4$ rad/s，相位裕度 $Pm = 74.6°$，幅值裕度 $Gm = \infty$，延迟裕度 $Dm = 132.0$ ms[图 9-18（a）]，假设执行机构和陀螺为理想模型时，开环控制回路满足频域设计指标。

3）零点－0.1是由控制器产生（即－K_i/K_p＝－0.1），根据经典控制理论，控制器零点（－0.1）右边必然产生一个极点（－0.102 5），这对零极点形成偶极子，如图9-17左图所示，由于零点更靠近虚轴，故产生一定的超调量，并伴随着拖尾现象，如图9-21中实线所示，但对制导精度的影响较小。

4）随着积分系数增大，可使控制器产生的零点左移，导致偶极子之间的距离增大，则拖尾现象越严重。例如，当K_i＝－0.227 0，K_p＝－0.908时，偶极子根轨迹图如图9-17右图所示，这时零点（－0.25）和极点（－0.267）之间的距离变大，拖尾现象趋于严重，如图9-21中虚线所示。

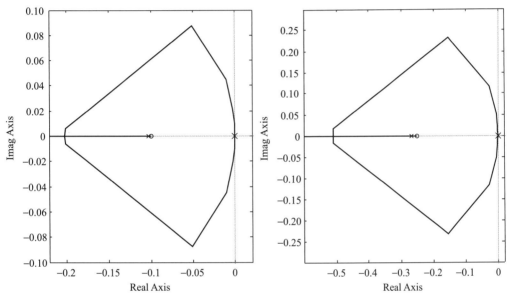

图 9-17　根轨迹图（局部放大）

②执行机构对控制回路的影响

以上分析都是基于执行机构为理想环节，即$Rudder(s)=1$，下面分析真实执行机构对控制回路的影响，假设真实执行机构传递函数为$Rudder(s)=\dfrac{1}{0.015\,92s+1}$（带宽为10 Hz）。

真实执行机构的开环 bode 图如图9-16中虚线所示，其理想和真实执行机构对应的开环回路特性见表9-2，系统的延迟裕度如图9-18所示，由以上图表可知：

1）真实执行机构对应的开环回路的截止频率为4.04 rad/s，幅值裕度为24.4 dB，相位裕度为73.0°；截止频率处的幅值频率斜率为－20 dB/dec，截止频率远离其前后两个交接频率，满足工程上"错开原理"，故控制回路具有较充足的控制裕度，且具有较好的动态响应特性。

2）真实执行机构对应的系统的截止频率稍有增加，对应的闭环回路的带宽有小幅增加，系统的延迟裕度有一定的降低。

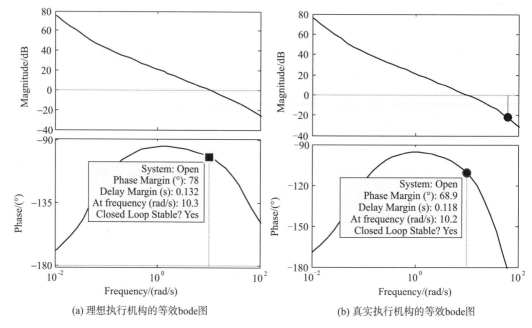

(a) 理想执行机构的等效bode图　　　　　　　(b) 真实执行机构的等效bode图

图 9 - 18　等效 bode 图

表 9 - 2　执行机构对应的开环回路特性

性能指标	开环				闭环
	截止频率/(rad/s)	相位裕度/(°)	幅值裕度/dB	延迟裕度/ms	带宽/Hz
理想执行机构	4	74.5	无穷大	132	0.864 2
真实执行机构	4.04	73.0	22.4	118	0.920 8

执行机构对控制系统的影响：由于执行机构带宽远高于滚动控制回路的带宽（本例大约为 0.90 Hz），通常情况下，其对控制回路的影响有限，基于理论分析和仿真有如下结论：

1）对于开环 bode 图来说，执行机构对其的影响体现在中高频段，小幅度影响系统的幅值裕度（对于本例，其幅值裕度由无穷大降至 22.4 dB，但两者都具有足够的幅值裕度），对相位裕度和截止频率的影响较小，可以忽略不计。

2）执行机构对系统延迟裕度的影响取决于执行机构的特性，对于本执行机构，在带宽为 0.864 2 Hz 处，相位延迟了 4.94°，可采用如下 MATLAB 代码计算得到延迟时间为 0.013 7 s，此延迟时间即对应着由于引入真实舵机而带来的延迟裕度下降量。

```
rddder = tf(1,[0.01592 1]);
wb = 0.8642 * 2 * pi;
[mag,phase] = bode(rddder,wb);
rudder_delay = phase * 1/360;
```

3）由于真实执行机构的引入，其闭环系统带宽有小幅提高，其提高相对量值和控制系统与执行机构的带宽之比相关，换言之，若执行机构的带宽远大于控制系统的带宽，则控制系统由于引入执行机构带来的带宽增加量相对较小，反之亦然。

　　基于上述分析结论，初步设计控制回路参数时，当执行机构带宽大于控制回路带宽十倍以上时，为了简化设计，常假设执行机构为理想模型，即传递函数为 1。

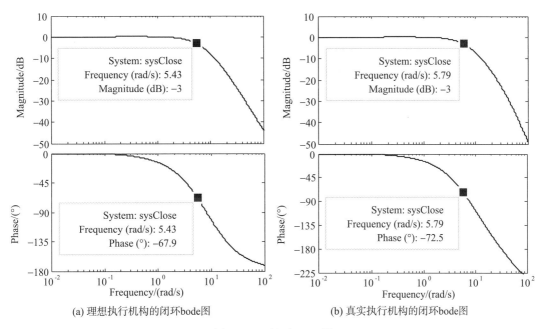

(a) 理想执行机构的闭环bode图　　　　　　　(b) 真实执行机构的闭环bode图

图 9 - 19　闭环 bode 图

　　③闭环控制回路分析

　　闭环 bode 图如图 9 - 19 所示，由图可知：

　　1）滚动控制回路带宽：当舵机为理想舵机时，带宽为 5.43/6.28 Hz＝0.864 2 Hz；当舵机为真实舵机时，带宽为 5.79/6.28 Hz＝0.920 8 Hz；

　　2）稳态静差为 0；

　　3）控制回路设计合适，无超调量；

　　4）具有较好的抗干扰能力。

　　④时间延迟裕度

　　对图 9 - 12 所示控制回路按第 7 章介绍的方法进行等价变换，在忽略陀螺和自适应系数对控制回路影响的情况下，变换后的滚动控制回路框图如图 9 - 20 所示，即变换为一个非单位反馈的单回路控制系统，前向回路传递函数为

$$G(s) = \frac{G_c(s) Rudder(s) G_{\delta_x}^{\omega_x}(s)}{s}$$

反馈回路传递函数为

$$H(s) = 1 + \frac{s K_\omega}{G_c(s)}$$

开环回路传递函数为

$$open(s) = G(s)H(s) = \frac{G_c(s)Rudder(s)G_{\delta_z^z}^{\omega_z}(s)}{s}\left(1 + \frac{sK_\omega}{G_c(s)}\right)$$

在执行机构处断开的开环 bode 图如图 9 - 18（b）所示，由图可知，控制回路的延迟裕度为 118 ms，延迟裕度在某种意义上代表控制系统的绝对稳定裕度，由此可知该控制回路具有足够的控制裕度。

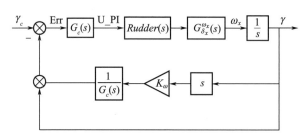

图 9 - 20　等价变换后的滚动控制回路框图

⑤单位阶跃响应和正弦指令响应

单位阶跃响应如图 9 - 21 中的实线所示。由图可知，上升时间为 0.44 s、调节时间为 2.5 s、超调量为 2.25%、稳态误差为 0，满足设计指标。

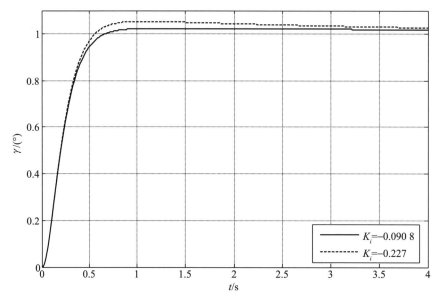

图 9 - 21　单位阶跃响应

正弦响应输入指令：$\gamma_c = 1.0° \times \sin(0.920\ 8 \times 2\pi \times t)$，即幅值为 1.0°，频率为 0.920 8 Hz；正弦响应输出如图 9 - 22 所示。由图可知，滚动控制回路带宽约为 0.9208 Hz，根据响应特性可知，控制回路具有较佳的控制品质。

⑥Simulink 仿真验证

设计滚动控制回路时，采用简化的一阶滚动模型 [式（9 - 1）]，在工程上，可以搭建 MATLAB Simulink 模型进行验证，基于一阶滚动模型搭建的 Simulink 仿真如图 9 - 23 所

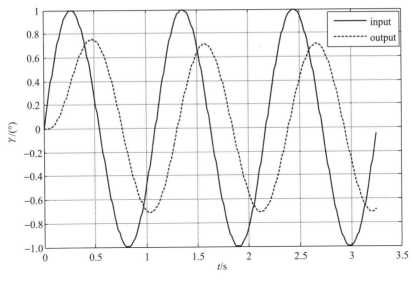

图 9 - 22　正弦响应

示，单位阶跃响应如图 9 - 26 中的实线所示。

　　另外，运用 Simulink 工具，可很简便地搭建四阶滚动模型 ［式（9 - 2）］，其 Simulink 仿真如图 9 - 24 所示，单位阶跃响应如图 9 - 26 的虚线所示。运用 Simulink 工具也可以很简便地搭建基于状态空间的滚动模型，其 Simulink 仿真如图 9 - 25 所示，单位阶跃响应如图 9 - 26 中的点划线所示。

　　由图 9 - 23～图 9 - 26 可知，被控对象可表示为不同的模型，它们之间存在一定的差别，但不是很大，原则上可以用简化的一阶模型代替四阶模型作为被控对象。

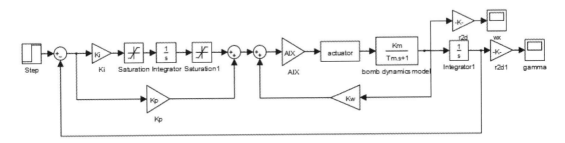

图 9 - 23　基于一阶模型的 Simulink 仿真

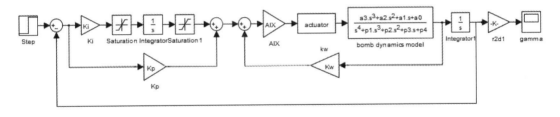

图 9 - 24　基于四阶模型的 Simulink 仿真

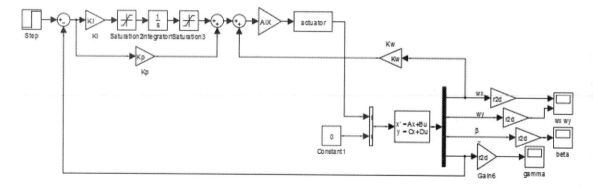

图 9-25 基于四阶状态空间模型的 Simulink 仿真

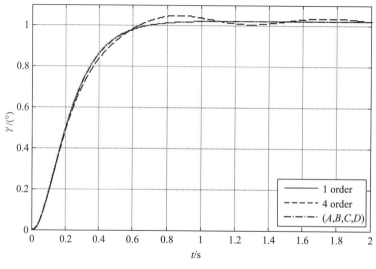

图 9-26 单位阶跃响应

⑦软件调试

利用空地制导武器控制系统-辅助设计软件，在上述计算参数（参数独立调整）的基础上，可以微调控制参数，得到优化的控制参数，如图 9-27 所示。

（3）控制回路设计结论

对于控制参数，比例系数 K_p 主要用于调节回路的增益；积分系数 K_i 主要用于消除弹体自身常值滚动力矩，在工程上其值的上限为 $0.333K_p \times \omega_c$；阻尼反馈系数 K_ω 在初步阻尼回路设计时可按 $\dfrac{(2.5 \sim 3)\omega_c T_M - 1}{K_M}$ 取值，当弹体确定时，其值取决于 ω_c。值得注意的是，设计控制回路时，应该确定合适的 ω_c，ω_c 越大，则导致阻尼反馈系数越大，导致前向串联的控制器增益越大，给控制外回路设计带来困难。

对于横侧向耦合较小的弹体，基于二回路滚动控制回路，可保证足够的控制裕度和较佳的控制品质。

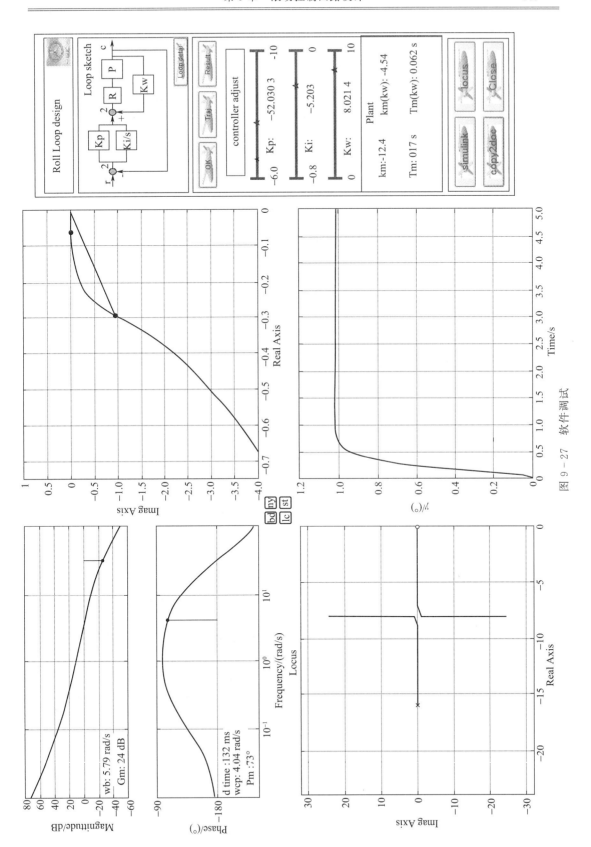

图 9 - 27　软件调试

9.6 微小型空地导弹滚动控制回路"怪异"现象分析

对于弹翼展弦比较小的微小型轴对称空地导弹（弹体细长比较大的导弹尤其突出），基于经典控制理论设计的滚动控制回路很难取得较好的控制品质，表现为"奇异"的控制现象，即滚动响应在较长时间内脱离滚动指令，而这时滚动舵偏又很小。

下面举例来说明产生此"奇异"控制现象的原因。

例 9 - 3 某大型和微小型轴对称空地导弹滚动控制回路设计。

某大型和微小型轴对称制导武器（以下简称大弹和小弹），在 100 m 高度以 $Ma = 0.75$（$V = 255.0$ m/s）飞行；绕弹体纵轴的转动惯量分别为 19.8 kg/m²、0.036 kg/m²；两者滚动通道气动参数相同，滚动舵效为 $m_x^{\delta_x} = -0.008$，滚动阻尼动导数 $m_x^{\omega_x} = -0.0345$（两者气动参考长度 L_{ref} 分别为 3.6 m 和 1.2 m，参考面积 S_{ref} 分别为 0.085 5 m² 和 0.009 5 m²）。试设计滚动控制回路，使外回路的截止频率为 $\omega_c = 4$rad/s，比较它们在常值滚动干扰条件下的控制品质并对其进行分析。

解:

（1）控制器设计

①阻尼回路设计

按 9.4 节介绍的阻尼回路设计方法，可得小弹和大弹的阻尼反馈系数分别为 $K_\omega = 0.0014$ 和 $K_\omega = 0.0342$，其弹体和阻尼弹体传递函数分别如式（9 - 11）和式（9 - 12）所示，阻尼回路 bode 图如图 9 - 28 所示，开环和闭环回路性能见表 9 - 3。

$$\begin{cases} body_{small}(s) = \dfrac{-282\ 3}{0.488\ 2s + 1} \\ body_{small}(s)\big|_{K_\omega = 0.001\ 4} = \dfrac{-282\ 3}{0.488\ 2s + 4.882} = \dfrac{-578.246\ 6}{0.1s + 1} \end{cases} \quad (9 - 11)$$

$$\begin{cases} body_{large}(s) = \dfrac{-941.1}{3.315s + 1} \\ body_{large}(s)\big|_{K_\omega = 0.034\ 2} = \dfrac{-941.1}{3.315s + 33.15} = \dfrac{-28.386\ 1}{0.1s + 1} \end{cases} \quad (9 - 12)$$

增加阻尼回路后，小弹和大弹的阻尼弹体时间常数都为 0.1 s，但是弹体增益却相差 20.370 8 倍，小弹弹体的增益远大于大弹。

表 9 - 3 阻尼回路设计结果

性能指标	开环				闭环
	截止频率/(rad/s)	相位裕度/(°)	幅值裕度/dB	延迟裕度/ms	传递函数
小弹	7.62	98.1	Inf	225	式(9-11)
大弹	9.58	83.1	Inf	151	式(9-12)

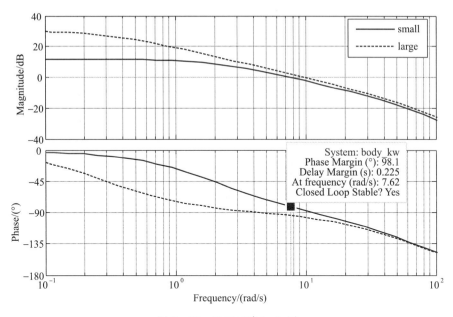

图 9 - 28 阻尼回路 bode 图

②控制回路设计

按 9.5 节介绍的控制回路设计方法，可得控制回路控制参数如式（9 - 13）所示，闭环系统传递函数见式（9 - 14），开环和闭环控制回路性能如表 9 - 4 和图 9 - 29 所示，闭环系统的单位阶跃响应如图 9 - 30 所示，当控制回路在 1 s 后受到一个相当于 1°滚动量级的干扰力矩时，微小型弹的响应则快速大幅地脱离输入指令，而大型弹的响应则小幅脱离输入指令，两者的控制舵偏变化如图 9 - 31 所示。

$$
\begin{cases}
K_{\omega}=0.001\,4 \\
K_{p}=-0.007\,4\,(\text{small}) \\
K_{i}=-0.001\,5
\end{cases}
\quad
\begin{cases}
K_{\omega}=0.034\,2 \\
K_{p}=-0.151\,8\,(\text{large}) \\
K_{i}=-0.030\,35
\end{cases}
\tag{9-13}
$$

$$
\begin{cases}
closeSys\,(s)_{\text{small}}=\dfrac{43.081\,3(s+0.2)}{(s+0.21)(s^{2}+9.79s+41.03)} \\[3mm]
closeSys\,(s)_{\text{large}}=\dfrac{43.081\,3(s+0.2)}{(s+0.21)(s^{2}+9.79s+41.03)}
\end{cases}
\tag{9-14}
$$

表 9 - 4　控制回路设计结果

性能指标	开环				闭环
	截止频率/(rad/s)	相位裕度/(°)	幅值裕度/dB	延迟裕度/ms	带宽/Hz
小弹	4.00	64.1	23.5	125.4	1.043 7
大弹	4.00	64.7	23.3	100.4	1.039 4

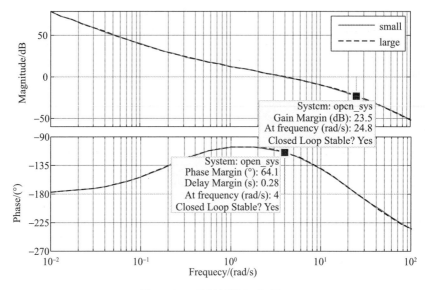

图 9 - 29　控制回路 bode 图

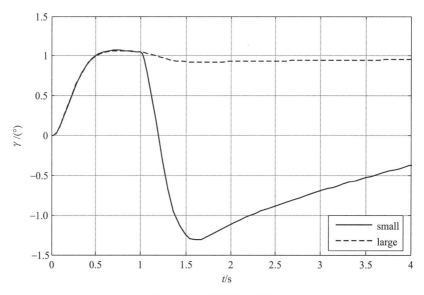

图 9 - 30　单位阶跃响应

由仿真结果可知：

1）两者开环系统的截止频率、相位裕度以及幅值裕度几乎完全一致。

2）两者闭环系统传递函数完全一致，在无干扰情况下，单位阶跃响应也完全一致。

3）两者闭环系统在受干扰后的响应相差很大，小弹受干扰后，响应大幅脱离控制指令，而这时的控制舵偏却又很小，表现出"怪异"的控制现象。

综上所述，大弹和小弹在被控对象特性方面存在巨大差别，按本章介绍的设计方法设计的控制回路其开环和闭环系统相同，即"控制器＋被控对象"综合作用是一样的，但两者在抗干扰方面相差很大，大弹控制回路具有很好的抗干扰性，而小弹控制回路的抗干扰特性却很差，稍微受到扰动，响应就长时间大幅脱离控制指令。

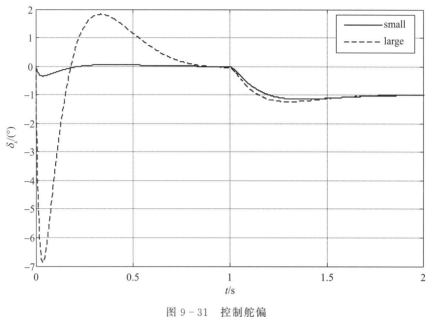

图 9 - 31　控制舵偏

（2）滚动控制回路"怪异"现象分析

对于弹翼展弦比较小的微小型轴对称空地导弹（弹体细长比较大的导弹尤其突出），其绕弹体纵轴转动惯量很小，即弹体被控对象的时间常数相对很小［如式（9 - 11）和式（9 - 12）所示］，导致阻尼回路的反馈系数只能取较小值（否则导致阻尼回路的延迟裕度很小），增加阻尼回路后的弹体被控对象，其增益仍然很大，则控制回路中前向串联的控制器增益相应地只能取较小值。其控制回路设计结果：控制回路的阻尼反馈系数和控制器增益都只能取较小值，即基于经典控制理论设计的滚动控制回路抵抗被控对象的模型不确定性以及干扰能力很弱，很难取得较好的控制品质。物理表现出"怪异"的控制现象：当控制回路受到小扰动时，控制回路响应及快速大幅脱离控制指令，而这时滚动舵偏又很小。

根据微小型轴对称空地导弹滚动通道被控对象的特性，基于现代控制理论、智能控制理论的控制方法或基于 ADRC 控制方法可提高滚动控制回路的控制品质。

值得注意的是，对于微小型轴对称空地导弹的滚动控制回路来讲，为了提高滚动控制回路的控制品质，还要求执行机构伺服控制：1）具有很高的控制精度；2）执行机构的机械舵偏角和电气舵偏角之间的差值较小；3）控制死区很小。

9.7　基于全弹道的控制回路设计

9.5 节阐述了基于特征点的快速姿态控制回路设计方法，但在整个飞行过程中，由于飞行状态的变化，要求控制器参数做出相应的调整以保证在全弹道下控制回路均具有较好的时域和频域特性。这需要在线实时地调整自适应系数 AIX，下面以某一轴对称空地制导武器为例，介绍如何设计合适的自适应系数，以保证在整个投弹包络下整个弹道的控制回路性能满足设计要求。

（1）确定阻尼反馈系数

根据外环姿态控制回路的截止频率 ω_c，计算阻尼回路的反馈系数。具体方法如下：根据开环回路的截止频率 ω_c，计算阻尼回路反馈系数，其时间常数为

$$\overline{T}_M \leqslant \frac{1}{(2.5 \sim 3)\,\omega_c}$$

根据 $\overline{T}_M = \dfrac{T_M}{1 + K_M K_\omega}$，可得

$$K_\omega = \frac{\dfrac{1}{-b_{11}} - \overline{T}_M}{\dfrac{b_{17}}{-b_{11}}\overline{T}_M}$$

对于轴对称空地制导武器，通常要求 $\dfrac{1}{-b_{11}} = T_M \gg \overline{T}_M$，即可得

$$K_\omega = \frac{1}{b_{17}\overline{T}_M} = \frac{J_x}{m_x^{\delta_x} q S_{ref} L_{ref} \overline{T}_M} = \frac{\dfrac{J_x}{m_x^{\delta_x} S_{ref} L_{ref} \overline{T}_M}}{q}$$

即阻尼回路反馈系数的取值与弹体自身气动阻尼无关（假设轴对称空地制导武器的 $m_x^{\omega_x}$ 为一个很小值），与弹体滚动舵效 $m_x^{\delta_x}$ 成反比，与飞行动压 q 成反比，与 $\overline{T}_M$ 成反比。

对于绝大部分空地导弹，在飞行空速变化不是很大的情况下，可认为 $m_x^{\delta_x}$ 随飞行状态变化不大，即视为常值，$\overline{T}_M$ 可依据开环回路的截止频率而定，故 $\dfrac{J_x}{m_x^{\delta_x} S_{ref} L_{ref} \overline{T}_M}$ 可视为常值，令 $\dfrac{J_x}{m_x^{\delta_x} S_{ref} L_{ref} \overline{T}_M} = A$，即可将滚动阻尼回路的自适应系数视为与动压成反比

$$AIX = \frac{A}{q}$$

阻尼反馈系数 $K_\omega = AIX = \dfrac{A}{q}$。

（2）计算阻尼回路被控对象

在确定阻尼反馈系数的基础上，计算阻尼回路被控对象，由式（9-7）可得

$$P(s) = G_{\delta_x}^{\omega_x}(s)\big|_{K_\omega} \times \frac{1}{s} = \frac{\overline{K}_M}{\overline{T}_M s + 1}\frac{1}{s} = \frac{\dfrac{K_M}{1 + K_M K_\omega}}{\dfrac{K_M}{1 + K_M K_\omega}s + 1}\frac{1}{s} = \frac{\dfrac{\dfrac{b_{17}}{b_{11}}}{1 + \dfrac{b_{17}}{b_{11}}K_\omega}}{\dfrac{K_M}{1 + K_M K_\omega}s + 1}\frac{1}{s}$$

对于轴对称制导武器，$\dfrac{b_{17}}{b_{11}}K_\omega \gg 1$，则

$$P(s) = \dfrac{\dfrac{1}{K_\omega}}{\overline{T}_M s + 1} \dfrac{1}{s} = \dfrac{q}{(\overline{T}_M s + 1)A} \dfrac{1}{s}$$

对于轴对称制导武器来说，阻尼弹体的增益随着阻尼回路反馈系数的增加而成反比减小，即阻尼弹体增益随着动压的增加而成正比增大。

（3）确定控制器

对于滚动姿态控制回路，在确定阻尼回路的反馈系数后，采用 PI 控制器作为前向通路串联的控制器，其中比例控制主要用于调节整个控制回路的开环截止频率，控制器的传递函数为

$$G_c(s) = \dfrac{K_p s + K_i}{s}$$

则开环回路传递函数为

$$openSys(s) = G_c(s) \times P(s)$$

为了保证开环回路的截止频率为 ω_c，则要求控制器增益跟飞行动压成反比，即

$$K_p \propto \dfrac{B}{q}$$

式中，B 为常数，根据开环回路的幅值当截止频率 ω_c 等于 1 而确定。根据本章介绍的 PI 控制策略，积分系数 K_i 相对于比例系数 K_p 取小值。

例 9 - 4 全弹道控制器设计。

某轴对称制导武器的气动参数为 $m_x^{\omega_x} = -0.0345$，$m_x^{\delta_x} = -0.008$，投弹高度分别为 1 000 m、2 000 m、4 000 m 和 6 000 m，投放速度分别为 235.2 m/s、232.4 m/s、226.8 m/s 和 221.2 m/s，投放滚动角分别为 8°、6°、4°和 2°，试设计控制器，在不同投弹状态下，系统截止频率 $\omega_c = 4.3$ rad/s，闭环回路具有较好的控制品质。

解：采用本节介绍的设计方法设计控制器，具体如下：

1）阻尼回路反馈系数为 $K_\omega = 0.4$；

2）前向通路控制器 $G_c(s) = -\dfrac{2s + 0.3}{s}$；

3）自适应系数 $AIX = \dfrac{10\,000}{q}$。

确定控制器后进行六自由度的弹道仿真，仿真结果如图 9 - 32～图 9 - 35 所示，图 9 - 32 分别显示投弹高度为 1 000 m、2 000 m、4 000 m 和 6 000 m 对应弹道的弹体动力系数；图 9 - 33 为弹体和阻尼回路弹体的增益与时间常数变化曲线；图 9 - 34 分别表示自适应系数、动压、飞行速度、比例系数、积分系数和阻尼反馈系数随时间的变化曲线，图 9 - 35 分别表示开环系统的相位裕度、幅值裕度、截止频率、闭环带宽、延迟裕度以及实际滚动角响应指令的变化曲线。

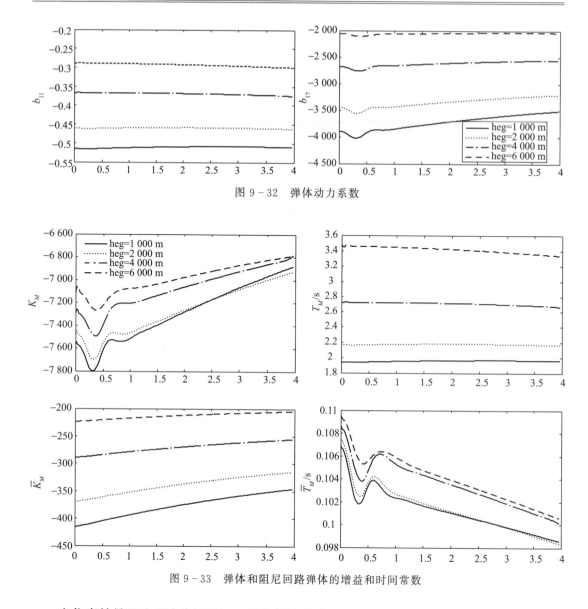

图 9-32 弹体动力系数

图 9-33 弹体和阻尼回路弹体的增益和时间常数

由仿真结果以及理论分析可知：虽然投放高度和飞行动压变化较大（高度 1 000 m 变化至 6 000 m，动压由 15 000 Pa 变化至 31 000 Pa），采用一套控制参数（阻尼反馈系数、比例系数和积分系数恒定），只需实时调整一个自适应系数，即可以保证开环系统的截止频率、相位裕度、幅值裕度和延迟裕度保持一致，并且具有很好的开环特性，保证闭环系统的带宽一致，保证闭环系统的动态响应一致。

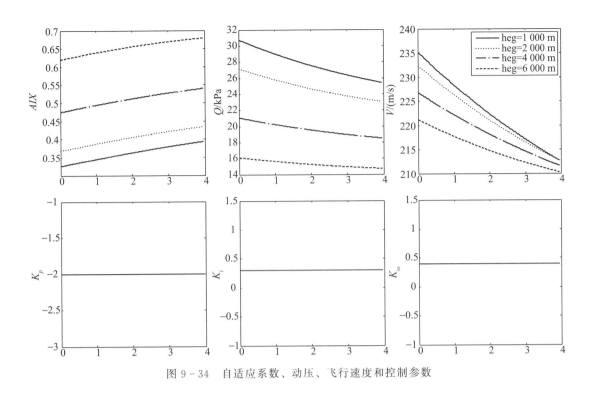

图 9 - 34　自适应系数、动压、飞行速度和控制参数

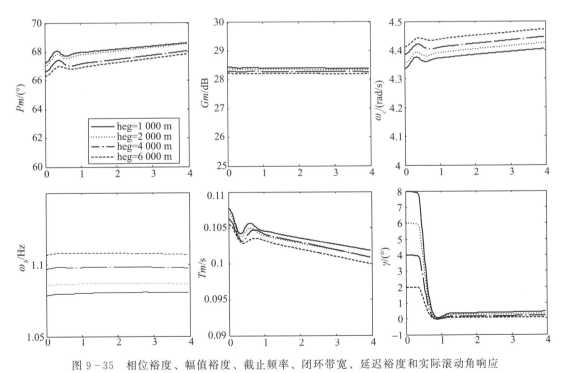

图 9 - 35　相位裕度、幅值裕度、截止频率、闭环带宽、延迟裕度和实际滚动角响应

9.8　影响滚动控制回路裕度的因素

9.4 节介绍的阻尼回路设计和 9.5 节介绍的快速姿态控制回路设计都是基于某一特定特征点进行的设计，其设计结果自然满足阻尼回路和姿态控制回路的性能指标。但由于存在结构偏差、气动偏差和由风场引起的动压偏差（对于不配备大气测量系统的空地制导武器）等因素，实际弹体与控制系统设计基于特征点的弹体标称模型之间存在较大的偏差，自然会引起滚动阻尼回路和姿控回路的控制性能变化。本节主要研究这些因素在多大程度上影响控制回路的性能。

影响滚动控制回路性能的因素主要有：1）结构偏差：质心偏差和转动惯量偏差 ΔJ_x；2）气动偏差：滚动阻尼动导数偏差 $\Delta m_x^{\omega_x}$ 和滚动舵效偏差 $\Delta m_x^{\delta_x}$；3）大气偏差和风场偏差：大气和风场偏差主要引起弹体所受的动压与标准大气时存在差别，假设动压相差为 Δq。

以一阶模型的滚动被控对象为例说明气动偏差、结构偏差以及飞行动压偏差对阻尼回路和控制回路的影响，一阶模型被控对象为

$$
\begin{cases}
G_{\delta_x}^{\omega_x}(s)_{1\_order} = \dfrac{b_{17}}{s - b_{11}} = \dfrac{-b_{17}/b_{11}}{-1/b_{11}s + 1} = \dfrac{K_M}{T_M s + 1} \\[2mm]
b_{11} = \dfrac{m_x^{\omega_x} q S_{ref} L_{ref}}{J_x} \\[2mm]
b_{17} = \dfrac{m_x^{\delta_x} q S_{ref} L_{ref}}{J_x}
\end{cases}
$$

（1）ΔJ_x 变化的影响

J_x 如果增加，则 T_M 增加，K_M 不变，导致：1）阻尼回路截止频率 ω_c 减小，相位裕度不变，延迟裕度增加；2）姿态控制回路截止频率 ω_c 少量减小，相位裕度少量减少，延迟裕度增加，闭环带宽几乎不变。

（2）Δq 变化的影响

q 如果增加，则 T_M 减小，K_M 不变，导致：1）阻尼回路截止频率 ω_c 增加，相位裕度不变，延迟裕度减少；2）姿态控制回路截止频率 ω_c 少量增加，相位裕度增加，延迟裕度小幅减少，闭环带宽小幅降低。

（3）$m_x^{\omega_x}$ 变化的影响

$m_x^{\omega_x}$ 如果增加，则 T_M 减小，K_M 也减小，导致：1）阻尼回路截止频率 ω_c 降低，相位裕度增加，延迟裕度增加；2）姿态控制回路截止频率 ω_c 降低，相位裕度少量增加，延迟裕度少量增加，闭环带宽降低。

（4）$m_x^{\delta_x}$ 变化的影响

$m_x^{\delta_x}$ 如果增加，则 T_M 不变，K_M 也增加，导致：1）阻尼回路截止频率 ω_c 增加，相位裕度少量减小，延迟裕度减小；2）姿态控制回路截止频率 ω_c 增加，相位裕度增加，延迟裕度减小，闭环带宽几乎不变。

由上述分析可知，J_x 为负偏差，$m_x^{\omega_x}$ 为负偏差，q 为正偏差，$m_x^{\delta_x}$ 为正偏差都引起阻尼回路截止频率 ω_c 增加，相位裕度减小，延迟裕度减小；引起姿态控制回路的截止频率增加，相位裕度减小，延迟裕度降低，反之亦成立。

下面以某一微小型轴对称空地导弹为例，仿真说明转动惯量偏差、动压偏差、阻尼动导数偏差以及舵效偏差对阻尼回路和控制回路的影响。

例 9 - 5　动压、结构及气动偏差对滚动控制回路的影响。

某一微小型轴对称空地导弹：$m_x^{\omega_x} = -0.034\,5$，$m_x^{\delta_x} = -0.008$，$J_x = -0.039\ \mathrm{kg/m^2}$，$m = 18\ \mathrm{kg}$，气动参考面积 $S_{ref} = 0.009\,498\,5\ \mathrm{m^2}$，参考长度 $L_{ref} = 1.225\ \mathrm{m}$，此导弹以 $Ma = 0.5$ 在海拔 10 m 处平飞。试分析结构、气动及动压偏差对滚动控制回路的影响。

解：采用本章介绍的设计方法，令系统截止频率 $\omega_c = 4.25\ \mathrm{rad/s}$，设计的控制器为

$$\begin{cases} K_\omega = 0.004\,7 \\ K_p = -0.023\,5 \\ K_i = -0.004\,7 \end{cases}$$

其阻尼回路和控制回路的性能指标如表 9 - 5 所示，阻尼回路和控制回路的开环 bode 图分别如图 9 - 36 和图 9 - 37 所示。转动惯量 J_x 减小 -10%（记为 $\Delta J_x = -0.1$），动压 q 增大 30%（记为 $\Delta q = 0.3$），阻尼动导数 $m_x^{\omega_x}$ 减小 -50%（记为 $\Delta m_x^{\omega_x} = -0.5$），舵效 $m_x^{\delta_x}$ 增加 30%（记为 $\Delta m_x^{\delta_x} = 0.3$），综合正拉偏（即 $\Delta J_x = -0.1$，$\Delta q = 0.3$，$\Delta m_x^{\omega_x} = -0.5$，$\Delta m_x^{\delta_x} = 0.3$）以及综合负拉偏（$\Delta J_x = 0.1$，$\Delta q = -0.3$，$\Delta m_x^{\omega_x} = 1.0$，$\Delta m_x^{\delta_x} = -0.3$）的阻尼回路和控制回路的性能指标见表 9 - 5，基准状态、综合负拉偏和综合正拉偏的阻尼回路和控制回路的开环 bode 图如图 9 - 36 和图 9 - 37 所示。基准准态、综合负拉偏和综合正拉偏的单位阶跃响应如图 9 - 38 所示。

表 9 - 5　结构、气动和动压等偏差对控制回路的影响

	阻尼回路			控制回路			
	$Pm\ /(°)$	$\omega_c\ /(\mathrm{rad/s})$	$Dm\ /\mathrm{s}$	$Pm\ /(°)$	$\omega_c\ /(\mathrm{rad/s})$	$Dm\ /\mathrm{s}$	$\omega_b\ /\mathrm{Hz}$
基准	96.593 2	11.358 9	0.148 4	68.857 6	4.254 2	0.1054	1.007 4
$\Delta J_x = -0.1$	96.593 2	12.621 1	0.133 6	70.478 1	4.292 1	0.0985	0.991 8
$\Delta q = 0.3$	96.593 2	14.766 6	0.114 2	72.693 7	4.338 5	0.0884	0.964 6
$\Delta m_x^{\omega_x} = -0.5$	93.290 6	11.417 6	0.142 6	67.268 0	4.438 4	0.100 7	1.073 5
$\Delta m_x^{\delta_x} = 0.3$	95.066 8	14.807 8	0.112 1	72.103 8	4.430 5	0.086 6	0.996 1
综合正拉偏	92.530 6	21.455 0	0.075 3	75.753 8	4.686 1	0.0633	0.981 9
综合负拉偏	109.1451	4.813 2	0.395 8	60.116 7	3.371 8	0.1841	0.863 0

由仿真可知：

1）对于轴对称空地导弹，由于在滚动控制回路中，自身气动阻尼所占比例很小，而主要依靠控制阻尼，故阻尼动导数拉偏对阻尼回路和控制回路的影响相对较小。

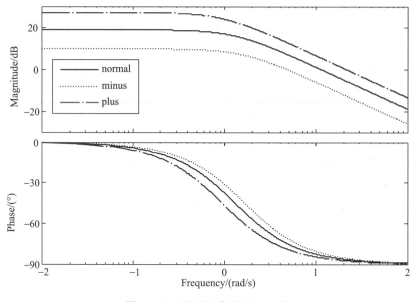

图 9 - 36　阻尼回路开环 bode 图

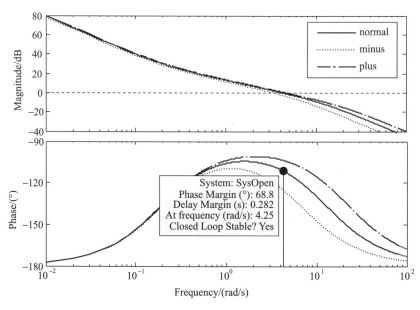

图 9 - 37　控制回路开环 bode 图

2）单项改变时，在小幅的范围内改变阻尼回路和控制回路的特性，其中阻尼回路的改变量相对于控制回路的改变量较大，这也验证了经典控制理论：反馈回路的反馈系数越大，越能抑制被控对象的不确定性，即鲁棒性越强。

3）综合拉偏则在较大程度上改变阻尼回路和控制回路的特性，综合正拉偏对应着阻尼回路的截止频率大幅提升，而相应的延迟裕度大幅降低，对应的控制回路的延迟裕度大幅下降；综合负拉偏对应着阻尼回路的截止频率急剧降低，而相应的延迟裕度急剧增大，对应的控制回路的延迟裕度大幅增加，控制回路闭环带宽则有小幅下降。

　　4）控制系统参数的确定必须要考虑到综合正拉偏情况下的延迟裕度，需留有足够的裕度，以抵抗各种偏差和环境扰动带来的对控制回路的影响。对于本例设计的控制回路，延迟裕度由基准状态的 0.105 7 s 减小至 0.063 5 s，说明了本控制回路具有足够的延迟裕度。

　　5）此例以轴对称空地导弹为例，对于面对称空地导弹，各因素的影响趋势相同，但影响大小存在较大区别。

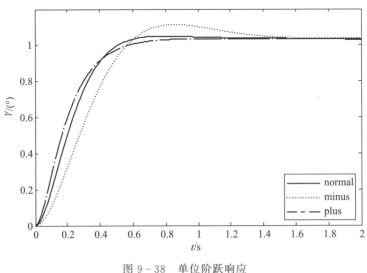

图 9 - 38　单位阶跃响应

　　本例 MATLAB 控制系统调试代码见本章附录所示。

附录　例 9 - 5 MATLAB 源代码

```
% ex09_08_1. m
% developed by qiong studio

close all;
clearall;
clc;

r2d = 180/pi;
d2r = pi/180;

vel = 340 * 0.5;
density = 1.225;
Q = 0.5 * density * vel^2 * (1 − 0.0);

Sref = 0.0094985;
```

```
Lref =  1. 225;
Jx =  0. 039 * (1 + 0. 0);

mx2delta =  − 0. 0080 * (1 − 0. 0);
mx2wx =  − 0. 0345 * (1 + 0);

b11 =  mx2wx * Q * Sref * Lref/Jx * Lref/vel;
b17 =  mx2delta * Q * Sref * Lref/Jx * 180/pi;
Km =  − b17/b11;
Tm =  − 1. 0/b11;
body =  tf(Km,[Tm 1])

w =  4. 25;
Tm_hat =  1/(w * 3);
Kw =  0. 004725; % Kw =  − (Tm − Tm_hat)/(Km * Tm_hat);
body_kw =  feedback(body, − Kw);
[Gm1,Pm1,Wcg1,Wcp1] = margin( − Kw * body);
Dm1 =  Pm1 * d2r/Wcp1;

p = tf(1,[1 0]) * body_kw;
[re,im] =  nyquist(p,w);
amp =  (re^2 + im^2)^0. 5;
Kp =  − 1. 0/amp;
Ki =  0. 2 * Kp;
Gc = tf([ − 0. 023597  − 0. 004719],[1 0]); % Gc = tf([Kp Ki],[1 0]);
SysOpen =  p * Gc;

[Gm2,Pm2,Wcg2,Wcp2] = margin(SysOpen);
GmdB = 20 * log10(Gm2);
SysClose2 =  SysOpen/(1 + SysOpen);
bd2 =  bandwidth(SysClose2)/(2 * pi);

%   method two; in order to get time delay margin of system
body0 =  Gc * body * tf(1,[1 0]);
f1 =  − Kw * tf([1 0],1)/Gc;
f3 = 1;
f =  f1 + f3;
SysOpen3 =  minreal(body0 * f);
[Gm3,Pm3,Wcg3,Wcp3] = margin(SysOpen3);
Dm3 =  Pm3 * d2r/Wcp3
%   method two; in order to get time delay margin of system

display('Pm1,Wcp1,Dm1   Pm2,Wcp2,Dm3,bd2');
[Pm1,Wcp1,Dm1   Pm2,Wcp2,Dm3, bd2 ]
```

参 考 文 献

［1］ 钱杏芳，林瑞雄，赵亚男 . 导弹飞行力学［M］. 北京：北京理工大学出版社，2000.

第 10 章　自抗扰控制技术在姿控回路中的应用

10.1　引言

据有关资料统计，20 世纪 40 年代形成的经典 PID 控制或其改进型在控制工程应用中占据绝对主导地位，其原因为：PID 控制对被控对象数学模型的依赖度较低，实用性较强，可以解决绝大多数工程上碰见的控制问题。然而，通过大量的工程控制系统设计发现，经典 PID 控制虽然应用范围广，针对被控对象特性较好的情况下可以获得较好的控制品质，但针对复杂的强非线性且时变的被控对象往往较难获得令人满意的控制品质，其原因为：

1）经典 PID 控制是基于指令—响应之间的误差、误差积分、误差微分的"线性组合"产生控制信号，从控制的机理来说，其属于"被动控制"，是响应滞后于指令和扰动的作用。

2）基于指令—响应之间的误差、误差积分、误差微分的"线性组合"较难解决控制系统快速性和超调量之间的矛盾。

3）针对某一些控制系统，较难获取高品质的微分信号。

4）PID 控制中的积分控制会使控制回路中的信号产生信号滞后，对于快速变化的扰动其作用不明显。

针对上述情况，学者们提出了很多改进型 PID，如自适应 PID、模糊 PID、复合控制、智能 PID 等，这些改进型可在一定程度上提升控制品质。中国科学院韩京清研究员针对 PID 控制的优缺点，提出了自抗扰控制技术（Active Disturbances Rejection Control Technique），其核心技术是在状态观测器技术上发展起来的扩展状态观测器，可将模型的未建模误差、内部扰动和外部扰动等归类于扰动量，利用扩展状态观测器对其进行实时观测并加以动态补偿，在此基础上将动态补偿后的被控对象转换为串联积分型，利用 PD 控制即可获得较高的控制品质。

自抗扰控制技术继承了 PID 控制对模型依赖度低的优点，从根本上改进经典 PID 控制，属于"被动控制"机理，是一种创新型的控制技术，其控制方法和机理决定了其优缺点和适用范围，它适用于：1）被控对象难以较精确建模时；2）被控对象混有较慢变的强内扰动或外扰动；3）被控对象为最小相位系统。

10.2　自抗扰控制技术简介

自抗扰控制技术的组成如图 10 - 1 所示，通常包含四个组成部分：跟踪微分器

（TD）、扩展状态观测器（ESO）、动态补偿及非线性状态误差反馈律（NLSEF）。其中跟踪微分器的作用是安排过渡过程，实现对系统输入信号的快速无超调跟踪，并提取较好品质的微分信号；扩展状态观测器是自抗扰控制技术的核心部分，主要用来估计被控对象的未建模部分以及模型不确定性、内部扰动和外部扰动等；动态补偿将 ESO 估计得到的扰动在控制输入处加以动态实时补偿，补偿后的被控对象可转换为串联积分型；在此基础上，对状态误差反馈采用合适的非线性配置，实现了非线性状态误差反馈控制律。

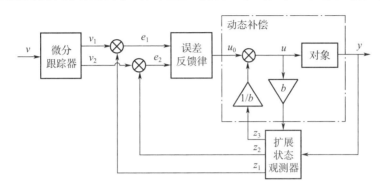

图 10 - 1　ADRC 控制框图

需要提醒的是，上述四个组成部分并不是都不可缺少，除了扩展状态观测器和动态补偿是不可缺少的，其他的两个组成部分在应用自抗扰控制技术设计控制回路时可自由取舍。

自抗扰控制技术是为适应数字控制技术时代潮流发展起来的一种创新型控制技术，吸收了现代控制理论状态观测器的思想，丰富了 PID 控制思想的精髓——误差反馈控制律。相对于经典控制和现代控制理论而言，自抗扰控制技术对被控对象建模的精确度要求较低，并不需要建立非常详细及精确的被控对象模型，而是将未建模引起的模型偏差、模型参数不确定性和外部扰动都归结为作用于被控对象的未知扰动，设计某一特殊的状态观测器（利用系统的输入量和输出量）对此进行估计并给予补偿，将被控对象模型转换为积分型，设计 PD 控制对其施加控制。

本文对自抗扰控制技术的相关内容进行了简单的介绍，本着实事求是的原则对其特性进行较为深入的分析。在此基础上，设计了基于扩展状态观测器的滚动姿控回路及基于自抗扰控制技术的俯仰姿控回路。

10.3　跟踪微分器

对于绝大多数控制系统设计问题，如利用系统输入信号的微分信息则可在较大程度上改善控制系统的品质。

10.3.1　线性微分器

在理论上对输入信号进行微分处理即可提取微分信息，在工程上一般只能获得信号的近似微分信号。

假设输入信号为 $v(t)$，则应用以下等式都可以提取微分信息或近似微分信息。应用式（10-1）可以获得理想的微分信息，但是结合实际控制系统是离散系统的特点，实际上并不能直接应用此式，在工程上常采用式（10-2）或式（10-3）获得信号的近似微分信息。

$$y(t) = \frac{\mathrm{d}v(t)}{\mathrm{d}t} \tag{10-1}$$

$$y(t) = \frac{s}{\tau_1 s + 1} v(t) \tag{10-2}$$

$$y(t) = \frac{s}{\tau_2^2 s^2 + 2\tau_2 \xi s + 1} v(t) \tag{10-3}$$

式中　τ_1——一阶惯性环节的时间常数；

　　　τ_2——二阶惯性环节的时间常数；

　　　ξ——二阶惯性环节的阻尼系数。

当 τ_1 和 τ_2 足够小时，应用式（10-2）或式（10-3）可获得足够精确的近似微分信号。不过工程上碰见的输入信号往往伴随较强的噪声，应用式（10-2）或式（10-3）获得的近似微分信号会被噪声严重污染，即微分信息严重失真而不能使用，以式（10-2）为例，解释如下

$$y(t) = \frac{s}{\tau_1 s + 1} v(t) = \frac{1}{\tau_1}\left(1 - \frac{1}{\tau_1 s + 1}\right) v(t)$$

假设采样时间为 T，$\tau_1 = iT$（i 为正整数），并假设 $v(t)$ 信号中混有随机噪声 $n(t)$，则

$$\begin{aligned}
y(t) &= \frac{1}{\tau_1}\left(1 - \frac{1}{\tau_1 s + 1}\right)[v(t) + n(t)] \\
&= \frac{1}{\tau_1}[v(t) - v(t - \tau_1)] + \frac{1}{\tau_1}[n(t) + n(t - \tau_1)] \\
&= \dot{v}(t) + \frac{1}{iT} n(t)
\end{aligned}$$

即采用式（10-2）提取微分信号时，会引入原信号的噪声信息，采样时间越小，则随机噪声的影响越严重。

10.3.2　跟踪微分器定义

上节简单对线性微分器的机理进行了分析，在工程上较难直接应用，韩京清研究员提出了跟踪微分器的概念。

众所周知，当时间常数 τ 趋于无穷小时，式（10-4）所示的二阶惯性环节其带宽趋于无穷大，即输出 $y(t)$ 趋于输入 $v(t)$，据此可提取输出信号的微分信息 $\dot{y}(t)$，则在理论上也趋于 $\dot{v}(t)$。

$$y(t) = \frac{1}{\tau^2 s^2 + 2\tau\xi s + 1} v(t) \tag{10-4}$$

将上式写成离散形式

$$\begin{cases} x_1(k+1) = x_1(k) + h x_2(k) \\ x_2(k+1) = x_2(k) + h \left\{ \frac{1}{\tau^2} [v(k) - x_1(k)] - 2\tau\xi x_2(k) \right\} \end{cases}$$

式中　h ——离散系统的采样时间；

　　　$v(k)$ —— $v(t)$ 在第 k 时刻的采样值；

　　　$x_1(k)$ ——输出 $y(t)$ 在第 k 时刻的值，即 $y(k) = x_1(k)$ ；

　　　$x_2(k)$ ——输出 $y(t)$ 微分信息在第 k 时刻的值。

当 τ 趋于无穷小时，则 $x_1(k) \to v(k)$ ，$x_2(k) \to \dot{v}(k)$ ，当 τ 较小时，则 $x_1(k)$ 近似趋于 $v(k)$ ，$x_2(k)$ 近似趋于 $\dot{v}(k)$ 。图 10 - 2 和图 10 - 3 分别表示输入为 $v(k) = \sin(\pi h k)$ ，当 $\tau = 0.05$ 和 $\tau = 0.01$ 时，其 $x_1(k)$ 、$x_2(k)$ 和 $v(k)$ 的变化曲线，可知：1) 当时间常数减小时，其 $x_1(k)$ 更接近于 $v(k)$ ；2) $x_2(k)$ 更接近于 $v(k)$ 的一阶微分信号。

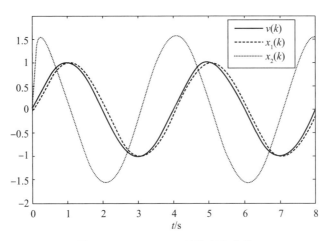

图 10 - 2　$\tau = 0.05$ 时的变化曲线

设二阶系统

$$\begin{cases} \dot{x}_1 = x_2 \\ \dot{x}_2 = f(x_1, x_2) \end{cases} \tag{10-5}$$

的所有解都有界，且满足

$$\lim_{t \to \infty} x_1(t) = 0 , \quad \lim_{t \to \infty} x_2(t) = 0$$

则对任意有界可积函数 $v(t)$ ，$t \in [0, \infty)$ ，则二阶系统

$$\begin{cases} \dot{x}_1 = x_2 \\ \dot{x}_2 = rf\left[x_1(t) - v(t), \dfrac{x_2}{\sqrt{r}} \right] \end{cases} \quad r > 0 \tag{10-6}$$

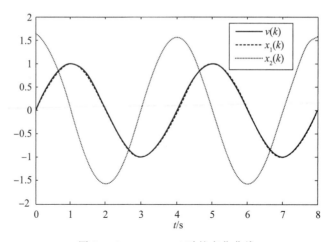

图 10-3　　$\tau = 0.01$ 时的变化曲线

的解 $x_1(t)$，满足

$$\lim_{r \to \infty} \int_0^T |x_1(t) - v(t)| \mathrm{d}t = 0$$

当 r 足够大时，$x_1(t)$ 可以以足够快的速度跟踪输入信号 $v(t)$，而 $x_2(t)$ 实际上是函数 $v(t)$ 广义导数的弱收敛意义下的近似，故称系统（10-6）为系统（10-5）的派生跟踪微分器。

根据派生跟踪微分器定义，可利用跟踪微分器在得到输入信号 $v(t)$ 的近似信号 $x_1(t)$ 的同时，得到输入信号 $v(t)$ 的近似微分信号 $x_2(t)$。

如何高质量地提取输入信号 $v(t)$ 的微分信号具有很高的工程应用价值，韩京清研究员提出了利用二阶积分器串联系统的解得到微分信号。具体如下：

假设二阶积分器串联系统

$$\begin{cases} \dot{x}_1 = x_2 \\ \dot{x}_2 = u \quad |u| \leqslant r \end{cases} \tag{10-7}$$

以原点为终点的快速最优控制解为

$$u(x_1, x_2) = -r\,\mathrm{sign}\!\left(x_1 + \frac{x_2 |x_2|}{2r}\right) \tag{10-8}$$

即无论初始值 (x_{10}, x_{20}) 大小，在控制的作用下，如式（10-8）所示，(x_1, x_2) 都以最快的速度收敛于 $(0, 0)$。

将最优控制解［式（10-8）］代入式（10-7），可得

$$\begin{cases} \dot{x}_1 = x_2 \\ \dot{x}_2 = -r\,\mathrm{sign}\!\left(x_1 + \dfrac{x_2 |x_2|}{2r}\right) \end{cases}$$

将上面方程组第 2 式中的 x_1 改为 $x_1 - v(t)$，则

$$\begin{cases} \dot{x}_1 = x_2 \\ \dot{x}_2 = -r\,\mathrm{sign}\!\left(x_1 - v(t) + \dfrac{x_2 |x_2|}{2r}\right) \end{cases} \tag{10-9}$$

即 $x_1(t)$ 在限制 $|\ddot{x}_1| \leqslant r$ 条件下以最快速度跟踪输入信号 $v(t)$，$x_1(t)$ 在接近 $v(t)$ 的过程中，根据式（10 - 9），还可提取输入信号 $v(t)$ 的近似微分信号 $x_2(t)$。

设二阶系统

$$\begin{cases} \dot{x}_1 = x_2 \\ \dot{x}_2 = f(x_1, x_2) \end{cases} \tag{10 - 10}$$

稳定，对有界 $v(t)$，当 $t \in [0, \infty)$，系统

$$\begin{cases} \dot{x}_1 = x_2 \\ \dot{x}_2 = r^2 f\left[x_1 - v(t), \dfrac{x_2}{r}\right] \end{cases} \tag{10 - 11}$$

的解 $x_1(r, t)$ 满足

$$\lim_{r \to \infty} \int_0^T |x_1(r, t) - v(t)| \, \mathrm{d}t = 0 \tag{10 - 12}$$

则可视 $x_1(r, t)$ 实时跟踪 $v(t)$，$x_2(r, t)$ 收敛于"广义函数" $v(t)$ 的"广义导数"，即称式（10 - 11）为系统（10 - 10）的跟踪微分器。

10.3.3　"快速跟踪微分器"的离散形式

采用连续型跟踪微分器进行仿真计算，由于离散系统采样时间不能无穷趋于零，当仿真进入稳态后，容易出现"高频等幅振荡"现象，采样时间越大，此现象越严重。

为了避免此现象，则直接对离散系统

$$\begin{cases} x_1(k+1) = x_1(k) + h x_2(k) \\ x_2(k+1) = x_2(k) + h u \quad\quad |u| \leqslant r \end{cases}$$

求快速控制最优综合函数，可得

$$u = fhan(x_1, x_2, r, h) = \begin{cases} d = rh \\ d_0 = hd \\ y = x_1 + h x_2 \\ a_0 = \sqrt{d^2 + 8r|y|} \\ a = \begin{cases} x_2 + \dfrac{(a_0 - d)}{2}\mathrm{sign}(y) & |y| > d_0 \\ x_2 + \dfrac{y}{h} & |y| \leqslant d_0 \end{cases} \\ fst = -\begin{cases} r \cdot \mathrm{sign}(a) & |a| > d \\ r \dfrac{a}{d} & |a| \leqslant d \end{cases} \end{cases} \tag{10 - 13}$$

写成离散形式

$$\begin{cases} u = fhan[x_1(k), x_2(k), r, h] \\ x_1(k+1) = x_1(k) + h x_2(k) \\ x_2(k+1) = x_2(k) + h u \end{cases} \tag{10 - 14}$$

一般情况下，把函数 $fhan$ 取成与采样时间 h 独立的新变量 h_0，得

$$
\begin{cases}
h_0 = nh \\
x_1(k+1) = x_1(k) + hx_2(k) \\
x_2(k+1) = x_2(k) + h \cdot fhan[x_1(k), x_2(k), r, h_0]
\end{cases}
$$

式中　r——速度因子，决定微分器的跟踪速度；

　　　　h_0——滤波因子，对噪声起滤波平滑作用，其值越大，抑制噪声能力越强，但输出
　　　　　　信号的时间滞后越大。

设 $v(k)$ 为输入信号的离散形式，用 $x_1(k) - v(k)$ 替代式（10 - 14）中第 1 式的 $x_1(k)$，即可得

$$
\begin{cases}
h_0 = nh \\
u = fhan[x_1(k) - v(k), x_2(k), r, h_0] \\
x_1(k+1) = x_1(k) + hx_2(k) \\
x_2(k+1) = x_2(k) + hu
\end{cases}
\tag{10-15}
$$

上式即为跟踪微分器的离散形式。

下面分别介绍速度因子，噪声以及滤波因子对跟踪微分器的影响。

10.3.4　仿真分析

10.3.4.1　速度因子的影响

由快速控制最优综合函数的表达式（10 - 13）可知，速度因子越大，则跟踪速度越快。

仿真条件：输入信号为 $v(t) = 1.0 \times \sin(2\pi t)$，取速度因子 $r = 600，2\,400$。

仿真结果：如图 10 - 4 和图 10 - 5 所示，图 10 - 4 为输入信号与跟踪微分器输出一阶信号，输入信号微分与输出二阶信号，图 10 - 5 为跟踪微分器跟踪一阶误差（定义为输入信号与输出一阶信号之差）和跟踪二阶误差（定义为输入信号的真实微分信号与输出二阶信号之差）。

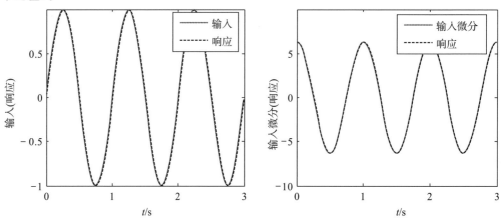

图 10 - 4　输入信号与跟踪微分器输出一阶信号，输入信号微分与输出二阶信号

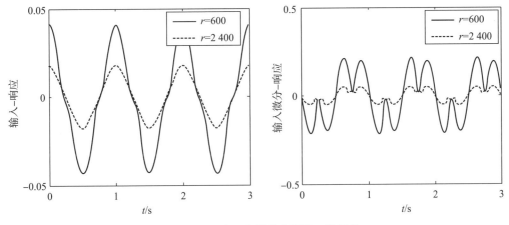

图 10 - 5　跟踪一阶误差和跟踪二阶误差

仿真结论：

1）跟踪微分器输出的一阶信号可很好地跟踪输入信号。

2）输入信号经过跟踪微分器后，可以提取信号的微分信息。

3）随着速度因子的增加，跟踪信号的误差减小，提取的微分信号更接近真实的微分信号。

10.3.4.2　噪声的影响

考虑在具体应用中各种信号都伴随着噪声，会严重影响输出微分信号的品质，本书选取如下两种噪声进行研究，图 10 - 6（a）为小量级噪声，（b）为大量级噪声。仿真条件：输入信号为 $v(t) = 1.0 \times \sin(2\pi t)$，并分别被小量级和大量级噪声污染，速度因子 $r = 2\,400$。

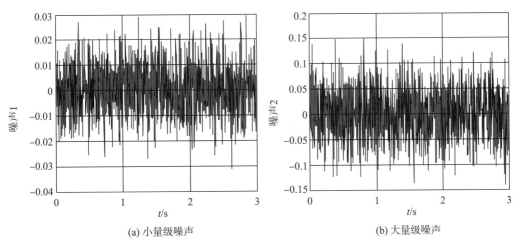

图 10 - 6　噪声

仿真结果：如图 10 - 7～图 10 - 10 所示，图 10 - 7 为小量级噪声污染情况下的输入信号与跟踪微分器输出一阶信号，输入信号微分与输出二阶信号，图 10 - 8 为小量级噪声污染情况下的跟踪微分器跟踪一阶误差和跟踪二阶误差；图 10 - 9 为大量级噪声污染情况下的输入信号与跟踪微分器输出一阶信号，输入信号微分与输出二阶信号，图 10 - 10 为大量级噪声污染情况下的跟踪微分器跟踪一阶误差和跟踪二阶误差。

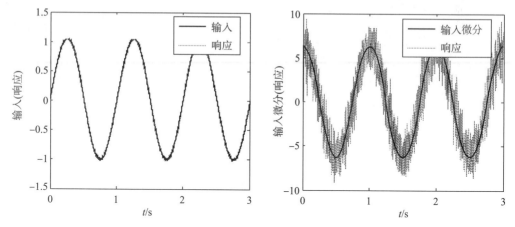

图 10 - 7　输入信号与跟踪微分器输出一阶信号，输入信号微分与输出二阶信号

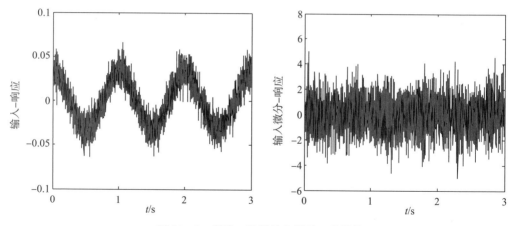

图 10 - 8　跟踪一阶误差和跟踪二阶误差

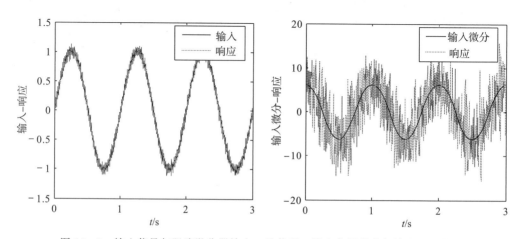

图 10 - 9　输入信号与跟踪微分器输出一阶信号，输入信号微分与输出二阶信号

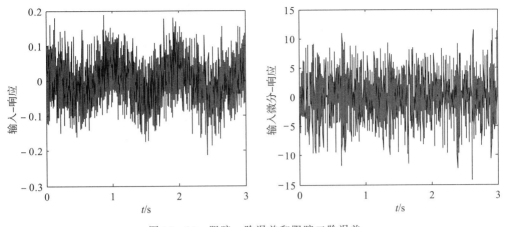

图 10-10　跟踪一阶误差和跟踪二阶误差

仿真结论：

根据大量的仿真，可知：

1）输入信号中伴随的噪声可 1∶1 地传递至输出信号，当输入信号被噪声严重污染，即原始信号含有大量级噪声时，跟踪微分器输出的微分信号几乎不可用。

2）速度因子越大，输出微分信号越失真。

10.3.4.3　滤波因子的影响

滤波因子对噪声起滤波平滑作用，其值越大，抑制噪声能力越强，但输出信号的时间延迟滞后越大。

仿真条件：输入信号为 $v(t)=1.0\times\sin(2\pi t)$，伴随着大量级噪声［噪声大小如图 10-6（b）所示］，取速度因子 $r=600$，滤波因子 $h_0=5h$。

仿真结果：如图 10-11 和图 10-12 所示，图 10-11 为输入信号与跟踪微分器输出一阶信号，输入信号微分与输出二阶信号，图 10-12 为跟踪微分器跟踪一阶误差和跟踪二阶误差。

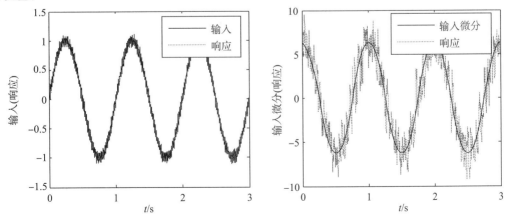

图 10-11　输入信号与跟踪微分器输出一阶信号，输入信号微分与输出二阶信号

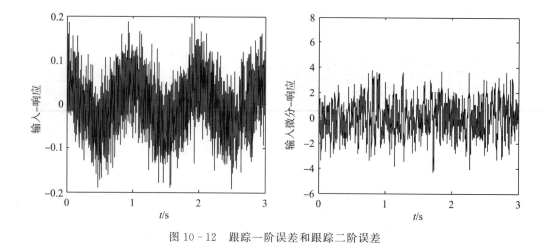

图 10 - 12　跟踪一阶误差和跟踪二阶误差

仿真结论：

根据大量的仿真，可知：

1）随着滤波因子的增大，跟踪微分器输出的微分信号可以较真实地反映输入微分信号。

2）随着滤波因子的增大，输出信号的时间延迟滞后增大。

10.4　状态观测器

在工程上并不是系统全部的状态量都可以通过量测设备直接量测得到，由于量测设备的经济性和使用性限制，往往无法得到全部的状态量或所需的状态量。故在实际应用中，常采用重构系统的思想，用重构的状态去代替原系统的真实状态，在现代控制理论中，重构的系统即为状态观测器。

10.4.1　状态观测器的定义和选取原则

状态观测器的定义：设定常系统 $\Sigma_0 = (A，B，C)$ 的状态 x 不能直接量测或只能部分量测，如果构造的系统 Σ_0' 以 Σ_0 的输入 u 和输出 y 作为输入，Σ_0' 的输出 z 满足如下等价性指标

$$\lim_{t \to \infty} [x(t) - z(t)] = 0$$

则称系统 Σ_0' 为 Σ_0 的状态观测器。

构造系统状态观测器的原则：

1）观测器 Σ_0' 以原系统 Σ_0 的输入 u 和输出 y 作为输入。

2）原系统 Σ_0 应当满足完全能观测的条件，对于线性系统，rank $(C；CA；\cdots；CA^{n-1})^T = n$，或者状态 x 中不能观测的分量是渐近稳定的。

3）要求 Σ_0' 具有一定抗干扰性，能抑制输入信号的噪声。

4）要求 Σ_0' 具有足够的带宽，保证观测器输出 $z(t)$ 能够快速逼近 $x(t)$。

5）尽量构建降维状态观测器，对于原系统 Σ_0 的部分状态量 $x'(t)$ 可量测，可构建降维状态观测器去估计原系统不可量测的状态量。

10.4.2　龙伯格状态观测器

现代控制理论常用的线性状态观测器为龙伯格状态观测器，设线性系统 $\Sigma_0 = (A，B，C)$ 为

$$\begin{cases} \dot{x} = Ax + Bu \\ y = Cx \end{cases} \tag{10-16}$$

构造状态观测器为式（10-17），其结构图如图 10-13 所示。

$$\begin{cases} \dot{z} = Az + Bu + L(Cz - y) \\ y = Cz \end{cases} \tag{10-17}$$

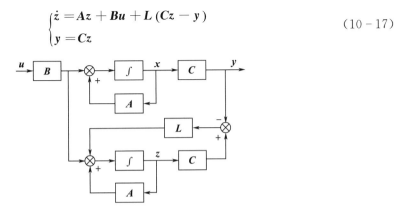

图 10-13　龙伯格状态观测器

令误差 $e = z - x$，可得

$$\dot{e} = (A - LC)e$$

只需调节观测器增益矩阵 L，即可调整观测器状态矩阵 $A - LC$，使 $A - LC$ 的特征值为负值。这样可保证观测误差是渐进稳定的，对应任意的初始误差 $e(0)$，随着时间 $t \to \infty$，误差 $e(t) \to 0$。理论上，可通过调节 L 任意配置状态矩阵 $A - LC$ 的极点，即可使初始误差 $e(t)$ 以任意速度趋于零。

设二阶线性系统为 $G_u^y(s) = \dfrac{b}{a_1 s^2 + a_2 s + 1}$，设计状态观测器对状态进行估计。

解：将二阶系统写成状态空间模式

$$\begin{bmatrix} \dot{x}_1 \\ \dot{x}_2 \end{bmatrix} = \begin{bmatrix} 0 & 1 \\ -\dfrac{1}{a_1} & -\dfrac{a_2}{a_1} \end{bmatrix} \begin{bmatrix} x_1 \\ x_2 \end{bmatrix} + b \begin{bmatrix} 0 \\ \dfrac{1}{a_1} \end{bmatrix} u \tag{10-18}$$

可得系统特征根为

$$p_{1,2} = -\dfrac{a_2}{2a_1} \pm \dfrac{1}{2a_1}\sqrt{a_2^2 - 4a_1} \tag{10-19}$$

设计龙伯格状态观测器

$$\dot{z} = Az + Bu + L(Cz - y) \quad , \quad L = \begin{bmatrix} l_1 \\ l_2 \end{bmatrix}$$

即

$$\begin{bmatrix} \dot{z}_1 \\ \dot{z}_2 \end{bmatrix} = \begin{bmatrix} -l_1 & 1 \\ -\dfrac{1}{a_1} - l_2 & -\dfrac{a_2}{a_1} \end{bmatrix} \begin{bmatrix} z_1 \\ z_2 \end{bmatrix} + b \begin{bmatrix} 0 \\ 1 \end{bmatrix} u + \begin{bmatrix} l_1 \\ l_2 \end{bmatrix} y$$

则观测器特征方程为

$$s^2 + \frac{a_2}{a_1}s + l_1 s + \frac{a_2}{a_1}l_1 + \frac{1}{a_1} + l_2 = 0$$

求解可得观测器特征根

$$p_{1,2} = -\frac{a_2}{2a_1} - \frac{l_1}{2} \pm \frac{1}{2a_1}\sqrt{a_2^2 - 2a_1 a_2 l_1 + a_1^2 l_1^2 - 4a_1 - 4a_1 l_2} \tag{10-20}$$

由式（10-19）和式（10-20）可知，通过极点配置或通过调整 l_1 和 l_2 可将观测器的特征根配置至一个比较理想的位置，即可通过状态观测器得到状态变量 x_1 和 x_2 的观测值 z_1 和 z_2。

为了加深对龙伯格状态观测器的理解，下面仿真演示了三个具有代表性的例子。

例 10-1 系统为最小相位系统，系统模型不存在参数不确定性。

假设二阶系统 $G_u^y(s)$ 中参数 $a_1 = 0.1$，$a_2 = 0.1$，$b = 0.1$，$u(t) = \text{sign}(2\pi \times t)$，试设计龙伯格状态观测器对系统的状态量进行观测，并对观测器的特性进行分析。

解： 由式（10-19）可解得，$G_u^y(s)$ 的极点为 $-0.5 \pm 3.1225i$，取观测器增益 $l_1 = 39$，$l_2 = 789$，则观测器的极点为 $-20.0 \pm 20.9284i$，观测器方程为

$$\begin{bmatrix} \dot{z}_1 \\ \dot{z}_2 \end{bmatrix} = \begin{bmatrix} -39 & 1 \\ -799 & -1 \end{bmatrix} \begin{bmatrix} z_1 \\ z_2 \end{bmatrix} + \begin{bmatrix} 0 \\ 0.1 \end{bmatrix} u + \begin{bmatrix} 39 \\ 789 \end{bmatrix} y$$

仿真结果如图 10-14 和图 10-15 所示，图 10-14 为状态量与观测量变化曲线，图 10-15 为观测误差（即状态量和观测量之间的差值）变化曲线。

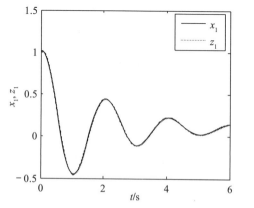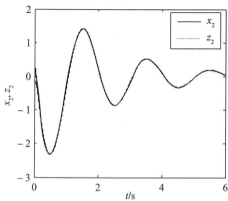

图 10-14　状态量与观测量

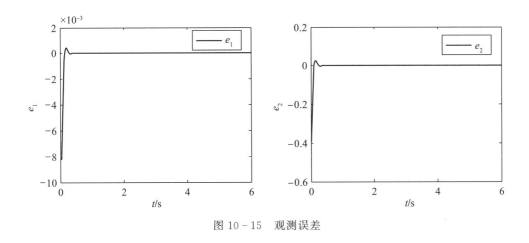

图 10 - 15　观测误差

仿真结论：

1）当系统为最小相位系统且不存在参数不确定性时，设计的状态观测器能很好地对系统进行观测。

2）为了使状态观测器具备较好的观测效果，通常要求状态观测器的初始值尽可能接近实际状态量的初始值。

3）观测器的带宽应该比控制回路的带宽高 2～6 倍，这样观测器的效果较好，又不至于使控制回路的裕度下降很多。

4）观测器的特征值应该远大于系统的特征值，这样量测量初始值 z_0 和实际状态量初始值 x_0 之间的差值很快会衰减至零。

例 10 - 2　系统为非最小相位系统，系统模型不存在参数不确定性。

假设二阶系统 $G_u^y(s)$ 中参数 $a_1=0.1, a_2=-0.1, b=1.0, u(t)=\text{sign}(2\pi \times t)$，试设计龙伯格状态观测器对系统的状态量进行观测。

解： 由式（10 - 19）可解得，$G_u^y(s)$ 的极点为 $0.5 \pm 3.122\,5i$。

观测器增益 $l_1=39, l_2=789$，观测器的极点为 $-19.0 \pm 19.975i$，则观测器方程为

$$\begin{bmatrix} \dot{z}_1 \\ \dot{z}_2 \end{bmatrix} = \begin{bmatrix} -39 & 1 \\ -799 & 1 \end{bmatrix} \begin{bmatrix} z_1 \\ z_2 \end{bmatrix} + \begin{bmatrix} 0 \\ 1 \end{bmatrix} u + \begin{bmatrix} 39 \\ 789 \end{bmatrix} y$$

仿真结果如图 10 - 16 和图 10 - 17 所示，图 10 - 16 为状态量与观测量变化曲线，图 10 - 17 为观测误差变化曲线。

仿真结论：

1）虽然系统为非最小相位系统，是一个不稳定系统（特征根为 $0.5 \pm 3.122\,5i$），但可以通过调整状态观测器参数，使观测器的特征值为 $-19.0 \pm 19.975i$，与例 10 - 1 中的观测器极点相近，故能很好地对系统进行观测。

2）采用同样的一个观测器，可以较好地对某一类系统进行观测，即当设计的观测器"等效时间常数"在较大程度上小于系统的时间常数时，可对系统的状态量进行观测。

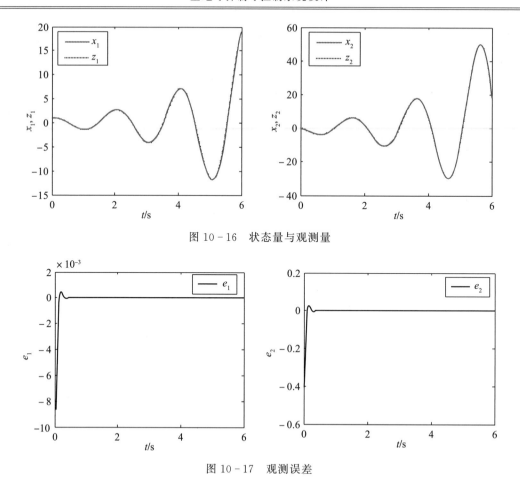

图 10 - 16 状态量与观测量

图 10 - 17 观测误差

例 10 - 3 系统为最小相位系统，系统模型存在参数不确定性。

假设二阶系统 $G_u^y(s)$ 中实际参数 a_1'，a_2' 和 b' 与标称值 a_1，a_2 和 b（$a_1 = 0.1$，$a_2 = 0.1$，$b = 1.0$）存在误差，$a_1' = 0.8a_1$，$a_2' = 1.2a_2$，$b' = b$，$u(t) = \mathrm{sign}(2\pi \times t)$，试设计龙伯格状态观测器并对系统的状态量进行观测。

解：设计的观测器同例 10 - 1，即 $l_1 = 39$，$l_2 = 789$。

仿真结果如图 10 - 18 和图 10 - 19 所示，图 10 - 18 为状态量与观测量变化曲线，图 10 - 19 为观测误差变化曲线。

仿真结论：

1）状态观测器是基于已知的状态方程，当模型无误差时，可以很好地对系统状态量进行有效的观测，当模型存在参数不确定性时，设计的状态观测器对原系统状态量的估计效果变差。

2）系统模型不确定性越大，观测器的观测效果越差。

3）要提高状态观测器的观测效果，则需设计高带宽的状态观测器，但高带宽状态观测器会将输入信号的噪声不可避免地放大，另外，如将高带宽状态观测器引入控制回路，则使得控制回路的裕度降低。

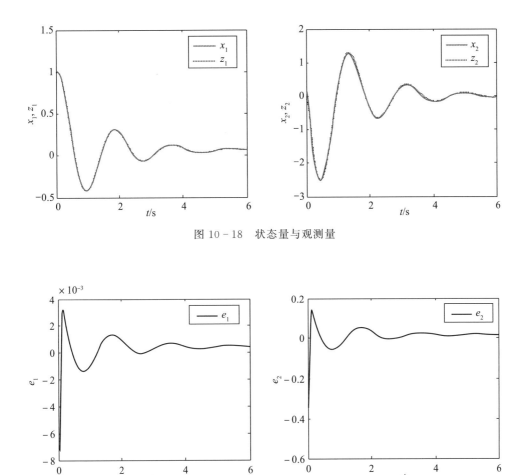

图 10 - 18　状态量与观测量

图 10 - 19　观测误差

10.4.3　线性状态观测器

在控制工程中经常碰见的问题是，系统存在模型结构不确定性或参数不确定性。以 10 - 3 为例，即被控对象参数 a_1 和 a_2 的大小不准确，存在偏差。针对此问题，一个不得已的方法是：直接去掉龙伯格状态观测器的已知部分，采用线性状态观测器［式（10 - 21）］或非线性状态观测器［式（10 - 22）］对其进行观测。

$$\begin{cases} e = z_1 - y \\ \dot{z}_1 = z_2 - l_1 e \\ \dot{z}_2 = -l_2 e + bu \end{cases} \quad (10 - 21)$$

$$\begin{cases} e - z_1 - y \\ \dot{z}_1 = z_2 - \beta_{01} g_1(e) \\ \dot{z}_2 = -\beta_{02} g_2(e) + bu \end{cases} \quad (10 - 22)$$

式中　β_{01}，β_{02}——非线性观测器增益；

　　　　$g_1(e)$，$g_2(e)$——估计误差的非线性函数，对于二阶非线性状态观测器，常取

$$g_1(e) = e，g_2(e) = \text{sign}(e) \times \sqrt{e}$$

对比龙伯格状态观测器［式（10-17）］和线性观测器［式（10-21）］可知，两者都属于线性观测器，可将此线性观测器看成龙伯格状态观测器的一个特例，即由龙伯格状态观测器去掉原系统的 **Az** 部分，即在理论上，当较精确知道对象模型时，龙伯格状态观测器的观测效果会明显优于线性观测器。

对上述线性观测器的误差进行分析，根据状态方程（10-18）和观测器［式（10-21）］，可得

$$\begin{cases} e = z_1 - y \\ \dot{e}_1 = e_2 - l_1 e \\ \dot{e}_2 = -l_2 e_2 + \dfrac{1}{a_1} x_1 + \dfrac{a_2}{a_1} x_2 \end{cases}$$

假设观测器进入稳态，即令 $\dot{e}_1 = \dot{e}_2 = 0$，则

$$\begin{cases} e_1 = \dfrac{1}{l_1 l_2} \left(\dfrac{1}{a_1} x_1 + \dfrac{a_2}{a_1} x_2 \right) \\ e_2 = \dfrac{1}{l_2} \left(\dfrac{1}{a_1} x_1 + \dfrac{a_2}{a_1} x_2 \right) \end{cases}$$

由上式可知，估计的误差量 e_1 和 e_2 与状态量 x_1 和 x_2 有关，其中误差 e_2 是误差 e_1 的 l_1 倍。如果要使误差量 e_1 和 e_2 足够小，则需要选择大量级的观测器参数 l_1 和 l_2。虽然上述误差分析仅针对某一个系统，但可从理论上说明，不管一阶、二阶或高阶系统，对于此类线性观测器，要想取得较好的估计效果，其观测器参数肯定比较大，即对应较高带宽的线性状态观测器。

例 10-4　系统为最小相位系统，采用线性状态观测器估计状态量。

假设二阶系统 $G_u^y(s) = \dfrac{b}{a_1 s^2 + a_2 s + 1}$ 为最小相位系统，参数 $a_1 = 0.1$，$a_2 = 0.1$，$b = 1.0$，$u(t) = \text{sign}(2\pi \times t)$，试设计线性状态观测器对系统的状态量进行观测。

解：观测器采用线性观测器，如式（10-21）所示，观测器参数为 $l_1 = 39$，$l_2 = 789$。

仿真结果如图 10-20 和图 10-21 所示，图 10-20 为状态量与观测量变化曲线，图 10-21 为观测误差变化曲线。

仿真结论：相对于龙伯格状态观测器（仿真例子见例 10-1），虽然其观测器参数与例 10-1 一致，但其估计效果相对较差，一阶状态量估计效果尚可，二阶状态量估计效果较差。其原因就是去除了龙伯格状态观测器的原已知模型部分，状态观测器进入稳态后，其估计误差在理论上不趋于 0，并且误差与状态量以及状态观测器参数等相关。相对而言，低阶状态量估计效果明显优于高阶状态量，对于本例，其二阶状态量估计误差是一阶状态量估计误差的 l_1 倍，要改善观测效果，则需采用高带宽的线性观测器。

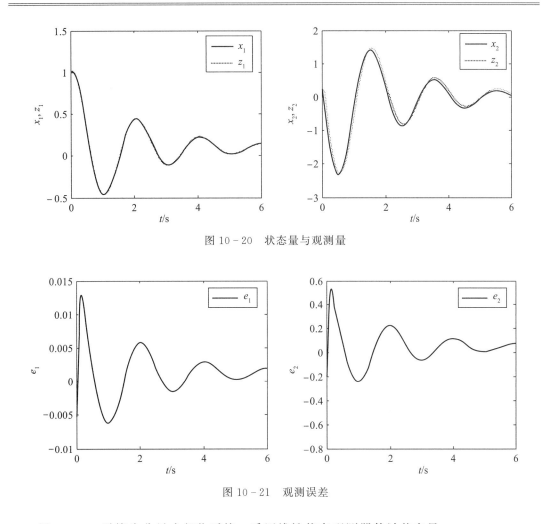

图 10-20　状态量与观测量

图 10-21　观测误差

例 10-5　系统为非最小相位系统，采用线性状态观测器估计状态量。

假设二阶系统 $G_u^y(s) = \dfrac{b}{a_1 s^2 + a_2 s + 1}$ 为非最小相位系统，参数 $a_1 = 0.1$，$a_2 = -0.1$，$b = 1.0$，$u(t) = \text{sign}(2\pi \times t)$，试设计线性状态观测器对系统的状态量进行观测。

解：　观测器采用线性观测器，如式（10-21）所示，观测器参数为 $l_1 = 39$，$l_2 = 789$。

仿真结果如图 10-22 和图 10-23 所示，图 10-22 为状态量与观测量变化曲线，图 10-23 为观测误差变化曲线。

仿真结论：　相对于龙伯格状态观测器（仿真例子见例 10-2），虽然其观测器参数与例 10-2 一致，但其估计效果相对较差，随着时间的增加，观测器输出趋于发散，其原因可参考例 10-4。

对于线性状态观测器，由于去除了系统模型中已知的部分，故其估计效果大为降低，为了保证状态观测器的品质，需要增加观测器的参数 l_1 和 l_2，即提高状态观测器的带宽。另一种较好的观测器为非线性状态观测器，如式（10-22）所示。

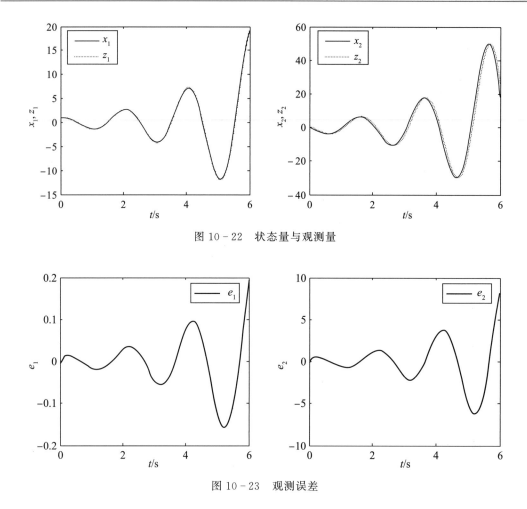

图 10 - 22　状态量与观测量

图 10 - 23　观测误差

例 10 - 6　系统为非最小相位系统，采用非线性状态观测器估计状态量。

假设二阶系统 $G_u^y(s) = \dfrac{b}{a_1 s^2 + a_2 s + 1}$ 为非最小相位系统，参数 $a_1 = 0.1, a_2 = -0.1$，$b = 1.0, u(t) = \text{sign}(2\pi \times t)$，试设计非线性观测器对系统的状态量进行观测。

解： 观测器采用非线性观测器 ［如式（10 - 22）所示］，观测器参数取 $\beta_{01} = 39, \beta_{02} = 789$。

仿真结果如图 10 - 24 和图 10 - 25 所示，图 10 - 24 为状态量与观测量变化曲线，图 10 - 25 为观测误差变化曲线。

仿真结论：相对于线性观测器（仿真可参见例 10 - 5），虽然其参数与例 10 - 5 一致，但其估计效果相对较好。其原因是非线性状态观测器在一阶状态小误差范围内相当于线性观测器大参数时的效果，例如当 $e = 0.01$ 时，对于线性状态观测器，$\dot{z}_2 = -l_2 e + bu = -789 \times 0.01 + bu$，而对于非线性状态观测器，$\dot{z}_2 = -\beta_{02} g_2(e) + bu = -789 \times 0.1 + bu$，这时非线性状态观测器参数 β_{02} 相当于线性观测器的 10 倍，即在某种意义上，当一阶状态误差较小时，非线性状态观测器参数 β_{02} 比相应的线性状态观测器参数大很多倍。

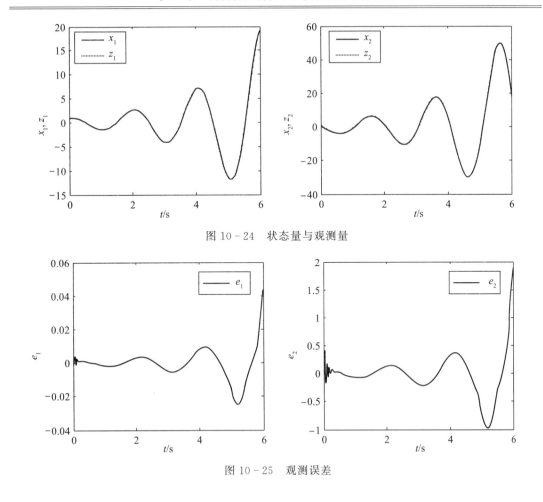

图 10-24　状态量与观测量

图 10-25　观测误差

10.4.4　状态观测器频域分析

在前一节，从时域角度分析了状态观测器的性能，在本节将以二阶线性和三阶线性状态观测器为例，从频域角度分析状态观测器的性能。

10.4.4.1　二阶状态观测器

假设二阶线性状态观测器

$$\begin{cases} e = z_1 - y \\ \dot{z}_1 = z_2 - \beta_{01} e \\ \dot{z}_2 = -\beta_{02} e + bu \end{cases} \tag{10-23}$$

将其写成状态空间格式，即

$$\begin{bmatrix} \dot{z}_1 \\ \dot{z}_2 \end{bmatrix} = \begin{bmatrix} -\beta_{01} & 1 \\ -\beta_{02} & 0 \end{bmatrix} \begin{bmatrix} z_1 \\ z_2 \end{bmatrix} + \begin{bmatrix} \beta_{01} & 0 \\ \beta_{02} & b \end{bmatrix} \begin{bmatrix} y \\ u \end{bmatrix}$$

令 $\boldsymbol{A} = \begin{bmatrix} -\beta_{01} & 1 \\ -\beta_{02} & 0 \end{bmatrix}$, $\boldsymbol{B} = \begin{bmatrix} \beta_{01} & 0 \\ \beta_{02} & b \end{bmatrix}$, $\boldsymbol{C} = \begin{bmatrix} 1 & 0 \\ 0 & 1 \end{bmatrix}$, $\boldsymbol{z} = \begin{bmatrix} z_1 \\ z_2 \end{bmatrix}$, $\boldsymbol{u} = \begin{bmatrix} y \\ u \end{bmatrix}$

以 u 为控制量，z 为输出量，对上式进行拉氏变换，可得

$$\frac{z(s)}{u(s)} = C(sI - A)^{-1}B = \frac{\begin{bmatrix} \beta_{01}s + \beta_{02} & b \\ \beta_{02}s & b(s + \beta_{02}) \end{bmatrix}}{s^2 + \beta_{01}s + \beta_{02}}$$

写成分量的形式为

$$\begin{cases} z_1 = \dfrac{\beta_{01}s + \beta_{02}}{s^2 + \beta_{01}s + \beta_{02}}x_1 + \dfrac{b}{s^2 + \beta_{01}s + \beta_{02}}u \\ z_2 = \dfrac{\beta_{02}s}{s^2 + \beta_{01}s + \beta_{02}}x_1 + \dfrac{b(s + \beta_{02})}{s^2 + \beta_{01}s + \beta_{02}}u \end{cases} \tag{10-24}$$

由式（10-23）和式（10-24），可得

$$e = \frac{-s^2}{s^2 + \beta_{01}s + \beta_{02}}x_1 + \frac{b}{s^2 + \beta_{01}s + \beta_{02}}u \tag{10-25}$$

众所周知，对于龙伯格状态观测器来说，只要系统矩阵 A 和控制矩阵 B 精确，则可通过调整观测器的增益，使观测误差快速收敛于 0，但是对于此状态观测器，由于完全抛弃系统矩阵 A，故其性能必然大幅降低，误差特性也较为复杂。

观测器的误差特性跟控制量 u 和状态量 x_1 有关，其收敛特性也取决于控制量和状态量，根据式（10-25），观测器误差可看成由状态量和控制量引起的两项观测误差的线性之和，下面分如下 5 种情况分析观测器的误差特性，借此可对观测器的观测误差特性有所理解。

（1）假设状态量 x_1 和控制量 u 为常量或阶跃响应

根据假设，$x_1 = \dfrac{1}{s}$，$u = \dfrac{1}{s}$，则观测误差为

$$\lim_{t \to \infty} e(t) = \lim_{s \to 0} se(s) = \lim_{s \to 0} s\left(\frac{-s^2}{s^2 + \beta_{01}s + \beta_{02}}\frac{1}{s} + \frac{b}{s^2 + \beta_{01}s + \beta_{02}}\frac{1}{s}\right) = \frac{b}{\beta_{02}}$$

其中，状态量引起的观测误差收敛为 0，控制量引起的观测误差收敛于 $\dfrac{b}{\beta_{02}}$，从这一点看，如果控制量 u 为 0，这时的观测误差才收敛于 0。

（2）假设状态量 x_1 为单位斜坡函数，控制量 u 为常量或阶跃响应

根据假设，$x_1 = \dfrac{1}{s^2}$，$u = \dfrac{1}{s}$，则观测误差为

$$\lim_{t \to \infty} e(t) = \lim_{s \to 0} se(s) = \lim_{s \to 0} s\left(\frac{-s^2}{s^2 + \beta_{01}s + \beta_{02}}\frac{1}{s^2} + \frac{b}{s^2 + \beta_{01}s + \beta_{02}}\frac{1}{s}\right) = \frac{b}{\beta_{02}}$$

其中，状态量引起的观测误差收敛为 0，控制量引起的观测误差收敛于 $\dfrac{b}{\beta_{02}}$。

（3）假设状态量 x_1 为单位加速度函数，控制量 u 为常量或阶跃响应

根据假设，$x_1 = \dfrac{1}{s^3}$，$u = \dfrac{1}{s}$，则观测误差为

$$\lim_{t \to \infty} e(t) = \lim_{s \to 0} se(s) = \lim_{s \to 0} s\left(\frac{-s^2}{s^2 + \beta_{01}s + \beta_{02}}\frac{1}{s^3} + \frac{b}{s^2 + \beta_{01}s + \beta_{02}}\frac{1}{s}\right)$$

$$= \frac{-1}{\beta_{02}} + \frac{b}{\beta_{02}}$$

其中，状态量引起的观测误差收敛为 $\dfrac{-1}{\beta_{02}}$，控制量引起的观测误差收敛于 $\dfrac{b}{\beta_{02}}$。

（4）假设状态量 x_1 为单位加加速度函数，控制量 u 为单位斜坡函数

根据假设，$x_1 = \dfrac{1}{s^4}$，$u = \dfrac{1}{s}$，则观测误差为

$$\lim_{t \to \infty} e(t) = \lim_{s \to 0} s e(s) = \lim_{s \to 0} s \left(\frac{-s^2}{s^2 + \beta_{01} s + \beta_{02}} \frac{1}{s^4} + \frac{b}{s^2 + \beta_{01} s + \beta_{02}} \frac{1}{s^2} \right) = \infty + \infty$$

其中，状态量引起的观测误差发散，控制量引起的观测误差发散，即如果状态量以单位加加速度函数变化或控制量以单位斜坡函数变化，则观测器不能观测状态量。

（5）假设状态量 x_1 和控制量 u 为正弦函数 $A \sin \omega t$

根据假设，$x_1 = \dfrac{A\omega}{s^2 + \omega^2}$，$u = \dfrac{A\omega}{s^2 + \omega^2}$，则观测误差为

$$\lim_{t \to \infty} e(t) = \lim_{s \to 0} s e(s) = \lim_{s \to 0} s \left(\frac{-s^2}{s^2 + \beta_{01} s + \beta_{02}} \frac{A\omega}{s^2 + \omega^2} + \frac{b}{s^2 + \beta_{01} s + \beta_{02}} \frac{A\omega}{s^2 + \omega^2} \right) = 0 + 0$$

其中，状态量和控制量引起的观测误差均收敛于 0。

由以上分析以及式（10-24）和（10-25）可知：

1）上述 5 种情况只是定量分析估计误差 e 的稳态特性，在工程上，更关注的是估计误差 e 的动态响应特性，包括一阶状态量估计误差和高阶状态量估计误差。

2）状态估计量 z_1、z_2 和估计误差 e 不仅跟输入量相关，而且跟状态量以及控制量的微分量相关。

3）通常情况下状态观测器参数 β_{01} 和 β_{02} 较大，当 $\beta_{02} \gg b$ 时，在低频段，则可以视 z_1 为 x_1 的估计量，在高频段，则不能再视 z_1 为 x_1 的估计量，这一点要特别注意，换句说，当被观测状态量 x_1 含有高频信息时，观测器的品质会下降。

4）估计量 z_2 不仅与状态量 x_1 有关，而且与控制量 u 有关，在低频段，假设输入量为 0，则可以视 z_2 为 x_1 的微分信息。

5）要提高状态观测器的估计效果，则应该取较大的参数 β_{01} 和 β_{02}。

假设控制量为 0，即 $u = 0$，令状态观测器参数：$\omega_0 = 4 \times 2 \times \pi$，$\beta_{01} = 0.707 \times 2 \times \omega_0$，$\beta_{02} = \omega_0^2$，则可得

1）$\dfrac{e(s)}{x_1(s)} = \dfrac{-s^2}{s^2 + 50.26s + 631.7}$，其 bode 图如图 10-26 所示，在低频段，估计误差很小，估计效果良好；在高频段，状态量 x_1 与误差量 e 在幅值上等同，即状态观测器不能有效地估计高频信号。

2）$\dfrac{z_1(s)}{x_1(s)} = \dfrac{50.26s + 631.7}{s^2 + 50.26s + 631.7}$，其带宽为 9.91 Hz，bode 图如图 10-27 所示，在低频段（0~10.0Hz），状态观测器可以较精确地对状态量进行估计。

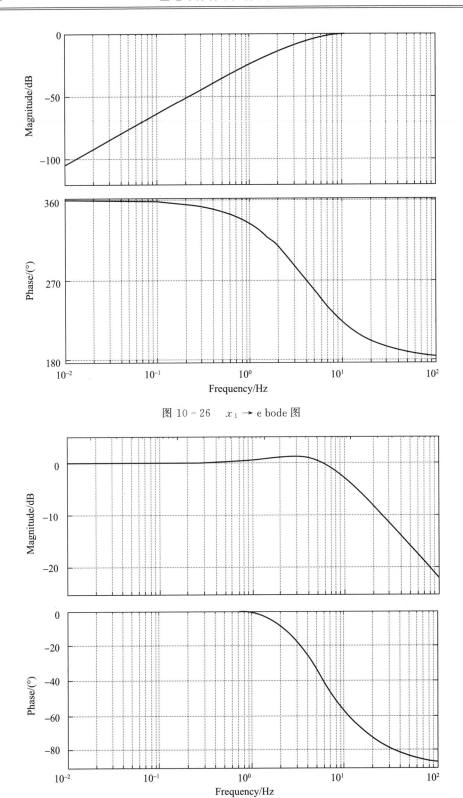

图 10 - 26 $x_1 \rightarrow e$ bode 图

图 10 - 27 $x_1 \rightarrow z_1$ bode 图

3）$\dfrac{z_2(s)}{x_1(s)} = \dfrac{631.7s}{s^2 + 50.26s + 631.7}$，其 bode 图如图 10-28 所示，在低频段（0～1.0 Hz），状态观测器能较好地提取输入信号的微分信号，当频率接近 1.0 Hz 以及超过 1.0 Hz 后，就不能较好地提取输入信号的微分信号。

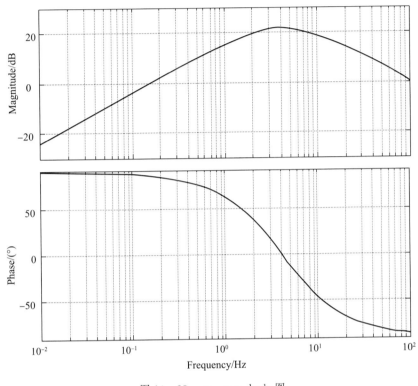

图 10-28　$x_1 \rightarrow z_2$ bode 图

4）图 10-29 为控制量 u 至一阶状态量估计 z_1 的 bode 图（这里 $b=1$），当控制量操作效率 b 较小时，控制量对 z_1 的影响较小，可以忽略，但是如果 b 较大，而观测器参数 β_{02} 不大，则会在较大程度上影响观测器的估计误差。

10.4.4.2　三阶状态观测器

假设三阶线性状态观测器

$$\begin{cases} e = z_1 - y \\ \dot{z}_1 = z_2 - \beta_{01}e \\ \dot{z}_2 = z_3 - \beta_{02}e \\ \dot{z}_3 = -\beta_{03}e + bu \end{cases} \tag{10-26}$$

写成状态空间格式，为

$$\begin{cases} \dot{z} = Az + Bu \\ y = Cz \end{cases} \tag{10-27}$$

即

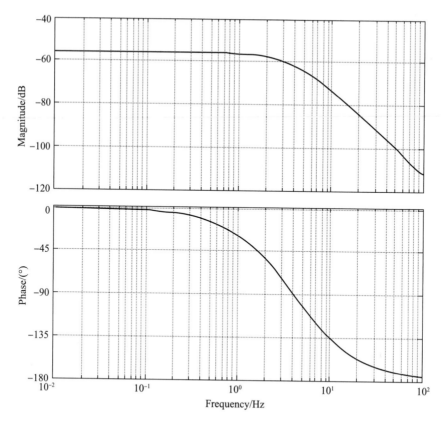

图 10 - 29　$u \rightarrow z_1$ bode 图

$$\begin{bmatrix} \dot{z}_1 \\ \dot{z}_2 \\ \dot{z}_3 \end{bmatrix} = \begin{bmatrix} -\beta_{01} & 1 & 0 \\ -\beta_{02} & 0 & 1 \\ -\beta_{03} & 0 & 0 \end{bmatrix} \begin{bmatrix} z_1 \\ z_2 \\ z_3 \end{bmatrix} + \begin{bmatrix} \beta_{01} & 0 \\ \beta_{02} & 0 \\ \beta_{03} & b \end{bmatrix} \begin{bmatrix} y \\ u \end{bmatrix}$$

令 $\boldsymbol{A} = \begin{bmatrix} -\beta_{01} & 1 & 0 \\ -\beta_{02} & 0 & 1 \\ -\beta_{03} & 0 & 0 \end{bmatrix}$, $\boldsymbol{B} = \begin{bmatrix} \beta_{01} & 0 \\ \beta_{02} & 0 \\ \beta_{03} & b \end{bmatrix}$, $\boldsymbol{C} = \begin{bmatrix} 1 & 0 & 0 \\ 0 & 1 & 0 \\ 0 & 0 & 1 \end{bmatrix}$, $\boldsymbol{z} = \begin{bmatrix} z_1 \\ z_2 \\ z_3 \end{bmatrix}$, $\boldsymbol{u} = \begin{bmatrix} y \\ u \end{bmatrix}$

对状态观测器（10 - 27）进行拉氏变换，可得

$$\frac{\boldsymbol{z}(s)}{\boldsymbol{u}(s)} = \boldsymbol{C}(s\boldsymbol{I} - \boldsymbol{A})^{-1}\boldsymbol{B} = \frac{\begin{bmatrix} \beta_{01}s^2 + \beta_{02}s + \beta_{03} & b \\ \beta_{02}s^2 + \beta_{03}s & b(s + \beta_{01}) \\ \beta_{03}s^2 & b(s^2 + \beta_{01}s + \beta_{02}) \end{bmatrix}}{s^3 + \beta_{01}s^2 + \beta_{02}s + \beta_{03}}$$

写成分量的形式

$$
\begin{cases}
z_1 = \dfrac{\beta_{01}s^2 + \beta_{02}s + \beta_{03}}{s^3 + \beta_{01}s^2 + \beta_{02}s + \beta_{03}}x_1 + \dfrac{b}{s^3 + \beta_{01}s^2 + \beta_{02}s + \beta_{03}}u \\[3mm]
z_2 = \dfrac{(\beta_{02}s + \beta_{03})s}{s^3 + \beta_{01}s^2 + \beta_{02}s + \beta_{03}}x_1 + \dfrac{b(s + \beta_{01})}{s^3 + \beta_{01}s^2 + \beta_{02}s + \beta_{03}}u \\[3mm]
z_3 = \dfrac{\beta_{03}s^2}{s^3 + \beta_{01}s^2 + \beta_{02}s + \beta_{03}}x_1 + \dfrac{b(s^2 + \beta_{01}s + \beta_{02})}{s^3 + \beta_{01}s^2 + \beta_{02}s + \beta_{03}}u
\end{cases} \tag{10-28}
$$

由式（10-26）和式（10-28）可知，误差量 e 为

$$
e = \frac{-s^3}{s^3 + \beta_{01}s^2 + \beta_{02}s + \beta_{03}}x_1 + \frac{b}{s^3 + \beta_{01}s^2 + \beta_{02}s + \beta_{03}}u \tag{10-29}
$$

由式（10-28）和式（10-29）可知：

1）观测器输出量 z_1、z_2 和 z_3 与状态量 x_1 和控制量 u 的特性相关，当 $\beta_{03} \gg \beta_{02} \gg \beta_{01}$ 及 $u = 0$ 时，在低频和中频段，z_1 可以看成等价于 x_1，z_2 可以看成 x_1 的一阶微分信号，z_3 可以看成 x_1 的二阶微分信号。

2）当状态量 x_1 以较低的频率变化，且控制量操作效率 b 较小时，可以获得很高精度的一阶状态量估计效果。

3）要提高状态观测器的估计效果，则应该取较大的参数 β_{01}、β_{02} 和 β_{03}，但大参数状态观测器对输入信号（即控制量 u 和状态量 x_1）的噪声敏感。

假设控制量输入为 0，即 $u = 0.0$，令状态观测器参数：$\omega_0 = 2 \times 2 \times \pi$，$\beta_{01} = 3 \times \omega_0 = 37.70$，$\beta_{02} = 3 \times \omega_0^2 = 473.741$，$\beta_{03} = \omega_0^3 = 1\,984.4$，则

1）$\dfrac{e(s)}{x_1(s)} = \dfrac{-s^3}{s^3 + 37.7s^2 + 473.7s + 1\,984.4}$，其 bode 图如图 10-30 所示，在低频段，估计误差很小，估计效果良好；在高频段，状态量 x_1 对估计误差的影响很大，即状态观测器不能有效地估计高频信号。

2）$\dfrac{z_1(s)}{x_1(s)} = \dfrac{37.7s^2 + 473.7s + 1\,984.4}{s^3 + 37.7s^2 + 473.7s + 1\,984.4}$，其带宽为 $7.79\,\mathrm{Hz}$，其 bode 图如图 10-31 所示，在低频段（$0 \sim 7.0\,\mathrm{Hz}$），状态观测器可以较精确地对状态量 x_1 进行估计。

3）$\dfrac{z_2(s)}{x_1(s)} = \dfrac{(473.7s + 1984.4)s}{s^3 + 37.7s^2 + 473.7s + 1984.4}$，其 bode 图如图 10-32 所示，在低频段（$0 \sim 1.0\,\mathrm{Hz}$），状态观测器输出 z_2 可以视为输入信号 x_1 的微分信号。

4）$\dfrac{z_3(s)}{x_1(s)} = \dfrac{1984.4s^2}{s^3 + 37.7s^2 + 473.7s + 1984.4}$，其 bode 图如图 10-33 所示，在低频段（$0 \sim 1.0\,\mathrm{Hz}$），状态观测器输出 z_3 可以视为输入信号 x_1 的二阶微分信号。

5）控制量 u 对 z_1 的作用为 $\dfrac{bu}{\beta_{03}}$，当控制量操作效率 b 较小时，可以忽略。

由以上分析可知，本节所提的状态观测器可适用于最小相位系统或非最小相位系统，当状态量以较慢速度变化且控制量操作效率较低时，均可获得较高的估计精度。当状态量以较高频率变换时，特别对于高阶的状态观测器，观测器的估计效果急剧下降。

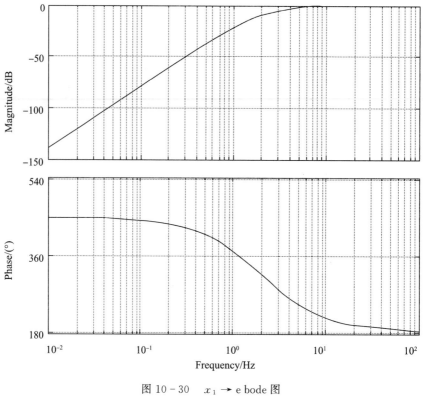

图 10 - 30　$x_1 \rightarrow e$ bode 图

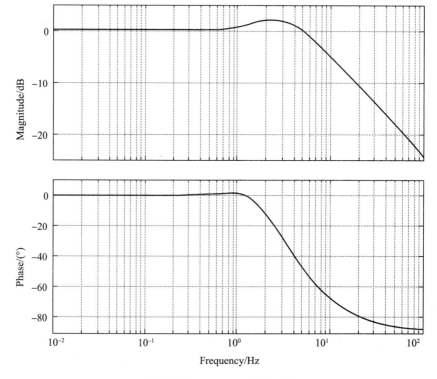

图 10 - 31　$x_1 \rightarrow z_1$ bode 图

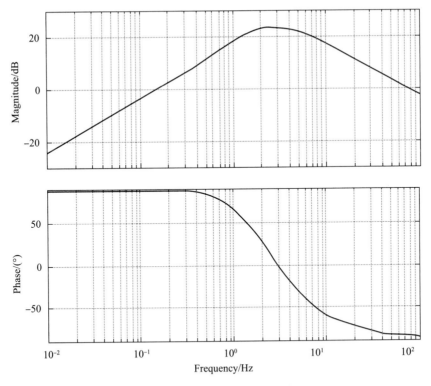

图 10 - 32 $x_1 \rightarrow z_2$ bode 图

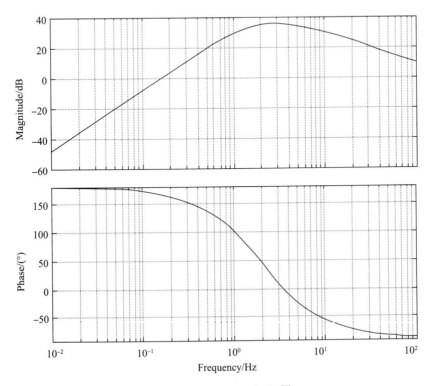

图 10 - 33 $x_1 \rightarrow z_3$ bode 图

10.5　扩展状态观测器

当状态量以较慢的速度变化且控制量操作效率较低时，二阶非线性观测器［式（10 - 30)］能较好地对上节提到的非线性系统（包括线性系统）［式（10 - 31)］进行观测。

$$\begin{cases} e = z_1 - y \\ \dot{z}_1 = z_2 - \beta_{01} e \\ \dot{z}_2 = -\beta_{02} |e|^{0.5} \text{sign}(e) + bu \end{cases} \qquad (10 - 30)$$

$$\begin{cases} \dot{x}_1 = x_2 \\ \dot{x}_2 = f(x_1, x_2, w, t) + bu \\ y = x_1 \end{cases} \qquad (10 - 31)$$

令 $x_3 = f(x_1, x_2, w, t)$，$\dot{x}_3 = \dot{f}(x_1, x_2, w, t)$，则

$$\begin{cases} \dot{x}_1 = x_2 \\ \dot{x}_2 = x_3 + bu \\ \dot{x}_3 = \dot{f}(x_1, x_2, w, t) \\ y = x_1 \end{cases} \qquad (10 - 32)$$

构造非线性状态观测器

$$\begin{cases} e = z_1 - y \\ \dot{z}_1 = z_2 - \beta_{01} e \\ \dot{z}_2 = z_3 - \beta_{02} |e|^{0.5} \text{sign}(e) \\ \dot{z}_3 = -\beta_{03} |e|^{0.25} \text{sign}(e) \end{cases} \qquad (10 - 33)$$

或线性状态观测器

$$\begin{cases} e = z_1 - y \\ \dot{z}_1 = z_2 - \beta_{01} e \\ \dot{z}_2 = z_3 - \beta_{02} e + bu \\ \dot{z}_3 = -\beta_{03} e \end{cases} \qquad (10 - 34)$$

上式中 x_3 即为扩展状态量，观测器［式（10 - 33)］即为系统［式（10 - 31)］的非线性扩展状态观测器（也称为扩张状态观测器，记为 ESO)，观测器［式（10 - 34)］即为系统［式（10 - 31)］的线性扩展状态观测器。

10.5.1　二阶扩展状态观测器

10.5.1.1　线性状态观测器设计及特性

假设一阶系统

$$\dot{x}_1 = f(x_1, t) + bu \qquad (10 - 35)$$

对于线性系统而言，状态量的变化率按特性可分为两部分：控制作用项 bu 和状态量作用项 $f(x_1,\ t)$（值得注意的是，可以将外部扰动作用和系统未建模误差都归于状态作用项），可将除控制作用项之外的一切作用项 $f(x_1,\ t)$ 扩展为一新的维状态量，即

$$x_2(t) = f(x_1,t)$$

并记

$$\dot{x}_2(t) = w(t)$$

则一阶系统扩展为二阶系统，即

$$\begin{cases} \dot{x}_1 = x_2 + bu \\ \dot{x}_2 = w(t) \\ x_2 = f(x_1,t) \\ y = x_1 \end{cases} \qquad (10\text{-}36)$$

针对系统［式（10-36）］，设计二阶线性扩展状态观测器

$$\begin{cases} e = z_1 - y \\ \dot{z}_1 = z_2 - \beta_{01}e + bu \\ \dot{z}_2 = -\beta_{02}e \end{cases} \qquad (10\text{-}37)$$

只要观测器参数设计合理，观测器［式（10-37）］可对系统［式（10-36）］的状态量和扰动量进行有效估计。其中 z_1 是对 x_1 的估计，z_2 是对 $f(x_1,\ t)$ 的估计。

由式（10-37）可知，观测器的输入量为原系统的控制量和输出量，没有用到原系统函数 $f(x_1,\ t)$ 的任何信息，其结构如图 10-34（a）所示，从结构上看跟传统的龙伯格状态观测器很不一样，它完全抛弃了原系统的一些信息，只在结构上保留了控制输入量这一项，当然这也在原理上，说明 ESO 的估计效果劣于龙伯格状态观测器。

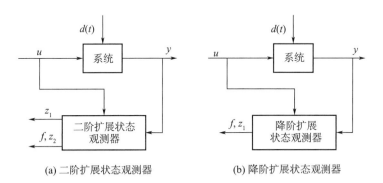

(a) 二阶扩展状态观测器　　　　　　(b) 降阶扩展状态观测器

图 10-34　二阶扩展状态观测器及降阶扩展状态观测器示意简图

二阶线性 ESO 在理论上可对如下几种类型系统进行估计

$$\begin{cases} \dot{x}_1 = f(t) + bu \\ \dot{x}_1 = f(x_1) + bu \\ \dot{x}_1 = f(x_1,t) + bu \\ \dot{x}_1 = f[x_1,t,w(t)] + bu \end{cases}$$

只要 $f(t)$、$f(x_1)$、$f(x_1,t)$ 或 $f[x_1,t,w(t)]$ 变化不是特别剧烈，甚至可以为分段不连续，ESO 都可以对其状态量及扰动量进行估计。

另外，如果控制作用项和状态量作用项不是特别精确，例如式（10-35）中的控制作用项 bu 和状态量作用项 $f(x_1,t)$ 可表示为精确项和扰动项，即

$$\begin{cases} bu = b_0 u + \Delta bu \\ f(x_1,t) = f_0(x_1,t) + \Delta f \end{cases}$$

式中　$b_0 u$ ——系统控制作用项中确定的作用项；

　　　Δbu ——系统控制作用项中的不确定项；

　　　$f_0(x_1,t)$ ——系统模型中确定的状态作用项；

　　　Δf ——不确定项。

可将系统［式（10-35）］改写为

$$\dot{x}_1 = f_0(x_1,t) + \Delta f + b_0 u + \Delta bu = f_0(x_1,t) + b_0 u + \Delta f' \tag{10-38}$$

式中，$\Delta f' = \Delta f + \Delta bu$，即为系统的不确定项。

针对系统［式（10-38）］，可以建立如下扩展状态观测器

$$\begin{cases} e = z_1 - y \\ \dot{z}_1 = f_0(z_1,t) + b_0 u - \beta_{01} e \\ \dot{z}_2 = -\beta_{02} e \end{cases} \tag{10-39}$$

此观测器 z_1 是对 x_1 的估计，z_2 则是对 $\Delta f'$ 的估计，$\Delta f'$ 在推导时为系统的不确定项，包括模型结构误差、模型参数误差以及外部扰动等，这些都在某种意义上归结为"总的扰动"，故 ESO 也可视为一种扰动观测器。

10.5.1.2　状态观测器误差分析

将二阶线性扩展状态观测器［式（10-37）］写成状态空间的形式

$$\begin{cases} \dot{z} = Az + Bu \\ y = Cz \end{cases} \tag{10-40}$$

即 $A = \begin{bmatrix} -\beta_{01} & 1 \\ -\beta_{02} & 0 \end{bmatrix}$，$B = \begin{bmatrix} \beta_{01} & b \\ \beta_{02} & 0 \end{bmatrix}$，$C = \begin{bmatrix} 1 & 0 \\ 0 & 1 \end{bmatrix}$，$z = \begin{bmatrix} z_1 \\ z_2 \end{bmatrix}$，$u = \begin{bmatrix} y \\ u \end{bmatrix}$

对扩展状态观测器［式（10-40）］求拉氏变换，可得

$$\begin{cases} z_1 = \dfrac{\beta_{01} s + \beta_{02}}{s^2 + \beta_{01} s + \beta_{02}} x_1 + \dfrac{bs}{s^2 + \beta_{01} s + \beta_{02}} u \\ z_2 = \dfrac{\beta_{02} s}{s^2 + \beta_{01} s + \beta_{02}} x_1 + \dfrac{-b\beta_{02}}{s^2 + \beta_{01} s + \beta_{02}} u \end{cases} \tag{10-41}$$

根据式（10-37）和式（10-41）可得

$$e = \frac{-s^2}{s^2 + \beta_{01} s + \beta_{02}} x_1 + \frac{bs}{s^2 + \beta_{01} s + \beta_{02}} u \tag{10-42}$$

将 ESO 估计状态方程组（10-41）和线性状态估计方程组（10-24）对比，并将 ESO 估计误差方程与线性状态观测器误差方程对比可知，两者存在较大不同，其中 ESO

输出 z_1 跟系统状态量 x_1 以及系统控制量的微分相关，当控制量变化缓慢且控制量的控制效率较小时，其 ESO 输出 z_1 可以更好地跟踪系统状态量 x_1，即 ESO 观测效果更优。

ESO 观测器的误差特性跟系统控制量 u 的微分和状态量 x_1 相关，根据式（10－42），观测器误差可看成由状态量和控制量引起的两项观测误差的线性之和，下面分 5 种情况分析观测器的误差特性，借此可对二阶线性 ESO 观测器的观测误差特性有所理解。

（1）假设状态量 x_1 和控制量 u 为常量或阶跃响应

根据假设，$x_1 = \dfrac{1}{s}$，$u = \dfrac{1}{s}$，则观测误差为

$$\lim_{t \to \infty} e(t) = \lim_{s \to 0} s e(s) = \lim_{s \to 0} s \left(\frac{-s^2}{s^2 + \beta_{01} s + \beta_{02}} \frac{1}{s} + \frac{bs}{s^2 + \beta_{01} s + \beta_{02}} \frac{1}{s} \right) = 0$$

其中，状态量引起的观测误差收敛为 0，控制量引起的观测误差收敛于 0，这时的观测误差收敛于 0。

（2）假设状态量 x_1 和控制量 u 为单位斜坡函数响应

根据假设，$x_1 = \dfrac{1}{s^2}$，$u = \dfrac{1}{s^2}$，则观测误差为

$$\lim_{t \to \infty} e(t) = \lim_{s \to 0} s e(s) = \lim_{s \to 0} s \left(\frac{-s^2}{s^2 + \beta_{01} s + \beta_{02}} \frac{1}{s^2} + \frac{bs}{s^2 + \beta_{01} s + \beta_{02}} \frac{1}{s^2} \right) = \frac{b}{\beta_{02}}$$

其中，状态量引起的观测误差收敛为 0，控制量引起的观测误差收敛于 $\dfrac{b}{\beta_{02}}$。

（3）假设状态量 x_1 为单位加速度函数，控制量 u 为单位斜坡函数响应

根据假设，$x_1 = \dfrac{1}{s^3}$，$u = \dfrac{1}{s^2}$，则观测误差为

$$\lim_{t \to \infty} e(t) = \lim_{s \to 0} s e(s) = \lim_{s \to 0} s \left(\frac{-s^2}{s^2 + \beta_{01} s + \beta_{02}} \frac{1}{s^3} + \frac{bs}{s^2 + \beta_{01} s + \beta_{02}} \frac{1}{s^2} \right) = \frac{-1}{\beta_{02}} + \frac{b}{\beta_{02}}$$

其中，状态量引起的观测误差收敛为 $\dfrac{-1}{\beta_{02}}$，控制量引起的观测误差收敛于 $\dfrac{b}{\beta_{02}}$。

（4）假设状态量 x_1 为单位加加速度函数，控制量 u 为单位加速度函数

根据假设，$x_1 = \dfrac{1}{s^4}$，$u = \dfrac{1}{s^3}$，则观测误差为

$$\lim_{t \to \infty} e(t) = \lim_{s \to 0} s e(s) = \lim_{s \to 0} s \left(\frac{-s^2}{s^2 + \beta_{01} s + \beta_{02}} \frac{1}{s^4} + \frac{bs}{s^2 + \beta_{01} s + \beta_{02}} \frac{1}{s^3} \right) = \infty + \infty$$

其中，状态量引起的观测误差发散，控制量引起的观测误差发散，即如果状态量以单位加加速度函数变化或控制量以单位加速度函数变化，则观测器不能观测状态量。

（5）假设状态量 x_1 和控制量 u 为正弦函数 $A \sin \omega t$

根据假设，$x_1 = \dfrac{A\omega}{s^2 + \omega^2}$，$u = \dfrac{A\omega}{s^2 + \omega^2}$，则观测误差为

$$\lim_{t \to \infty} e(t) = \lim_{s \to 0} s e(s) = \lim_{s \to 0} s \left(\frac{-s^2}{s^2 + \beta_{01} s + \beta_{02}} \frac{A\omega}{s^2 + \omega^2} + \frac{bs}{s^2 + \beta_{01} s + \beta_{02}} \frac{A\omega}{s^2 + \omega^2} \right) = 0 + 0$$

其中，状态量和控制量引起的观测误差均收敛于 0。

通常情况下，状态量和控制量变化中低频信号占主导地位，所以只要设计合适的观测器参数，此 ESO 可以对一阶系统［式（10-35）］的扰动量进行较好的估计，即：

1）上述 5 种情况只是定量分析估计误差 e 的稳态特性，在工程上，更关注的是估计误差 e 的动态响应特性，包括一阶状态量估计误差和高阶扰动量估计误差。

2）状态估计量 z_1、z_2 和估计误差 e 不仅跟系统状态量 x_1 有关，而且跟控制量以及控制量的微分量有关。

3）通常情况下，状态观测器参数 β_{01} 和 β_{02} 较大，当 $\beta_{02} \gg b$ 时，在低频段，则可以视 z_1 为 x_1 的估计量，即 z_1 趋于与 x_1 一致；β_{02} 和 β_{01} 越大时，则 z_1 趋于 x_1 的速度越快。

4）观测器 β_{02} 取值应为 $\beta_{02} \gg b$，这样当系统控制量以慢速变化时，控制量对估计误差的作用可忽略。

5）z_2 趋于与 x_2 一致，z_2 与系统状态量 x_1 的微分项和控制项有关，原因是：a）z_2 为扰动项的估计，而扰动项对状态量 x_1 的影响即为微分作用；b）由系统方程可知，对状态量 x_1 的微分作用为扰动项和控制项之和，故从中剔除控制作用项即可得扰动项。

6）要提高状态观测器的估计效果，应该取较大的参数 β_{01} 和 β_{02}。

10.5.1.3　状态观测器估计品质及带宽

对系统［式（10-36）］和其状态观测器［式（10-37）］进行拉氏变换，可得

$$\begin{cases} sx_1 - x_1(0) = x_2 + bu \\ x_2 = f \\ sz_1 - z_1(0) = z_2 + \beta_{01}(z_1 - x_1) + bu \\ sz_2 - z_2(0) = -\beta_{02}(z_1 - x_1) \end{cases}$$

即可得

$$z_2 = \frac{\beta_{02} f}{s^2 + \beta_{01}s + \beta_{02}} + \frac{sz_2(0)}{s^2 + \beta_{01}s + \beta_{02}} - \frac{\beta_{02}[z_1(0) - x_1(0)]}{s^2 + \beta_{01}s + \beta_{02}} + \frac{\beta_{01}z_2(0)}{s^2 + \beta_{01}s + \beta_{02}}$$

$$(10-43)$$

通常情况下，$z_1(0) = x_1(0)$，$z_2(0) = 0$，则可得

$$\frac{z_2}{f} = \frac{\beta_{02}}{s^2 + \beta_{01}s + \beta_{02}}$$

由上式可知：

1）上式是在假设 b 为精确的情况下推导得到的。

2）如果 ESO 采用的 $\bar{b}$ 和真实 b 有一定的误差，也可将 $(b - \bar{b})u$ 视为扰动量的一部分，即估计量 z_2 是对广义扰动量 $f + (b - \bar{b})u$ 的估计。

3）ESO 从某种意义上可视为对系统扰动量进行估计，为扰动观测器。

4）二阶线性 ESO 的带宽为二阶惯性环节的带宽，对扰动量的估计效果可视为一个低通滤波器对扰动量的滤波效果。

5）ESO 对扰动量的估计品质取决于 ESO 的带宽以及扰动量的特性，ESO 的带宽越高，则对扰动量的估计品质越好，越能快速精确地估计出扰动量，如果扰动量集中于低频

信号，则可以适当降低 ESO 的带宽，即减小 ESO 的参数 β_{01} 和 β_{02}，以降低系统状态量和控制量噪声的影响。

10.5.1.4　非线性状态观测器设计

在工程上，也常采用非线性扩展状态观测器，对系统［式（10-35）］和系统［式（10-38）］可以分别建立如下非线性 ESO

$$\begin{cases} e = z_1 - y \\ \dot{z}_1 = z_2 - \beta_{01} e + bu \\ \dot{z}_2 = -\beta_{02} fal(e,\alpha,\delta) \end{cases} \quad (10-44)$$

$$\begin{cases} e = z_1 - y \\ \dot{z}_1 = f_0(z_1,t) + b_0 u - \beta_{01} e \\ \dot{z}_2 = -\beta_{02} fal(e,\alpha,\delta) \end{cases} \quad (10-45)$$

式中 fal 为

$$fal(e,\alpha,\delta) = \begin{cases} |e|^\alpha \text{sign}(e) & |e| > \delta \\ \dfrac{e}{\delta^{1-\alpha}} & |e| \leqslant \delta \end{cases}$$

对于二阶扩展观测器，通常取 $\alpha = 0.5$。

10.5.1.5　降阶扩展状态观测器

（1）降阶扩展状态观测器设计

将一阶系统［式（10-35）］扩展成二阶系统［式（10-36）］后，写成状态空间的形式

$$\begin{cases} \begin{bmatrix} \dot{x}_1 \\ \dot{x}_2 \end{bmatrix} = \begin{bmatrix} 0 & 1 \\ 0 & 0 \end{bmatrix} \begin{bmatrix} x_1 \\ x_2 \end{bmatrix} + \begin{bmatrix} b \\ 0 \end{bmatrix} u + \begin{bmatrix} 0 \\ 1 \end{bmatrix} w(t) \\ y = \begin{bmatrix} 1 & 0 \end{bmatrix} \begin{bmatrix} x_1 \\ x_2 \end{bmatrix} \end{cases} \quad (10-46)$$

记 $\boldsymbol{x} = [x_1 \quad x_2]^{\mathrm{T}}$，$\boldsymbol{A} = \begin{bmatrix} 0 & 1 \\ 0 & 0 \end{bmatrix}$，$\boldsymbol{B} = [b \quad 0]^{\mathrm{T}}$，$\boldsymbol{E} = [0 \quad 1]^{\mathrm{T}}$，$\boldsymbol{C} = [1 \quad 0]$。

对上式进行线性等价变换，$\overline{\boldsymbol{x}} = \boldsymbol{P}\boldsymbol{x}$，其等价变换矩阵为

$$\boldsymbol{P} = \begin{bmatrix} 0 & 1 \\ 1 & 0 \end{bmatrix}$$

则方程组可化为

$$\begin{cases} \dot{\overline{\boldsymbol{x}}} = \boldsymbol{P}\boldsymbol{A}\boldsymbol{P}^{-1}\overline{\boldsymbol{x}} + \boldsymbol{P}\boldsymbol{B}u = \overline{\boldsymbol{A}}\,\overline{\boldsymbol{x}} + \overline{\boldsymbol{B}}u + \overline{\boldsymbol{E}}w \\ y = \boldsymbol{C}\boldsymbol{P}^{-1}\overline{\boldsymbol{x}} = \overline{\boldsymbol{C}}\,\overline{\boldsymbol{x}} \end{cases} \quad (10-47)$$

可将上式写成如下分块的状态空间形式

$$\begin{cases} \begin{bmatrix} \dot{\overline{x}}_1 \\ \dot{\overline{x}}_2 \end{bmatrix} = \begin{bmatrix} \overline{A}_{11} & \overline{A}_{12} \\ \overline{A}_{21} & \overline{A}_{22} \end{bmatrix} \begin{bmatrix} \overline{x}_1 \\ \overline{x}_2 \end{bmatrix} + \begin{bmatrix} \overline{B}_1 \\ \overline{B}_2 \end{bmatrix} u \\[2mm] y = \begin{bmatrix} 0 & 1 \end{bmatrix} \begin{bmatrix} \overline{x}_1 \\ \overline{x}_2 \end{bmatrix} = \overline{x}_2 \end{cases}$$

也可将上式写成分量的形式

$$\begin{cases} \dot{\overline{x}}_1 = \overline{A}_{11}\overline{x}_1 + \overline{A}_{12}\overline{x}_2 + \overline{B}_1 u \\ \dot{\overline{x}}_2 = \overline{A}_{21}\overline{x}_1 + \overline{A}_{22}\overline{x}_2 + \overline{B}_2 u \\ y = \overline{x}_2 \end{cases} \tag{10-48}$$

在上述方程组中，$\overline{A}_{12}\overline{x}_2 + \overline{B}_1 u$ 相当于已知量，令 $\overline{A}_{12}\overline{x}_2 + \overline{B}_1 u = v$ ，另外可令

$$\overline{A}_{21}\overline{x}_1 = \dot{\overline{x}}_2 - \overline{A}_{22}\overline{x}_2 - \overline{B}_2 u = \dot{y} - \overline{A}_{22}y - \overline{B}_2 u = y_1$$

即可得

$$\begin{cases} \dot{\overline{x}}_1 = \overline{A}_{11}\overline{x}_1 + v \\ y_1 = \overline{A}_{21}\overline{x}_1 \end{cases}$$

构造状态观测器

$$\dot{z}_1 = (\overline{A}_{11} - \overline{E}\,\overline{A}_{21}) z_1 + \overline{E} y_1 + v$$

即

$$\dot{z}_1 - \overline{E}\dot{y} = (\overline{A}_{11} - \overline{E}\,\overline{A}_{21})(z_1 - \overline{E}y) + (\overline{B}_1 - \overline{E}\,\overline{B}_2) u + [\overline{A}_{12} - \overline{E}\,\overline{A}_{22} + (\overline{A}_{11} - \overline{E}\,\overline{A}_{21})\overline{E}] y$$

定义新状态量 $w = z_1 - \overline{E}y_1$ ，则

$$\dot{w} = (\overline{A}_{11} - \overline{E}\,\overline{A}_{21}) w + (\overline{B}_1 - \overline{E}\,\overline{B}_2) u + (\overline{A}_{12} - \overline{E}\,\overline{A}_{22} + (\overline{A}_{11} - \overline{E}\,\overline{A}_{21})\overline{E}) y \tag{10-49}$$

令 $\overline{E} = \beta$ ，$\overline{A}_{11} = \overline{A}_{12} = \overline{A}_{22} = 0$，$\overline{A}_{21} = 1$，$\overline{B}_1 = 0$，$\overline{B}_2 = b$ ，则

$$\dot{w} = -\beta w - \beta b u - \beta^2 x_1 \tag{10-50}$$

（2）降阶观测器误差特性分析

由式（10-35）可得

$$bu = sy - y(0) - f \tag{10-51}$$

由式（10-50）可得

$$s(z_1 - \beta y) - (z_1(0) - \beta y(0)) = -\beta(z_1 - ey) - \beta b u - \beta^2 y \tag{10-52}$$

将式（10-51）代入式（10-52），可得

$$z_1 = \frac{z_1(0)}{s + \beta} + \frac{\beta f}{s + \beta}$$

即对扰动量的估计值在理论上受估计初始值和扰动量的双重影响，当 β 较大时，上式可简化为

$$z_1 = \frac{z_1(0)}{s + \beta} + \frac{\beta f}{s + \beta} = \frac{\dfrac{1}{\beta}z_1(0)}{\dfrac{1}{\beta}s + 1} + \frac{f}{\dfrac{1}{\beta}s + 1} \approx \frac{f}{\dfrac{1}{\beta}s + 1} \tag{10-53}$$

由上式可知，当取扰动量的初始估计值 $z_1(0)$ 为 0 时，在理论上降阶扩展状态观测器可以对扰动量进行很好的估计，估计稳态误差为 0，观测器输出值和扰动量之间为一阶惯性环节，当 $\beta \to \infty$，即一阶惯性环节时间常数趋于无穷小，则滤波器可以实时地估计扰动量。

在某种意义上，ESO 可视为对系统扰动的观测器，其带宽为 $\beta/(2\pi)$ Hz，β 越大，则对扰动量的估计效果越好，不过 β 越大，则观测量受系统控制量和状态量的噪声影响越大，在工程上还得权衡考虑，最后确定降阶 ESO 唯一的参数 β。

10.5.1.6　二阶扩展状态观测器和降阶扩展状态观测器仿真分析

在本节主要通过数值仿真说明二阶扩展状态观测器和降阶扩展状态观测器的性能，具体见例 10-7。

例 10-7　已知一阶最小相位系统，设计二阶线性 ESO 和降阶 ESO 估计其扰动量。

假设一阶系统

$$\begin{cases} \dot{x}_1 = d(t) + u \\ d = 0.1x_1 + 1.5 \times \mathrm{sign}[\sin(0.5 \times 2\pi \times t)] + 0.5 \times \sin(0.3 \times 2\pi \times t) \\ u = \sin(2\pi \times t) \end{cases}$$

试设计二阶扩展状态观测器和降阶扩展状态观测器对系统的扰动量进行观测，并分析两者的特性。

解：

（1）二阶扩展状态观测器

将一阶系统改写如下

$$\begin{cases} \dot{x}_1 = x_2 + u \\ \dot{x}_2 = w(t) \\ x_2 = 0.1x_1 + 1.5 \times \mathrm{sign}[\sin(0.5 \times 2\pi \times t)] + 0.5 \times \sin(0.3 \times 2\pi \times t) \\ y = x_1 \end{cases}$$

采用二阶扩展状态观测器 [式（10-37）]，观测器参数取 $\beta_{01} = 100$，$\beta_{02} = 300$。

仿真结果如图 10-35 和图 10-36 所示，图 10-35 为状态量与观测量变化曲线，图 10-36 为观测误差变化曲线。

仿真结论：相比较于线性观测器（见例 10-5），虽然其观测器参数与例 10-5 类似，但其估计效果相对较好，估计稳态误差接近于 0。

（2）降阶二阶扩展状态观测器

采用降阶扩展状态观测器 [式（10-50）]，观测器参数取 $\beta = 50$。

仿真结果如图 10-37 所示，图 10-37（a）为状态量（即为扰动量）和观测量变化曲线，图 10-37（b）为观测误差变化曲线。

仿真结论：相对于二阶扩展状态观测器，其观测更快，但受观测值初始值的影响，并不能完全估计出扰动量。

对于本例，要想更好地估计出扰动量，需要取较小的积分步长，另外当观测器参数 β 增大，即观测器带宽提高，则估计快速性提高，但估计误差增大。

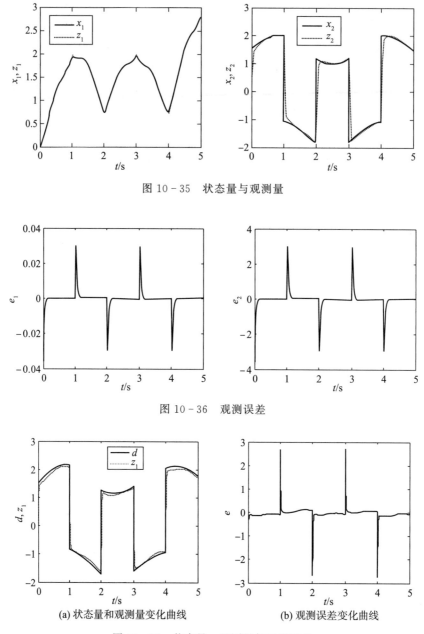

图 10-35　状态量与观测量

图 10-36　观测误差

(a) 状态量和观测量变化曲线　　　　(b) 观测误差变化曲线

图 10-37　状态量、观测量与观测误差

10.5.2　三阶线性扩展状态观测器

在工程上，较为常用的是二阶和三阶线性扩展状态观测器，阶数大于 3 的线性扩展状态观测器其估计效果较差，较难在工程上应用，本节介绍三阶线性扩展状态观测器的设计及特性。

10.5.2.1　状态观测器设计及特性

二阶系统 [式 (10-31)] 扩展为三阶系统 [式 (10-32)] 后，即可设计三阶线性扩展状态观测器 [式 (10-34)]，将其改写成状态空间的形式

$$\begin{cases} \dot{z} = Az + Bu \\ y = Cz \end{cases} \tag{10-54}$$

即 $A = \begin{bmatrix} -\beta_{01} & 1 & 0 \\ -\beta_{02} & 0 & 1 \\ -\beta_{03} & 0 & 0 \end{bmatrix}$，$B = \begin{bmatrix} \beta_{01} & 0 \\ \beta_{02} & b \\ \beta_{03} & 0 \end{bmatrix}$，$C = \begin{bmatrix} 1 & 0 & 0 \\ 0 & 1 & 0 \\ 0 & 0 & 1 \end{bmatrix}$，$z = \begin{bmatrix} z_1 \\ z_2 \\ z_3 \end{bmatrix}$，$u = \begin{pmatrix} y \\ u \end{pmatrix}$

由式 (10-54) 可知，观测器的输入量为系统的控制量 u 和状态量 y，没有用到系统函数 $f(x_1, t)$ 的任何信息。同二阶线性 ESO 类似，三阶线性 ESO 从结构上跟传统的龙伯格状态观测器不一样，其完全抛弃了原系统的一些信息，只在结构上保留了控制输入量这一项，当然这也在原理上说明 ESO 的估计效果劣于龙伯格状态观测器。

三阶线性 ESO 在理论上可对如下二阶系统进行有效的估计。

$$\begin{cases} \dot{x}_1 = x_2 \\ \dot{x}_2 = f(x_1, x_2, w, t) + bu \end{cases}$$

其中 $f(x_1, x_2, w, t)$ 为系统模型不确定性、内部扰动和外部扰动等，只要 $f(x_1, x_2, w, t)$ 随状态量、扰动量以及时间变化不是特别剧烈，甚至可以为分段不连续函数，三阶线性 ESO 都可以对其状态量以及扰动量进行有效估计。

同理，当系统存在模型不确定性时，可以将模型不确定性归结于系统的扰动，在此基础上也可以进行有效的估计，具体处理可参考 10.5.1.1 节相关内容。

10.5.2.2　状态观测器误差分析

对扩展状态观测器 [式 (10-54)] 求拉氏变换，可得

$$\begin{cases} z_1 = \dfrac{\beta_{01} s^2 + \beta_{02} s + \beta_{03}}{s^3 + \beta_{01} s^2 + \beta_{02} s + \beta_{03}} x_1 + \dfrac{bs}{s^3 + \beta_{01} s^2 + \beta_{02} s + \beta_{03}} u \\[3mm] z_2 = \dfrac{(\beta_{02} s + \beta_{03}) s}{s^3 + \beta_{01} s^2 + \beta_{02} s + \beta_{03}} x_1 + \dfrac{b (s + \beta_{01})}{s^3 + \beta_{01} s^2 + \beta_{02} s + \beta_{03}} u \\[3mm] z_3 = \dfrac{\beta_{03} s^2}{s^3 + \beta_{01} s^2 + \beta_{02} s + \beta_{03}} x_1 + \dfrac{-b\beta_{03}}{s^3 + \beta_{01} s^2 + \beta_{02} s + \beta_{03}} u \end{cases} \tag{10-55}$$

根据三阶线性 ESO [式 (10-34)] 和方程组 (10-55) 可得

$$e = \frac{-s^3}{s^3 + \beta_{01} s^2 + \beta_{02} s + \beta_{03}} x_1 + \frac{bs}{s^3 + \beta_{01} s^2 + \beta_{02} s + \beta_{03}} u \tag{10-56}$$

三阶线性 ESO 的误差特性跟系统控制量 u 的微分和状态量 x_1 相关，根据式 (10-56)，观测器误差可看成由状态量和控制量引起的两项观测误差的线性之和，下面分 5 种情况分析观测器的误差特性，借此可对三阶线性 ESO 观测器的观测误差特性有所理解。

（1）假设状态量 x_1 和控制量 u 为常量或阶跃响应

根据假设，$x_1 = \dfrac{1}{s}$，$u = \dfrac{1}{s}$，则观测误差为

$$\lim_{t \to \infty} e(t) = \lim_{s \to 0} s e(s) = \lim_{s \to 0} s \left(\frac{-s^3}{s^3 + \beta_{01} s^2 + \beta_{02} s + \beta_{03}} \frac{1}{s} + \frac{bs}{s^3 + \beta_{01} s^2 + \beta_{02} s + \beta_{03}} \frac{1}{s} \right) = 0$$

其中，状态量引起的观测误差收敛为 0，控制量引起的观测误差收敛于 0，这时的观测误差收敛于 0。

（2）假设状态量 x_1 和控制量 u 为单位斜坡函数响应

根据假设，$x_1 = \dfrac{1}{s^2}$，$u = \dfrac{1}{s^2}$，则观测误差为

$$\lim_{t \to \infty} e(t) = \lim_{s \to 0} s e(s) = \lim_{s \to 0} s \left(\frac{-s^3}{s^3 + \beta_{01} s^2 + \beta_{02} s + \beta_{03}} \frac{1}{s^2} + \frac{bs}{s^3 + \beta_{01} s^2 + \beta_{02} s + \beta_{03}} \frac{1}{s^2} \right) = \frac{b}{\beta_{03}}$$

其中，状态量引起的观测误差收敛为 0，控制量引起的观测误差收敛于 $\dfrac{b}{\beta_{03}}$。

（3）假设状态量 x_1 为单位加速度函数和控制量 u 为单位斜坡函数响应

根据假设，$x_1 = \dfrac{1}{s^3}$，$u = \dfrac{1}{s^2}$，则观测误差为

$$\lim_{t \to \infty} e(t) = \lim_{s \to 0} s e(s) = \lim_{s \to 0} s \left(\frac{-s^3}{s^3 + \beta_{01} s^2 + \beta_{02} s + \beta_{03}} \frac{1}{s^3} + \frac{bs}{s^3 + \beta_{01} s^2 + \beta_{02} s + \beta_{03}} \frac{1}{s^2} \right) = \frac{b}{\beta_{03}}$$

其中，状态量引起的观测误差收敛为 0，控制量引起的观测误差收敛于 $\dfrac{b}{\beta_{03}}$。

（4）假设状态量 x_1 为单位加加速度函数和控制量 u 为单位加速度函数

根据假设，$x_1 = \dfrac{1}{s^4}$，$u = \dfrac{1}{s^3}$，则观测误差为

$$\lim_{t \to \infty} e(t) = \lim_{s \to 0} s e(s)$$

$$= \lim_{s \to 0} s \left(\frac{-s^3}{s^3 + \beta_{01} s^2 + \beta_{02} s + \beta_{03}} \frac{1}{s^4} + \frac{bs}{s^3 + \beta_{01} s^2 + \beta_{02} s + \beta_{03}} \frac{1}{s^3} \right)$$

$$= -\frac{1}{\beta_{03}} + \infty = \infty$$

其中，状态量引起的观测误差为 $-\dfrac{1}{\beta_{03}}$，控制量引起的观测误差发散，即如果状态量以单位加加速度函数变化或控制量以单位加速度函数变化，则观测器不能观测状态量。

（5）假设状态量 x_1 和控制量 u 为正弦函数 $A \sin \omega t$

根据假设，$x_1 = \dfrac{A\omega}{s^2 + \omega^2}$，$u = \dfrac{A\omega}{s^2 + \omega^2}$，则观测误差为

$$\lim_{t \to \infty} e(t) = \lim_{s \to 0} s e(s)$$

$$= \lim_{s \to 0} s \left(\frac{-s^3}{s^3 + \beta_{01} s^2 + \beta_{02} s + \beta_{03}} \frac{A\omega}{s^2 + \omega^2} + \frac{bs}{s^3 + \beta_{01} s^2 + \beta_{02} s + \beta_{03}} \frac{A\omega}{s^2 + \omega^2} \right)$$

$$= 0$$

其中，状态量和控制量引起的观测误差均收敛于 0。

同理，通常情况下状态量和控制量变化中低频信号占主导地位，所以只要设计合适的

观测器参数，此 ESO 可以对二阶系统 [式（10 - 31）] 的状态量和扰动量进行较好的估计，即：

1）上述 5 种情况只是定量分析估计误差 e 的稳态特性，在工程上，更关注的是估计误差 e 的动态响应特性，包括一阶状态量估计误差、高阶扰动量估计误差。

2）观测器输出量 z_1、z_2 和 z_3 与状态量 x_1 和控制量 u 相关，当 $\beta_{03} \gg \beta_{02} \gg \beta_{01}$ 及 $u = 0$ 时，在低频和中频段，z_1 可以看成等价于 x_1，z_2 可以看成 x_1 的一阶微分信号，z_3 可以看成系统的扰动量。

3）要提高状态观测器的估计效果，则应该取较大的参数 β_{01}、β_{02} 和 β_{03}。

10.5.2.3　状态观测器估计品质及带宽

对系统 [式（10 - 36）] 和其状态观测器 [式（10 - 37）] 进行拉氏变换，可得

$$
\begin{cases}
s x_1 - x_1(0) = x_2 \\
s x_2 - x_2(0) = x_3 + bu \\
x_3 = f \\
s z_1 - z_1(0) = z_2 + \beta_{01}(z_1 - x_1) \\
s z_2 - z_2(0) = z_2 - \beta_{02}(z_1 - x_1) + bu \\
s z_3 - z_3(0) = -\beta_{03}(z_1 - x_1)
\end{cases}
$$

即可得

$$
z_3 = \frac{\beta_{03} f}{s^3 + \beta_{01} s^2 + \beta_{02} s + \beta_{03}} + \frac{s^2 z_3(0)}{s^3 + \beta_{01} s^2 + \beta_{02} s + \beta_{03}} - \frac{\beta_{03} s[z_1(0) - x_1(0)]}{s^3 + \beta_{01} s^2 + \beta_{02} s + \beta_{03}} +
$$

$$
\frac{\beta_{03} z_2(0)}{s^3 + \beta_{01} s^2 + \beta_{02} s + \beta_{03}} + \frac{\beta_{02} z_3(0)}{s^3 + \beta_{01} s^2 + \beta_{02} s + \beta_{03}} - \frac{\beta_{03}[z_2(0) - x_2(0)]}{s^3 + \beta_{01} s^2 + \beta_{02} s + \beta_{03}}
$$

$$
(10 - 57)
$$

当 $z_1(0) = x_1(0)$，$z_2(0) = 0$，$x_2(0) = 0$，$z_1'(0) = 0$，$x_1'(0) = 0$，$s[z_1(0) - x_1(0)] = 0$，$z_3(0) = 0$，$z_3''(0) = 0$，则可得

$$
z_3 = \frac{\beta_{03} f}{s^3 + \beta_{01} s^2 + \beta_{02} s + \beta_{03}}
$$

由上式可知：

1）上式是在假设 b 为精确的情况下推导得到的。

2）如果 ESO 采用的 $\bar{b}$ 和真实 b 有一定的误差，也可将 $(b - \bar{b})u$ 视为扰动量的一部分，即估计量 z_2 是对广义扰动量 $f + (b - \bar{b})u$ 的估计。

3）ESO 从某种意义上可视为对系统扰动量进行估计，为扰动观测器。

4）三阶线性 ESO 的带宽为三阶惯性环节的带宽，对扰动量的估计效果可视为一个低通滤波器对扰动量的滤波效果。

5）ESO 对扰动量的估计品质取决于 ESO 的带宽以及扰动量的特性，ESO 的带宽越高，则对扰动量的估计品质越好，越能快速精确地估计出扰动量，如果扰动量集中于低频信号，则可以适当降低 ESO 的带宽，即减小 ESO 的参数 β_{01} 和 β_{02} 以降低系统状态量和控

制量噪声的影响。

10.5.2.4　降阶状态观测器设计

将二阶系统［式（10-31）］扩展成三阶系统［式（10-32）］后，写成状态空间的形式

$$
\begin{cases}
\begin{bmatrix} \dot{x}_1 \\ \dot{x}_2 \\ \dot{x}_3 \end{bmatrix} = \begin{bmatrix} 0 & 1 & 0 \\ 0 & 0 & 1 \\ 0 & 0 & 0 \end{bmatrix} \begin{bmatrix} x_1 \\ x_2 \\ x_3 \end{bmatrix} + \begin{bmatrix} 0 \\ b \\ 0 \end{bmatrix} u + \begin{bmatrix} 0 \\ 0 \\ 1 \end{bmatrix} w(t) \\
\\
y = \begin{bmatrix} 1 & 0 & 0 \end{bmatrix} \begin{bmatrix} x_1 \\ x_2 \\ x_3 \end{bmatrix}
\end{cases}
\tag{10-58}
$$

记 $\boldsymbol{x} = \begin{bmatrix} x_1 & x_2 & x_3 \end{bmatrix}^T$，$\boldsymbol{A} = \begin{bmatrix} 0 & 1 & 0 \\ 0 & 0 & 1 \\ 0 & 0 & 0 \end{bmatrix}$，$\boldsymbol{B} = \begin{bmatrix} 0 & b & 0 \end{bmatrix}^T$，$\boldsymbol{E} = \begin{bmatrix} 0 & 0 & 1 \end{bmatrix}^T$，$\boldsymbol{C} = \begin{bmatrix} 1 & 0 & 0 \end{bmatrix}$。

对上述方程组进行线性等价变换，令 $\overline{\boldsymbol{x}} = \boldsymbol{P}\boldsymbol{x}$ ，则其等价变换矩阵为

$$
\boldsymbol{P} = \begin{bmatrix} 0 & 1 & 0 \\ 0 & 0 & 1 \\ 1 & 0 & 0 \end{bmatrix}，则 \boldsymbol{P}^{-1} = \begin{bmatrix} 0 & 0 & 1 \\ 1 & 0 & 0 \\ 0 & 1 & 0 \end{bmatrix}
$$

则方程组可化为

$$
\begin{cases}
\dot{\overline{\boldsymbol{x}}} = \boldsymbol{P}\boldsymbol{A}\boldsymbol{P}^{-1}\overline{\boldsymbol{x}} + \boldsymbol{P}\boldsymbol{B}u = \overline{\boldsymbol{A}}\,\overline{\boldsymbol{x}} + \overline{\boldsymbol{B}}u + \overline{\boldsymbol{E}}w \\
y = \boldsymbol{C}\boldsymbol{P}^{-1}\overline{\boldsymbol{x}} = \overline{\boldsymbol{C}}\,\overline{\boldsymbol{x}}
\end{cases}
\tag{10-59}
$$

将上述方程组写成分块的状态空间形式

$$
\begin{cases}
\begin{bmatrix} \dot{\overline{x}}_1 \\ \dot{\overline{x}}_2 \end{bmatrix} = \begin{bmatrix} \overline{A}_{11} & \overline{A}_{12} \\ \overline{A}_{21} & \overline{A}_{22} \end{bmatrix} \begin{bmatrix} \overline{x}_1 \\ \overline{x}_2 \end{bmatrix} + \begin{bmatrix} \overline{B}_1 \\ \overline{B}_2 \end{bmatrix} u \\
\\
y = \begin{bmatrix} 0 & 1 \end{bmatrix} \begin{bmatrix} \overline{x}_1 \\ \overline{x}_2 \end{bmatrix} = \overline{x}_2
\end{cases}
$$

将上述方程组写成分量的形式

$$
\begin{cases}
\dot{\overline{x}}_1 = \overline{A}_{11}\overline{x}_1 + \overline{A}_{12}\overline{x}_2 + \overline{B}_1 u \\
\dot{\overline{x}}_2 = \overline{A}_{21}\overline{x}_1 + \overline{A}_{22}\overline{x}_2 + \overline{B}_2 u \\
y = \overline{x}_2
\end{cases}
\tag{10-60}
$$

上式中，$\overline{A}_{12}\overline{x}_2 + \overline{B}_1 u$ 相当于已知量，令 $\overline{A}_{12}\overline{x}_2 + \overline{B}_1 u = v$ ，另外可令

$$
\overline{A}_{21}\overline{x}_1 = \dot{\overline{x}}_2 - \overline{A}_{22}\overline{x}_2 - \overline{B}_2 u = \dot{y} - \overline{A}_{22}y - \overline{B}_2 u = y_1
$$

即可得

$$
\begin{cases}
\dot{\overline{x}}_1 = \overline{A}_{11}\overline{x}_1 + v \\
y_1 = \overline{A}_{21}\overline{x}_1
\end{cases}
$$

构造状态观测器

$$
\dot{z}_1 = (\overline{A}_{11} - \overline{E}\,\overline{A}_{21})\,z_1 + \overline{E}y_1 + v
$$

即

$$
\dot{z}_1 - \overline{E}\dot{y} = (\overline{A}_{11} - \overline{E}\,\overline{A}_{21})(z_1 - \overline{E}y) + (\overline{B}_1 - \overline{E}\,\overline{B}_2)u + [\overline{A}_{12} - \overline{E}\,\overline{A}_{22} + (\overline{A}_{11} - \overline{E}\,\overline{A}_{21})\overline{E}]\,y
$$

定义新状态量 $w = z_1 - Ey$ ，则

$$
\dot{w} = (\overline{A}_{11} - \overline{E}\,\overline{A}_{21})\,w + (\overline{B}_1 - \overline{E}\,\overline{B}_2)u + [\overline{A}_{12} - \overline{E}\,\overline{A}_{22} + (\overline{A}_{11} - \overline{E}\,\overline{A}_{21})\overline{E}]\,y
$$

$$
\tag{10-61}
$$

令 $\overline{E} = \begin{bmatrix} \beta_1 \\ \beta_2 \end{bmatrix}$ ， $\overline{A}_{11} = \begin{bmatrix} 0 & 1 \\ 0 & 0 \end{bmatrix}$ ， $\overline{A}_{12} = \begin{bmatrix} 0 \\ 0 \end{bmatrix}$ ， $\overline{A}_{21} = [1 \quad 0]$ ， $\overline{A}_{22} = 0$ ， $\overline{B}_1 = \begin{bmatrix} b \\ 0 \end{bmatrix}$ ， $\overline{B}_2 = 0$ ，

则可得

$$
\begin{cases}
\begin{bmatrix} \dot{w}_1 \\ \dot{w}_2 \end{bmatrix} = \begin{bmatrix} -\beta_1 & 1 \\ -\beta_2 & 0 \end{bmatrix}\begin{bmatrix} w_1 \\ w_2 \end{bmatrix} + \begin{bmatrix} b \\ 0 \end{bmatrix}u + \begin{bmatrix} -\beta_1^2 + \beta_2 \\ \beta_1\beta_2 \end{bmatrix}y
\end{cases}
\tag{10-62}
$$

降阶状态观测器表示为

$$
\begin{cases}
\dot{w}_1 = -\beta_1 w_1 + w_2 + bu + (-\beta_1^2 + \beta_2)y \\
\dot{w}_2 = -\beta_2 w_1 - \beta_1\beta_2 y \\
z_1 = w_1 + \beta_1 y \\
z_2 = w_2 + \beta_2 y
\end{cases}
\tag{10-63}
$$

10.6　龙伯格状态观测器与扩展状态观测器的比较

扩展状态观测器是在龙伯格状态观测器的基础上研发的一种新颖状态观测器，两者的示意简图如图 10-38 所示，其优缺点总结如下：

1）龙伯格状态观测器需要确定模型的结构和参数，是依赖模型的一种状态观测器，当模型参数变化较大时，观测器的性能将大幅下降；扩展状态观测器则可以在较大程度上脱离模型结构，但是仍需要明确模型参数 b 。

2）龙伯格状态观测器一般用于线性时不变系统，经变形可用于线性时变系统，扩展状态观测器可用于非线性时变系统或非线性时不变系统。

3）龙伯格状态观测器只能对状态量进行估计，扩展状态观测器可对状态量进行估计，还可估计所谓的扰动量。

4）在已知精确模型的情况下，龙伯格状态观测器的估计效果明显优于扩展状态观测器；扩展状态观测器也可以利用精确已知模型信息，写成改进的扩展状态观测器，使其估计效果大大提高。

5）随着观测器阶次的提高，对高阶状态量的估计效果变差。

　　6）龙伯格状态观测器参数需考虑模型的参数和观测器的带宽，利用极点配置法配置观测器的极点，即可选择观测器反馈参数 L 配置观测器（$A - LC$）的特征值；扩展状态观测器的参数可以根据式（10 - 41）（二阶扩展状态观测器）和式（10 - 55）（三阶扩展状态观测器）进行调节。

　　7）在理论上可任意配置龙伯格状态观测器的特征值，即可以使量测值 $z(t)$ 以任意快速度逼近状态量 $x(t)$，但是观测器增益 L 阵元素越大，控制闭环系统带宽越大，稳定裕度越小；另一方面，L 阵元素越大则会放大状态观测器输入信号的噪声，所以设计龙伯格状态观测器时，既要考虑快速性要求，又要考虑观测器带宽限制及观测器输入噪声，通常将龙伯格状态观测器的带宽设置为系统闭环带宽的 $2\sim6$ 倍。

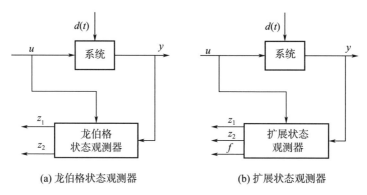

(a) 龙伯格状态观测器　　　　　(b) 扩展状态观测器

图 10 - 38　龙伯格状态观测器和扩展状态观测器示意简图

10.7　动态补偿技术

　　基于扩展状态观测器实时对系统（这里的系统是指被控对象，以下相同）的状态量和扰动量进行估计，将估计出的扰动量动态补偿至系统输入端，即可将系统简化为一个串联积分器，此技术称为动态补偿技术。下面以二阶扩展状态观测器与降阶二阶扩展状态观测器、三阶扩展状态观测器与降阶三阶扩展状态观测器为例说明动态补偿技术，更高阶扩展状态观测器的动态补偿技术可类推得到（不过一般情况下，高于三阶扩展状态观测器并不具备工程实用价值）。

　　（1）二阶扩展状态观测器与降阶二阶扩展状态观测器

　　在 10.5.1 节中，分别介绍了利用二阶扩展状态观测器［式（10 - 37）］和降阶二阶扩展状态观测器［式（10 - 50）］对一阶系统［式（10 - 35）］进行实时估计。

　　对于二阶扩展状态观测器，其 z_2 即为扰动量 x_2 的估计量，令控制量

$$u = u_0 - z_2/b$$

代入方程组（10 - 35），可得

$$\dot{x}_1 = f(x_1, t) + b(u_0 - z_2/b) \approx bu_0$$

式中　　z_2/b ——扰动量补偿等效控制量；

u_0——等效系统（即扰动量补偿后的系统）的控制量。

则一阶系统可简化为

$$\begin{cases} \dot{x}_1 = bu_0 \\ y = x_1 \end{cases} \qquad (10-64)$$

即补偿后一阶系统转换为一个积分器，其传递函数为

$$G_u^y(s) = \frac{b}{s} \qquad (10-65)$$

对于降阶二阶扩展状态观测器，其 z_1 即为扰动量 $f(x_1, t)$ 的估计量，可令控制量

$$u = u_0 - z_1/b$$

同理，也可将系统转换为一个积分器，如式（10-64）所示。

（2）三阶扩展状态观测器与降阶三阶扩展状态观测器

利用三阶扩展状态观测器〔式（10-34）〕对二阶系统〔式（10-31）〕进行实时估计，其 z_3 即为扰动量 x_3 的估计量，令控制量

$$u = u_0 - z_3/b$$

则可得

$$\begin{cases} \dot{x}_1 = x_2 \\ \dot{x}_2 \approx bu_0 \\ y = x_1 \end{cases} \qquad (10-66)$$

即补偿后二阶系统转换为一个串联积分器，其传递函数为

$$G_u^y(s) \approx \frac{b}{s^2} \qquad (10-67)$$

对于降阶三阶扩展状态观测器，其 z_2 即为扰动量 $f(x_1, x_2, w, t)$ 的估计量，可令控制量

$$u = u_0 - z_2/b$$

同理，也可将系统转换为一个串联积分器，如式（10-66）所示。

在理论上通过动态补偿技术可将系统转换为一个串联积分器，通过串联一个 PD 控制，如图 10-39 所示（左图为一阶系统经动态补偿后串联 PD 控制的根轨迹图，右图为二阶系统经动态补偿后串联 PD 控制的根轨迹图），即可获得理想的控制品质。

在工程应用中较难获得理论分析所获得的理想控制品质，其根本原因为：1）系统经扩展状态观测器后，由于受约束于观测器带宽与采样步长等因素，观测器输出的估计扰动量与真实扰动量存在一定差别并滞后于真实扰动量的变化；2）动态补偿时并没考虑到执行机构的动态响应特性，执行机构响应在时间上滞后于控制量并可能存在误差，此因素也是制约动态补偿效果的重要影响因素。故经动态补偿后，系统仅在理论上可近似转换为一个串联积分器，具体应用于控制工程时，经动态补偿后的系统并不能很好地等效于串联积分器，它们之间的差别，即动态补偿效果直接影响其后的控制回路的控制品质。

ADRC 在控制工程中的应用效果在极大程度上取决于 ESO 观测器的品质以及动态补

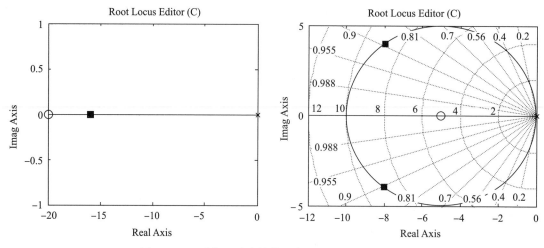

图 10 - 39　系统经动态补偿后串联 PD 控制的根轨迹

偿后的效果，如果动态补偿后串联积分型模型在中低频接近真实系统，则可以较好地应用 ADRC，否则硬使用 ADRC 并不能保证较好的控制品质，甚至不如基于经典控制系统理论设计控制回路的控制品质。

10.8　构建扩展状态观测器的基本原则

构建扩展状态观测器需要考虑如下因素：a）系统模型阶数；b）系统模型的非最小相位特性；c）系统内部扰动和外部扰动的特性；d）控制系统的带宽；e）控制系统采样频率；f）执行机构响应的时延特性和噪声等。扩展状态观测器要遵循如下准则：

1）尽量选择低阶的扩展状态观测器，在一般情况下，三阶以上的扩展状态观测器较难取得理想的估计效果。

2）扩展状态观测器的估计效果在很大程度上取决于采样时间，应尽可能采用小的采样时间。

3）在采样时间较小的情况下，优先选用降阶扩展状态观测器。

4）通常情况下，观测器的带宽为控制系统闭环带宽的 3～8 倍，为了提高观测器的观测效果，在控制回路延迟裕度充裕的情况下，尽可能选择高带宽的观测器。

5）对于具有非最小相位特性的系统，直接应用扩展状态观测器较难获得较好的观测效果。

6）对执行机构时延比较严重和噪声比较大的情况，则应该设计较低带宽的扩展状态观测器。

7）需要切记的是，并不是应用扩展状态观测器都能获得较好的干扰量估计效果，需要在理解被控对象特性和 ESO 应用范围的基础上再应用 ESO。

10.9　基于 ESO 滚动姿控回路设计

下面以一款低成本空地滑翔制导武器（气动外形如图 2-83 所示）为例，说明 ESO 观测器在滚动姿控回路设计中的应用。

空地滑翔制导武器是一种面对称增程型空对地精确制导航空武器，由普通航空炸弹通过加装制导组件和增程组件等而成，结构简单、成本低廉。与价格昂贵的导弹相比，该制导武器具有以下特点：1）结构偏差（质心偏差和转动惯量偏差）较大；2）增程组件加工精度较差以及装配工艺误差较大；3）执行机构安装精度较差；4）制导尾段与战斗部之间的安装精度不高。

这些特点决定了真实气动外形与标称值存在较大不确定性，控制系统设计所采用的模型存在较强的不确定性，这在滚动姿控回路表现尤为突出。另外，滑翔制导武器横侧向之间存在严重的各种耦合作用，且某些耦合作用随飞行马赫数和攻角剧烈变化，甚至某些气动参数会变号，例如气动偏导数 m_x^β 随着飞行空速和攻角剧烈变化，如图 10-40 所示，在某一些状态下其值由负值变为正值。

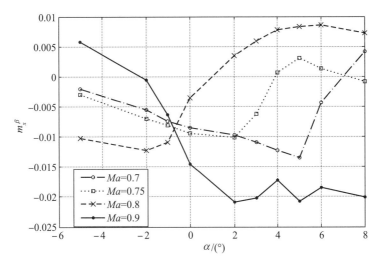

图 10-40　横向稳定度

长期以来，滚动姿控回路还是采用 20 世纪 40 年代开发的经典 PID 控制或其改进型。如采用 PID 控制，存在以下两个缺点：1）为了克服内部强扰动和外部扰动，需提高积分控制在整个控制中比重，带来系统响应缓慢、动态特性变差等问题；2）需采用控制参数自适应策略，即控制参数随飞行状态变化而变化，在工程上参数调试工作量大且控制效果严重依赖于外界的飞行环境。

为了克服经典 PID 控制在滑翔制导武器滚动姿控回路设计的缺陷，针对滑翔制导武器上述气动和结构特点，设计扩展状态观测器，对被控对象未建模环节、模型内部扰动及外部扰动进行实时估计并加以动态补偿，将被控对象转换为积分器，然后采用极点配置法来配置系统闭环极点，最终实现有效控制。另外，引入 ESO 后的控制回路其延迟裕度有所降低（与基于经典控制理论设计的控制回路对比），通过在 ESO 反馈补偿回路中引入一个滞后-超前校正网络，提高控制回路的延迟裕度。

10.9.1　被控对象模型转换

滚动通道弹体姿态的动力学方程可简化表示为

$$J_x \frac{\mathrm{d}\omega_x}{\mathrm{d}t} = m_x q S_{ref} L_{ref} + (J_y - J_z)(\omega_y - \omega_z) + M_x(质心偏差) \tag{10-68}$$

$$m_x = m_{x0} + m_x^{\delta_x}\delta_x + m_x^{\delta_y}\delta_y + m_x^{\omega_x}\omega_x + m_x^{\omega_y}\omega_y + m_x^{\beta}\beta \tag{10-69}$$

式中　J_x，J_y，J_z——分别为弹体绕纵轴、法向轴和侧轴的转动惯量；

　　　　ω_x，ω_y，ω_z——分别为弹体角速度在弹体坐标系中的分量；

　　　　$(J_y - J_z)(\omega_y - \omega_z)$——惯性交感耦合；

　　　　$M_x(质心偏差)$——由于弹体侧向质心偏差引起的气动滚动力矩，其大小随着升力
　　　　　　　　　　的增加而线性增加；

　　　　q——动压；

　　　　S_{ref}——弹体参考面积；

　　　　L_{ref}——参考长度；

　　　　m_x——滚动力矩系数；

　　　　m_{x0}——弹翼加工精度和装配精度带来的误差，此值可能很大，表现为强内部
　　　　　　　　扰动；

　　　　$m_x^{\delta_x}\delta_x$——滚动舵 δ_x 引起的滚动力矩；

　　　　$m_x^{\delta_y}\delta_y$——偏航舵 δ_y 引起的滚动力矩，是由于弹体法向质心和侧向气动压心之间
　　　　　　　　的偏差所引起，为内部扰动；

　　　　$m_x^{\omega_x}\omega_x$——角速度 ω_x 引起的滚动阻尼，主要由弹翼产生，误差较大；

　　　　$m_x^{\omega_y}\omega_y$——角速度 ω_y 引起的滚动阻尼，为内部扰动；

　　　　$m_x^{\beta}\beta$——侧滑角 β 引起斜吹力矩，由弹翼后掠角和弹翼上反等因素引起，此力矩实
　　　　　　　　际值跟理论值相差较大，为强内部扰动。

综上所述，可将滚动力矩表示成如下三部分

$$m_x = m_x(\delta_x) + m_x(\omega_x) + m_x(扰动) \tag{10-70}$$

式中，$m_x(\delta_x) = m_x^{\delta_x}\delta_x$ 为控制量 $u = \delta_x$ 引起的控制力矩；$m_x(\omega_x) = m_x^{\omega_x}\omega_x$ 为滚动角速度 ω_x 引起的阻尼力矩；$m_x(扰动) = m_{x0} + m_x^{\delta_y}\delta_y + m_x^{\omega_y}\omega_y + m_x^{\beta}\beta$，以及式（10-68）右边的第二项和第三项扰动，可看成广义上的内部扰动力矩。

基于式（10-68）和式（10-70），依据小扰动假设可得

$$\frac{\mathrm{d}^2\gamma}{\mathrm{d}t^2} - b_{11}\frac{\mathrm{d}\gamma}{\mathrm{d}t} = b_{17}\delta_x + b_{18}M(扰动) \tag{10-71}$$

式中，动力系数定义可参考第 2 章相关内容，根据线性关系，滚动舵到滚动角的拉氏变

换为

$$G_{\delta_x}^{\gamma}(s) = \frac{b_{17}}{s(s - b_{11})} = \frac{K_M}{s(T_M s + 1)} \tag{10-72}$$

式中，K_M 为弹体增益，T_M 为时间系数，在忽略其他两个通道气动耦合的情况下，$\omega_x = \dot{\gamma}$，式（10-72）可以写成如下形式

$$G_{\delta_x}^{\omega_x}(s) = \frac{K_M}{T_M s + 1}$$

令 $x_1 = \omega_x$，$u = \delta_x$，则上式可以写成

$$\dot{x}_1 = -\frac{1}{T_M} x_1 + \frac{K_M}{T_M} u + w \tag{10-73}$$

式中，w 可以看作式（10-71）右边的第二项扰动。

由于 $\frac{1}{T_M}$ 在数值上较难得到精确值，为了简化，将阻尼项也考虑到扰动项中，则式（10-73）可以写成状态空间的形式

$$\begin{cases} \dot{x}_1 = x_2 + bu \\ x_2 = w' \\ y = x_1 \end{cases} \tag{10-74}$$

式中，$b = \dfrac{K_M}{T_M}$，$w' = -\dfrac{1}{T_M} x_1 + w$。

综上所述，w' 包括 m_{x0}，$m_x^{\delta_y} \delta_y$，$m_x^{\beta} \beta$，m_x（扰动）以及惯性交感等扰动量。

10.9.2　基于 ESO 观测器的控制回路设计

以以下被控对象为例，说明基于 ESO 滚动姿态控制回路的设计过程。

由 $b_{11} = -5.863$，$b_{12} = -4.099$，$b_{14} = -132.061$，$b_{15} = 23.996$，$b_{17} = -72.99$，可计算得到动力系数 $b = -72.99$。

（1）二阶线性 ESO 设计

针对一阶被控对象模型［式（10-74）］建立如下二阶扩展状态观测器

$$\begin{cases} e = z_1 - y \\ \dot{z}_1 = z_2 - \beta_{01} e + bu \\ \dot{z}_2 = -\beta_{02} fal(e, \alpha, \delta) \end{cases} \tag{10-75}$$

（2）观测器带宽选择

选取 ESO 参数 β_{01} 和 β_{02} 使 ESO 的带宽为控制回路带宽的 2～6 倍。若观测器带宽偏低，则估计效果较差，若观测器带宽偏高，则控制回路裕度降低。需要综合考虑被控对象特性、ESO 阶次、执行机构特性、控制品质要求等因素，如果执行机构时延特性好，ESO 带宽可放宽至 6～9 倍。

本书设计控制回路的带宽为 1.2～1.3 Hz，故需要将 ESO 的带宽调至 7.8 Hz 左右，由此计算可得 ESO 参数为 $\beta_{01} = 37.698$，$\beta_{01} = 473.713\ 1$（对应的 ESO 带宽为 7.882 Hz），

ESO 的表达式如式（10-75）所示，其 bode 图如图 10-41 所示，左图为被控对象输出量 x_1 至其估计量的 bode 图，右图为被控对象输出量 x_1 至扰动量的 bode 图，由图可知，在低频段，ESO 可以很好地估计状态量。

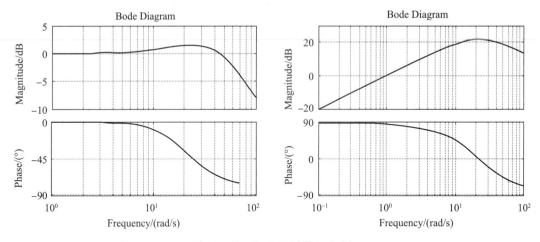

图 10-41　ESO 观测器 bode 图

（3）扰动量补偿

将估计出的扰动量补偿到输入端，控制量可以取为

$$u = u_0 - z_2 / b \tag{10-76}$$

状态方程（10-74）可以重写为

$$\begin{cases} \dot{x}_1 = b u_0 \\ y = x_1 \end{cases} \tag{10-77}$$

则补偿后被控对象转换为一个积分器，如图 10-42 所示，图中虚框部分即转换为一个积分器。

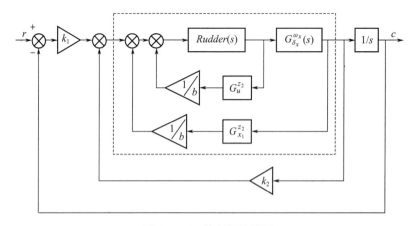

图 10-42　控制回路简图

下面分两种情况分析实际被控对象和简化模型之间的差别。

①执行机构为无惯性环节

假设执行机构为无惯性环节，即 $Rudder(s)=1$，可得实际被控对象（图 10-42 中虚线框部分）和简化模型的传递函数如下式所示

$$\begin{cases} G_u^{\omega_z}(s)\big|_{real} = \dfrac{K_M b(s^2 + \beta_{01}s + \beta_{02})}{s[bT_M s^2 + (b+b\beta_{01}T_M)s + b\beta_{01} + K_M\beta_{02}]} \\ G_u^{\omega_z}(s)\big|_{eso} = \dfrac{b}{s} \end{cases}$$

由上式可知，实际被控对象并不完全等价于简化模型，两者之间的差别为

$$\frac{K_M s^2 + \beta_{01}K_M s + \beta_{02}K_M}{K_M b s^2 + (b+b\beta_{01}K_M)s + b\beta_{01} + \beta_{02}K_M}$$

从频域上分析可知：1）两者在低频段存在幅值差别，相差 $\dfrac{\beta_{02}K_M}{b\beta_{01} + \beta_{02}K_M}$ 倍，两者之间的差别与被控对象本身参数和 ESO 参数相关，当 ESO 参数 β_{02} 取较大值时，两者之间的差别逐渐减小；2）两者在中频段有所不同，其幅值和相位都有小幅差别；3）两者在高频段相同。

代入被控对象和 ESO 相关参数，可得

$$\begin{cases} G_u^{\omega_z}(s)\big|_{Rudder(s)=1} = \dfrac{-72.9914(s^2 + 37.7s + 437.7)}{s(s^2 + 43.56s + 694.8)} \\ G_u^{\omega_z}(s)\big|_{eso} = \dfrac{-72.99}{s} \end{cases}$$

上述两模型的 bode 图如图 10-43 所示，选取频率点（1 rad/s，10 rad/s，20 rad/s，

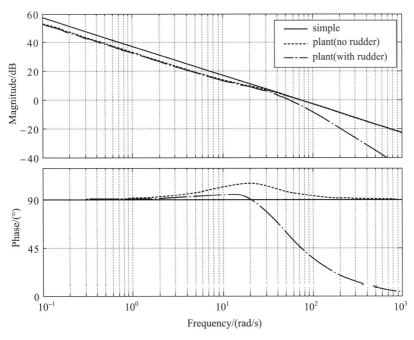

图 10-43　两模型的 bode 图

100 rad/s）计算模型的幅值和相位，见表 10 - 1，在低频段，两者幅值相差 $20 \times \log10$
（473.7/694.8）$= -3.327$ dB，相位相差较小；在中频段，两者幅值相差较小，相位最大
相差 13.2°，即在中频段两模型差异不大；在高频段，两模型差异趋于 0，即在整个频段
可以用积分模型近似动态补偿后的被控对象。

表 10 - 1　各模型各点幅值和相位

频率/(rad/s)	模型	Gm /dB	Pm /(°)
0.1	简化模型	57.26	90
	执行机构为无惯性环节	53.3	90.14
	执行机构为一阶惯性环节	52.7	90.07
1	简化模型	37.26	90
	执行机构为无惯性环节	33.94	90.96
	执行机构为一阶惯性环节	33.41	90.32
10	简化模型	17.26	90
	执行机构为无惯性环节	14.41	99.03
	执行机构为一阶惯性环节	13.94	92.29
20	简化模型	11.24	90
	执行机构为无惯性环节	9.56	103.11
	执行机构为一阶惯性环节	9.12	88.07
100	简化模型	−2.73	90
	执行机构为无惯性环节	−2.73	93.60
	执行机构为一阶惯性环节	−8.22	35.6

②执行机构为一阶惯性环节

假设执行机构为一阶惯性环节，即 $Rudder(s) = \dfrac{1}{t_\delta s + 1}$（ $t_\delta = 0.015\,9$ ），可得实际被
控对象和简化模型的传递函数如下式所示

$$\begin{cases} G_u^{\omega_z}(s)\big|_{real} = \dfrac{b(K_M s^2 + \beta_{01} K_M s + K_M \beta_{02})}{s(a_1 s^2 + a_2 s + a_3)} \\ a_1 = bt_\delta T_M s^3 + bt_\delta + t_\delta \beta_{01} K_M + K_M \\ a_2 = bt_\delta \beta_{02} T_M + b + bt_\delta \beta_{02} + \beta_{01} K_M \\ a_3 = bt_\delta \beta_{02} + b\beta_{01} + K_M \beta_{02} \\ G_u^{\omega_z}(s)\big|_{eso} = \dfrac{b}{s} \end{cases}$$

由上式可知，两者之间在整个频率段，幅值和相位都存在一定的差别。

代入相关参数，可得

$$\begin{cases} G_u^{\omega_z}(s)\,\big|_{Rudder(s)=\frac{1}{t_\delta s+1}} = \dfrac{-4\,585.998\,8(s^2+37.7s+437.7)}{s(s+64.2)(s^2+42.19s+723.2)} \\[3mm] G_u^{\omega_z}(s)\,\big|_{\text{eso}} = \dfrac{-72.99}{s} \end{cases}$$

上述两模型的 bode 图如图 10-43 所示，由图可知，在中低频两模型一致性较好，频率越高差异越大。选取频率点（1 rad/s、10 rad/s、20 rad/s、100 rad/s）计算两种模型的幅值和相位，见表 10-1。频率低于 20 rad/s 时，两模型差异不大，幅值差小于 3 dB、相位差小于 5°；频率大于 20 rad/s 时，两模型差别开始变大，到 30 rad/s 时，幅值差 1.2 dB，相位差 13.3°。故在中低频段可以用积分模型近似代替动态补偿后的被控对象来进行控制系统设计。

（4）极点配置

将式（10-77）写为状态方程的形式，令 $x_1=\gamma$，$x_2=\omega_x$，状态方程为

$$\begin{cases} \dot{\boldsymbol{x}} = \boldsymbol{Ax} + \boldsymbol{Bu} \\ \boldsymbol{y} = \boldsymbol{Cx} \end{cases}$$

式中，$\boldsymbol{x}=\begin{bmatrix} x_1 \\ x_2 \end{bmatrix}$，$\boldsymbol{A}=\begin{bmatrix} 0 & 1 \\ 0 & 0 \end{bmatrix}$，$\boldsymbol{B}=\begin{bmatrix} 0 \\ b \end{bmatrix}$，$\boldsymbol{C}=(1\ \ 0)$。

由于 $\operatorname{rank}(\boldsymbol{B},\ \boldsymbol{AB})=\operatorname{rank}\begin{bmatrix} 0 & b \\ b & 0 \end{bmatrix}=2$，因此该系统可控。

设计状态反馈 $\boldsymbol{u}=-\boldsymbol{Kx}$，$\boldsymbol{K}=[k_1,\ k_2]$，将闭环极点配置到 p_1，$p_2=-5.5\pm5\mathrm{i}$。状态反馈框图如图 10-44 所示，由特征方程式

$$|s\boldsymbol{I}-(\boldsymbol{A}+\boldsymbol{BK})| = (s-p_1)(s-p_2)$$

求得控制参数：$k_1=0.1507$，$k_2=-0.757$。

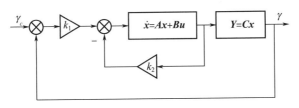

图 10-44　状态反馈框图

经极点配置后，控制回路的延迟裕度偏小，只有 0.057 5 s，如图 10-45 中实线所示。需加入校正网络来改善中频段的频率特性。

（5）设计补偿校正网络

为了提高控制回路延迟裕度，在扰动补偿回路中加入校正网络，如图 10-45 中虚线所示。设计原则为：使开环中频段幅值变低，以致截止频率降低，提高相位裕度，提高控制回路的延迟裕度。因此选取滞后-超前校正网络

$$G_{\text{lag\_led}}(s) = \frac{s^2+0.6w_a s+w_a^2}{s^2+1.2w_a s+w_a^2} \tag{10-78}$$

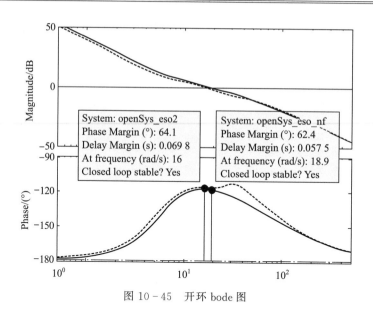

图 10-45　开环 bode 图

经设计取 $w_a = 30$。

　　在动态补偿回路增加超前-滞后环节后，控制回路截止频率从 18.9 rad/s 降至 16 rad/s，相位裕度从 62.4°增加至 64.1°，相应的回路延迟裕度由 57.5 ms 增加至 69.8 ms。控制裕度有较大的提高，如图 10-45 所示。

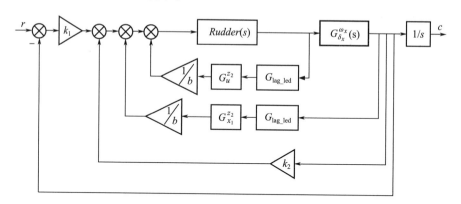

图 10-46　基于带校正网络 ESO 的控制回路

10.9.3　控制器性能分析

　　为了说明基于 ESO 滚动姿控回路的控制性能，采用经典 PID 控制作为对比。

　　经典 PID 控制回路采用控制参数随状态量自适应变化的算法，调节参数使开环系统幅值裕度 $Gm = 29.1$ dB，相位裕度 $Pm = 70.3°$，截止频率 $\omega_c = 4.23$ rad/s，阶跃响应、正弦响应分别如图 10-47 和图 10-48 中点划线所示。基于 ESO 滚动姿控回路的控制参数为定值，阶跃响应、正弦响应分别如图 10-47 和图 10-48 中虚线所示。

　　由图 10-47 可知，基于 ESO 控制响应速度比经典 PID 控制响应速度稍快，经典 PID

控制的调节时间较长，存在很明显的拖尾现象，动态特性和稳态精度相对较差，而基于 ESO 控制的调节时间短，控制品质相对较好。

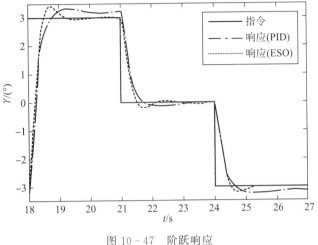

图 10-47 阶跃响应

两种控制的控制品质差别主要由于经典 PID 控制采用较大的积分项（主要用于消除滚动通道的扰动量），这样必然导致很严重的拖尾现象，其机理是：采用 PID 控制时，控制器传递函数为 $G_c(s) = K_p + \dfrac{K_i}{s} = \dfrac{K_p s + K_i}{s}$，即闭环系统存在一对偶极子，导致阶跃响应必然出现拖尾现象，并且拖尾现象随着开环零点的左移（即 K_i 变大）而变严重。由于滑翔制导武器存在很大扰动力矩（受限于现有的增程组件加工精度以及装配工艺水平），故控制系统采用较大的积分系数，必然存在控制拖尾现象。而 ESO 控制通过对各种扰动实时估计并补偿，将被控对象间接转换为一个串联积分型对象（即 2 型被控对象），在理论上不需要积分控制，故控制回路的动态响应特性及稳态精度相对较好。

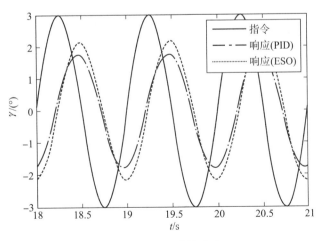

图 10-48 正弦波响应

10.9.4　半实物仿真试验

　　仿真初始条件：$\gamma = 20°$，$\omega_x = 30°$。扰动及偏差：侧向质心偏差-0.005 m，转动惯量偏差 $\Delta J_x = -0.1$，$m_{x0} = 0.04$，$\Delta m_x^\beta = 0.2$，$\Delta m_x^\delta x = -0.2$，$\Delta m_x^{\omega_x} = -0.50$。阵风：海拔在 2 500～2 750 m 内增加 10 m/s 的侧风；海拔在 1 750～2 000 m 内增加 10 m/s 的垂直风。

　　仿真结果：如图 10-49 和图 10-50 所示，图 10-49 为干扰量补偿控制量 $u(z_2) = -\dfrac{z_2}{b}$ 和 PD 控制量 $u(k_1, k_2)$ 的变化曲线，图 10-50 为经典 PID 控制和基于 ESO 控制的控制品质，其中实线为控制指令，虚线为响应。

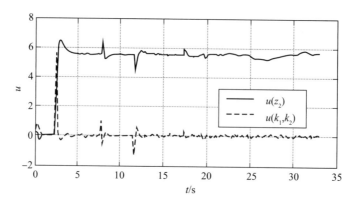

图 10-49　滚动舵偏指令

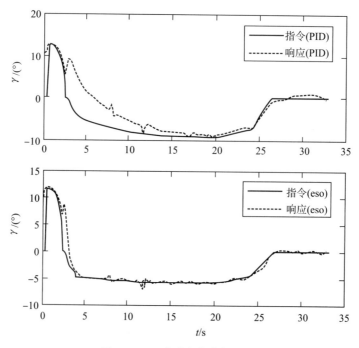

图 10-50　滚动角指令与响应

仿真结论：1）基于 ESO 控制的控制量由两部分组成——PD 控制量和干扰量补偿控制量，即控制量可表示为 $u = u(z_2) + u(k_1, k_2)$，其中 $u(z_2)$ 和 $u(k_1, k_2)$ 值如图 10-49 所示，说明在滚动通道存在大量级的干扰。ESO 可以实时估计出广义扰动量，使观测器工作效率高，在稳态时，估计值和实际值之间的偏差可以忽略不计，干扰量补偿控制量在滚动控制回路中发挥主要作用。由于基于 ESO 控制的结构和被控对象的特性，由于基于 ESO 控制不用积分控制，其动态响应特性和稳态精度优于经典 PID 控制。2）PID 控制中只能靠积分作用来抑制扰动量，当被控对象存在大量级的扰动时，需要提高积分控制在控制器中的比重，而积分控制基于控制偏差，需要花费较长的时间去抑制扰动，故响应存在明显的滞后作用，控制品质相对较差。

10.9.5　基于 ESO 控制的优点和缺点

针对滑翔制导武器滚动控制回路被控对象特性，将 ESO 技术应用于滚动控制回路设计，得出以下结论：

1）两种控制都经过大量的数值仿真和半实物仿真验证，结果表明都适用于滑翔制导武器滚动通道控制。

2）经典 PID 控制参数随飞行状态的变化而变化，调试工作量大，控制品质也依赖于被控对象的不确定性程度和外扰动强度；基于 ESO 控制，实时估计出扰动量并加以补偿，采用测速反馈控制后，理论分析和仿真结果都表明，简单采用固定控制参数即可获得很好的控制品质；

3）基于 ESO 控制可以充分克服未建模误差和外部扰动等的不利影响，对被控对象模型不确定性要求较为宽松，更适用于滑翔制导武器滚动控制回路。

10.10　基于 ADRC 纵向控制回路设计

下面以一款低成本空地滑翔制导武器（气动外形如图 2-83 所示）为例，说明 ADRC 控制在纵向姿控回路设计中的应用。

10.10.1　被控对象模型转换

基于纵向短周期运动模态，弹体俯仰舵偏角至法向加速度的传递函数可近似表示为

$$G_{\delta_z}^{a_y}(s) = \frac{K_M V(T_{1\theta}s + 1)(T_{2\theta}s + 1)}{(T_M^2 s^2 + 2T_M \xi_M s + 1)} \tag{10-79}$$

可以写成如下形式

$$\ddot{a}_y = -2\frac{\xi_M}{T_M}\dot{a}_y - \frac{1}{T_M^2}a_y + \frac{K_M V}{T_M^2}T_{1\theta}T_{2\theta}\ddot{\delta}_z + \frac{K_M V}{T_M^2}(T_{1\theta} + T_{2\theta})\dot{\delta}_z + \frac{K_M V}{T_M^2}\delta_z \tag{10-80}$$

其中

$$K_M = \frac{-a_{25}a_{34} + a_{35}a_{24}}{a_{22}a_{34} + a_{24}}$$

$$T_M = \frac{1}{\sqrt{-a_{22}a_{34} - a_{24}}}$$

$$\xi_M = \frac{-a_{22} - a'_{24} + a_{34}}{2\sqrt{-a_{22}a_{34} - a_{24}}}$$

$$T_{1\theta}T_{2\theta} = \frac{-a_{35}}{a_{25}a_{34} - a_{24}a_{35}}$$

$$T_{1\theta} + T_{2\theta} = \frac{-a_{35}(a_{22} + a'_{24})}{a_{25}a_{34} - a_{24}a_{35}}$$

式中　a_y——法向加速度；

　　　δ_z——俯仰舵偏角；

　　　V——飞行器空速；

　　　K_M——弹体增益；

　　　T_M——时间常数；

　　　ξ_M——阻尼系数。

通常情况下，低成本空地导弹较少配置大气测量系统，即无法精确得到空速和飞行动压，所以真实参数与标称模型存在较大的偏差。纵向通道被控对象不确定性主要表现在以下几个方面：1）气动偏差大，例如实际弹体 m_z^α 跟风洞试验数据存在较大的偏差；2）控制回路采用的飞行动压和空速与真实值存在较大的偏差。

被控对象除了存在较强的模型不确定性之外，还表现为一个非最小相位环节，取某一弹道特征点，计算得到 $T_{1\theta} = -0.0576$，即被控对象为一个非最小相位环节，这也为控制回路响应的快速性带来一定的影响。

令 $x_1 = a_y$，$x_2 = \dot{a}_y$，$u = \delta_z$，则式（10-80）可写成

$$\begin{cases} \dot{x}_1 = x_2 \\ \dot{x}_2 = -\dfrac{2\xi_M}{T_M}x_2 - \dfrac{1}{T_M^2}x_1 + \dfrac{K_M V}{T_M^2}T_{1\theta}T_{2\theta}\ddot{u} + \dfrac{K_M V}{T_M^2}(T_{1\theta} + T_{2\theta})\dot{u} + \dfrac{K_M V}{T_M^2}u \end{cases}$$

$$(10-81)$$

令

$$w = -\frac{2\xi_M}{T_M}x_2 - \frac{1}{T_M^2}x_1 + \frac{K_M V}{T_M^2}T_{1\theta}T_{2\theta}\ddot{u} + \frac{K_M V}{T_M^2}(T_{1\theta} + T_{2\theta})\dot{u} \ , \ b = \frac{K_M V}{T_M^2}$$

则式（10-81）可以写成状态空间的形式

$$\begin{cases} \dot{x}_1 = x_2 \\ \dot{x}_2 = w + bu \\ y = x_1 \end{cases} \qquad (10-82)$$

综上所述，w 包括 a_y、$\dot{a}_y$、$\dot{\delta}_z$、$\ddot{\delta}_z$ 等引起的加速度变化 $\ddot{a}_y$，另外，式（10-81）未建模误差也可以包括进去。

10. 10. 2　自抗扰控制设计

自抗扰控制（图 10 - 1）主要由如下四部分组成：

1）安排过渡过程（TD）；

2）扩展状态观测器（ESO）；

3）状态误差反馈律；

4）扰动估计补偿。

（1）安排过渡过程（TD）

通过下式（二阶跟踪微分器）可以对制导指令安排过渡过程，并得到其微分信号

$$\begin{cases} v_1(k+1) = v_1(k) + hv_2(k) \\ v_2(k+1) = v_2(k) + h \cdot fhan[v_1(k) - v(k), v_2(k), r, h_0] \end{cases}$$

式中　h ——积分步长；

$v(k)$ ——输入信号；

$v_1(k)$ ——跟踪输入信号；

$v_2(k)$ ——近似为 $v(k)$ 的微分信号；

$fhan$ ——离散系统时间最优控制综合函数；

h_0 ——滤波因子；

r ——跟踪微分器速度因子，r 越大，$v_1(k)$ 跟踪 $v(k)$ 越快，从而 $v_2(k)$ 越快接近于 $v(k)$ 的微分。

（2）扩展状态观测器（ESO）

针对控制模型（10 - 82）建立三阶扩展状态观测器

$$\begin{cases} e = z_1(k) - x_1(k) \\ z_1(k+1) = z_1(k) + h[z_2(k) - \beta_{01}e] \\ z_2(k+1) = z_2(k) + h[z_3(k) - \beta_{02}fal(e, \alpha_1, \delta) + bu] \\ z_3(k+1) = z_3(k) - h\beta_{03}fal(e, \alpha_2, \delta) \end{cases}$$

式中　z_1 —— x_1 的估计量；

z_2 —— x_2 的估计量；

z_3 —— w 的估计量。

（3）状态误差反馈律

状态误差反馈律可以是线性，也可以是非线性，一般情况下，非线性误差反馈律控制品质优于线性，非线性反馈律如下式

$$\begin{cases} e_1 = v_1(k) - z_1(k) \\ e_2 = v_2(k) - z_2(k) \\ u_0 = \beta_1 fal(e_1, \alpha_1, \delta_1) + \beta_2 fal(e_2, \alpha_2, \delta_2) \end{cases} \tag{10 - 83}$$

（4）扰动估计补偿

在得到干扰量 x_3 估计量 z_3 的情况下，对状态误差反馈律进行实时修正补偿，得到最

终的控制量

$$u = u_3 - \frac{z_3}{b} \tag{10-84}$$

将上式代入式（10-82），得到

$$\ddot{x}_1 = bu_0 \tag{10-85}$$

即被控对象由典型的二阶短周期模态［式（10-84）］转换为一个二阶积分器串联线性模型。

10.10.3　控制器性能分析

基于经典 PID 控制，其控制器参数和阻尼系数随飞行状态而变化，为了消除稳态误差，采用较大的积分项系数，系统正弦波和方波响应如图 10-51 和图 10-52 所示，闭环带宽低于 0.8 Hz。

基于 ADRC 控制，控制参数设为定值，并且无积分项，系统正弦波和方波响应如图 10-51 和图 10-52 所示，闭环带宽高于 0.8 Hz。

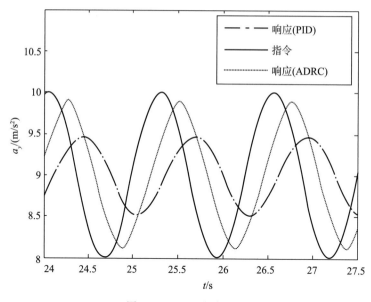

图 10-51　正弦波响应

由图 10-51 和图 10-52 可以看出，ADRC 控制在动态响应特性和稳态精度等控制品质方面均明显优于经典 PID 控制，其原因在于两种控制器的结构不同：由于被控对象为一个 0 型对象［式（10-80）］，为了消除稳态误差，PID 控制必须是 1 型或高于 1 型，这样必然使回路对指令的响应明显滞后；而 ADRC 控制将被控对象转换为串联积分型对象［式（10-85）］，即将被控对象间接转换为 2 型系统，ADRC 控制状态反馈律采用 PD 控制，消除了积分控制项带来的响应滞后。

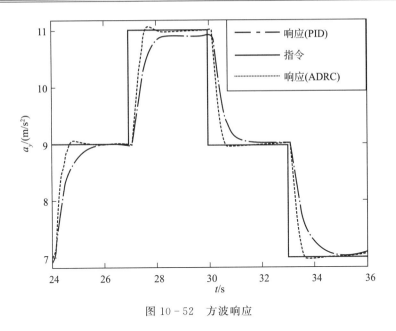

图 10 - 52　方波响应

10.10.4　半实物仿真试验

半实物仿真试验的条件：投放高度为 3 km，射程为 15 km。扰动及偏差：轴向质心偏差为 -0.02 m，转动惯量偏差为 $\Delta J_z = 0.1$，阻尼动导数偏差为 $\Delta m_z^{\omega_z} = -0.50$，偏导数偏差为 $\Delta m_z^{\alpha} = 0.3$，俯仰舵效偏差为 $\Delta m_z^{\delta_z} = -0.2$，在海拔为 2 000～2 500 m 的区间增加常值俯仰扰动力矩 $m_{z0} = 0.04$。风场：海拔在 1 500～1 750 m 的区间增加 5 m/s 的垂直向上的风突变，在 2 750～2 850 m 的区间增加 5 m/s 垂直向下的风突变。

仿真结果如图 10 - 53～图 10 - 56 所示。

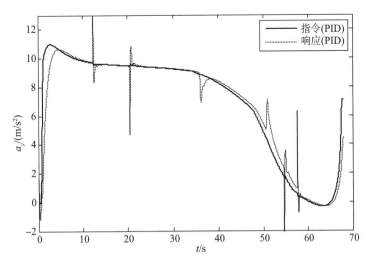

图 10 - 53　PID 控制加速度指令和响应

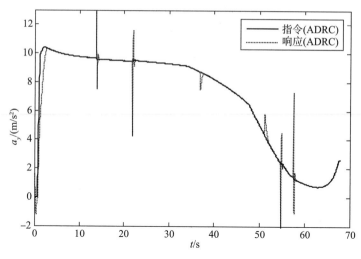

图 10 - 54　ADRC 加速度指令和响应

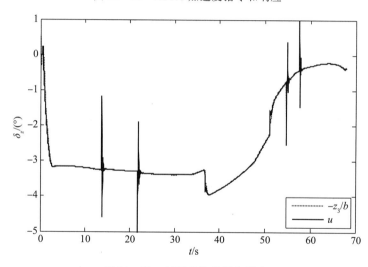

图 10 - 55　ADRC 补偿量和指令

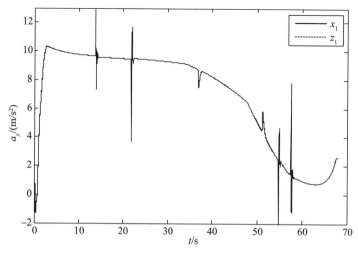

图 10 - 56　ADRC x_1 和 z_1

仿真结论：

1）在各种扰动及偏差条件下，经典 PID 和 ADRC 都适用于纵向通道控制。

2）扩展状态观测器能实时估计出广义扰动量，如图 10 - 55 所示，状态观测器工作效率高，在稳态时，估计值和实际值之间的偏差可以忽略不计，如图 10 - 56 所示。

3）ADRC 不用积分控制，其响应速度和稳态精度优于经典 PID 控制，如图 10 - 53～图 10 - 56 所示。

10.10.5　结论

针对低成本滑翔制导武器纵向控制回路被控对象误差的特点，将 ADRC 应用于纵向控制回路，经过大量的半实物仿真试验以及理论分析可得出以下结论：

1）经典 PID 控制和 ADRC 经过数值仿真和半实物仿真验证，其中 PID 控制经过投弹试验验证，结果表明都适用于纵向控制回路设计。

2）ADRC 在系统动态响应特性和稳态精度方面优于经典 PID 控制；ADRC 系统闭环带宽高于 0.8 Hz，PID 控制系统闭环带宽低于 0.8 Hz。

3）经典 PID 控制的参数随状态量变化而变化，调试工作量大，对被控对象不确定性的适应能力较差。

4）ADRC 由于实时估计出扰动量并加以补偿，简单采用固定控制参数即可得到很好的控制品质，对被控对象的不确定性要求较为宽松，对外部扰动具有更好的鲁棒性，适用于滑翔制导武器纵向控制回路设计。

5）ADRC 控制对执行机构的响应快速性要求更为严格。

6）ADRC 控制对被控对象的非最小相位较为敏感，如非最小相位严重（对于本例来说，被控对象正零点靠近虚轴），则 ARDC 控制品质快速下降，甚至控制回路发散。

参 考 文 献

［1］ 韩京清．自抗扰控制技术［M］．北京：国防工业出版社，2008.

［2］ 薛文超．自抗扰控制的理论研究［D］．中国科学院研究生院，2012.

［3］ 宋金来，王晓燕，等．卫星制导炸弹控制回路中的自抗扰控制［J］．航天控制，2008，26（3）：
25－29.

［4］ 朱斌．自抗扰控制技术入门［M］．北京：北京航空航天大学出版社，2017.